Roland Baumstark / Manfred Schwartz

Dispersionen für Bautenfarben

Acrylatsysteme in Theorie und Praxis

Umschlagbild: BASF AG

Die Deutsche Bibliothek – CIP-Einheitsaufnahme

Schwartz, Manfred:
Dispersionen für Bautenfarben : Acrylatsysteme in Theorie und Praxis / Manfred Baumstark ;
Roland Schwartz. - Hannover : Vincentz, 2001
  (Die Technologie des Beschichtens)
  ISBN 3-87870-720-7

© 2001, Curt R. Vincentz Verlag, Hannover
Vincentz Verlag, Postfach 6247, 30062 Hannover

Das Werk einschließlich seiner Einzelbeiträge und Abbildungen ist urheberrechtlich geschützt. Jede Verwertung außerhalb der engen Grenzen des Urhebergesetzes ist ohne Zustimmung des Verlages unzulässig und strafbar.
Dies gilt insbesondere für Vervielfältigungen, Übersetzungen, Mikroverfilmungen und die Einspeicherung und Verarbeitung in elektronischen Systemen.

Satz: Sperling Infodesign GmbH, Hannover
Druck: Hannoprint, Isernhagen / Aalexx Druck, Großburgwedel
ISBN 3-87870-720-7

Die Technologie des Beschichtens

Roland Baumstark/Manfred Schwartz

Dispersionen für Bautenfarben

Acrylatsysteme in Theorie und Praxis

Herausgegeben von Dr. Ulrich Zorll

Vorwort

Wässrige Polyacrylate sind als Bindemittel, Dispergierharze und Verdickerpolymere heute unverzichtbare Rohstoffe in der Farben- und Lackindustrie. Reinacrylat- und Acrylat/Styrol-Dispersionen haben sich seit ihrer Einführung in den 50' bzw. 60'er Jahren als umweltfreundliche und technisch hochwertige Bindemittelalternativen zu den früher vor allem eingesetzten lösemittelbasierten, lufttrocknenden Alkydharzen bewährt. Das besondere Leistungsspektrum und die hohe Variabilität der Polyacrylate erlaubten die konsequente Weiterentwicklung und Verbreitung dieser Produktklasse als Bindemittel für Beschichtungsmaterialien.

Im vorliegenden Buch wird der Versuch unternommen einen Überblick über Herstellung und Eigenschaften, sowie die Besonderheiten bei der Verwendung von wässrigen Acrylatdispersionen auf dem Bautenanstrichsektor zu geben. Dabei wird neben einer allgemeinen Einführung in die Dispersions- und Farbenherstellung am Anfang des Buchs, in Spezialkapiteln eine tiefergehende Einsicht in die vielfältigen Anwendungsformen wie Grundierungen, Fassadenfarben, Innenfarben, Putze, Holzbeschichtungen und Lackfarben gewährt.

Ziel des Buches ist es den aktuellen Stand bezüglich Acrylat-Bindemittelherstellung und Bautenfarbenformulierung in verständlicher Form darzustellen.
Aufgrund der Breite der Anwendungen von Acrylatdispersionen und der heutigen kolloidchemischen Wissensvielfalt ist es im Rahmen des Buches jedoch nicht möglich auf alle Aspekte und Theorien zur Dispersions- und Farbenherstellung einzugehen. Hier sei auf die umfangreichen Literaturzitate hingewiesen, die einen tieferen Einstieg in einzelne Themen erlauben.

Das Buch wendet sich sowohl an den Studierenden und Einsteiger in die Lack- und Anstrichproblematik als auch an den erfahrenen Dispersionsanwender und Praktiker in der Lack- und Farbenindustrie. Durch bessere Hintergrundinformation soll Hilfestellung bei Auswahl und Einsatz von modernen Polymerdispersionen gegeben werden.

Der Dank der Autoren gilt Herrn Dr. Harald Zeh (Wacker Polymer Systems) für die Unterstützung bei der Erstellung des Kapitels Putze und den zahlreichen Kollegen der BASF AG, die durch ihre vielfältigen Vorarbeiten und Publikationen dieses Buch erst ermöglicht haben.
Besonders danken wir Dr. Michael Melan und Dr. Ulrich Zorll für die fachliche Durchsicht des Manuskriptes und die vielen hilfreichen Anregungen.
Der BASF Aktiengesellschaft in Ludwigshafen sei gedankt für die Freigabe des Manuskripts zur Veröffentlichung.

Ludwigshafen, November 2000

Dr. Roland Baumstark   Dr. Manfred Schwartz

Inhaltsverzeichnis

1	Einleitung und Grundlagen	11
1.1	Bautenanstriche und Bindemittel	11
1.1.1	Polymerdispersionen	12
1.1.2	Bindemittelklassen, Polymerisation und Polyacrylate	12
1.1.3	Radikalische Polymerisation und Emulsionspolymerisation	13
1.2	Polyacrylate; Reinacrylate und Acrylat/Styrol-Copolymere	17
1.3	Filmbildung von Polymerdispersionen	23
1.3.1	Mechanismus und Mindestfilmbildetemperatur	23
1.3.2	Einflussgrößen auf die Mindestfilmbildetemperatur	24
1.3.3	Cosolventien und Weichmacher	25
1.3.4	Umweltschutzaspekte	29
1.4	Kenngrößen und Eigenschaften von Anstrichbindemitteln	29
1.4.1	Feststoffgehalt	30
1.4.2	Koagulat	30
1.4.3	Teilchengröße	30
1.4.4	Oberflächenspannung	32
1.4.5	Viskosität und Rheologie	32
1.4.6	Stabilität	35
1.4.7	pH-Wert	35
1.4.8	Restmonomere und restflüchtige Anteile	36
1.5	Einflussgrößen auf die Eigenschaften bei der Bindemittelherstellung	36
1.5.1	Monomerenauswahl	37
1.5.2	Hilfsstoffe	37
1.5.2.1	Emulgatoren und Schutzkolloide	37
1.5.2.2	Initiatoren und Regler	39
1.5.2.3	Puffersubstanzen und Neutralisationsmittel	40
1.5.2.4	Konservierungsstoffe	40
1.5.2.5	Entschäumer	40
1.5.3	Polymerisationssteuerung	41
1.5.4	Mehrphasige Systeme	41
1.5.5	Saatpolymerisation	42
1.6	Literatur	43
2	Formulierung von wässrigen Anstrichfarben	47
2.1	Einleitung	47
2.2	Anforderungen an eine Anstrichfarbe	47
2.3	Zusammensetzung von Bautenanstrichfarben	47
2.3.1	Die Pigmentvolumenkonzentration	48
2.3.1.1	Pigmentbindevermögen und kritische Pigmentvolumenkonzentration	48
2.3.1.2	Bestimmungsmethoden für die kritische Pigmentvolumenkonzentration	50
2.3.2	Innen- und Außenanstrichfarben	51
2.4	Formulierungsbestandteile einer Anstrichfarbe	52
2.4.1	Bindemittel Polymerdispersion	52
2.4.1.1	Allgemeine Anforderungen an Anstrichbindemittel	52
2.4.1.2	Verseifungsbeständigkeit	54
2.4.1.3	Wasserfestigkeit des Polymerfilms	56
2.4.1.4	Wasserdampfdurchlässigkeit des Polymerfilms	61

8 Inhaltsverzeichnis

2.4.2	Pigmente	63
2.4.2.1	Titandioxid	64
2.4.2.2	Sonstige Pigmente	64
2.4.3	Füllstoffe	65
2.4.4	Additive	67
2.4.4.1	Filmbildehilfsmittel	67
2.4.4.2	Verdicker	68
2.4.4.3	Netz- und Dispergierhilfsmittel	74
2.4.4.4	Entschäumer	76
2.4.4.5	Konservierungsmittel	77
2.5	Literatur	78
3	Grundierungen	81
3.1	Begriffsdefinition und Anforderungen	81
3.2	Wässrige Grundierungen auf Basis von Acrylat-Dispersionen	82
3.3	Formulierung von Grundierungen	85
3.4	Prüfmethoden	85
3.5	Literatur	86
4	Außenfarben auf mineralischen Systemen	87
4.1	Einleitung	87
4.2	Fassadenfarben	88
4.2.1	Einleitung	88
4.2.2	Bedeutung der Freibewitterung	89
4.2.2.1	Weissstein-Prüfung	89
4.2.2.2	Vergleich verschiedener Kurzprüfungen	92
4.2.2.3	Bindemittelvergleich	93
4.2.3	Zusammenfassung	97
4.2.4	Lösemittelhaltige Fassadenfarben	98
4.2.4.1	Labortests mit Fassadenbeschichtungen	98
4.2.4.2	Freibewitterungsprüfungen von Fassadenfarben	101
4.2.4.2.1	Einfluss Bindemittel und Pigmentvolumenkonzentration	104
4.2.4.2.2	Einfluss Pigment – Füllstoffverhältnis	105
4.2.4.2.3	Einfluss unterschiedlicher Füllstoffe	106
4.2.4.3	Zusammenfassung	110
4.2.5	Lösemittelfrei formulierte Fassadenfarben	111
4.2.5.1	Farbrezepte und eingesetzte Pigmente	112
4.2.5.2	Abhängigkeit der Farbhelligkeit von Bindemittel und TiO_2-Typ	113
4.2.5.3	Ergebnisse künstlicher Bewitterungen von Farben	114
4.2.5.3.1	Farbtonveränderungen in künstlicher Bewitterung	114
4.2.5.3.2	Kreidung	116
4.2.5.4	Freibewitterung verschiedener Fassadenbeschichtungen	118
4.2.5.4.1	Farbtonveränderungen durch 2 Jahre Freibewitterung	119
4.2.5.4.2	Kreidung nach 2 Jahren Freibewitterung	121
4.2.5.5	Zusammenfassung	123
4.2.6	Fassadenfarben mit hoher PVK	123
4.2.6.1	Farbrezepte	125
4.2.6.2	Diskussion der Laborergebnisse	125
4.2.6.3	Freibewitterungsergebnisse	127
4.2.6.3.1	Farbtonveränderungen durch die Freibewitterung	127
4.2.6.3.2	Kreidung durch Freibewitterung	130
4.2.6.4	Zusammenfassung	131
4.2.7	Formulierungen auf Basis von Acrylat/Styrol-Dispersionen	133

Inhaltsverzeichnis

4.2.8	Formulierungen auf Basis von Reinacrylat-Dispersionen	133
4.2.9	House Paints/Universalfarben	134
4.2.10	Abtön- und Volltonfarben	135
4.2.10.1	Herstellung	136
4.2.10.2	Rezepthinweise und -vorschläge	136
4.2.11	Vergleich von verschiedenen Fassadenfarbensystemen	137
4.2.12	Literatur	138
4.3	Polymerdispersionen in Silikatsystemen	140
4.3.1	Einleitung	140
4.3.2	Verseifungsbeständigkeit	141
4.3.3	Wasseraufnahme	141
4.3.4	Wechselwirkungen Dispersion-Wasserglas	142
4.3.5	Forderungen an eine optimale Dispersion	145
4.3.6	Das Dispersions-Silikatsystem	146
4.3.6.1	Reihenfolge der Komponenten	146
4.3.7	Dispersions-Silikatputze	146
4.3.8	Rahmenformulierung für eine Dispersions-Silikatfarbe	147
4.3.9	Rahmenformulierung für einen Dispersions-Silikatputz	148
4.3.10	Literatur	148
4.4	Polymerdispersionen als Bindemittel in Siliconharzsystemen	149
4.4.1	Einleitung	149
4.4.2	Polymerdispersionen in Siliconharzsystemen	149
4.4.3	Pigmentbindevermögen	151
4.4.4	Siliconharzemulsion und KPVK	153
4.4.5	Bewitterungsverhalten	155
4.4.6	Forderungen an eine optimale Dispersion	155
4.4.7	Formulierung von Siliconharzfarben	156
4.4.8	Siliconharzputze	157
4.4.9	Literatur	159
4.5	Elastische Beschichtungssysteme	160
4.5.1	Einleitung	160
4.5.2	Effektiver Fassadenschutz gegen Feuchtigkeit nach Künzel	160
4.5.3	Hauptanforderungen an Beschichtungssysteme zur Fassadenrenovierung	162
4.5.4	Mechanische Eigenschaften von Dispersionsfilmen	163
4.5.4.1	Glastemperatur (Tg)	163
4.5.4.2	Vernetzung	164
4.5.4.2.1	Zug-Dehnungs-Versuch	164
4.5.4.2.2	Art der Vernetzung	165
4.5.4.3	Zusammenfassung der mechanischen Anforderungen	167
4.5.5	Anschmutzresistenz	168
4.5.5.1	Tack	168
4.5.5.2	Tackmessung	168
4.5.5.3	Oberflächenvernetzung	171
4.5.5.4	Zusammenfassung der Erkenntnisse zur Anschmutzungsresistenz	172
4.5.6	Normen	172
4.5.7	Im Markt befindliche Polymere	174
4.5.8	Zusammenfassung	175
4.5.9	Literatur	176
4.6	Kunstharzputze und Wärmedämmverbundsysteme (WDVS)	177
4.6.1	Einführung und Definition	177
4.6.2	Einteilung der Kunstharzputze und technische Anforderungen	178
4.6.2.1	Anforderungen an das Bindemittel	180

4.6.2.2	Bindevermögen	180
4.6.2.3	Wasseraufnahme und Feuchteschutz	181
4.6.2.4	Thermoplastizität, Alkalibeständigkeit und Entflammbarkeit	182
4.6.2.5	Verarbeitungseigenschaften	184
4.6.3	Oberflächenstrukturen	185
4.6.4	Wärmedämmverbundsysteme (WDVS)	185
4.6.5	Formulierungsschema für Kunstharzputze	189
4.6.6	Typische Bindemittel für Kunstharzputze	191
4.6.7	Literatur	191
5	Holzbeschichtungen	192
5.1	Besonderheiten von Holz als Baustoff	193
5.2	Einteilung der Holzbeschichtungen	194
5.2.1	Grundierungen/Imprägnierlasuren	195
5.2.2	Sperrgrundierungen	196
5.2.3	Deckbeschichtungen im Außenbereich	197
5.2.3.1	Holzlasuren	198
5.2.3.2	Deckende Beschichtungen; Wetterschutzfarben	201
5.2.4	Bindemittel für die Holzbeschichtung	201
5.2.5	Holzbeschichtungen für die Innenraumanwendung	208
5.3	Literatur	212
6	Dispersionslackfarben	214
6.1	Einleitung und Anforderungen	214
6.2	Glanz und Glanzschleier	216
6.3	Bindemittel für Dispersionslackfarben	219
6.3.1	Bindemittel und Glanz	220
6.3.2	Titandioxid und Glanz; Einfluss der Dispergierung	221
6.4	Eigenschaften von Acryllacken	223
6.5	Wechselwirkung mit Assoziativverdickern	224
6.7	Literatur	226
7	Innenfarben	228
7.1	Einführung und Definition	228
7.2	Technische Anforderungen an Innenfarben	228
7.3	Pigmentbindevermögen und kritische Pigmentvolumenkonzentration	229
7.3.1	Einflussfaktoren auf die KPVK	229
7.3.1.1	Einflussfaktor Polymerdispersion	229
7.3.1.2	Einflussfaktor Pigment	231
7.3.1.3	Einflussfaktor Füllstoff	231
7.4	Nass- und Trockendeckvermögen (hiding power)	233
7.5	Verarbeitungseigenschaften	235
7.6	Hoher Auftrag in einem Arbeitsgang (Einschichtfarbe)	236
7.7	Offene Zeit	236
7.8	Schwundrissbildung	237
7.9	Verträglichkeit mit Abtönfarben	238
7.10	Wasch- und Scheuerbeständigkeit	238
7.11	Emissions- und lösemittelfreie Innenfarben (low VOC)	241
7.12	Formulierungsschema für Innenfarben	242
7.13	Latexfarben	247
7.14	Literatur	249
	Begriffsdefinitionen – Lexikon für den Bereich „Dispersionen"	250
	Index	278

1 Einleitung und Grundlagen

1.1 Bautenanstriche und Bindemittel

Bautenanstriche haben eine Doppelfunktion. Zum einen tragen sie über ihre Farbgebung maßgeblich zur Ästhetik des Gebäudes oder zum Dekor des Bauteils bei, zum anderen sorgen sie für Schutz des Baumaterials gegen äußere Einflüsse, wie Feuchtigkeit, Sonneneinstrahlung oder auch mechanische bzw. chemische Schädigung.

Bei wässrigen Anstrichfarben handelt es sich meist um komplexe Mischungen aus unterschiedlichsten chemischen Komponenten, wie folgende Zusammenstellung zeigt:

Hauptkomponenten	Additive/Hilfsmittel
Wasser	Dispergier- und Netzmittel
Bindemittel	Verdicker/Rheologiemodifizierungsmittel
Pigmente	Entschäumer
Füllstoffe	Konservierungsmittel/Biozide
	Lösemittel/Filmbildehilfsmittel

Nicht selten enthalten wässrige Bautenanstriche 10 bis 20 verschiedene Bestandteile.

Das Bindemittel hat die Funktion, dem Anstrich den nötigen Zusammenhalt, lange Haltbarkeit, Witterungsstabilität, gute mechanische Endeigenschaften wie Flexibilität oder Härte, sowie der Anstrichfarbe günstige Verarbeitungseigenschaften zu geben. Durch das Bindemittel werden die farbgebenden Pigmente und Füllstoffe in eine stabile Matrix eingebettet und mit dem Untergrund verbunden. Dies unterscheidet den fertigen Anstrich beispielsweise von Schulkreide, die aufgrund fehlenden Bindemittels leicht wieder abgewaschen werden kann.

Als Bindemittel für wässrige Anstrichfarben werden neben dem rein anorganischen Material Wasserglas, das bereits seit langem in sogenannten Silikatsystemen eingesetzt wird, heute überwiegend sogenannte Kunststoff- oder Polymerdispersionen verwendet.

Alleine in Europa verarbeitet man aktuell über 600 000 t wässrige Polymerdispersionen pro Jahr in Bautenanstrichen. Die früher vorherrschenden lösemittelbasierten Alkydharzsysteme werden in zunehmendem Maße durch umweltfreundlichere, wässrige, polymerdispersionsgebundene Anstrichsysteme verdrängt. In Deutschland weist die Produktionsstatistik des Verbands der Lackindustrie [1] für 1999 in Summe 747 126 t wässrige Dispersionsfarben alleine für die Innenraum- und Fassadenanwendung auf.

1.1.1 Polymerdispersionen [2 - 5]

Unter Dispersion ist allgemein ein mehrphasiges System zu verstehen, bei dem mindestens eine mikroskopisch fein verteilte Phase (= disperse Phase; z.b. Flüssigkeit oder Festkörper) in einer kontinuierlichen Phase (z.b. Flüssigkeit oder Gas) vorliegt. Die disperse Phase besteht bei Kunststoff- oder Polymerdispersionen aus kugelförmigen Kunststoffpartikeln mit einem Teilchendurchmesser von üblicherweise kleiner 1 µm; die kontinuierliche Phase ist Wasser.

Wässrige Polymerdispersionen sind meist milchig weiße Flüssigkeiten, von wasserdünner bis hochviskoser (wie Schlagsahne) Konsistenz. In Anlehnung an den natürlichen Milchsaft der kautschukliefernden Pflanzen werden sie häufig auch als Latex und die Polymerpartikel als Latices oder Latexteilchen bezeichnet.
In einem ml Polymerdispersion sind im Schnitt ca. 10^{15} Teilchen enthalten. Pro Teilchen sind wiederum 1 bis 10000 Makromoleküle vorhanden und jedes dieser Makromoleküle ist aus ca. 100 bis 10^6 Bausteinen (= Monomeren) aufgebaut.

Polymerdispersionen sind per se keine thermodynamisch stabilen Systeme. Die Polymerpartikel haben die Tendenz, durch Zusammenlagerung (= Agglomeration), Verklumpen (= Koagulation) oder Absetzen die große innere Oberfläche des Systems zu minimieren. Durch die Anlagerung von Ladungsträgern (Ladungs- oder Coulomb-Stabilisierung) oder von mittel- bis hochmolekularen, ungeladenen Abstandhaltern (sterische oder entropische Stabilisierung) an die Oberfläche der Polymerpartikel lässt sich jedoch der disperse Zustand stabilisieren [6, 7]. Unter äußeren Einflüssen, wie Scherung (z.B. durch Schütteln oder Rühren), Einfrieren, Druck- oder Salzeinwirkung, kann im ungünstigen Fall jedoch die Stabilisierung versagen, so dass eine Koagulation der Dispersion eintritt.

Man unterscheidet bei den Polymerdispersionen zwischen Primärdispersionen, hergestellt durch Polymerisation der Basisbausteine (= Monomere) direkt in der flüssigen Phase (z.B. via Emulsionspolymerisation in Wasser), und Sekundärdispersionen, bei welchen ein vorgefertigtes Polymer, z.B. ein Lösungspolymerisat oder Lackharz, in einem zweiten Verfahrensschritt meist unter mechanischem Energieaufwand im Medium dispergiert oder verteilt wird [8]. Die größte Bedeutung haben die technisch leicht über Emulsionspolymerisation zugänglichen und kostengünstig herstellbaren Primärdispersionen. Die bedeutendste Klasse der Sekundärdispersionen sind die vor allem auf dem Lacksektor zum Einsatz kommenden Polyurethandispersionen [9].

1.1.2. Bindemittelklassen, Polymerisation und Polyacrylate

Die Chemie der Polymeren im Bereich der wässrigen Bautenanstriche ist sehr vielseitig. Die wichtigsten Bindemittelklassen auf dem Anstrichsektor sind:

- Acrylsäureester-Copolymere (= Reinacrylate)
- Acrylsäureester-Styrol-Copolymere (= Acrylat/Styrol- bzw. Styrol-Acrylat-Copolymere)
- Vinylacetat-Homo- und Copolymere (Vinylacetat-Ethylen, Terpolymere aus Vinylacetat-Ethylen-Vinylchlorid, Vinylacetat-Versaticsäurevinylester, Vinylacetat-Maleinsäureester, Vinylacetat-Acrylsäurester)

Sonstige Dispersionen, wie Styrol-Butadien-Copolymere oder Polyurethandispersionen, spielen im Anstrichgebiet nur eine untergeordnete Rolle. Dies ist auf die schlechte Witterungsstabilität bzw. die starke Vergilbungsneigung der Styrol-Butadien-Dispersionen und auf den hohen Preis der Polyurethan-Sekundärdispersionen zurückzuführen. Die Anwendung von Styrol-Butadien-Dispersionen ist deshalb auf Korrosionsschutzgrundierungen, die Verwendung von Polyurethandispersionen auf hochwertige Holzlacke beschränkt.

1.1.3 Radikalische Polymerisation [10 - 17] und Emulsionspolymerisation [7, 18 - 31]

Die wichtigsten Bindemittel sind, mit Ausnahme von Vinylacetat-Homopolymeren, ausschließlich sogenannte Misch- oder Copolymere, bei denen die Grundeigenschaften durch gezielte Kombination verschiedener α, β-ungesättigter organischer Bausteine (= Monomere) über eine radikalische Polymerisation eingestellt werden.

Reaktionsschema

Die radikalische Polymerisation ist eine Kettenreaktion, eingeleitet durch den Zerfall eines Initiator- oder Startermoleküls (I_2) unter Bildung eines Fragments mit einem reaktiven, ungepaarten Elektron (= Radikal). Das Initiatorradikal (I•) greift dann die Doppelbindung eines Monomermoleküls (M) an unter Ausbildung eines Kettenradikals (I-M•). Dieses wiederum reagiert mit einem weiteren Monomermolekül unter Erzeugung eines verlängerten Kettenradikals (I-M-M•). Die Kettenreaktion setzt sich solange fort, bis das Wachstum der Kette (I-M_nM•) durch Rekombination (z.B. Dimerisierung) bzw. Disproportionierung (Wasserstoffübertragung) oder Kettenübertragung abgebrochen wird. Der Einsatz von Kettenübertragern (= Regler) sorgt primär für eine kontrollierte Abnahme des Polymerisationsgrads.

Das Charakteristikum einer radikalischen Polymerisation ist ihr rascher, exothermer Verlauf. Die entstehenden hochmolekularen Polymere werden als Polyadditionsprodukte oder Polyaddukte bezeichnet.

Den Mechanismus der Reaktion zeigt insgesamt noch einmal folgendes Schema:

Initiatorzerfall: $I_2 \rightarrow 2\,I\bullet$ (I = Initiator)

Kettenstart: $I\bullet + M \rightarrow I\text{-}M\bullet$ (M = Monomer)

Kettenwachstum: $I\text{-}M\bullet + M \rightarrow I\text{-}M\text{-}M\bullet$ (• = Radikal)

$I\text{-}M_n M\bullet + M \rightarrow I\text{-}M_{n+1}M\bullet$

Kettenabbruchreaktionen:
Rekombination,
z.B. Dimerisierung $I\text{-}M_nM\bullet + I\text{-}M_mM\bullet \rightarrow I\text{-}M_{(m+n+2)}\text{-}I$
Disproportionierung $I\text{-}M_n\text{-}CH_2\text{-}CHX\bullet + I\text{-}M_m\text{-}CH_2\text{-}CHX\bullet \rightarrow$
$I\text{-}M_n\text{-}CH=CHX + I\text{-}M_m\text{-}CH_2\text{-}CH_2X$
Kettenübertragung $I\text{-}M_mM\bullet + R\text{-}X \rightarrow I\text{-}M_mMX + R\bullet$

Die für Bautenanstrichdispersionen am häufigsten eingesetzten Monomerbausteine finden sich in **Tabelle 1.1**; dabei ist von folgenden Grundstrukturen der wichtigsten Monomerklassen auszugehen:

$H_2C=CH\text{-}CO\text{-}OR$	$H_2C=C(CH_3)\text{-}CO\text{-}OR$
Acrylate	**Methacrylate**
$H_2C=CH\text{-}Phenyl$	$H_2C=CH\text{-}(O\text{-}CO\text{-}R)$
Styrol	**Vinylester**

Acrylate/ Acrylsäureester	Methacrylate/ Methacrylsäurester	Sonstige Monomere
n-Butylacrylat	Methylmethacrylat	Styrol
2-Ethylhexylacrylat	n-Butylmethacrylat	Vinylacetat
Ethylacrylat	Methacrylsäure	Acrylnitril
Acrylsäure	Methacrylamid	Vinylchlorid
Acrylamid		Vinylversatat (VeoVa®[a])
		Ethylen

Tab. 1.1   Liste der häufigsten Monomere in Bautenanstrichdispersionen

Mechanismus der Emulsionspolymerisation

Die technische Herstellung der wässrigen Dispersionen erfolgt, wie bereits beschrieben, über eine spezielle Form der radikalischen Polymerisation, der sogenannten Emulsionspolymerisation.

Bei diesem Verfahren werden die Monomere in Gegenwart von grenzflächenaktiven, niedermolekularen (= Emulgatoren) oder polymeren (= Schutzkolloide) Verbindungen in Wasser durch Zusatz eines wasserlöslichen Radikalstarters und unter Erhitzen als Emulsion (= stabilisierte Monomertropfen in Wasser) umgesetzt. Dabei polymerisieren die Bausteine zu den Makromolekülen.

Der micellare Mechanismus der Emulsionspolymerisation von Styrol wurde zuerst von *Harkins* [32], sowie *Smith* und *Ewart* [33] beschrieben (siehe dazu **Abb. 1.1**).

Danach verteilen sich die Monomere im Polymerisationsreaktor vor der Initiator-

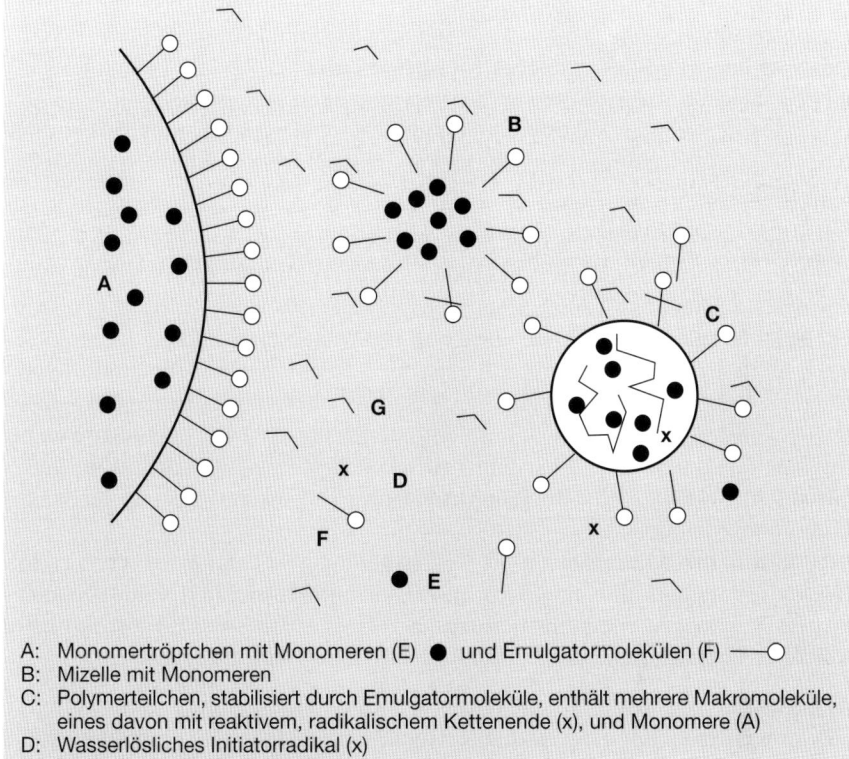

A: Monomertröpfchen mit Monomeren (E) ● und Emulgatormolekülen (F) ──○
B: Mizelle mit Monomeren
C: Polymerteilchen, stabilisiert durch Emulgatormoleküle, enthält mehrere Makromoleküle, eines davon mit reaktivem, radikalischem Kettenende (x), und Monomere (A)
D: Wasserlösliches Initiatorradikal (x)
E: Monomer in der Wasserphase
F: molekulardispers gelöstes Emulgatormolekül
G: Wassermolekül

Abb. 1.1 Mechanismus der Emulsionspolymerisation [41]

zugabe auf emulgatorstabilisierte Monomertröpfchen (mit einem Durchmesser von 1 bis 10 µm) und sogenannte Micellen, d.h. Emulgatoraggregate von 20 bis 100 Emulgatormolekülen (mit einem Durchmesser von 5 bis 15 nm). Lediglich ein geringer Monomeranteil liegt im Wasser molekular gelöst vor.

Der Starter zerfällt nach Aufheizen in der Wasserphase unter Bildung von Radikalen, die zuerst mit dem geringen wassergelöstem Monomeranteil zu Oligomerradikalen anwachsen. Da im Reaktor wesentlich mehr Micellen (ca. 10^{18} pro cm^3) als Monomertröpfchen (ca. 10^{10} pro cm^3) pro Volumeneinheit vorhanden sind, und da die Gesamtoberfläche der Micellen wesentlich größer als diejenige der Monomertröpfchen ist, treten die Oligomerradikale nahezu ausschließlich in die Micellen ein.

Dort wachsen die Ketten weiter an, wodurch die Micellen eigentlich zunehmend an Monomer verarmen sollten. Dazu kommt es jedoch nicht, dank genügendem

Transport von Monomermolekülen aus den Monomertropfen über die Wasserphase zu den Micellen. Die Monomerenkonzentration bleibt somit in der Wasserphase so lange konstant, wie noch Monomertropfen im Reaktor vorhanden sind. In den Micellen wachsen derweil die Polymerketten zu Latexteilchen heran, bis alle Monomertropfen verschwunden sind. Die wachsenden, polymergefüllten Micellen werden somit im Verlauf der Polymerisation zu emulgatorstabilisierten Latexteilchen.

Fitch und *Tsai* [34] und darauf aufbauend *Ugelstad* und *Hansen* [35] entwickelten ergänzend zur beschriebenen „micellaren Teilchenbildung" das Prinzip der „homogenen Nukleierung". Ausgelöst durch ein wasserlösliches, geladenes Peroxidradikal, das sich an Monomereinheiten in der Wasserphase addiert, wachsen danach oligomere Makroradikale. Ab einer für jedes Monomer definierten Kettenlänge (2 –100 Einheiten) wird die Grenze der Löslichkeit überschritten und Primärpartikel enstehen. Diese Primärpartikel sind meist instabil und agglomerieren bis zu einem Zustand kolloidaler Stabilität zu Sekundärpartikeln. Durch die Emulgatormenge, sowie die Polarität des Polymeren ist der Teilchendurchmesser der Sekundärpartikel limitiert.

Die diskutierten Mechanismen der Teilchenbildung stellen Grenzfälle dar [36]. Wenn die Polymersiation mit Peroxodisulfaten initiiert wird und polare Monomere (z.B. Vinylacetat, Methylmethacrylat etc.) eingesetzt werden, ist jedoch immer von einem beträchtlichen Anteil homogener Nukleierung auszugehen.

Unabhängig vom diskutierten Mechanismus ist eine zumindest geringfügige Wasserlöslichkeit der eingesetzten Monomere zwingende Voraussetzung für die Emulsionspolymerisation. Deshalb lassen sich zwar Monomere wie Styrol oder 2-Ethylhexylacrylat noch gut emulsionspolymerisieren, Polymerdispersionen aus sehr hydrophoben, langkettigen und damit wasserunlöslichen (Meth)acrylaten, wie Lauryl(meth)acrylat oder Stearylacrylat, sind jedoch über konventionelle Emulsionspolymerisation nicht mehr zugänglich.

Im technischen Maßstab werden die Monomere heute meist in Wasser voremulgiert. Die so hergestellte Emulsion und die Initiatorlösung werden dann getrennt über einen definierten Zeitraum dem Polymerisationsreaktor zudosiert. Bei diesem halbkontinuierlichen oder Zulauf-Verfahren ist der momentane Umsatz der Monomere sehr hoch (meist > 90 %), sodass sich weitgehend unabhängig von Reaktivitätsunterschieden und Copolymerisationsparametern ein statistisch aufgebautes Copolymer ergibt. Das halbkontinuierliche Verfahren bietet zudem gegenüber dem früher verwendeten Batch- oder Eintopfprozess den Vorteil, dass die entstehende Polymerisationswärme über die Dosierzeit gesteuert und kontrolliert abgeführt werden kann. Im Vergleich zur Lösungspolymerisation hat die Emulsionspolymerisation, bei der die entstehenden Polymerpartikel fein verteilt in Wasser vorliegen, den zusätzlichen Vorteil, dass auch hohe Molekulargewichte (bis über

1 Mio Dalton) bei niedriger Systemviskosität eingestellt werden können. Die technischen Polymerdispersionen haben deshalb üblicherweise hohe Polymergehalte von 40 bis 60 Gew. %.

1.2 Polyacrylate; Reinacrylate und Acrylat/Styrol-Copolymere [2, 37 - 46]

Innerhalb der Gruppe der Acrylsäurester-Copolymerdispersionen, denen dieses Buch gewidmet ist, unterscheidet man zwischen zwei Copolymerklassen: Reinacrylat- und Acrylat/Styrol-Dispersionen (oder Styrol/Acrylat-Dispersionen). Unter Reinacrylaten sind Polymerdispersionen zu verstehen, die ausschließlich aus Acryl- bzw. Methacrylsäureestermonomeren aufgebaut sind. Acrylat/Styrol-Copolymere enthalten zusätzlich Styrol. Für beide Copolymertypen gibt es eine Fülle von Monomeren (**Tabelle 1.2**), die hinsichtlich Glasübergangstemperatur (Tg) und Polarität der daraus hergestellten Homopolymeren stark differieren.

Die Glasübergangstemperatur ist die Temperatur, ab der ein bestimmtes Polymer von einem spröden, glasartigen Zustand in einen flexiblen, dabei mehr oder weniger zähen Zustand übergeht.

Monomerbaustein	Wasserlöslichkeit bei 25 °C in g/100 cm^3	Glasübergangstemperatur (Tg) des Homopolymeren [°C]
Acrylsäureester		
Methylacrylat (MA)	5,2	+ 22
Ethylacrylat (EA)	1,6	− 8 (bzw. − 17 [13])
n-Butylacrylat (n-BA)	0,15	− 43
iso-Butylacrylat (i-BA)	0,18	− 17
t-Butylacrylat (t-BA)	0,15	+ 55
2-Ethylhexylacrylat (EHA)	0,04	− 58
Laurylacrylat (LA)	< 0,001	− 17
Methacrylsäureester		
Methylmethacrylat (MMA)	1,5	+ 105
n-Butylmethacrylat (n-BMA)	0,08	+ 32
iso-Butylmethacrylat (i-BMA)	0,13	+ 64
Styrol (S)	0,02	+ 107
Acrylnitril (AN)	8,3	+ 105
Vinylacetat (Vac)	2,4 bis 2,5	+ 42 (bzw. + 28 [13])

Tab. 1.2 Löslichkeiten und Glasübergangstemperaturen der wichtigsten Monomere für Acrylatdispersionen im Bautenanstrichbereich [37]

Hergestellt werden heute Acrylsäure und die Acrylester großtechnisch, und zwar ausgehend von Propen, ebenso wie Methacrylsäure und die Methacrylate, ausgehend von 2-Hydroxy-2-methylpropionitril (= Addukt aus Aceton und Blausäure) oder von Isobuten bzw. Isobutyraldehyd [40, 47]. Die mehrstufigen Herstellprozesse machen diese Monomerklassen teurer als Styrol oder Vinylacetat, was wiederum zu einem höheren Preis der Reinacrylat-Copolymere im Vergleich zu Acrylat/Styrol-Copolymeren und zu Polyvinylacetat führt.

Struktur und Eigenschaften

Die Besonderheiten der Poly(meth)acrylate, die den relativ hohen Preis rechtfertigen, sind ihre allgemein sehr gute Witterungs- und UV-Stabilität, hohe Transparenz (auch für UV-Strahlung), gute Wasserfestigkeit und Vergilbungsbeständigkeit, sowie große Variabilität in Zähigkeit, Flexibilität und Härte. Das hohe Filmglanzniveau bei gutem Glanzerhalt im Wetter trägt, in Kombination mit der guten chemischen Beständigkeit gegen Alkali, Säure und Wasser (Hydrolysebeständigkeit), ebenfalls zur guten Eignung dieser Polymerklasse im Bautenanstrichsektor bei.

Die Haupteigenschaften, wie Glastemperatur, Filmmechanik und Polarität, werden durch die Hauptketten- und Seitenkettenstruktur beeinflusst. Als Maß für die Polarität der Homopolymere kann die Wasserlöslichkeit der Monomere (siehe **Tab. 1.2**) angesehen werden. Mit steigender Wasserlöslichkeit steigt die Polarität der resultierenden Polymere an. Die freien Säuren Acrylsäure und Methacrylsäure sind vor allem im neutralisierten Zustand unbegrenzt wasserlöslich. Bei den Estern ist eine sinkende Wasserlöslichkeit mit steigender Seitenkettenlänge zu verzeichnen.

Die C-C verknüpfte Hauptkette ist chemisch weitgehend inert und sorgt für die gute chemische Beständigkeit und Witterungsstabilität der Poly(meth)acrylate. Die Polyacrylate sind wegen der geringen Bindungsstärke der α-CH-Gruppe in Nachbarschaft zum Carbonylzentrum (C=O) jedoch etwas labiler als die methylsubstituierten Polymethacrylate. So zeigen Polyacrylate eine etwas geringere Stabilität, sowohl gegenüber UV-Strahlung als auch unter stark oxidativen Bedingungen, als die entsprechenden Polymethacrylate. Auch die Hydrolyseneigung der Polymethacrylate ist aufgrund der sterischen Abschirmung des Carbonylzentrums durch die benachbarte Methylgruppe geringer als diejenige von Polyacrylaten. Der starke Einfluss der Seitenkette auf die Eigenschaften zeigt sich beispielsweise an der fallenden Verseifungstendenz der Polymere mit steigender Kettenlänge und mit zunehmendem Verzweigungsgrad der Seitenkette.

Polymethacrylate weisen aufgrund der zusätzlichen Methylgruppen und dem dadurch gehinderten Rotationsvermögen der Hauptkette gegenüber den homologen Polyacrylaten eine erhöhte Kettensteifigkeit auf. Dies führt zu erhöhten Glastemperaturen, einem Anstieg der Härte und verminderter Flexibilität der Polymethacrylate im Vergleich zu den homologen Polyacrylaten. Mit steigender Seiten-

	Reißkraft [N/m²]	Reißdehnung [%]
PMMA	68970	1
PEMA	37240	25
P-n-BMA	3450	300
PMA	6930	750
PEA	230	1800
P-n-BA	20	2000

Tab. 1.3   Filmmechanik verschiedener Homo-Poly(meth)acrylate [42b]

kettenlänge sinkt die Härte und die Glastemperatur und es steigt die Dehnbarkeit (bis 8 C-Atome bei Acrylaten und ca. 12 C-Atome bei Methacrylaten; bei längeren Ketten Härteanstieg durch zunehmende Kristallinität) (siehe **Abb. 1.2** und **Tabelle 1.3**). Mit steigender Kettenlänge nimmt weiterhin die Klebrigkeit der Polymere zu, wie Messungen der Kontaktklebrigkeit (= Tack) an verschiedenen Homo-Polyacrylaten zeigen (**Abb. 1.3**).

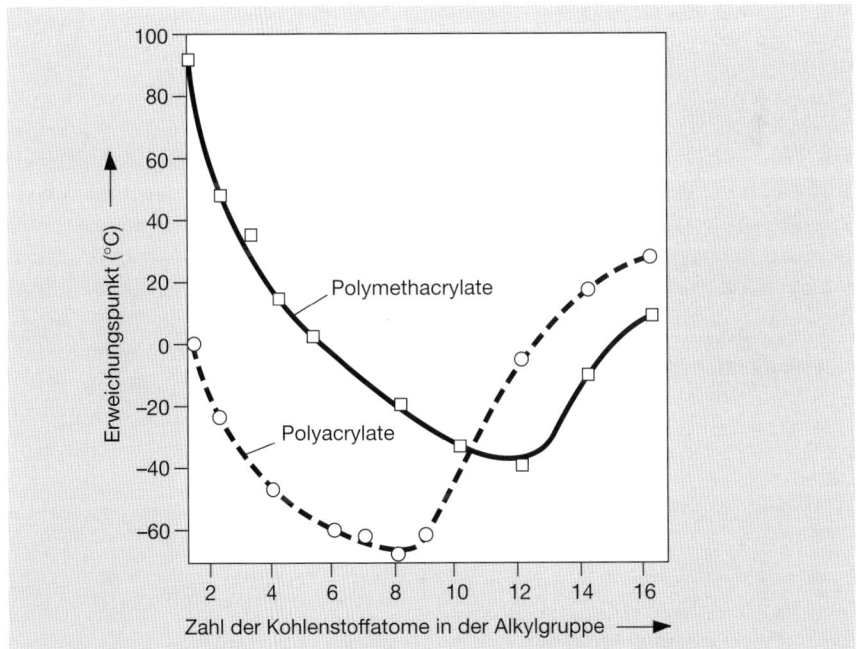

Abb. 1.2   Abhängigkeit der Glastemperatur von der Seitenkettenlänge bei Poly(meth)acrylaten

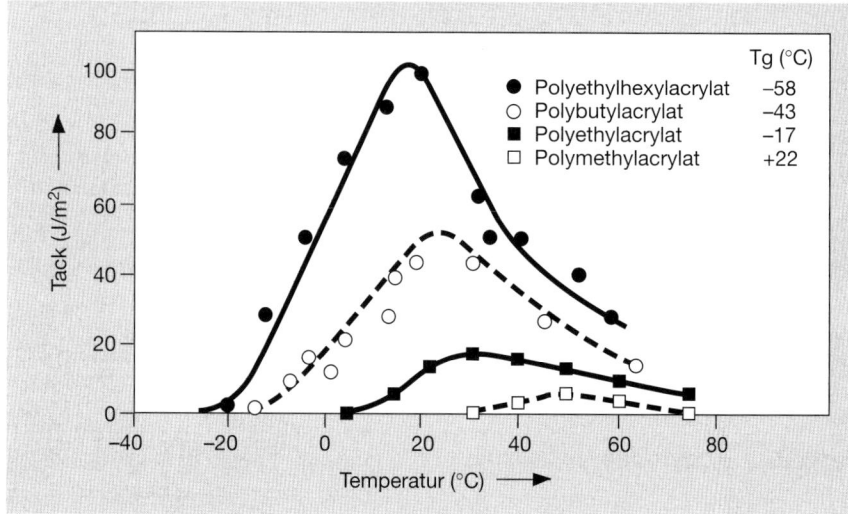

Abb. 1.3 Zusammenhang von Tack und Glastemperatur bei Polyacrylaten

Beispiele für weiche, stark dehnbare und klebrige Polymere sind Polybutylacrylat (Tg = –45 °C) und Poly-2-Ethylhexylacrylat (Tg = –61 °C). Polymethylmethacrylat, das Ausgangsmaterial für Plexiglas®[b] (Tg = +105 °C), ist im Gegensatz dazu hart, spröde und absolut klebfrei.

Die Tendenzen des Seitenketteneinflusses veranschaulicht **Tabelle 1.4**. Im einzelnen sind Poly(meth)acrylate mit unverzweigten Seitenketten, gebildet aus unverzweigten Alkoholen, weicher und dehnbarer als die von den verzweigten Isomeren ausgehenden Spezies. Dies zeigt sich auch deutlich in den unterschiedlichen Glastemperaturen (siehe **Tabelle 1.5**).

Steigende Kettenlänge →	Härte sinkt
	Flexibilität und Dehnbarkeit steigt
	UV-Stabilität steigt
	Glanzhaltung verbessert sich
	Klebrigkeit steigt
	Alkalibeständigkeit steigt
	Wasserempfindlichkeit sinkt
	Alkoholbeständigkeit steigt
	Löslichkeit in Kohlenwasserstoffen steigt

Tab. 1.4 Seitenketteneinfluss bei Poly(meth)acrylaten

Substituent	Acrylat	Methacrylat
n-Butyl	– 43 °C	+ 32 °C
iso-Butyl	– 17 °C	+ 64 °C
tert.-Butyl	+ 55 °C	+ 102 °C

Tab. 1.5 Vergleich der Glastemperaturen von Polybutyl(meth)acrylaten mit verzweigten und unverzweigten Seitenketten [37]

Copolymere und Glastemperatur

Durch die Copolymerisation (= Mischpolymersiation) der Monomere lassen sich die Eigenschaften der Polyacrylatdispersionen breit variieren. Die Glastemperatur von Mischpolymeren kann über die (empirische) Fox-Gleichung näherungsweise berechnet werden.

1/Tg (Copolymer) = w1/Tg1 + w2/Tg2 + w3/Tg3 + ... (Fox-Gleichung)

w1, w2, w3 ...   = Gewichtsanteile der Monomere 1, 2, 3, ...

w1 + w2 + w3 + ... = 1

Tg1, Tg2, Tg3 ...   = Glastemperaturen der Homopolymere 1, 2, 3, ... in Kelvin

Üblicherweise werden für Anstrichbindemittel Monomere mit einer tiefen Glastemperatur („Weichmonomere"), wie z.b. BA und EHA, und Monomere mit einer hohen Glastemperatur („Hartmonomere") der Homopolymerisate, wie z.b. BMA und MMA, so kombiniert, dass ein Copolymer mit einer Glastemperatur von ca. 0 bis 40 °C resultiert. Lediglich wenn hohe Kälteelastizität, wie z.b. für rissüberbrückende Beschichtungen gefordert ist, werden durch entsprechend hohe Weichmonomeranteile in den Copolymeren tiefere Glastemperaturen (bis –45 °C) eingestellt. Für Holzlacke und spezielle Industrielacke sollten wegen der geforderten hohen Beschichtungshärte die Glastemperaturen der Bindemittel bei 40 °C und darüber liegen.

Copolymervarianten

Bei den Acrylsäureester/Styrol-Copolymeren werden zur Kostenreduktion und Eigenschaftsoptimierung zumindest Teile des üblicherweise (wegen der erforderlichen Härte) bei Reinacrylat-Copolymeren eingesetzten MMA durch das preiswerte Monomer Styrol ersetzt. Möglich ist dies aufgrund der dem MMA vergleichbar guten Copolymerisationsneigung von Styrol mit Acrylaten und der annähernd gleichen Glastemperatur beider Homopolymere. Der Einbau des unpolaren Styrols als Ersatz für MMA führt bei den resultierenden Polymeren zur Verbesserung von Wasserfestigkeit und Alkalibeständigkeit, sowie zu einem Anstieg der Pigmentbindekraft. Dank des höheren Brechungsindex von PS gegenüber PMMA sind zudem beim Styroleinbau höhere Glanzgrade der Beschichtungen zu erzie-

Eigenschaft	S	MMA
Härte	++	++
Lichtstabilität	+/– bis –	++
Wasserfestigkeit	++	+/–
Wasserdampfdurchlässigkeit	–	+
Kreidung/Glanzabfall	+/– bis –	++
Verschmutzungsresistenz	++	+
Verseifungsbeständigkeit	++	+/– bis +
Pigmentbindekraft	++	+/–
Filmglanz	++	+
Preis	+	–
++ sehr gut + gut +/- weniger gut – unbefriedigend		

Tab. 1.6   *Bindemitteleigenschaften bei Einsatz von Styrol oder Methylmethacrylat als Hartmonomere*

len. Bei hohen Styrolanteilen und geringen Pigmentierungsgraden der Beschichtungen können jedoch, infolge der UV-Eigenabsorption der Phenylgruppen, in der Langzeitbewitterung verstärkter photoinduzierter Bindemittelabbau, Kreidung, Glanzverlust und Vergilbung eintreten (Eigenschaftsvergleich **Tabelle 1.6**).

Systemvergleich Polyacrylate – Polyvinylester

Vergleicht man die Bindemittelklasse der Poly(meth)acrylate mit den Polyvinylestern auf Basis von Vinylacetat, so sind die für Poly(meth)acrylate resultierenden Anstriche hydrophober, wasserfester, verseifungsstabiler und damit witterungsbeständiger. Aufgrund des höheren Brechungsindex und der meist feinteiligeren Einstellung der Acrylatdispersionen sind im Lackfarbenbereich zudem mit Acrylaten höhere Glanzgrade als mit Polyvinylestern zu erzielen.

Deshalb werden einfache Polyvinylacetat-Homo- oder -Copolymere und höherwertige Vinylacetat-Ethylen-Druckpolymere bevorzugt in höher pigmentierten Beschichtungen für die Innenraumanwendung eingesetzt, wo der Polymercharakter nicht so sehr die Anstricheigenschaften dominiert und an die Witterungsstabilität keine sehr hohen Anforderungen gestellt werden. Die für Außenanwendungen erforderlichen Eigenschaften werden bei dieser Beschichtungsklasse nur erreicht, wenn Vinylacetat mit großen Mengen an teuren, sterisch anspruchsvollen Comonomeren, wie den Versaticsäurevinylestern, copolymerisiert wird. Damit schwindet jedoch der Kostenvorteil gegenüber den Poly(meth)acrylaten.

Reinacrylate kommen in Europa, vor allem für die Außenanwendung zum Einsatz, ferner für Klarlacke, für Lasuren und Lackfarben und für seidenglänzende Universalfarben, d.h. pigmentfrei oder bei niedrigen bis mittleren Pigmentierungsgraden. Acrylat/Styrol-Dispersionen sind aufgrund ihres günstigen Preis-Leistungsverhältnisses nahezu universell anwendbar. Lediglich bei Klarlacken und bei Lasuren, oder allgemein bei Beschichtungen mit sehr geringem UV-abschirmendem Pigmentanteil, sind ihrer Anwendung Grenzen gesetzt.

1.3 Filmbildung von Polymerdispersionen [48 – 58]

1.3.1 Mechanismus und Mindestfilmbildetemperatur

Der Filmbildungsprozess einer Dispersion ist wesentlich komplexer als bei einem Lösungspolymerisat, bei dem nach Verdampfen des Lösemittels aus dem gelösten Polymer durch Polymerkettenverschlaufung leicht ein kontinuierlicher Film entsteht. Die Filmbildung bei Polymerdispersionen verläuft dagegen über einen mehrstufigen Prozess (**Abb. 1.4**).

Trocknungsphasen

Die Polymerpartikel der Dispersion rücken beim Trockungsvorgang durch das Verdampfen des Wassers immer enger zusammen (a), bis sie Kontakt zueinander bekommen (erste Phase der Filmbildung, b). Durch weiteres Verdunsten des Wassers schnüren sich die Flüssigkeitslamellen an der Filmoberfläche entlang der Teilchenkonturen ein, wodurch der Kapillardruck zwischen den einzelnen Teilchen wächst. Die Teilchen werden durch die Kapillar- und Oberflächenspannungskräfte aneinandergepresst und oberhalb einer für jedes Polymerisat charakteristi-

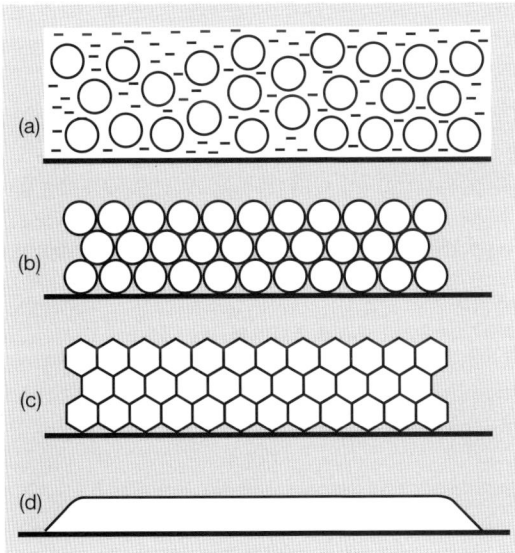

Abb. 1.4
Schema der Filmbildung

schen Temperatur, der Mindestfilmbildetemperatur (MFT), stark deformiert, wobei jedoch bis dahin die ehemaligen Teilchengrenzen noch zu erkennen sind (zweite Phase der Filmbildung, c). In einem letzten Schritt kommt es dann über die ehemaligen Teilchengrenzen hinweg zur Interdiffusion von Polymerketten, wodurch sich die Polymerteilchen, unter Bildung eines geschlossenen Films, an den Berührungsflächen miteinander verschweißen (dritte Phase der Filmbildung, d).

Da die wasserlöslichen Komponenten, wie Emulgatoren und Salze, bei der Filmbildung als sogenannte Zwickelphase an den früheren Teilchengrenzen abgelagert werden, „vergisst" der Dispersionsfilm auch bei Temperaturen weit oberhalb der MFT nicht vollständig seine partikuläre Vergangenheit. In elektronenmikroskopischen Aufnahmen erkennt man deshalb meist noch ein hexagonales, honigwabenartiges Netzwerk, gebildet aus den ehemaligen Partikeln (Beispiele in [58], siehe **Abb. 1.5**). Die hydrophilen Komponenten in der Zwickelphase sind verantwortlich dafür, dass Dispersionsfilme und Dispersionsfarben üblicherweise wasserempfindlicher sind als Filme oder Beschichtungen, die von Lösungspolymerisaten ausgehen.

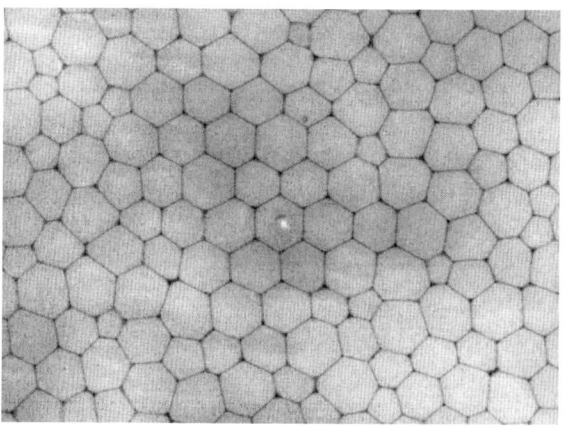

*Abb. 1.5
Elektronenmikroskopische Aufnahme der Filmstruktur einer Polyacrylatdispersion, Monolagenpräparation
(Vergrößerung 40 000 : 1)*

1.3.2 Einflussgrößen auf die Mindestfilmbildetemperatur

Feinteilige Dispersionen verfilmen besser als grobteilige Dispersionen gleicher Zusammensetzung [59], was sich meist auch in einer etwas tieferen MFT [60], in einer verbesserten Filmgüte und Wasserfestigkeit, sowie einem höherem Filmglanz widerspiegelt. Anstrichbindemittel auf Acrylatbasis sind aus diesem Grund üblicherweise feinteilig, mit Partikeldurchmessern bis zu 300 nm, bevorzugt von 100 bis 200 nm.

Die MFT liegt meist knapp unterhalb der Glastemperatur des Polymerisats. Der Unterschied zwischen MFT und Tg ist vor allem bei polaren Dispersionen besonders ausgeprägt, da hier das Phänomen der Hydroplastifizierung, d.h. einer

Weichmachung des Polymers durch das Anquellen der Teilchenoberfläche mit Wasser eintritt. Als Folge davon haben polare Dispersionen bei gleicher Glastemperatur eine um bis zu 15 °C tiefere MFT als unpolare Dispersionen.

1.3.3 Cosolvenzien und Weichmacher

Um auch „harte" Standard-Copolymer-Dispersionen mit Glastemperaturen von über 20 °C sicher bei Raumtemperatur verfilmen zu können, setzt man üblicherweise als temporäre Weichmacher Lösemittel ein, die nach der Verfilmung wieder verdampfen. Im Gegensatz zu den ebenfalls zur Senkung der MFT noch verwendeten echten oder permanenten Weichmachern (typische Vertreter siehe **Tabelle 1.7**) verbleiben die Lösemittel somit nicht im Film. Sie werden in Abhängigkeit von Umgebungstemperatur, Luftfeuchtigkeit und Siedepunkt, sowie dem daraus resultierendem Dampfdruck, unterschiedlich schnell wieder an die Umgebung abgegeben.

Dibutylphthalat
Dioctylphthalat
Tributoxyethylphosphat
2,2,4-Trimethyl-1,3-pentandioldiisobutyrat
Tripropylenglykolmonoisobutyrat
Polypropylenglykolalkylphenylether (Plastilit® 3060[d])

Tab. 1.7 Liste von häufig eingesetzten permanenten Weichmachern

Die Lösemittel in Dispersionsfarben werden deshalb häufig als Filmbildehilfs- oder Koaleszenzhilfsmittel bezeichnet [61]. Bevorzugt eingesetzt werden, neben Testbenzin, wassermischbare Glykolether (Butylglykol, Butyldiglykol, Dipropylenglykolmonomethyl- oder Dipropylenglykolmonobutylether) und deren Acetate, aber im Zuge der VOC-Diskussion und Ökolabelbestimmungen (z.B. EU-Sonnenblume, Blauer Engel) zunehmend auch Hochsieder wie Texanol®[c], ferner Ester von Dicarbonsäuren, wie Lusolvan® FBH[d], oder Tripropylenglykolmonoisobutyrat (typische Lösemittel siehe **Tabelle 1.8**).
Dies folgt aus der Tatsache, dass gemäß Bestimmungen der Europäischen Union und des Verbands der deutschen Lackindustrie die Bezeichnung Lösemittel nur gültig ist, wenn der Siedepunkt unter 250 °C (bei 1 atm) liegt [62, 63]. Alle Filmbildehilfsmittel mit Siedepunkt > 250 °C sind somit heute per Definition Weichmacher. Sie dürfen in als „lösemittelfrei" deklarierten Dispersionsfarben ohne Mengenbegrenzung eingesetzt werden, obwohl sie nicht auf Dauer im Anstrich verbleiben [62].

Vor allem auf die Lage der MFT wirkt sich das Filmbildehilfsmittel aus. Dabei spielt seine Solvatationsfähigkeit gegenüber den Latexteilchen eine wesentliche Rolle [64]. Die hydrophoben Lösemittel, wie Testbenzin oder Texanol®[c], sind

Testbenzin
Butylglykol (BG)
Butyldiglykol, Butylcarbitol (BDG; Diethylenglykol-Monobutylether)
1-Methoxy-2-propanol
2,2,4-Trimethyl-1,3-pentandiolmonoisobutyrate (Texanol®[c])
Diisobutylester langkettiger Dicarbonsäuren (z.b. Lusolvan® FBH[d])
Dipropylenglykol-methylether (Dowanol® DPM[e])
Dipropylenglykol-propylether (Dowanol® DPnP[e])
Dipropylenglykol-n-butylether (Dowanol® DPnB[e])
Tripropylenglykol-n-butylether (Dowanol® TPnB[e])
Propylenglykolphenylether (Phenoxypropanol; Solvenon® PP[d])
Shellsol® A[a]
Butylglykolacetat
Butyldiglykolacetat
Propylenglykol
Ethylenglykol
Pine Oil
2-Ethylhexylbenzoat (Velate® 368[f])

Tab. 1.8 Liste von häufig eingesetzten Lösemitteln/Filmbildehilfsmitteln in Anstrichfarben

mit dem Polymer gut verträglich. Deshalb quellen und plastifizieren sie in Abhängigkeit von ihrer Affinität zu dem Latexteilchen stärker als hydrophile Lösemittel, die überwiegend in der Wasserphase vorliegen. Hydrophile Lösemittel, wie Ethylengklykol oder Propylenglykol haben nahezu keine plastifizierende Wirkung mehr. Sie verlangsamen jedoch das Verdunsten von Wasser und verzögern dadurch die Filmbildung. Geeignet sind sie somit vor allem als Hilfsmittel zur Verlängerung der Überstreichbarkeitsphase (offene Zeit). Sie dienen damit der Verbesserung der Verarbeitungseigenschaften, erlauben aber auch durch eine Gefrierpunktsernierigung die froststabile Einstellung der Anstrichfarben.

Am Beispiel der Acrylat/Styrol-Dispersion Acronal® 290 D[d], einem Standardbindemittel für Anstrichfarben und Putze mit einer Glastemperatur von 23 °C und einer MFT von ca. 20 °C, erkennt man den Einfluss unterschiedlicher Lösemittelzusätze auf die MFT-Entwicklung (siehe **Abb. 1.6**).

Gebrauchseigenschaften

Hochsieder, wie Texanol®[c] oder Lusolvan® FBH[d], verbleiben teilweise noch über Wochen und Monate im Film und haben deshalb den Nachteil, dass die

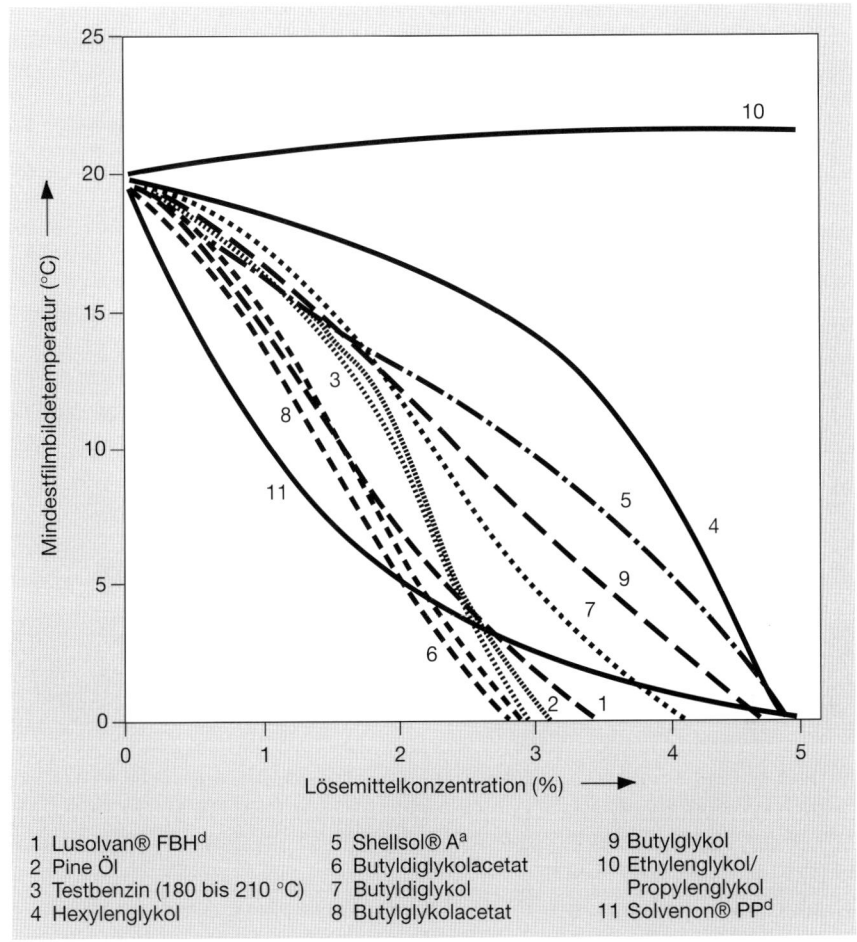

Abb. 1.6   Einfluss von Lösemitteln auf die MFT von Acronal® 290 D^d

1 Lusolvan® FBH^d
2 Pine Öl
3 Testbenzin (180 bis 210 °C)
4 Hexylenglykol
5 Shellsol® A^a
6 Butyldiglykolacetat
7 Butyldiglykol
8 Butylglykolacetat
9 Butylglykol
10 Ethylenglykol/ Propylenglykol
11 Solvenon® PP^d

Endeigenschaften des Anstrichs, wie Klebfreiheit, Härte und Blockfestigkeit, erst sehr spät nach Applikation des Systems erreicht werden (siehe **Abb. 1.7** zur Pendelhärte von Acronal® 290 D^d mit unterschiedlichen Lösemitteln). Echte Weichmacher verbleiben im Gegensatz zu Filmbildehilfsmitteln permanent im Film und verändern die Filmeigenschaften auf Dauer. Wegen der damit meist einhergehenden stärkeren Filmklebrigkeit erhöht sich die Verschmutzungsneigung der Anstriche in starkem Maße. Deshalb bleibt der Einsatz permanenter Weichmacher auf spezielle Formulierungen, z.B. elastische, rissüberbrückende Beschichtungen, beschränkt. Weichmacher haben in vielen Fällen auch eine gewisse Migrations-

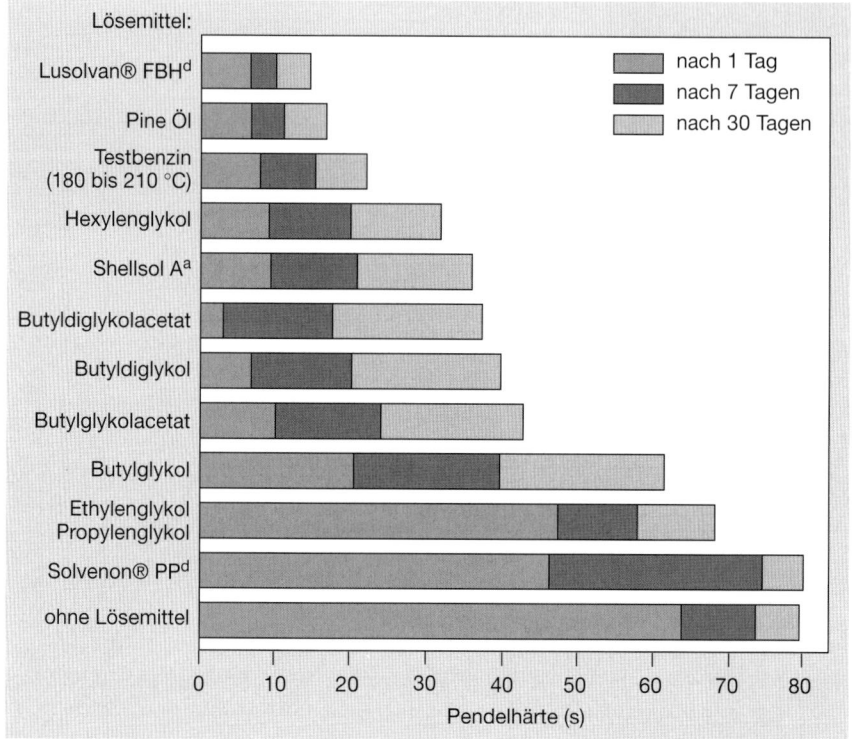

Abb. 1.7 *Pendelhärte von Acronal® 290 D^d in Abhängigkeit von Lösemittel und Trocknungszeit; 60 mm Filmschichtdicke (nass), unpigmentiert, 20 °C, 65 % Luftfeuchtigkeit, 4 % Lösemittel auf Dispersion*

neigung zur Oberfläche, was die Verschmutzungsneigung derart modifizierter Beschichtungen während ihrer Lebensdauer noch verstärken kann.

Generell sollte bei der Verfilmung einer Polymerdispersion oder einer dispersionsgebundenen Anstrichfarbe darauf geachtet werden, dass die Verarbeitungstemperatur hoch genug und die Trocknungszeit ausreichend lang ist. Nur bei Temperaturen oberhalb der MFT des Systems bildet sich ein durchgehender, mechanisch beanspruchbarer, klarer Film. Verdampft das Wasser bei Temperaturen unterhalb der MFT, so entstehen rissige, oder gar pulvrige, trübe Filme.

Auf die Trocknungsgeschwindigkeit und die Filmgüte haben, neben der Wahl des Filmbildehilfsmittels, die Temperatur, die relative Luftfeuchtigkeit der Umgebung und die Luftwechselrate einen erheblichen Einfluss [65].

1.3.4 Umweltschutzaspekte

Ein gestiegenes Umweltbewusstsein der Endverbraucher hat vor allem in Nordeuropa, aber auch in Deutschland, den Niederlanden, Österreich und der Schweiz dazu geführt, dass die Lack- und Farbenhersteller zunehmend lösemittelarme bzw. lösemittelfreie Produkte anbieten. Die Rohstoffhersteller haben heute zu diesem Zweck „intern plastifizierte" Bindemittel, mit einem erhöhten Anteil an copolymerisierten Weichmonomeren, in ihren Sortimenten (aktuelle Produktübersichten in [66]). Für eine gute Verfilmung ohne Lösemittelzusatz, auch unter ungünstigen Witterungsbedingungen, ist eine MFT des Bindemittels von höchstens 5 °C, oder besser unter 3 °C, erforderlich [67]. Mit derartigen Bindemitteln hergestellte „Ökofarben" dürfen laut Richtlinie des Verbands der deutschen Lackindustrie als „lösemittel- und weichmacherfrei" deklariert werden, wenn der Rest-VOC- und Weichmachergehalt unter 1 g pro Liter Farbe liegt [62].

Die Bestimmung der MFT einer Dispersion erfolgt üblicherweise auf der sogenannten Kofler Bank (z.B. gemäß ISO 2115). Die Dispersion wird dazu auf eine Metallschiene, an der ein Temperaturgradient besteht, aufgezogen und getrocknet. Die MFT ist dann diejenige Temperatur, ab der sich ein homogener, riss- und trübungsfreier Film bildet.

1.4. Kenngrößen und Eigenschaften von Anstrichbindemitteln [68]

Die wesentlichen Kenngrößen einer Polymerdispersion für Anstrichfarben sind im folgenden aufgeführt:

- Feststoffgehalt/Polymergehalt
- Koagulat und Stippenanteil
- Teilchengröße (= Teilchendurchmesser)
- Viskosität
- pH-Wert
- Stabilität (gegen Scherung, Elektrolyteinwirkung, Frost-Tau-Wechsel)
- Mindestfilmbildetemperatur/Glastemperatur
- Molekulargewicht/Vernetzung
- Oberflächenspannung
- Restmonomerengehalt/VOC-Gehalt/Geruch

Die Bedeutung von Glastemperatur und Mindestfilmbildetemperatur wurde bereits unter Abschnitt 1.3 diskutiert. Auf die bisher noch nicht erörterten Punkte wird im folgenden näher eingegangen.

1.4.1 Feststoffgehalt

Der Feststoffgehalt ist ein Maß für den Wirkstoffgehalt der Dispersion. Es handelt sich um das Verhältnis der Trockenmasse der Dispersion (nach Verdampfen aller flüchtigen Anteile) zur Gesamtmasse. Der Feststoffgehalt setzt sich zusammen aus dem Polymerisat, den Stabilisatoren und den anorganischen Salzen (z.B. Starterzersetzungsprodukte oder Puffersubstanzen). Die Bestimmung des Feststoffgehalts erfolgt üblicherweise nach DIN ISO 1625-D bzw. DIN EN ISO 3251.

1.4.2 Koagulat

Als Koagulat oder Feinkoagulat bezeichnet man mehr oder weniger grobes Polymermaterial in der Dispersion. Bei festgelegter Maschenweite eines Filters (z.B. 100 µm) kann es zurückgehalten und zur quantitativen Bestimmung ausgewogen werden (z.B. nach DIN ISO 4576). Es handelt sich dabei um Hautfetzen, angetrockneten Schaum oder größere Aggregate aus Polymerpartikeln, die sich allesamt störend auf die Güte des Dispersions- und Anstrichfilms auswirken können. Mit dem Auge lassen sich die Feinkoagulatanteile nach Aufrakeln der Dispersion auf eine Glasplatte im Durchlicht als sogenannte Stippen erkennen. Sie können vor allem bei Spritzapplikation, z.B. von Lackfarben, zu Fehlstellen oder zu Defekten im Anstrichfilm führen.

Deshalb werden die Polymerdispersionen heute bereits beim Hersteller über feinmaschige Filter (üblich 20 bis 200 µm Maschenweite) filtriert. Da bei Transport und Handling der Dispersionen Schaum und Hautbildung meist nicht vollständig ausgeschlossen werden können, empfiehlt sich vor allem für hochwertige, schwach pigmentierte bis unpigmentierte Systeme eine erneute Filtration der Dispersion vor dem Einsatz zur Farbenherstellung.

1.4.3 Teilchengröße

Die Teilchengröße der Dispersion hat einen Einfluss auf viele wichtige Bindemitteleigenschaften, wie Verfilmungsneigung (siehe Abschnitt 1.3), Filmglanz (siehe Kapitel 5), Bindekraft (siehe Kapitel 2 und 7) oder Penetrationsvermögen (siehe Kapitel 3) in poröse Substrate. Weiterhin bestimmt die Teilchengröße in starkem Maße die innere Oberfläche des Systems und damit den Stabilisatorbedarf. Dabei geht man von folgenden Relationen aus (mit dem Partikelradius r):

Volumen des Teilchens $\quad V = (4/3)\,\pi r^3$
Oberfläche des Teilchens $\quad S = 4\,\pi r^2$

Typische Werte hierzu sind in **Tabelle 1.9** aufgeführt.

Die Teilchengröße ist deshalb eine wichtige Kenngröße des Bindemittels. Eine einfache Methode zu ihrer Bestimmung ist die Messung der Trübung bzw. der Lichtdurchlässigkeit einer stark verdünnten Probe (z.B. 0,01 %-ige Lösung). Mit

Teilchengröße	Teilchenzahl [in 1 cm³]	Gesamte Teilchenoberfläche
100 nm	$9{,}55 \times 10^{14}$	30 m²
200 nm	$1{,}19 \times 10^{14}$	15 m²
1000 nm	$9{,}55 \times 10^{11}$	3 m²

Tab. 1.9   Teilchenzahl und innere Oberfläche für 1 g Dispersion der Dichte 1g/cm³ bei 50 % Feststoffgehalt und unterschiedlicher Teilchengröße [7]

sinkender Teilchengröße steigt die Lichtdurchlässigkeit der verdünnten Dispersion. Im gleichen Sinne verändert sich das Aussehen der unverdünnten Dispersion von weiß opak (für größer 200 nm) über bläulich schimmernd (für kleiner 100 nm) bis hin zu nahezu transparent für feinstteilige Dispersionen mit Teilchengrößen unter 30 bis 40 nm. Die Trübung einer 0,01 %-igen Dispersion in Bezug zu Wasser wird als Lichtdurchlässigkeitswert (LD-Wert) bezeichnet. Er wird von einigen Dispersionsherstellern als Maß für die Teilchengröße angegeben. Der LD-Wert ist jedoch nicht nur durch die Teilchengröße, sondern auch durch den Brechungsindexunterschied des Polymeren zu Wasser bestimmt (siehe **Abb. 1.8**). Aufgrund des höheren Brechungsindex von Polystyrol im Vergleich zu Poly(meth)acrylaten haben Acrylat/Styrol-Dispersionen bei vergleichbarem mittleren Teilchendurchmesser tiefere LD-Werte als Reinacrylate. Zur genaueren Bestim-

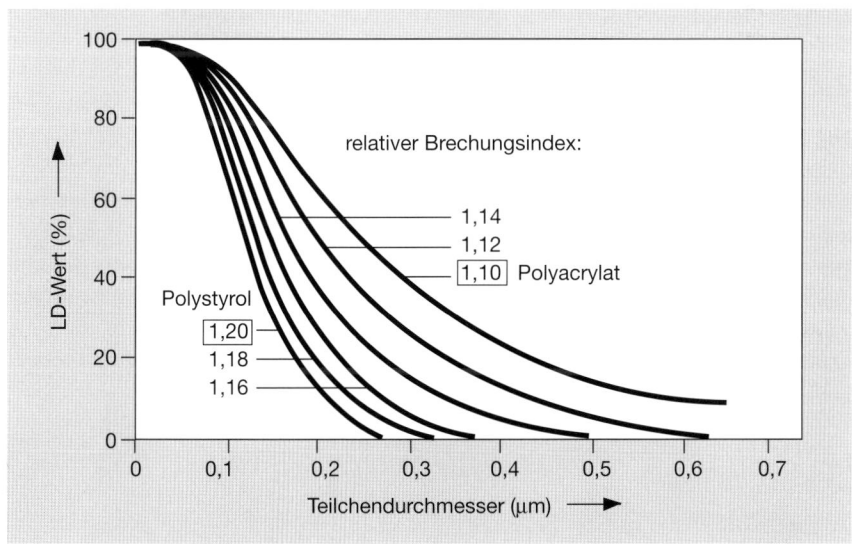

*Abb. 1.8   Zusammenhang von LD-Wert, relativem Brechungsindex und Teilchengröße (für 0,01%ige Dispersion)
relativer Brechungsindex = Brechungsindex Polymer/Brechungsindex H_2O*

mung des mittleren Teilchendurchmessers bedient man sich heute lasergestützter Lichtstreumethoden. Um exakte Informationen über die Breite der Teilchengrößenverteilung zu bekommen, werden aufwendigere Methoden, wie die analytische Ultrazentrifuge, die Elektronenmikroskopie mit Bildauswertung oder die kapillarhydrodynamische Fraktionierung (CHDF) angewendet [68].

1.4.4 Oberflächenspannung

Die Oberflächenspannung einer Dispersion ist bei Vorgabe von Teilchengröße und Feststoffgehalt im wesentlichen abhängig von der Polarität des Grundpolymeren, sowie von Typ und Menge der hydrophilen Comonomeren (z.b. AS) und der grenzflächenaktiven Komponenten (z.b. Emulgatoren). Für die Anstrich- und Lackanwendung ist diese Kenngröße von erheblicher Bedeutung. So werden gute Benetzung eines zu beschichtenden Substrats und defektfreie Verfilmung nur bei ausreichend niedriger Oberflächenspannung von Dispersion bzw. Farbe oder Lack garantiert. Die meisten Polymerdispersionen haben Oberflächenspannungswerte zwischen 30 bis 50 mN/m (zum Vergleich: reines Wasser 73 mN/m).

Zur Messung der Oberflächenspannung einer Dispersion dient in der Praxis meist die Ringmethode nach Du Nouiy (siehe DIN ISO 1409). Hierbei wird ein parallel zur Oberfläche orientierter Platinring aus der Dispersion herausgezogen und die Abziehkraft der anhaftenden Flüssigkeitslamelle bis zu deren Abriss gemessen. Hochviskose Dispersionen müssen bei Anwendung der geschilderten Methode vorher verdünnt werden.

1.4.5 Viskosität und Rheologie

Der Fließwiderstand, d.h. die sogenannte Viskosität oder Zähigkeit der Polymerdispersion in flüssiger Phase, ist für Herstellung, Handhabung und Verarbeitung von erheblicher Relevanz. So steuern neben dem Teilchendurchmesser der Polymergehalt der Dispersion, sowie deren Oberflächenfunktionalisierung – durch Einsatz wasserlöslicher Comonomere, wie MAS, AS oder AM – die Viskosität und das Fließverhalten. Die Viskosität ist insgesamt eine Funktion der Viskosität der wässrigen Phase, sowie des Volumenanteils und der Packung der Teilchen. Eine mathematische Beschreibung der Viskosität einer Dispersion ist über die *Mooney-Gleichung* möglich:

$$\ln \eta = \ln \eta_K + \frac{K_F \cdot V_D}{1 - (V_D / K_P)} \qquad \text{Mooney-Gleichung}$$

η = Viskosität, η_K = Viskosität der wässrigen Phase, K_F = Formfaktor (für kugelförmige Partikel = 2,5), V_D = Volumenfraktion der dispersen Phase, K_p = Packungsfaktor (für monodisperse, dichtgepackte Kugeln = 0,637).

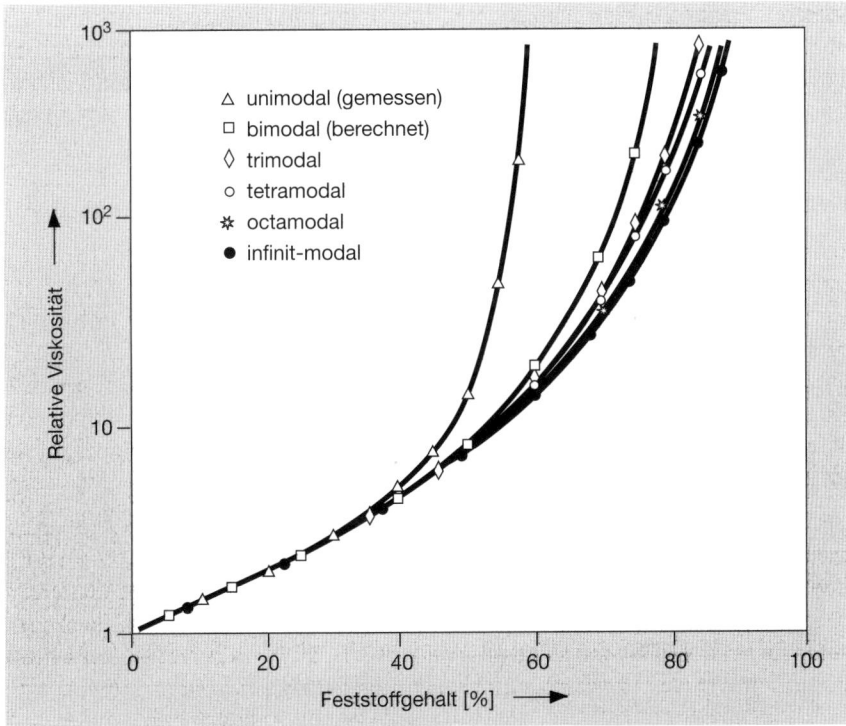

Abb. 1.9   Zusammenhang von Feststoffgehalt und Viskosität für unterschiedliche Teilchengrößenverteilungen [69]

Demnach wird – bei geringem Volumenanteil – die Viskosität im wesentlichen durch die wasserlöslichen Polymeranteile bestimmt, und sie nimmt mit steigendem Volumenanteil des Polymeren langsam zu. Nähert sich der Volumenanteil jedoch dem Packungsfaktor, so steigt die Viskosität sehr rasch an (siehe **Abb. 1.9** aus [69]). Mit abnehmendem Teilchendurchmesser erfolgt der Viskositätsanstieg aufgrund zunehmender Packungsdichte und steigender Wechselwirkung der Teilchen bereits bei geringerem Volumenanteil des Polymeren.
Dieser Anstieg tritt für monomodale Dispersionen (= Dispersion mit Teilchen einheitlicher Teilchengröße) eher ein als für Dispersionen mit breiter oder multimodaler Teilchengrößenverteilung [69 - 71].

Feststoff- und Viskositätseinfluss

Bei feinstteiligen, monomodalen Dispersionen (Teilchengröße 30 bis 80 nm) ist Fließfähigkeit lediglich gegeben bis zu Feststoffgehalten von 35 bis 45 Gew.-%, bei Standardbindemitteln mit Teilchengrößen von 100 bis 200 nm hingegen für Feststoffgehalte von 45 bis maximal 55 Gew.-%. Im Gegensatz zu Polymerlösungen

hat bei Dispersionen das Molekulargewicht nur einen untergeordneten Einfluss auf die Viskosität.
Feststoffgehalte von mehr als 60 Gew.-% lassen sich – bei akzeptabler Viskosität – nur für Dispersionen mit bi- bzw. multimodaler Teilchengrößenverteilung, d.h. für Mischungen aus Partikeln unterschiedlicher Teilchengröße einstellen [69 - 71]. Die feinen Partikel füllen dann die Lücken zwischen den groben Partikeln. Dies ist an der rasterkraftmikroskopischen (AFM)-Oberflächenaufnahme eines Dispersionsfilms aus einer im wesentlichen bimodalen Dispersion klar zu erkennen (siehe **Abb. 1.10**). Derartige multimodale, hochkonzentrierte Dispersionen lassen sich durch spezielle Emulsionspolymerisationsverfahren gezielt erzeugen. Üblicherweise generiert man dazu im Verlauf der Polymerisation durch abgestimmte Emulgator- oder Saatlatex-Schusszugabe eine bzw. mehrere neue Teilchengenerationen.

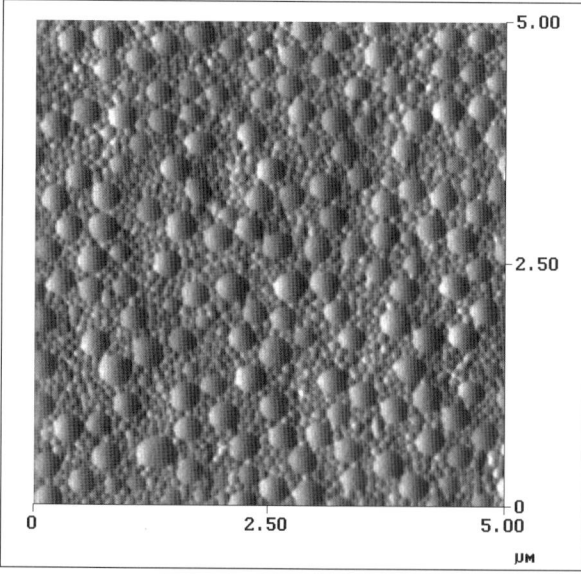

*Abb. 10
Rasterkraftmikroskopische (= Atomic Force Microscopy, AFM)-Aufnahme des Films einer bimodalen hochkonzentrierten Dispersion*

Viskositätskontrolle

Wässrige Polymerdispersionen und Anstrichfarben ohne Verdickerzusatz zeigen im allgemeinen ein mehr oder weniger ausgeprägtes, pseudoplastisches Fließverhalten, d.h. ihre Viskosität fällt mit steigender Scherrate. Dies steht im Gegensatz zu Lösungspolymerisaten und klassischen, lösemittelbasierten Lacksystemen (z.B. Alkydlacke), die eher zu newtonischem Verhalten neigen, d.h. kaum eine Scherverdünnung, aufweisen (siehe dazu auch Kap. 2.4.4.2 und Abb. 2.10).
Ein einfaches Bestimmungsverfahren für das Fließverhalten ist das Arbeiten mit sogenannten Auslaufbechern (z.B. Ford-Becher oder nach ISO 2431 bzw. EN 535). Es handelt sich dabei um trichterförmige Gefäße, die mit einem definierten Volu-

men der Dispersion befüllt werden. Die Auslaufzeit in Abhängigkeit von der Auslaufgeometrie (Länge und Durchmesser) ist dann ein Maß für die Viskosität der Dispersion.
Alternativ kann die Viskosität mittels eines Rotationsviskosimeters (z.B. nach DIN 53 214, DIN EN ISO 3219 oder Brookfield-Messungen nach ISO 2555, ISO 1652) bestimmt werden. Dabei dreht sich ein Metallzylinder konzentrisch in einem dispersionsgefüllten Becher. Über eine Drehmomentmessung an diesem Zylinder kann die Schubspannung bei variierter Schergeschwindigkeit gemessen werden. Über die Beziehung, dass die Viskosität gleich dem Quotienten aus Schubspannung und Schergeschwindigkeit ist, lässt sich dann die Viskosität bei unterschiedlicher Scherrate ermitteln (= Fließkurve). Üblicherweise wird von den Herstellern die Viskosität einer Dispersion bei einer bestimmten Schergeschwindigkeit (z.B. 100 s^{-1} oder 250 s^{-1}) angegeben. Anstrichbindemittel liegen im Normalfall im Bereich von 50 bis 1500 mPas (bei 100 s^{-1} nach DIN EN ISO 3219).

1.4.6 Stabilität

Die kolloidale Stabilität der Dispersion bei Herstellung und Verwendung ist, wie bereits dargestellt, eine Funktion der Stabilisatormenge (z.B. Emulgatoren), aber auch der Teilchengröße und des Feststoffgehaltes. Aufgrund der rasch steigenden inneren Gesamtoberfläche fällt die Stabilität der Dispersion – bei gleichem Partikelvolumen und bei identischer Stabilisatormenge – mit abnehmender Teilchengröße stark ab. Mit steigendem Feststoffgehalt sinkt die kolloidale Stabilität wegen zunehmender Wechselwirkung der Partikel aufgrund der höheren Packungsdichte. Generell kann die Stabilität durch mehrere Faktoren, wie mechanischer Stress, Temperaturbelastung, Frost- oder Elektrolyteinwirkung oder Lösemittelzusatz beeinträchtigt werden.
Sinkt beispielsweise die Temperatur unter den Gefrierpunkt der wässrigen Phase, so koagulieren oder aggregieren die Polymerdispersionen vielfach irreversibel. Deshalb sollte auf möglichst frostfreie Lagerung der Dispersionen geachtet werden. Die Kältestabilität kann bei modernen Dispersionen durch Zusatz von z.B. nichtionischen Emulgatoren so weit verbessert werden, dass zum Teil mehrere Frost/Tau-Zyklen unter vollständiger Redispergierung überstanden werden.
Eine zu hohe Temperatur beeinträchtigt ebenfalls die Stabilität von Polymerdispersionen. Mit steigender Temperatur wächst die Zahl und die Energie der Partikelzusammenstöße und damit die Neigung zur Koagulation des Systems. Im allgemeinen ist der Effekt der Temperaturerhöhung jedoch eher gering, wenigstens solange ein stärkerer Wasserverlust durch Verdampfung ausbleibt oder keine chemischen Veränderungen bei Einsatz von Reaktivmonomeren eintreten.

1.4.7 pH-Wert

Der pH-Wert von Anstrichbindemitteln liegt üblicherweise im neutralen bis schwach basischen Bereich (pH = 6 bis 9, Messung nach DIN 53 785 oder ISO

976). Dies ist eine Konsequenz aus der Tatsache, dass die Stabilität der meist durch Copolymerisation von AS oder MAS enstandenen, somit mit Carboxylgruppen funktionalisierten Bindemittel mit steigendem pH-Wert (vor allem ab pH = 5 bis 7) stark zunimmt. Ursache hierfür ist die zunehmende Deprotonierung und damit verbesserte Ladungsstabilisierung. Darüber hinaus zeigen Standarddispergiermittel auf Basis von Polycarbonsäuren ihre agglomerationsverhindernde Wirkung auf Füllstoffe und Pigmente ebenfalls erst ab pH > 6,5 in der fertigen Farbe, die deshalb ebenfalls neutral bis schwach alkalisch sein muss.

Der pH-Wert hat weiterhin Einfluss auf die Viskosität von Dispersion und Farbe. Mit dem pH-Wert steigt die Viskosität als Funktion der Menge an copolymerisierter Carbonsäure (abhängig von Typ und Menge) an.

1.4.8 Restmonomere und restflüchtige Anteile

Bei der Emulsionspolymerisation verbleiben bei Acrylat/Styrol-Copolymeren bis zu 1 % (10000 ppm) und bei Reinacrylaten bis zu 0,1 % (1000 ppm) an nichtumgesetzten Monomeren (= Restmonomere) in der Dispersion. Die insgesamt resultierende Restmenge wird bestimmt von den eingesetzten Monomeren, der Startermenge und der Prozessführung. Durch gezielte Nachdosierung eines Redoxinitiierungssystems, z.B. Wasserstoffperoxid/Ascorbinsäure, nach Ende der eigentlichen Polymerisation kann die Menge an Restmonomeren deutlich reduziert werden. So lassen sich z.B. auch Anforderungen wie die des „Blauen Engels" für Lackfarben [72], d.h. ein Restmonomerengehalt im Bindemittel kleiner 500 ppm, üblicherweise erfüllen.

Mittels Durchleiten von Wasserdampf (Strippen) durch die Dispersion im Vakuum können – im Sinne einer Wasserdampfdestillation – bei ausreichender kolloidaler Stabilität der Dispersion die restlichen Anteile an Monomeren weitgehend entfernt werden (bis < 50 ppm). Ebenso beseitigen lassen sich so die sonstigen flüchtigen Anteile (= Volatile Organic Compounds, abgekürzt VOCs), wie Spalt- oder Zersetzungsprodukte, sowie Verunreinigungen der Einsatzstoffe aus der Dispersion [73]. Dabei sind Gesamt-VOC-Werte bis kleiner 500 ppm möglich. Zur Bestimmung der Restmonomeren- und VOC-Anteile nutzt man üblicherweise die Gaschromatographie, z.B. mit Direkteinspritzung der Dispersion oder mit der Head Space-Technik bei vollständiger Probenverdampfung und Analyse des Dampfraums.

1.5 Einflussgrößen auf die Eigenschaften bei der Bindemittelherstellung

Die Rezepturen zur Herstellung der Acrylatbindemittel über Emulsionspolymerisation sind ähnlich komplex wie diejenigen der Farbrezepturen selbst. Neben den Monomeren haben weitere Einsatzstoffe, wie Initiatoren, Emulgatoren,

Puffersysteme und Kettenüberträger, aber auch Prozessparameter, wie Druck, Temperatur und Dosierzeit, einen erheblichen Einfluss auf die Polymercharakteristik und auf die Eigenschaften des Bindemittels. Dabei sind folgende Einsatzstoffe bei der Bindemittelherstellung zu berücksichtigen:

– Haupt- oder Grundmonomere
– Hilfsmonomere (Stabilisatoren, Vernetzer, Haftvermittler etc.)
– Emulgatoren
– Initiatorsystem
– Kettenübertragungsmittel/ Regler
– Puffersubstanzen
– Komplexierungsmittel
– Neutralisationsmittel
– Biozide/Konservierungsmittel
– Entschäumer

1.5.1 Monomerenauswahl [37, 42, 44]

Die Grundeigenschaften, wie Polarität, Härte und Flexibilität der Beschichtung, werden vor allem durch die Wahl der Standardmonomere, wie n-BA, 2-EHA, EA, MMA oder Styrol, im Copolymer eingestellt. Daneben haben aber auch funktionelle Monomere, als Hilfsmonomere üblicherweise nur 0,5 bis 10 Gew.-% des Gesamtpolymers ausmachend, einen erheblichen Einfluss auf das Gesamteigenschaftsbild. Durch die Copolymerisation von Acrylsäure, Methacrylsäure, Acrylamid oder Methacrylamid oder durch Sulfomonomere, wie die Acrylamidopropansulfonsäure, kann beispielsweise die Rheologie gesteuert werden. Gleichzeit lässt sich so die kolloidale Stabilität der Dispersion steigern. Vernetzende Monomere, z.B. Divinylbenzol, Bisacrylate wie Ethylenglykoldimethacrylat, sowie Epoxy- oder N-methylolfunktionelle Monomere verbessern die Beständigkeiten gegenüber Lösemittel- und Chemikalieneinwirkung. Sie führen auch zu höherer mechanischer Festigkeit der Anstrichfilme.

Funktionelle Monomere mit Amino-, Acetoacetoxy-, Phosphat- oder Harnstoffgruppen, aber auch Acryl- oder Methacrylsäure selbst, können ebenso wie siloxangruppentragende Monomere durch spezifische Wechselwirkungen oder chemische Reaktion die Haftung zum Untergrund verbessern. Eine Auswahl funktioneller (Meth)acrylatmonomere, die in wässrigen Anstrich- und Lackbindemitteln eingesetzt werden, findet sich in **Tabelle 1.10**.

1.5.2 Hilfsstoffe

1.5.2.1 Emulgatoren und Schutzkolloide

Die Emulgatoren oder Tenside – üblicherweise werden davon bei Bautenanstrich-Bindemitteln Kombinationen aus anionischen und nichtionischen Typen einge-

Monomer	Funktionalität
Acrylamid; Methacrylamid	- $CO-NH_2$
Acrylsäure; Methacrylsäure	- COOH
Hydroxyethylacrylat; Hydroxyethylmethacrylat	- OH
Hydroxypropylacrylat; Hydroxypropylmethacrylat	- OH
Glycidylacrylat; Glycidylmethacrylat	- Epoxy
N-Methylolacrylamid; N-Methylolmethacrylamid	- $CO-NH-CH_2-OH$
Sulfoethylacrylat; Sulfoethylmethacrylat	- SO_3H
Acrylamidopropansulfonsäure	- SO_3H
Diacetonacrylamid	- $CO-CH_3$
Acrolein; Methacrolein	- CHO
Acetoacetoxyethylmethacrylat	- $CO-CH_2-CO-CH_3$
Methacryloxypropyltrimethoxysilan	- $Si(OCH_3)_3$
Allylacrylat; Allylmethacrylat	- $O-CH_2-CH=CH_2$
Ethylenglykoldimethacrylat	- $O-CO-CH=CH_2$
Phosphatoethyl(meth)acrylat	- $O-PO_3H$
Acrylnitril; Methacrylnitril	- CN
Dimethylaminoethyl(meth)acrylat	- $N(CH_3)_2$
Acrylamidoglykolsäure	- CO-NH-CH(OH)-COOH

Tab. 1.10   Funktionelle (Meth)acrylatmonomere

setzt – sind verantwortlich für eine ausreichende kolloidale Stabilität, sowie für die Pigment- und Füllstoffverträglichkeit der Dispersionen. Dies wird durch Ladungs- oder durch sterische Stabilisierung gewährleistet. Typ und Menge an Emulgatoren steuern aber auch die Teilchengröße und damit Viskosität und Filmeigenschaften des Systems.

Emulgatoren sind amphiphile Verbindungen, die üblicherweise aus einem langkettigen, hydrophoben organischen Rest und einer hydrophilen Kopfgruppe aufgebaut sind. Bei den organischen Resten handelt es sich in der Regel um Alkyl- (meist C_{12} bis C_{18}), Alkylbenzol-, Alkyldiphenyloxid- oder Alkylphenolgruppen (meist C_8 bis C_9). Als hydrophile, polare Kopfgruppen kommen bei den anionischen Emulgatortypen Sulfat-, Polyethersulfat-, Sulfonat-, Sulfobernsteinsäure-, Carboxyl-, Phosphat- oder Phosphonatgruppen zum Einsatz [74, 75]. Technisch sehr häufig genutzte anionische Emulgatoren sind Natriumdodecylsulfat ($C_{12}H_{25}$-O-SO_3Na) und Natriumdodecylbenzylsulfonat ($C_{12}H_{25}$-C_6H_4-SO_3Na). Bewährt haben sie sich auch in Grundlagenuntersuchungen zur Emulsionspolymerisation.

Bei den nichtionischen Emulgatoren übernehmen ungeladene langkettige Polyethylenoxid- (EO-Grad von 8 bis 50) oder Polyglykosidketten (bei Alkylpolyglykosiden) den hydrophilen Part. Daneben verwendet man auch Polypropylenoxid/Polyethylenoxid-Blockcopolymere als nichtionische Emulgatoren bei der

Emulsionspolymerisation. Emulgatoren auf Basis von Alkylphenolethoxylaten, die sich über Jahrzehnte als gute technische Emulgatoren für die Emulsionspolymerisation erwiesen haben, sind in den letzten Jahren wegen ihrer Ökotoxizität (Fischtoxizität und umstrittene endokrine Wirkung) zunehmend unter Beschuss gekommen [76]. Sie werden deshalb immer häufiger durch alternative ethoxylierte Emulgatoren auf Basis von beispielsweise nativen Fettalkoholen oder synthetischen Oxoalkoholen bzw. durch Alkylpolyglykoside ersetzt [77 - 79].

Schutzkolloide sind natürliche oder synthetische Polymeremulgatoren (Polyvinylalkohol, Stärke, Polyvinylpyrrolidon, Hydroxyethylcellulose oder Polypeptide, z.B. Gelatine etc.). Sie tragen zur sterischen Stabilisierung, vor allem gegen Elektrolyteinwirkung, und zur Verbesserung der Lagerstabilität bei. Zudem steuern sie aufgrund ihres Quellvermögens und ihrer Hydratationsfähigkeit auch die Viskosität und das Fließverhalten der Dispersion und der formulierten Anstrichfarben, haben jedoch meist nachteilige Wirkung auf die Wasserfestigkeit der Beschichtungen [48].

1.5.2.2 Initiatoren und Regler

Als Initiatoren werden wasserlösliche, thermisch zerfallende Radikalstarter oder Radikalbildner wie Alkali- (Na, K) oder Ammonium-Peroxodisulfat eingesetzt, reagierend z.B. nach folgendem Schema:

$$KO\text{-}SO_2\text{-}O\text{-}O\text{-}SO_2\text{-}OK \xrightarrow{\Delta T} 2\ KO\text{-}SO_2\text{-}O \bullet \quad \text{Persulfatzerfall (Radikalbildung)}$$

Daneben finden aber auch Wasserstoffperoxid, organische Peroxide und Hydroperoxide bzw. Azoverbindungen als Initiatoren Verwendung. Die Radikalbildung erfolgt durch homolytische Spaltung der Peroxogruppen bzw. bei den Azostartern durch Abspaltung von Stickstoff. Üblicherweise ist die Zerfallscharakteristik so gewählt, dass die Polymerisation bei 75 bis 95 °C ablaufen kann. Alternativ lassen sich sogenannte Redoxsysteme nutzen, bei denen ein Oxidationsmittel mit einem Reduktionsmittel zur Initiierung der Polymerisation kombiniert wird. Eine derartige Redoxpolymerisation bedarf nur in geringerem Maße der thermischen Aktivierung, was die Durchführung der Polymerisation bereits bei tieferen Temperaturen (bis zu Raumtemperatur) erlaubt.

Bekannte Redoxsysteme sind die Kombination von Wasserstoffperoxid mit Ascorbinsäure oder von Wasserstoffperoxid mit reduzierenden Eisen(II)- bzw. Kupfer(I)-Salzen. Die Radikalbildungsreaktion lässt sich folgendermaßen beschreiben:

$$HO\text{-}OH + Fe^{2+} \rightarrow HO \bullet + OH^- + Fe^{3+}$$

Typ, Dosiermenge und Dosierstrategie des Initiators und der Kettenübertragungssubstanzen sind maßgebend für das Molekulargewicht sowie für die Polymerarchitektur (z.B. Verzweigung und Vernetzung); sie haben ferner einen Einfluss auf den Restmonomerengehalt am Ende der Polymerisation.

Als Kettenüberträger oder Regler nimmt man üblicherweise Mercaptoverbindungen, wie Thioethanol oder langkettige Mercaptane, z.B. n- oder tert.-Dodecylmercaptan. Die freie SH-Gruppe wirkt dabei als Wasserstoffüberträger auf die wachsenden Polymerketten. Die entstehenden Mercaptoradikale selbst sind jedoch recht stabil und vermögen das Kettenwachstum nur noch in untergeordnetem Maße zu fördern. Der Einsatz von Reglern führt deshalb in Summe zu einer kontrollierten Absenkung des Molekulargewichtes.

1.5.2.3 Puffersubstanzen und Neutralisationsmittel

Puffersubstanzen, wie Natriumcarbonat, Natriumacetat oder Natriumhydrogencarbonat, und Komplexierungsmittel wie Ethylendiamintetraacetat können der Verbesserung von Stabilität und Ionenverträglichkeit bei der Polymerisation dienen. Wird die Emulsionspolymeriation mit Peroxodisulfaten als Initiator gestartet oder wird zur Stabilisierung eine copolymerisierbare Acrylsäure bzw. Methacrylsäure eingesetzt, so liegt die Dispersion am Prozessende in saurer Form vor. Durch Neutralisation (üblich pH = 7 bis 9) mit Ammoniak, Aminen oder Alkalihydroxiden lässt sich die Stabilität der Dispersion verbessern. In der Vergangenheit nahm man dafür meist die flüchtige Base Ammoniak. Aufgrund der Geruchsproblematik wird Ammoniak jedoch bei Verarbeitung und Verfilmung der Dispersionen in zunehmendem Maße durch geruchsarme Neutralisationsmittel ersetzt [67].

1.5.2.4 Konservierungsstoffe

Mittels Zusatz von Biociden, meist Wirkstoffkombinationen aus Methyl- und Chlorisothiazolinonen, Benzisothiazolinonen oder auch Formaldehyd bzw. formaldehydabspaltenden Agentien, lässt sich der Befall der Dispersionen durch Mikroorganismen, wie Bakterien, Pilze (Schimmel) und Hefen bei Lagerung und Transport der Dispersion verhindern.
Entscheidend für die Wirksamkeit der Konservierungsmittel und damit die Haltbarkeit der Dispersion sind verschiedene Faktoren, wie pH-Wert, Redoxpotential und chemische Funktionalität der Dispersion. So greifen beispielsweise freie Hydroxylionen (bei pH > 9) oder nukleophile Gruppen der Hilfsstoffe (z.B. Sulfinateinheiten aus Reduktionsmitteln) bzw. des Polymers (z.B. Mercaptogruppen aus Kettenüberträgern) den Wirkstoff Chlorisothiazolinon an und führen zu raschem Wirkungsverlust. Benzisothiazolinon ist wesentlich stabiler gegen nukleophilen Angriff als Chlorisothiazolinon, kann jedoch bei Peroxidüberschuss oxidativ zerstört werden.

1.5.2.5 Entschäumer

Entschäumer werden den Dispersionen bei zu starker Schaumneigung in geringen Mengen zugesetzt, um bei Herstellung, Handling und Transport die Bildung von übermäßigem Oberflächen- oder Mikroschaum zu verhindern. Auf das Thema

Entschäumung und die unterschiedlichen Entschäumerklassen wird in Abschnitt 2.4.4 bei der Vorstellung der Anstrich-Additive näher eingegangen.

1.5.3 Polymerisationssteuerung

Durch die Prozessparameter Druck, Temperatur und Zulaufzeit wird – im Wechselspiel mit dem gewählten Initiator- und Kettenübertragungssystem und den eingesetzten Monomeren – die Polymerarchitektur der Polyacrylate festgelegt, d.h. die Kettenlänge, der Verzweigungsgrad und der Gelgehalt (= vernetzte Anteile). Die Polymerarchitektur hat wiederum starken Einfluss auf wichtige technische Eigenschaften des Bindemittels, beispielsweise die Filmklebrigkeit oder das Pigmentbindevermögen.

In der richtigen Kombination der Einsatzstoffe und in abgestimmter Wahl der Prozessparameter liegt das Know-how der führenden Dispersionshersteller zur Steuerung der Bindemitteleigenschaften. Die Fülle an Einflussfaktoren bringt es im übrigen mit sich, dass zwei Dispersionen gleicher Monomerenzusammensetzung sich doch in ihren Eigenschaften erheblich unterscheiden können. Eine aktuelle Übersicht der Marktprodukte findet sich in [66].

1.5.4 Mehrphasige Systeme [80 - 88]

Durch spezielle Polymerisationstechniken, wie der Stufen- oder Gradientenpolymerisation, ist es heute auch möglich, zwei- oder mehrphasige Polymerpartikel herzustellen. Derartige Polymerisate sind in den unterschiedlichsten Morphologien zugänglich. Bekannt geworden sind, neben den üblichen Kern-Schale-Teilchen, beispielsweise himbeer-, erdbeer- oder halbmondförmige Partikel, aber auch Teilchen mit Einlagerungsstrukturen oder mit inversem Kern-Schale-Aufbau (siehe **Abb. 1.11**).

Als Bindemittel spielen im Bautenanstrichbereich mehrphasige Systeme – vor allem im Hinblick auf Dispersionslacke und Holzbeschichtungen, sowie lösemittelfreie Farben – eine zunehmende Rolle. Durch Kombination einer weichen verfilmenden Polymerphase (Polymer mit tiefer Glastemperatur, < 10 °C) und einer harten nichtverfilmenden Polymerphase (Polymer mit hoher Glastemperatur, > 50 °C) in ein und demselben Teilchen, sowie durch Maßschneidern der Partikelmorphologie lassen sich auch an sich widersprüchlich erscheinende Eigenschaften erzielen. So findet man an derartigen Systemen eine tiefe MFT und hohe Elastizität bei gleichzeitig guter Klebfreiheit, ausgezeichneter Blockfestigkeit, sowie guter Härte der Beschichtung (siehe [89] und Kapitel 5).

Ein weiteres Beispiel für die Ausnutzung der Stufenpolymerisation zur Eigenschaftseinstellung ist die gezielte Steuerung der Rheologie von Dispersionen durch z.B. Einbau einer carbonsäurereichen Polymerphase an der Oberfläche von Latexteilchen.

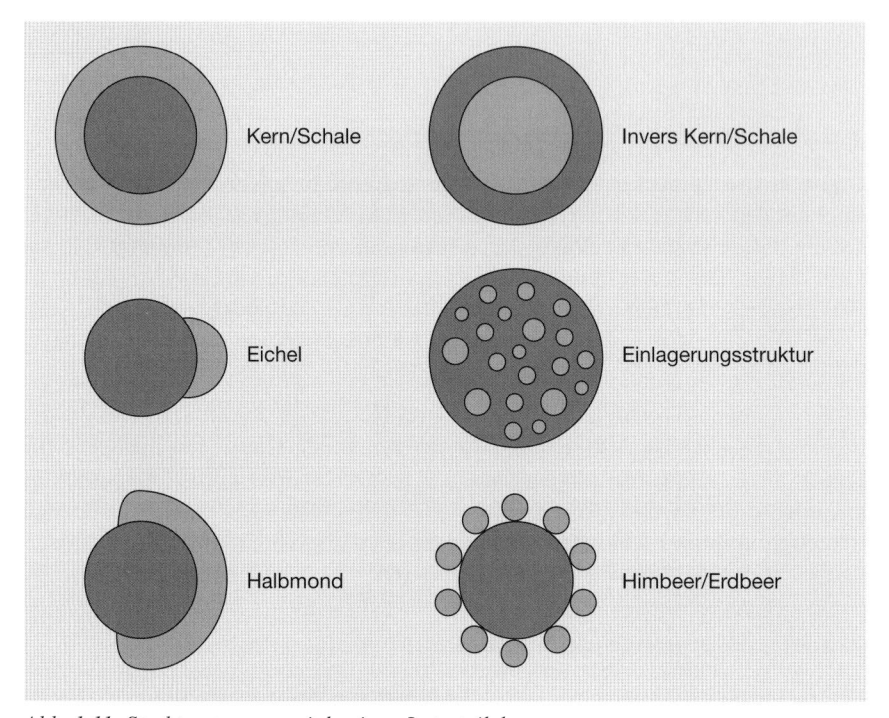

Abb. 1.11 Strukturen von zweiphasigen Latexteilchen

1.5.5 Saatpolymerisation [90]

Durch Einsatz von vorgefertigten, feinteiligen (Durchmesser < 50 nm) Dispersionen im Sinne einer „Saat" oder eines „Keimlatex" kann die Teilchenzahl und damit die Endteilchengröße bei der Emulsionspolymerisation bereits zu Prozessbeginn relativ genau festgelegt werden. Dieses als Saatpolymerisation bezeichnete Verfahren sorgt für sehr gute Reproduzierbarkeit der Teilchengrößenverteilung von Ansatz zu Ansatz und damit für eine hohe Viskositätskonstanz.

Alternativ dazu hat sich das sogenannte „in-situ-Saat-Verfahren" großtechnisch bewährt. Dabei läuft – im Eintopfverfahren – die Polymerisation in einzelnen Phasen ab. Zu Anfang polymerisiert man eine Teilmenge der Monomerenemulsion unter Zusatz von weiterem Emulgator und von einer Teilmenge des Initiators. Dieser Schritt ist somit der eigentlichen Emulsionspolymerisation im Reaktor vorgeschaltet. Direkt an die Bildung der entstehenden feinteiligen „in-situ-Saatdispersion" (Teilchengröße meist kleiner 70 nm) schließt sich dann im gleichen Reaktor die Hauptpolymerisation an.

1.6 Literatur

[1] Verband der Lackindustrie e.V., Jahresbericht 1999/2000, Frankfurt.
[2] H. Warson, The application of synthetic resin emulsions, London: Benn Publishers, London 1972.
[3] F. Hölscher, Dispersionen synthetischer Hochpolymerer, Teil 1, Eigenschaften, Herstellung, Prüfung, Berlin: Springer-Verlag, 1969
[4] H. Reinhard, Dispersionen synthetischer Hochpolymerer, Teil 2, Anwendung, Berlin: Springer- Verlag, 1969
[5] D. Distler, Wässrige Polymerdispersionen, Synthese, Eigenschaften, Anwendungen, Wiley-VCH, Weinheim 1999.
[6] V. Verkholantsev, Colloid chemistry, part II: stability of dispersions and emulsions, European Coatings J., (1997) 614 - 622.
[7] F. Walker, Polymerization processes: III, J. Coatings Technology 72, Nr. 903 (2000) 27 - 32.
[8] B. Schlarb, S. Haremza, W. Heckmann, B. Morrison, R. Müller-Mall, M. Rau, Hydroresin dispersions: Tailoring morphology of latex particles and films, Progress in Organic Coatings 29 (1996) 201 - 208.
[9] a) D. Stoye, W. Freitag, Lackharze, Carl Hanser Verlag, München (1996), Kap. 7.1.5.7, Polyurethandispersionen, S. 200 - 203.
b) G. Hakim, Surface coatings, Vol. 1, Chapman & Hall, London, 3. Auflage (1993), Kap. 10, Waterborne urethane resins, S. 173 - 178.
[10] Ullmann: Encyclopedia of industrial chemistry, A 21, 5. Aufl., S. 317ff , VCH Verlagsgesellschaft mbH, Weinheim (1985).
[11] Houben-Weyl: Methoden der Organischen Chemie, E 20, 4. Aufl., S.1 ff, G. Thieme Verlag, Stuttgart (1987).
[12] H. Elias: Makromoleküle, 4. Aufl. Hütig & Wepf Verlag, Basel (1981).
[13] J. Brandrup und E. Immergut: Polymerhandbook, 2. Aufl. Wiley, New York (1975).
[14] B. Vollmert: Grundrisse der Makromolekularen Chemie, Bd. 1, E. Vollmert Verlag, Karlsruhe (1982).
[15] C. Bamford, W. Barb, A. Jenkins, P. Onyon: Vinyl polymerisation by radical mechanism, Butterworths Sci. Publ., London (1958).
[16] I. Bewington: Radical polymerisation, Academic Press, London (1961).
[17] A. North: The kinetics of free radical polymerisation, Pergamon Press & Oxford (1965).
[18] D. C. Blackley, High polymer latices, Vol. I, II, London: Maclaren & Sons Publishers, London 1966.
[19] I. Piirma, Emulsion polymerisation, New York: Acadamic Press Inc., 1982.
[20] D. Blackley, Emulsion polymerisation, theory and practice, London: Applied Science Publisher, 1975.
[21] R. Buscall, T. Corner, J. F. Stagemann, Polymer colloids, London: Elsevier Applied Science Publishers, 1985.
[22] R. Athey, Emulsion polymer technology, New York: Marcel Dekker, 1991.
[23] G. Poehlein, Encyclopedia of polymer science and engineering; Volume 6, Emulsion Polymerisation, New York: J. Wiley, 1986.
[24] P. A. Lovell, M. S. El-Asser, Emulsion polymerisation and emulsion polymers, New York: J.Wiley, 1997.

[25] J. M. Asua, Polymeric dispersions: principles and applications, (NATO ASI Series E: Appl. Science - Vol. 335), Dordrecht, Klewer Academic Publishers, 1997.

[26] A. Schmidt, H. Lagemann, G. Ley, Houben Weyl, Bd. E 20 (1987) 218 - 313.

[27] F. Walker, Polymerization processes: II, J. Coatings Technology 72, Nr. 902 (2000) 79 - 86.

[28] F. Bovery, I. Kolthoff, A. Medalia, E. Meehan, Emulsion polymerization in high polymers, Vol. IX, Interscience, New York 1955.

[29] R. G. Gilbert, Emulsion polymerization, a mechanistic approach, London Academic Press, 1995.

[30] H. Gerrens, Kinetik der Emulsionspolymerisation, Adv. Polym. Science 1 (1958) 234.

[31] J. Vanderhoff, Recent advances in the preparation of latexes, Chem. Engineering Science 48, Nr. 2 (1993) 203 - 217.

[32] W. Harkins, J. Am. Chem. Soc., 69 (1947) 1428.

[33] W. Smith, R. Ewart, J. Chem. Phys., 16 (1948) 592.

[34] R. Fitch, C. Tsai, Polymer Colloids, R. Fitch ed., New York 1971, S. 73.

[35] F. Hansen, J. Ugelstad, J. Polym. Sci., Polym. Chem. 16 (1978) 1953 ff.

[36] H. Kast, Polymerdispersionen - Synthese, Morphologie, Filmbildung, 12. Kolloquium Chemie und Technologie makromolekularer Stoffe, FH Aachen, Fachbereich Ingenieurwesen am 08.05.1987, S. 5 - 17.

[37] Ullmann's encyclopedia of industrial chemistry, VCH Verlagsgesellschaft, Weinheim 1992, Vol. A1, E. Penzel, Polyacrylates, S. 157 - 178.

[38] M. Horn, Acrylic resins, Reinhold Publ., New York 1960.

[39] H. Rauch-Puntigam, T. Völker, Acryl- und Methacrylverbindungen, in Chemie, Physik und Technologie der Kunststoffe, Vol. 14, Springer Verlag, Berlin 1967.

[40] H. Kittel, Lehrbuch der Lacke und Beschichtungen, Band 2, Bindemittel für lösemittelhaltige und lösemittelfreie Systeme, Hrg. W. Krauß, 2. Aufl., S. Hirzel Verlag Stuttgart, Leipzig 1998, Kap. 2.3.2, Polyacrylate und Polymethacrylate, S. 355 - 436.

[41] Lackharze, Hrg. D. Stoye, W. Freitag, Lackharze, Chemie Eigenschaften und Anwendungen, Carl Hauser Verlag München, Wien, 1996; P. Denkinger, Kap. 8, Polymerisate, S. 281 - 336.

[42] a) P. Swaraj, Water-borne acrylic emulsion paints, Progress in Organic Coatings 5 (1977) 79 - 96.
b) P. Swaraj, Surface coatings, science & technology, 2. Ed., John Wiley and Sons (1996), S. 312 - 334.

[43] T. Yanagihara,The recent progress of acrylic emulsion for coating industries, Progress in Organic Coatings 11 (1983) 205 - 218.

[44] C. Hare, Anatomy of paint, J. of Protective Coatings & Linings (1993) 69 - 79.

[45] H. Warson, Developments in emulsion polymerization (mainly vinyl esters and acrylics) , Part 2 - Acrylic & styrene polymers and copolymers, Polymers Paint Colour J. 180, Nr. 4265 (1990) 507 - 510.

[46] J. Padget, Polymers for water-based coatings - a systematic overview, J. of Coatings Technology, 66, Nr. 839 (1994) 89 - 105.

[47] CD Römpp Chemie Lexikon - Version 1.0, Stuttgart/ New York: Georg Thieme Verlag 1995.

[48] H. Kittel, Lehrbuch der Lacke und Beschichtungen; Bd. 1, Teil 3, Grundlagen, Bindemittel, 1974, Verlag, W.A. Colomb in der H. Heenemann GmbH, Berlin - Oberschwandorf, S. 920 - 1001.

[49] S. Eckersley, A. Rudin, Mechanism of film formation from polymer latexes, J. of Coatings Technology, 62, Nr. 780 (1990) 89 - 100.

[50] M. Joanicot, K. Wong, B. Cabane, Structure des films de latex, Double Liaison 452 - 453 (1993) 17 - 25.

[51] A. Zosel, G. Ley, Film formation from polymer latices, Progr. Colloid, Polym. Sci. 101 (1996) 86 - 92.

[52] M. Winnik, Latex film formation, Curr. Opin. in Colloid and Interface Sci., Materials Aspects 2 (1997) 192 - 199.

[53] A. Toussaint, M. De Wilde, A comprehensive model of sintering and coalescence of unpigmented latexes, Progress in Organic Coatings 30 (1997) 113 - 126.

[54] J. Mulvihill, A. Toussaint, M. De Wilde, Onset, follow up and assessment of coalescence, Progress in Organic Coatings 30 (1997) 127 - 139.

[55] K. Hoy, Coalescence and film formation from latexes, J. Coatings Technology, 68, Nr. 853 (1996) 33 - 39.

[56] J. Feng, M. Winnik, Effect of water on polymer diffusion in latex films, Macromolecules 30 (1997) 4324 - 4331.

[57] V. Verkholantsev, Colloid Chemistry, Part IX: Film formation of dispersions, European Coatings J. (1998) 60 - 66.

[58] Ch.-L. Zhao, W. Heckmann, Mechanical strength and morphology of polymer latex films, 27. International Water-Borne, High Solids and Powder Coatings Symposium, March 1-3, New Orleans, USA.

[59] Ch. Kan, Role of particle size on latex deformation during film formation, J. Coatings Technology, 71, Nr. 896 (1999) 89 - 97.

[60] D. Jensen, L. Morgan, Particle size as it relates to the minimum film formation temperature of latices, J. of Appl. Polym. Science, 42 (1991) 2845 - 2849.

[61] Additives for coatings, Ed. J. Bieleman, Wiley-VCH, Weinheim 2000, Kap. 6.2, K. Dören, Coalescing agents, S. 180 - 199.

[62] a) E. Bagda, VdL-Richtlinie zur Deklaration von Inhaltsstoffen in Bautenlacken und -farben sowie verwandte Produkte, Farbe + Lack 102, 7 (1996) 110 - 111.
b) VdL-RL01; Richtlinie zur Deklaration von Inhaltsstoffen in Bautenlacken, Bautenfarben und verwandten Produkten, Revidierte Ausgabe August 1997, Verband der Lackindustrie e.V. Frankfurt.

[63] E. Bagda, Th. Brenner, Emissionen aus Bautenlacken und Bautenfarben, Farbe + Lack 102, 10 (1996) 109 - 118.

[64] A. Toussaint, M. De Wilde, A method to predict the distribution coefficient of coalescing agents between latex particles and the water phase, Progress in Organic Coatings 30 (1997) 173 - 177.

[65] B. Van Leeuwen, Zum Filmbildungsmechanismus von Polymerdispersionen, Farbe + Lack 101, 7 (1995) 606 - 609.

[66] O. Lückert, Karsten Lackrohstoff-Tabellen, 10. Aufl., Vincentz-Verlag 2000.

[67] a) H. Rinno, Kunststoffdispersionen als Bindemittel für emissionsfreie Innenfarben; 19. FATIPEC Kongress, Aachen 1988, Bd. 1, S. 85 - 104.
b) H. Rinno, Bindemittel für emissionsarme Beschichtungsstoffe, Farbe + Lack 99, 8 (1993) 697 - 704.

[68] Wässrige Polymerdispersionen, Synthese, Eigenschaften, Anwendungen, Ed. D. Distler, Kap. 4, H. Wiese, Eigenschaften von Polymerdispersionen und Messmethoden, Wiley-VCH, Weinheim 1999, S. 31 - 66.

[69] R. Hoffman, Factors affecting the viscosity of unimodal and multimodal colloidal dispersions, J. Rheol. 36, 5 (1992) 947 - 965.

[70] F. Buckmann, F. Bakker, Fast drying high solids latices, European Coatings J. (1995) 922 - 929.

[71] R. Becker, A. Hashemzadeh, H. Zecha, High solids polymer dispersions, Macromol. Symp. 151 (2000) 567 - 573.

[72] RAL-UZ12a: Schadstoffarme Lacke, Ausgabe Jan. 1997, Vergabegrundlagen in http://www.blauer-engel.de/Produkte/uz/012a-ef.htm (07.11.2000)

[73] G. Mehos, D. Quick, Removal of residual monomers from polymer emulsions by steam stripping, Separation Science and Technology, 29, 14 (1994) 1841-1856.

[74] D. Feustel, Emulsifier systems for modern surface coatings, Surface Coatings Australia 31, 1/2 (1994) 6-17

[75] H. Stache, K. Kosswig, Tensid-Taschenbuch, 3. Aufl., Carl Hanser-Verlag, München (1990).

[76] Y. Vandenberghe, Alkylphenol ethoxylates: a threat to human health and the environment?, The Coatings Agenda Europe (1998) S. 106 - 107.

[77] Ch. Arz, Gibt es Alternativen zu Alkylphenolethoxylaten?, Farbe + Lack 104, 1 (1998) 49 - 53.

[78] K. Holmberg, Novel surfactants for paints, Färg Och Lack Scandinavia 5 (1993) 125 - 133.

[79] A.-Ch. Hellgren, P. Weissenborn, K. Holmberg, Surfactants in water-borne paints, Progress in Organic Coatings, 35 (1999) 79 - 87.

[80] V. Eliseeva, Morphology and phase structure of latex particles, their influence on the properties of latices and films, Progress in Organic Coatings 13 (1985) 195 - 219.

[81] J. Daniel, Latex de particules structurees, Makromol. Chem., Suppl. 10/11 (1985) 359 - 390.

[82] L. Morgan, Multi-feed emulsion polymers: the effects of monomer feed sequence and the use of seed emulsion polymers, J. of Applied Polymer Sci. 27 (1982) 2033 - 2042.

[83] M. Devon, J. Gardon, G. Roberts, Effects of core-shell latex morphology on film forming behavior, J. of Applied Polym. Sci. 39 (1990) 2119 - 2128.

[84] R. Arnoldus, R. Adolphs, W. Zom, Progress in acrylic emulsion developments, Polymers Paint Colour Journal, Vol. 181, Nr. 4287 (1991), 405- 409, 418.

[85] S. Lee, A.Rudin, Control of core-shell latex morphology, Hrg. E. Daniels, E. Sudol, M. El-Aasser, ACS Symposium Series 492 (1992), Kap. 15, S. 234 - 254.

[86] M. Heurts, R. le Febre, J. van Hilst, G. Overbeek, Influence of morphology on film formation of acrylic dispersions; ACS Symposium Series 648 (1996), Kap. 8, S. 271 - 285.

[87] D. Lee, The control of structure in emulsion polymerization, Macromol. Chem., Macromol. Symp. 33 (1990) 117 - 131.

[88] A. Rudin, Practical methods to control morphology of heterogeneous polymer particles, Macromol. Symp. 92 (1995) 53 - 70.

[89] R. Baumstark, S. Kirsch, B. Schuler, A. Pfau, Mehrphasige Polymerpartikel für lösemittelfreie Dispersionslacke, Farbe + Lack 106, 11 (2000) 125 – 132, 145 – 147.

[90] Encyclopedia of polymer science and technology, plastics, resins, rubbers, fibers, Vol. 5, J. Wiley and Sons, New York (1966), S. 847.

Fußnoten:

a   eingetragene Marke der Shell Company, Amsterdam
b   eingetragene Marke der Röhm GmbH, Darmstadt
c   eingetragene Marke der Eastman Chemical Company
d   eingetragene Marke der BASF AG, Ludwigshafen
e   eingetragene Marke der Dow Corning Corporation
f   eingetragene Marke der Velsicol Chemical Corp., Northbrook, USA

2 Formulierung von wässrigen Anstrichfarben [1–5]

2.1 Einleitung

Nach der Einführung der Polymerdispersionen als Anstrichbindemittel in Kapitel 1 werden nun in diesem Kapitel der Aufbau wässriger Farbformulierungen, sowie die Wirkung und der Chemismus der weiteren Farbbestandteile vorgestellt. Aufgeführt werden zudem Gemeinsamkeiten und allgemeine Anforderungen, die für alle Anstrichtypen und deren Bindemittel gelten. Zu Besonderheiten, die nur für die eine oder andere Anwendung gelten, wird auf die jeweiligen Spezialkapitel verwiesen.

2.2 Anforderungen an eine Anstrichfarbe

Bei den Anforderungen, die an Anstrichstoffe gestellt werden, denkt der Anwender in erster Linie an eine einfache Verarbeitung und an eine mängelfreie Beschichtung.

Die Anstrichfarbe sollte sich deshalb zuerst einmal mittels Streichen, Rollen oder Spritzen, möglichst ohne Kraftaufwand, tropf- und läuferfrei applizieren lassen. Anstrichfarben werden im Do-it-yourself-Bereich im wesentlichen mit dem Pinsel oder mittels Rolle aufgetragen. Bei professionellen Anwendern kann ein Auftrag der Farbe oder des Lacks auch durch Sprühen, Gießen, Walzen, Fluten oder Spritzen erfolgen.

Eine gute Verstreichbarkeit, ein guter Verlauf, eine ausreichend lange offene Zeit und eine gute Verfilmung sind Eigenschaften der Anstrichfarbe, die über einen weiten Temperaturbereich (von 5 °C im Winter bis 30 °C im Sommer) erfüllt werden müssen.

Der resultierende Anstrich sollte zudem über ein gutes Deckvermögen und einen ansprechenden Farbton zum Erreichen des gewünschten Dekoreffekts verfügen. Das Substrat muss darüber hinaus durch den Anstrich in ausreichendem Maße vor Witterungseinflüssen (z.B. Sonne, Regen, Frost) geschützt werden.

2.3 Zusammensetzung von Bautenanstrichfarben

Die typischen Bestandteile von Bautenanstrichfarben wurden bereits in Kapitel 1 aufgeführt. Neben dem polymeren Bindemittel und Wasser als Verdünnungsmittel sind farbgebende Pigmente und anorganische Füllstoffe als Hauptbestandteile in Dispersionsfarben vorhanden. Daneben sind eine Reihe von Additiven, wie Lösemittel, Dispergiermittel, Verdicker, Konservierungsmittel und Entschäumer vonnöten, um gute Stabilität und günstige Verarbeitungseigenschaften der Farbe, sowie einen schützenden und haltbaren Anstrich zu erhalten.

Wässrige Polyacrylatsysteme kommen bei der Bautenfarbenherstellung als Bindemittel aber auch als Verdickerpolymere und Dispergiermittel zum Einsatz.

2.3.1 Die Pigmentvolumenkonzentration

2.3.1.1 Pigmentbindevermögen und kritische Pigmentvolumenkonzentration [6 - 14]

Die wichtigste Größe zur Charakterisierung einer Anstrichfarbe ist die Pigmentvolumenkonzentration (PVK) [6]. Sie ist die rechnerische Beschreibung des Volumenanteils der Pigmente und Füllstoffe am Gesamtvolumen der getrockneten Beschichtung:

$$\% \text{ PVK} = \frac{\text{Volumen der Pigmente und Füllstoffe} \times 100}{\text{Volumen Bindemittel} + \text{Volumen der Pigmente und Füllstoffe}}$$

Je höher die PVK eingestellt ist, desto weniger Bindemittel enthält die Farbe. Die PVK wird nur bei Farben mit feinen Füllstoffen angegeben. Da Putze mit groben Füllstoffen formuliert werden, ist eine PVK-Angabe für diese Produkte nicht sinnvoll. Die „kritische" Pigmentvolumenkonzentration (KPVK) ist diejenige Pigmentvolumenkonzentration, bei der das Bindemittel im Farbfilm die Pigmente und Füllstoffe gerade noch vollständig benetzt und alle Zwischenräume ausfüllt [6 - 14]. Der Bindemittelfilm ist also gerade noch zusammenhängend und geschlossen. Oberhalb der KPVK wird der Beschichtungsfilm offenporig; d.h. es existieren Hohlräume, und das Bindemittel sorgt nur noch für Haftbrücken und Klebepunkte zwischen den Pigment- und Füllstoffpartikeln.

Je höher die mit einem Bindemittel erreichbare KPVK ist, desto geringer ist die benötigte Bindemittelmenge zur Erzielung der gewünschten Gebrauchseigenschaften. Damit entscheidet die erreichbare KPVK über die Wirtschaftlichkeit des Bindemittels. Die Fähigkeit eines Bindemittels, die Pigmente und Füllstoffe einer Farbe zu einem Film mit den gewünschten Gebrauchseigenschaften „zusammenzukleben", wird häufig auch als das Pigmentbindevermögen (PBV) bezeichnet.

Viele Eigenschaften des Beschichtungsfilms ändern sich drastisch beim Überschreiten der KPVK; z.B. steigen Wasseraufnahme, Wasserdampf- und Kohlendioxiddurchlässigkeit, Deckvermögen und Sprödigkeit des Anstrichs sprunghaft an, während der Glanz und die Nassscheuerfestigkeit der Beschichtung abfallen (siehe **Tab. 2.1**). Die Einstellung der PVK ist deshalb ein wichtiges Instrument zur Steuerung des Gesamteigenschaftsbildes von Bautenanstrichfarben.

Eigenschaft	PVK < KPVK	PVK > KPVK
Glanz	hoch	gering
Porosität	gering	hoch
Wasseraufnahme	gering	hoch
Wasserdampfdurchlässigkeit	gering	hoch
Elastizität	hoch (Tg-abhängig)	gering, d.h. Film spröde
Deckvermögen	gering	hoch (dry hiding-Effekt)
Nassscheuerfestigkeit	hoch	gering

Tab. 2.1 Beschichtungseigenschaften als Funktion der PVK

Die Lage der KPVK wird durch die chemische Natur und die Teilchengröße des Bindemittels einerseits und durch die Pigmente und Füllstoffe andererseits bestimmt. Im allgemeinen wird mit feinteiligen Dispersionen und dabei speziell mit Acrylat/Styrol-Bindemitteln die KPVK erst bei höheren Pigmentvolumenkonzentrationen erreicht als bei Verwendung grobteiliger Dispersionen [13, 14] oder anderer Bindemittelklassen (siehe dazu auch das Kapitel 7). Der Bindemittelbedarf der Pigmente und Füllstoffe, ausgedrückt durch die sogenannte Ölzahl, d.h. das Saugvermögen gegenüber Leinöl, steigt mit sinkender Korngröße an und ist stark abhängig von der chemischen Natur und der Kristallstruktur. Die KPVK von Acrylat-Dispersionen liegt für Standardfüllstoffe üblicherweise im Bereich von 45 bis 60 %.

Durch Angabe der PVK wird auch der Glanz- und Anwendungsbereich von Anstrichfarben indirekt definiert. Die in **Abb. 2.1** gezeigte Graphik teilt über die

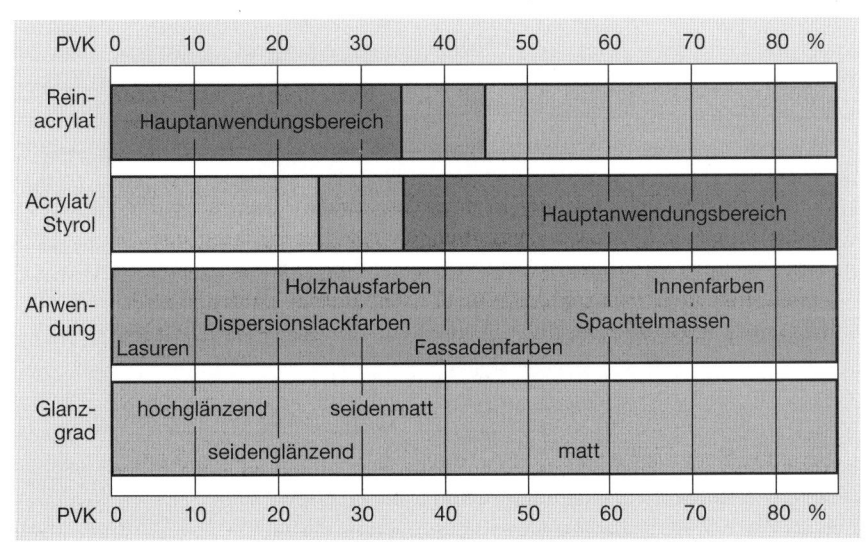

Abb. 2.1 PVK-Bereiche unterschiedlicher Beschichtungssysteme [15]

PVK die typischen Anwendungen von Anstrichfarben auf Acrylat-Basis und die damit einhergehenden Glanzgrade ein [15]. Der Hauptanwendungsbereich für Acrylat/Styrol-Dispersionen liegt bei hochgefüllten Farben, also im PVK-Bereich > 40 %. Unterhalb der PVK 30 %, also im Hochglanz- und Seidenglanzbereich, sollten aufgrund ihrer besseren UV-Stabilität bevorzugt Reinacrylate eingesetzt werden. Allgemein werden Reinacrylate jedoch im PVK-Bereich von 0 bis 45 % für Holzbeschichtungen, Dispersionslackfarben, Buntsteinputze und hochwertige Fassadenfarben verwendet. Als Anwendungen für Acrylat/Styrol-haltige Farben können exemplarisch Fassadenfarben, Spachtelmassen, Kunstharzputze und Innenfarben genannt werden. Besonders im Bereich der Fassadenfarben überschneiden sich die Anwendungsgebiete der Reinacrylat- und der Acrylat/Styrol-Dispersionen (siehe Kapitel 4).

2.3.1.2 Bestimmungsmethoden für die kritische Pigmentvolumenkonzentration

Eine absolute Methode zur Bestimmung des PBV existiert aufgrund seines relativen Charakters nicht. Häufig werden jedoch die bei vorgegebener Farbrezeptur mit einer definierten Bindemittelmenge erzielbaren Nassscheuerzyklen (nach DIN 53 778) als Maß für das Pigmentbindevermögen angesehen. Die direkte Bestimmung der KPVK ist jedoch ein objektiveres, d.h. ein weniger vom eigentlichen Farbrezept abhängiges Verfahren zur Bestimmung des PBV. Prinzipiell lässt sich die KPVK über die Messung bestimmter Filmeigenschaften, wie Filmspannung, Porosität, Nassscheuerfestigkeit, Wasserdampfdurchlässigkeit, Glanz oder Deckvermögen bzw. Kontrast in Abhängigkeit von der PVK ermitteln. Die KPVK erkennt man an einer sprunghaften Änderung der Messgröße, oder allgemein an einer Unstetigkeit des Eigenschaftsverlaufs mit steigender PVK [6, 8, 10, 12]. Die Vorgehensweise ist bei allen Methoden weitgehend vergleichbar. Zunächst wird durch Auflacken einer bestimmten, fixen Menge Pigmentpaste mit steigenden Mengen Bindemittel eine PVK-Reihe hergestellt. Danach wird die entsprechende Eigenschaft in Abhängigkeit von der PVK bestimmt. Zur Vorbereitung wählt man größere PVK-Schritte, um eine erste Grobinformation über die Lage der KPVK zu gewinnen. In feineren Zwischenabstufungen der PVK-Abstände wird dann die KPVK näher bestimmt.

Besonders soll an dieser Stelle auf die im Hause Kronos entwickelte einfache Filmspannungsmethode und den sogenannten GILSONITE-Test hingewiesen werden [6]. Diese Methoden gestatten es, leicht und reproduzierbar die Lage der KPVK zu bestimmen. Die Filmspannung hat ihr Maximum in der KPVK, was sich durch ein besonders ausgeprägtes Aufrollen von mit der Farbe beschichteten und getrockneten Spezialpapieren sichtbar machen lässt.

Die an der KPVK sprunghaft ansteigende Porosität des Farbfilms kann mittels des GILSONITE-Tests aufgezeigt werden. Dabei wird die Dispersionsfarbe auf

PVC-Folie aufgetragen (300 µm Nassschichtdicke) und der getrocknete Anstrich zur Hälfte kurz (ca. 7 Sekunden) in eine 10 %-ige, braune bis schwarze Naturasphaltlösung in Testbenzin eingetaucht. Es wird sofort mit Testbenzin abgespült, bis eine farblose Flüssigkeit abläuft. Nach Abtupfen des überschüssigen Testbenzins und Trocken wird die Helligkeitsdifferenz ΔL zwischen eingetauchter und nichteingetauchter Fläche farbmetrisch ermittelt. Mit steigender PVK tritt dann ab der KPVK aufgrund der beginnenden Anstrichporosität ein sprunghafter Anstieg der Helligkeitsdifferenz ein.

2.3.2 Innen- und Außenanstrichfarben

Neben der Einteilung von Farben über die PVK findet man in der Praxis als weitere Unterscheidungsmöglichkeit die Art der Anwendung. Innenfarben müssen andere Anforderungen als Außenfarben erfüllen. Besonders in den letzten Jahren hat sich für Innenfarben die Geruchsarmut als sehr wichtiges Eigenschaftsmerkmal herauskristallisiert, während bei Außenfarben der Geruch nicht so wichtig ist. Dort interessiert mehr die Außenbewitterungsfähigkeit, auf die speziell im Unterkapitel Fassadenfarben eingegangen wird.
Innenfarben unterteilt man im wesentlichen nach dem Glanzgrad in matt, seidenmatt, seidenglänzend und glänzend. Bei Außenfarben unterscheidet man:
– Fassadenfarben,
– Elastische Farben,
– Holzanstriche,
– Putze,
– Silikatfarben,
– Silikonharzfarben und
– Universalfarben (House paints).

Üblicherweise werden Fassadenfarben matt bis seidenglänzend formuliert. Holzanstriche können in transparente Lasuren und deckende Anstriche unterteilt werden. Deckende Anstriche für Holz sind meist glänzend oder seidenglänzend formuliert. Grundierungen werden in Kapitel 3 behandelt.

Standardformulierungen von matten Innen- und Außendispersionsfarben, wie sie im deutschsprachigen Raum üblich sind, finden sich in **Tabelle 2.2**.
Die wesentlichen Unterschiede zwischen einer matten Innenwand- und einer hochwertigen Fassadenfarbenformulierung beruhen auf dem Einsatz von unterschiedlichen Bindemittel-, Titandioxid- und Füllstofftypen sowie deren verschiedenen Anteilen in den Rezepten. Wegen der erforderlichen Wasserfestigkeit und Elastizität einer Fassadenfarbe wird für sie mehr Bindemittel eingesetzt als bei Innenfarben. Die bindemittelreichere Fassadenfarbe benötigt zudem einen höheren Titandioxidanteil. Dies ist auf den geringen Füllstoffanteil und das dadurch fehlende Trockendeckvermögen zurückzuführen.

	Rohstoff	Innenfarbe, waschbeständig		Außenfarbe, scheuerbeständig	
		Gesamtanteil	Festanteil	Gesamtanteil	Festanteil
Bindemittel	Dispersion 50 %-ig	7 - 10	3,5 - 5	20 - 40	10 - 20
Pigmente	Titandioxid Anorganische Buntpigmente	5 - 15	5 - 15	15 - 20	15 - 20
Füllstoffe	Kreide/Calcit Schwerspat Talkum Kaolin Glimmer etc.	35 - 50	35 - 50	20 - 30	20 - 30
Additive	Dispergiermittel Verdicker Konservierungsmittel Filmbildehilfsmittel Neutralisationsmittel Entschäumer	1 - 3	0,5 - 1,5	1 - 4	0,5 - 2
Sonstiges	Wasser Propylenglykol	30 - 40 0 - 3	– –	15 - 20 2 - 4	– –
Gesamt		100	55 - 60	100	55 - 60
PVK			75 - 85		40 - 60

Tab. 2.2: Typische Zusammensetzungen von matten Innen- und Außendispersionsfarben

2.4 Formulierungsbestandteile einer Anstrichfarbe

2.4.1 Bindemittel Polymerdispersion

Auf die Bedeutung, die Herstellung und die Bindemittelfunktion der wässrigen Polymerdispersionen im allgemeinen und der Polyacrylate im besonderen wurde bereits in Kapitel 1 eingegangen. Im folgenden sollen nun die wichtigsten technischen Anforderungen, die heute an ein modernes Anstrichbindemittel gestellt werden, diskutiert werden.

2.4.1.1 Allgemeine Anforderungen an Anstrichbindemittel

Je nach Anwendungszweck, Anstrichtyp und zu beschichtendes Substrat sind verschiedene anwendungstechnische Basisanforderungen an das Anstrichbindemittel

und an den daraus resultierenden Dispersions- bzw. Anstrichfilm zu stellen. Die wichtigsten Punkte sind im folgenden gelistet:
- hohe Filmgüte (Stippen- und Strukturfreiheit)
- geringe Wasseraufnahme und gute Wassersperrwirkung des Films
- gute Weißanlaufbeständigkeit
- hohes Pigmentbindevermögen
- Klebfreiheit und gute Blockfestigkeit
- Härte oder Elastizität (je nach Anwendung)
- gute Verseifungsbeständigkeit
- gute Wasserdampfdurchlässigkeit
- gute Chemikalienbeständigkeit
- hoher Oberflächenglanz und bei unpigmentierten Systemen gute Transparenz der Filme
- Witterungsstabilität (Vergilbungsfreiheit, gute Glanzhaltung)
- Haftung und Nasshaftung (auf verschiedenen Substraten)
- geringe Schaumneigung
- kolloidale Stabilität und gute Formulierbarkeit (gutes Ansprechen auf Assoziativverdicker, Stabilität bei Lösemittelzusatz, Pigment- und Füllstoffverträglichkeit etc.)
- Umweltfreundlichkeit (Geruchs- und VOC-Armut, lösemittelarme bzw. -freie Formulierbarkeit).

Formulierungserfordernisse

Bei unterkritisch (unterhalb KPVK) formulierten Farben bestimmt wegen dem in diesem Fall noch geschlossenen, d.h. porenfreien Polymerfilm im wesentlichen das Bindemittel die Oberflächeneigenschaften des Anstrichs. Bei überkritischen, also offenporig (oberhalb KPVK) formulierten Systemen überwiegt dagegen der Einfluss der Pigmente und Füllstoffe auf die Oberflächeneigenschaften der Beschichtung. Unterschiedlich sind deshalb auch die Grundanforderungen an Bindemittel für unterkritisch oder überkritisch formulierte Anstrichfarben.

Bei Systemen mit PVK < KPVK werden an den Dispersionsfilm besonders hohe Anforderungen bezüglich Filmgüte, Klebfreiheit, Blockfestigkeit, Glanz, Wasserfestigkeit, Witterungsstabilität, aber auch Härte oder Flexibilität gestellt, da die harten anorganischen Füllstoffe und Pigmente vollständig in den Dispersionsfilm eingebettet sind und damit nur einen geringen Beitrag zu den Filmoberflächeneigenschaften leisten. Für derartige unterkritisch formulierte, füllstoffarme Anstrichfarben sind Reinacrylat-Dispersionen, bei mittleren Pigmentierungsgraden aber auch Acrylat/Styrol-Copolymere hervorragend geeignet.

Gefordert sind im Falle hochgefüllter Systeme dagegen vor allem eine gute Pigment- und Füllstoffverträglichkeit, ein hohes Pigmentbindevermögen, sowie eine hydrophobierende Wirkung der Dispersion auf den porösen Anstrich. Letztere

Eigenschaften werden in vorbildlichem Maße von Acrylat/Styrol-Bindemitteln erfüllt.

Qualitätsansprüche

Für die Innenraumanwendung spielen, neben dekorativen Effekten und guter Verarbeitbarkeit, neuerdings aufgrund des gesteigerten Umwelt- und Gesundheitsbewusstseins der Endverbraucher die Geruchs- und die Emissionsarmut der Anstrichfarbe, wie bereits erwähnt, eine zunehmende Rolle. Das Bindemittel sollte deshalb arm sein an Restmonomeren aus der Polymerisation und an flüchtigen organischen Verunreinigungen, sowie ammoniak- und aminfrei. Aufgrund der Vorliebe in Deutschland für matte Farben mit hohem Deckvermögen werden vor allem hochgefüllte Systeme für die Innenraumanwendung eingesetzt, weshalb hier das Pigmentbindevermögen des Bindemittels von entscheidender Bedeutung ist. An niedrigpigmentierte Lackfarben und Holzbeschichtungen im Innenbereich sowie an deren Bindemittel werden dagegen höchste Ansprüche bezüglich Härte, Kratzfestigkeit, Blockfestigkeit und Chemikalienbeständigkeit gestellt.

Für Außenanwendungen sind die Witterungsstabilität und die Schutzwirkung gegen Feuchtigkeit (Wasserfestigkeit und Wasserdampfdurchlässigkeit der Beschichtung) und UV-Lichteinstrahlung (Kreidungsfreiheit), sowie die Bewuchs- und Anschmutzungsresistenz die wesentlichen Grundanforderungen. Zur Gewährleistung einer dauerhaften Rissfreiheit des Anstrichs muss hier das Bindemittel zudem eine gewisse Elastizität mitbringen, d.h. die Anstrichfilme dürfen nicht zu spröde sein. Da häufig Außenanstriche auf noch frischem, stark alkalischem Putz, Mörtel oder Beton appliziert werden müssen, ist weiterhin eine gute Verseifungsbeständigkeit des Bindemittels gefordert.

Eine tiefergehende Diskussion über die besonderen Einflüsse der unterschiedlichen Bindemittel auf die Farbeigenschaften wird in den jeweiligen Anwendungskapiteln geführt.

An dieser Stelle sollen jedoch die drei wichtigsten Grundforderungen an ein Anstrichbindemittel – Wasserfestigkeit, Verseifungsbeständigkeit und Wasserdampfdurchlässigkeit – eingeführt werden. Dazu werden die Testmethoden, die wesentlichen Einflussfaktoren und typische Testergebnisse mit Vertretern unterschiedlicher Bindemittelklassen vorgestellt. Die Tests ermöglichen bereits im Labor eine erste Beurteilung der Verwendbarkeit einer Polymerdispersion in Anstrichstoffen. Die Prüfungen können direkt am Polymeren durchgeführt werden und sind deshalb unabhängig von den weiteren in einer Farbe üblicherweise vorkommenden Bestandteilen.

2.4.1.2 *Verseifungsbeständigkeit*

Wie bereits geschildert, werden Anstrichsysteme häufig auf zementöse Untergründe aufgetragen, die noch nicht vollständig abgebunden haben, z. B. der Putz von Mauerwerk oder bei Reparaturstellen. Der Zementanteil im Putz ist stark alkalisch (pH-Wert > 12). Deshalb müssen Polymerdispersionen für derartige Anstriche grundsätzlich hoch alkalifest und verseifungsstabil sein. Fehlende Verseifungsbeständigkeit der Dispersion kann die Lebensdauer eines Anstriches durch Kreidung, Rissbildung oder Haftungsverlust stark verkürzen. Generell sind Polyacrylat- und Polyvinylesterdispersionen aufgrund der eingebauten Estergruppen potentiell verseifbar.

Als Kriterium für die Hydrolysebeständigkeit kann die Bestimmung der sogenannten Verseifungstestzahl herangezogen werden. Dabei werden 10 g einer Dispersion (für Feststoffanteil von 50 Gew.-%) mit 30 ml Wasser verdünnt, auf pH = 7 eingestellt und für 24 Stunden bei 50 °C mit 50 ml einer 1 n Natronlauge umgesetzt. Der Laugenverbrauch wird dann durch Rücktitration mit 1 n Salzsäure bestimmt. Ein Wert von 50 (ml) Salzsäure steht für ein vollkommen verseifungsstabiles Polymer (z.B. die Acrylat/Styrol-Dispersion Acronal® 290 D [a]), bei dem keine Natronlauge verbraucht wurde; tiefere Werte weisen auf eine gewisse Hydrolyseneigung hin. Bei vollständiger Verseifung liegt ein Wert von 0 vor.

Wagner testete die Verseifungszahlen verschiedener Polymer-Dispersionstypen (siehe dazu auch Kapitel Silikatfarben), wobei er marktübliche Polymerdispersionen, wie beschrieben, mit Natronlauge umsetzte [16]. Aus seinen Ergebnissen (siehe **Abb. 2.2**) lässt sich deutlich ablesen, dass Acrylat/Styrol- und

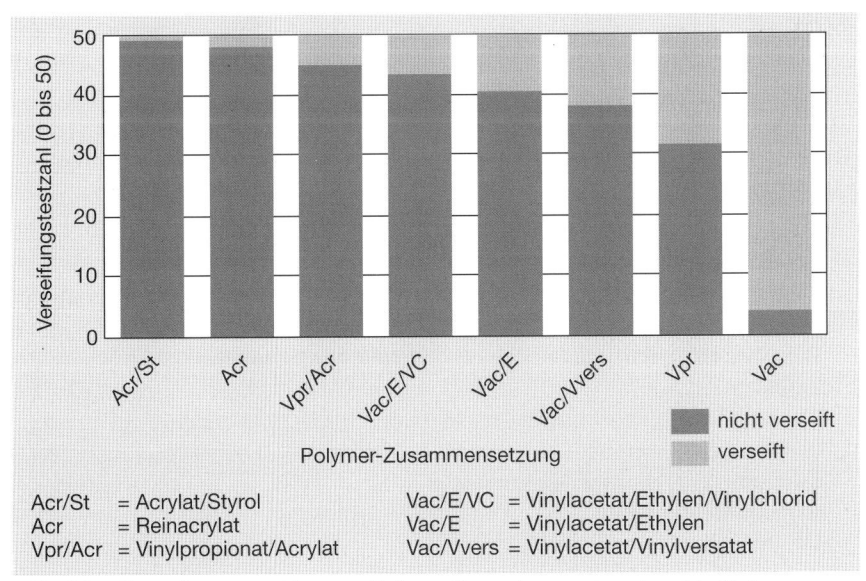

Acr/St	= Acrylat/Styrol
Acr	= Reinacrylat
Vpr/Acr	= Vinylpropionat/Acrylat
Vac/E/VC	= Vinylacetat/Ethylen/Vinylchlorid
Vac/E	= Vinylacetat/Ethylen
Vac/Vvers	= Vinylacetat/Vinylversatat

Abb. 2.2 Verseifungstestzahlen von Polymerdispersionen mit unterschiedlichem Copolymeraufbau (Marktprodukte) [16]

Reinacrylat-Copolymere die besten Verseifungsstabilitäten aufweisen. Dabei ist eine wesentliche Voraussetzung, dass die Copolymere mit schwer verseifbaren, langkettigen Acrylestern, wie n-Butylacrylat oder 2-Ethylhexylacrylat, hergestellt sind.

Polyvinylester auf Basis Vinylacetat und Vinylpropionat sind selbst nach Copolymerisation mit Ethylen, Vinylchlorid, oder teuren, sterisch anspruchsvollen Monomeren, wie den Versaticsäureestern bzw. tertiär-Butylacrylat, immer noch verseifungslabiler als die Acrylatsysteme.

Bezüglich der Verseifungsbeständigkeit erweisen sich Acrylat/Styrol-Copolymere mit steigendem Anteil an Styrol – wegen dessen hydrolysestabiler Grundstruktur – als den Reinacrylaten zunehmend überlegen. Allgemein steigt die Verseifungsempfindlichkeit mit sinkender Teilchengröße aufgrund der dann zunehmenden spezifischen Oberfläche an.

2.4.1.3 Wasserfestigkeit des Polymerfilms

Lagert man Filme aus Polymerdispersionen in Wasser, so nehmen sie Wasser auf und laufen weiß an [17]. Sowohl die Geschwindigkeit, als auch die nach einer festgelegten Zeit (meist 24 Stunden) aufgenommene Wassermenge, gelten als Maß für die Wasserfestigkeit eines Dispersionsfilms. Das Wassereindringen wirkt meist plastifizierend und erhöht die Dehnbarkeit der Filme, sorgt aber auch für eine Verminderung der mechanischen Festigkeit und bedingt in vielen Fällen Haftungsverlust zu Pigment und Untergrund. Ursache hierfür ist die Verminderung der Adhäsionskräfte des Polymeren in Abhängigkeit von der Menge aufgenommenen Wassers. Ziel ist es deshalb die Wasserquellbarkeit oder Wasseraufnahme eines Anstrichbindemittels möglichst niedrig zu halten.

Wasseraufnahme

Die Höhe der Wasseraufnahme eines Dispersionsfilms wird von verschiedenen Faktoren beeinflusst:
1. Chemische Zusammensetzung und Polarität des Polymeren,
2. Typ und Menge von wasserlöslichen Salzen und Emulgatoren
   (die, zwischen den Teilchen eingeschlossen, einen osmotischen Druck aufbauen)
3. Typ und Menge wasserquellbarer Hilfsmittel, z.B. Schutzkolloide
4. Teilchengröße
5. Filmgüte, Trocknungsbedingungen
6. Schichtdicke des Films
7. Glastemperatur
8. Temperatur
9. Salzgehalt und pH-Wert des Wassers

Die Wasseraufnahme des Polymeren ist vor allem durch die Polarität der eingesetzten Monomere bestimmt. Hydrophile funktionelle Gruppen (z.b. Carboxylgruppen), die durch Wasser solvatisiert werden, erhöhen die Wasseraufnahme. Generell gilt, je hydrophiler das Grundpolymer selbst ist, desto höher liegt die Wasseraufnahme unter sonst gleichen Bedingungen. Dies zeigt sich an den Wasseraufnahmewerten einer Reihe von Polyacrylat-Dispersionen mit nahezu gleicher Glastemperatur. Die Dispersionsfilme nehmen mit sinkender Kettenlänge und damit steigender Polarität des Acrylat-Weichmonomeren (in der Reihe EHA < BA < EA), sowie bei Wechsel vom Hartmonomeren Styrol zum hydrophileren MMA deutlich mehr Wasser auf [18] (siehe **Abb. 2.3**).

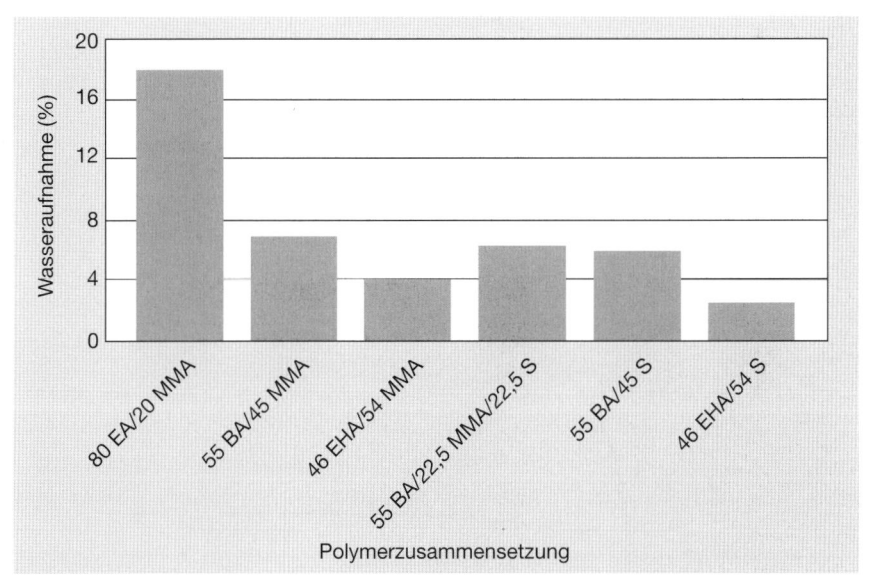

Abb. 2.3 *Wasseraufnahme von Reinacrylat- und Acrylat/Styrol-Dispersionsfilmen bei gleichem Hilfsstoffsystem und vergleichbarer Tg (nach 24 Stunden, Werte aus [18])*

Hilfsstoffeinflüsse

Emulgatoren und andere wasserlösliche Materialien und Salze (z.B. Kaliumsulfat als Zersetzungsprodukt des Polymerisationsinitiators Kaliumperoxodisulfat) bilden eine Netzwerkstruktur im Dispersionsfilm und reichern sich teilweise auch an der Filmoberfläche an. Dadurch verbessert sich die Benetzbarkeit durch Wasser, und dieses kann gleichzeitig infolge von Kapillarkräften unter Trübungseintritt (Weißanlaufen) in die Filme eindringen. Die wasserlöslichen Materialien gehen dabei in Lösung, und es entsteht ein osmotischer Druck.

Je nach Elastizität und Glastemperatur des Polymeren gibt der Film dem Druck nach und schafft so Platz für neu eindringendes Wasser. Es bilden sich dann Kanäle, über die eine weitere Auswaschung löslicher Bestandteile erfolgt. Das Weißanlaufen beruht auf Brechungsindex-Inhomogenitäten, die durch das Eindringen des Wassers in die Zwickelphase bedingt sind. Es stört vor allem bei Transparent- und Semitransparentbeschichtungen, wie Klarlacken, Buntsteinputzen und Lasuren.

Mit wachsender Stabilisatormenge steigen üblicherweise die Wasseraufnahme und die Neigung zum Weißanlaufen der Filme an. Der Zusammenhang zwischen Emulgatorgehalt und Wasserfestigkeit einer Dispersion wurde von *Lamprecht* [17] und *Snuparek* [19] klar aufgezeigt. Snuparek konnte durch nachträgliches Entfernen des Emulgators aus einer Modelldispersion mittels Dialyseverfahren die Wasseraufnahme deutlich senken (siehe **Abb. 2.4**). Generell gilt es, beim Festlegen der Stabilisatormenge zur Bindemittelherstellung einen guten Kompromiss zwischen der Wasserfestigkeit des Films einerseits und einer ausreichenden kolloidalen Stabilität der Dispersion andererseits zu finden.

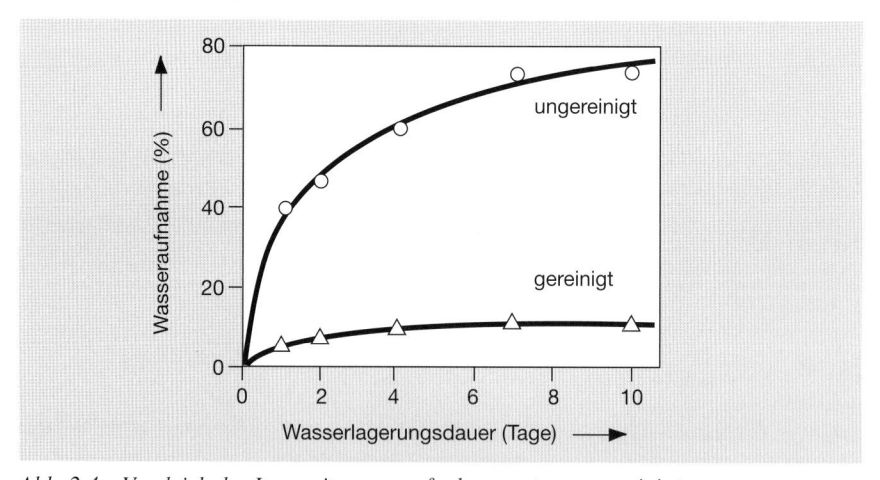

Abb. 2.4   *Vergleich der Langzeitwasseraufnahmewerte von gereinigtem, d.h. emulgatorfreiem, und ungereinigtem Latex* [19]

Einfluss der Partikelgröße

Der Wasseraufnahmewert des reinen Dispersionsfilms nach 24 Stunden ist eine erste Orientierungsgröße zur Beurteilung der Wasserfestigkeit eines Bindemittels. Am Einfluss der Teilchengröße auf die Langzeitwasserfestigkeit (siehe Bsp. in **Abb. 2.5**) wird jedoch deutlich, dass sich bei der Wasseraufnahme nach 24 Stunden meist noch kein Gleichgewichtszustand eingestellt hat. Grobteilige Dispersionen, die üblicherweise schlecht verfilmen, zeigen ein rasches Wassereindringen. Feinteilige Polymerisate, die zu einem geschlosseneren Film führen,

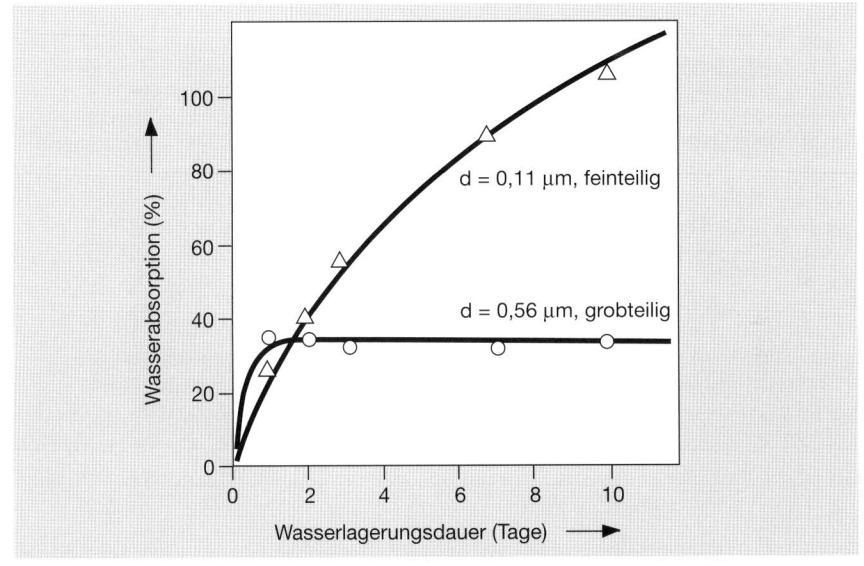

Abb. 2.5 Einfluss der Teilchengröße auf die Langzeitwasseraufnahme [19]

nehmen Wasser sehr langsam auf, erreichen jedoch, da die Auswaschung der wasserlöslichen Bestandteile stärker behindert ist, nach langer Wasserlagerung häufig höhere Endwerte.

Kontrollmethoden

Mit sinkender Schichtdicke, steigender Wassertemperatur und sinkendem Salzgehalt des Wassers steigen die Wasseraufnahmewerte an. Deshalb sind für eine Vergleichbarkeit der Werte standardisierte Prüfbedingungen (z.B. nach DIN 53 495) und der Einsatz von entionisiertem Wasser unerlässlich.

Wagner beschäftigte sich ebenfalls mit der Wasseraufnahme verschiedener Polymer-Dispersionstypen [16]. Er verwendete dazu marktübliche Polymerdispersionen. Aus seinen Resultaten (siehe **Abb. 2.6**) geht hervor, dass Reinacrylate und Acrylat/Styrol-Copolymere im Vergleich zu Polyvinylestern allgemein geringere Wasserquellbarkeiten aufweisen. Aber auch hier sind Acrylat/Styrol-Copolymere, in Abhängigkeit vom Styrolanteil, den Reinacrylaten überlegen, da Styrol wesentlich hydrophober ist als das alternative Hartmonomer Methylmethacrylat, das in Reinacrylatsystemen eingesetzt wird.

Bei mehrmaliger Wässerung und anschließender Rücktrocknung von Dispersionsfilmen ist allgemein eine zunehmende Hydrophobierung zu beobachten [15, 18, 20]. Dies lässt sich zurückführen auf Auswaschung wasserlöslicher Anteile und Verbesserung der Filmgüte als Folge des Fortschreitens der Verfilmung.

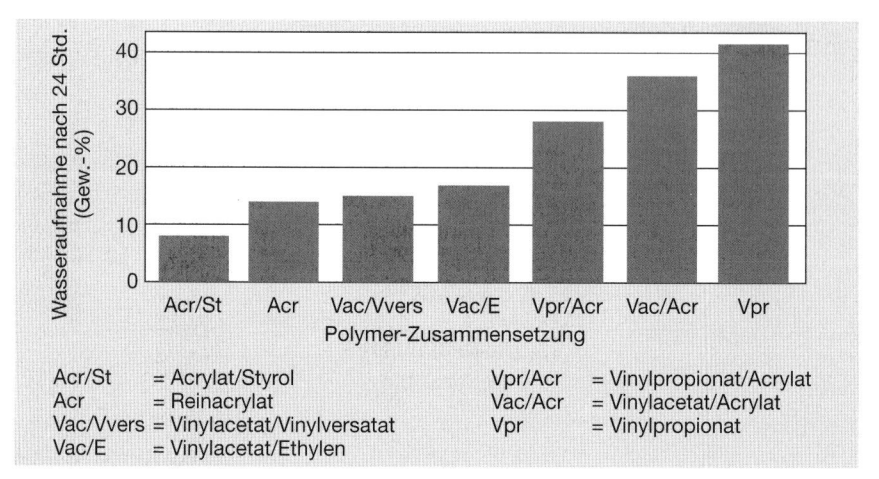

Abb. 2.6 Wasseraufnahme von Polymerdispersionen mit unterschiedlichem Copolymeraufbau [16]

Abb. 2.7 zeigt die graphische Darstellung der Wasseraufnahmewerte von Filmen, hergestellt aus zwei Acrylat/Styrol- (AS1 und AS2), einer Reinacrylat-Dispersion (RA), sowie einer Styrol-Butadien-Dispersion (SB), in Abhängigkeit von der Zahl der Wässerungszyklen. Die Prüfzyklen bestanden aus 24 Stunden Wasserlagerung und anschließenden 48 Stunden Rücktrocknen bei 50 °C. Die Filme wurden zuvor mehrere Tage (bis Gewichtskonstanz) bei Raumtemperatur getrocknet. Die Trockenschichtdicke betrug ca. 500 μm. Für alle Dispersionen nahmen die Wasseraufnahmewerte mit der Zahl der Zyklen ab. Die stärkste Abnahme wurde dabei für die ersten zwei bis drei Zyklen beobachtet. Bei den Dispersionen AS2, RA und SB mit hohem Startniveau der Wasseraufnahme (Anfangs-WA-Werte > 20 %) waren die Hydrophobierungseffekte deutlich ausgeprägter als bei der Dispersion AS1, die bereits einen niedrigen Ausgangswert aufwies.

2.4.1.4 Wasserdampfdurchlässigkeit des Polymerfilms

Laut *Künzel* müssen Wasseraufnahme und Wasserdampfdurchlässigkeit (WDD) in einem ausgewogenen Verhältnis stehen [21]. Das Eindringen von Wasser in den Untergrund muss vorrangig durch eine gute Wasserfestigkeit des Anstrichs verhindert werden. Tritt dennoch Feuchtigkeit in den Untergrund ein, so sollte eine ausreichende Durchlässigkeit der Beschichtung für Wasserdampf ein schnelles Rücktrocknen garantieren. Deshalb kommt der Wasserdampfdurchlässigkeit des Dispersionsfilms (Messung nach nach pr EN 1062-2, ISO 7783 oder DIN 52 615) im Wechselspiel mit seiner Wasserfestigkeit eine entscheidende Bedeutung zu.
Die Wasserdampfdurchlässigkeit von Polymerfilmen wurde in Abhängigkeit von der Zahl der Feuchtigkeitszyklen am Beispiel einer Acylat/Styrol-Dispersion (AS) und einer Reinacrylatdispersion (RA) vergleichend von *Kossmann* und *Schwartz*

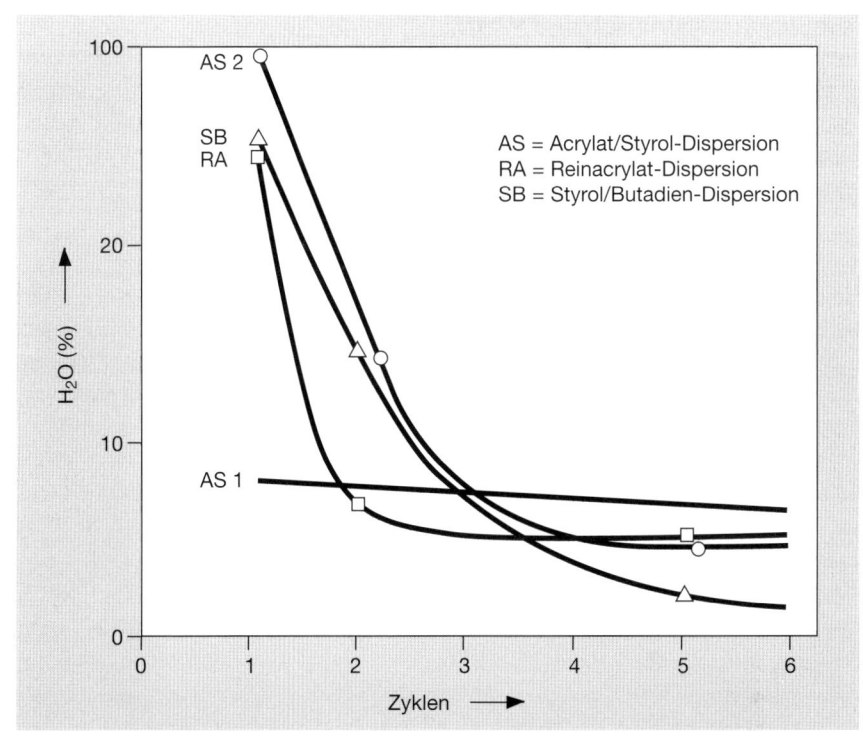

Formulierungsbestandteile einer Anstrichfarbe 61

Abb. 2.7 Die Wasseraufnahme von Dispersionsfilmen nach mehreren Wässerungs-/ Rücktrocknungszyklen [20]

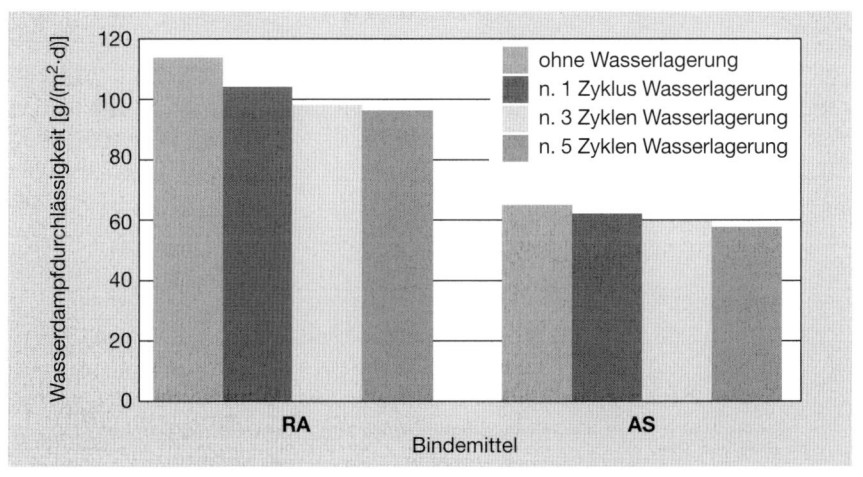

Abb. 2.8 Wasserdampfdurchlässigkeit von Polymerdispersionen [15]

bestimmt [15]. Die graphische Darstellung der Ergebnisse zeigt **Abb. 2.8.** Der Film der AS-Dispersion ist über alle Zyklen immer weniger wasserdampfdurchlässig als derjenige der RA-Dispersion. Mit zunehmender Zykluszahl nimmt die Wasserdampfdurchlässigkeit der RA-Dispersion ab, während sich bei der AS-Dispersion nahezu keine Veränderung ergibt.

Intensiver untersuchte *Wagner* [16] ebenfalls den Unterschied zwischen Filmen aus Reinacrylat- und Acrylat/Styrol-Copolymeren; er verwendete – im Gegensatz zu den bisher aufgeführten Untersuchungen, bei denen Marktprodukte mit verschiedenen Hilfsstoffsystemen und verschiedenen Herstellbedingungen betrachtet wurden – gezielt hergestellte Modelldispersionen. Diese Dispersionen unterschieden sich nur in Art und Menge der Hauptmonomeren, d. h. Emulgatoren, Hilfsmonomere, Hilfsstoffe und Herstellverfahren waren in allen Fällen identisch. Es wurde darauf geachtet, dass alle Polymere ungefähr die gleiche Mindestfilmbildetemperatur hatten. **Abb. 2.9** vergleicht die Wasseraufnahmewerte und Wasserdampfdurchlässigkeiten der so hergestellten Acrylat-Dispersionen miteinander.

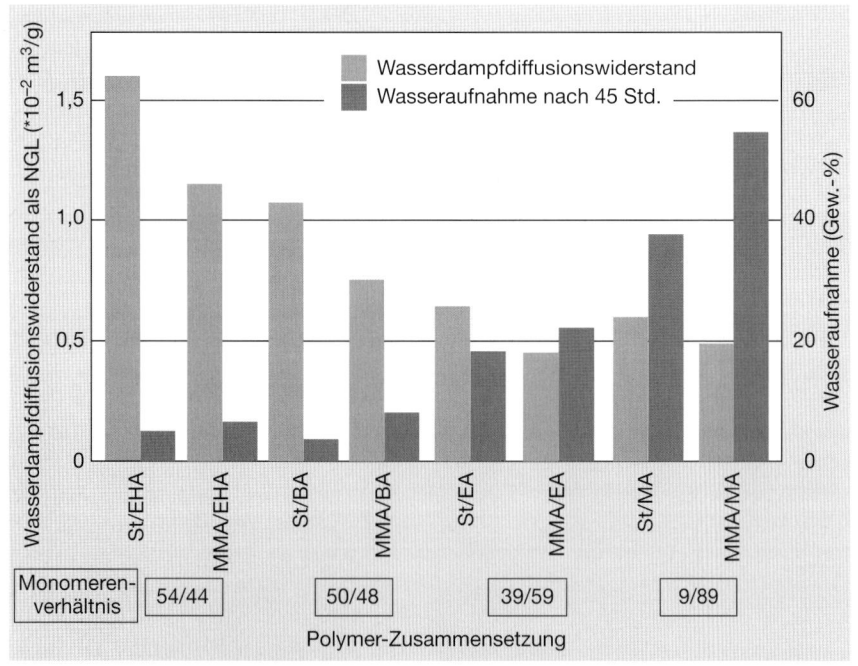

Abb. 2.9   *Wasseraufnahme und Wasserdampfdiffusionswiderstand von Acrylat-Styrolcopolymeren und Reinacrylaten gleicher Glasübergangstemperatur Tg (NGL bedeutet normierte gleichwertige Luftschichtdicke; das ist die äquivalente ruhende Luftschicht in m, die auf ein Flächengewicht der Beschichtung von 1 g/m² normiert wurde.)* [16]

Anhand dieser Daten lässt sich zeigen, dass - bei annähernd gleicher MFT der Polymerdispersion – mit steigender Länge der Kohlenstoffkette des Alkohols der Wasserdampfdiffusionswiderstand zu-, die Wasseraufnahme hingegen abnimmt. Sowohl die Wasseraufnahmewerte als auch die Wasserdampfdurchlässigkeiten der Reinacrylat-Copolymeren liegen über denjenigen der Acrylat/Styrol-Copolymeren [16]. Mit zunehmender Hydrophobie des Copolymeren sinkt die Wasserdampfdurchlässigkeit somit parallel zu Wasseraufnahme. Dieses Ergebnis wird in einer neueren Arbeit von *Baumstark*, *Costa* und *Schwartz* [18] bestätigt. Maßnahmen zur Verminderung der Wasseraufnahme führen deshalb meist auch zu einer Verschlechterung der Wasserdampfdurchlässigkeit.

2.4.2 Pigmente [22, 23]

Um dem Anstrich ein gutes Deckvermögen und die gewünschte Farbe zu geben, werden Pigmente eingesetzt. Darüber hinaus können Pigmente die Bewitterungsstabilität des Anstrichs verbessern, vorzugsweise durch Abschirmung des Bindemittels vor UV-Einwirkung (siehe Kap. Fassadenfarben).

Das wichtigste Weißpigment ist heute, aufgrund seines hohen Brechungsindex, Titandioxid. Die alternativen Weißpigmente Zinkoxid oder Zinksulfid haben geringere Brechungsindices. Sie werden wegen des damit verbundenen schlechteren Weißgrads, des geringeren Deckvermögens und der stärkeren Kreidungsneigung der Anstriche nur noch in untergeordnetem Maße verwendet, allenfalls zur spezifischen Antibewuchsausrüstung von Fassadenfarben. Als Buntpigmente lassen sich sowohl anorganische als auch organische Materialien einsetzen. Dank höherer Lichtechtheit, besserer chemischer Beständigkeit und leichterer Dispergierbarkeit kommen jedoch in der Praxis in wässrigen Anstrichfarben überwiegend anorganische Pigmente wie Eisenoxide oder Chromoxid zum Einsatz. Organische Pigmente werden in Form vorgefertigter Pigmentpräparationen meist nur zum Nuancieren der Farbtöne verwendet.

Der Vollständigkeit halber sollen an dieser Stelle noch organische Weißpigmente, sogenannte Opakteilchen, erwähnt werden. Es handelt sich dabei um nichtverfilmende, styrol- und carboxylgruppenreiche Polymerdispersionen mit einer Teilchengröße von ca. 300 bis 400 nm. Die Polymerpartikel enthalten luftgefüllte Hohlräume, die auch beim Auftrocknen der Farbe erhalten bleiben. Durch den Brechungsindexunterschied zwischen Polymer und Luft wird Licht gestreut und damit dem Anstrich Opazität verliehen. Die Opakteilchen haben zudem aufgrund günstiger Partikelgröße eine Abstandhalterfunktion für die Titandioxidpartikel und sorgen somit für einen höheren Dispergiergrad des Titandioxids beim Auftrocknen des Anstrichs.

Zur Herstellung von Opakteilchen nutzt man üblicherweise ein zweistufiges Emulsionspolymerisationsverfahren. Strenggenommen werden dabei Kern-Schale-Teilchen erzeugt. Der Kern ist ein carboxylgruppenreiches Polymer, die Schale ist ein hartes, weitgehend säurefreies styrolreiches Polymer mit hoher Glastemperatur. Nach der Polymerisation wird das Kernmaterial – unter Zusatz von Ammoniak – stark mit Wasser gequollen. Beim Auftrocknen des Anstrichs verdampfen Wasser und Ammoniak und es bleiben die luftgefüllten Hohlräume bzw. Poren im Kern zurück.

Die organischen Weißpigmente werden als partieller Ersatz des teuren Titandioxids angeboten. Allerdings ist wegen der fragwürdigen Kostenvorteile und der noch immer nicht gelösten Probleme mit auftretendem Glanzschleier in Mattfarben der Einsatz von Opakteilchen im Bautenfarbenbereich bisher im wesentlichen auf hochwertige Seidenglanz- oder Latexfarben beschränkt geblieben.

2.4.2.1 Titandioxid

Bedingt durch den Herstellprozess gibt es zwei Modifikationen des Weißpigments Titandioxid, den Anatas und den Rutil, mit unterschiedlicher Kristallform und dadurch bedingt mit deutlich verschiedenem Brechungsindex. Er beträgt bei Rutil 2,70, bei Anatas lediglich 2,55. Anatas ist zwar preiswerter, führt aber wegen des niedrigen Brechungsindex zu geringerem Deckvermögen. Sein Hauptnachteil für Außenanwendungen ist jedoch, dass er aufgrund seiner ausgeprägteren photokatalytischen Aktivität und seiner geringeren Abschirmwirkung das Kreidungs- und das Abbauverhalten des Bindemittels verschlechtert. Dabei reagiert die Anatasoberfläche mit UV-Licht, Feuchtigkeit und elementarem Sauerstoff unter Bildung von Hydroxyl-Radikalen, die das Bindemittel angreifen und abbauen. Als Folge dieses Prozesses werden Pigment- und Füllstoffpartikel an der Oberfläche des Anstrichs freigelegt, was zum Phänomen der Kreidung führt. Deshalb kommt Anatas nur für Anwendungen im Innenbereich in Betracht. Der teurere Rutil führt demgegenüber zu wesentlich höherem Deckvermögen und zeigt gleichzeitig deutlich verminderte UV-Aktivität. Rutil ist daher das Weißpigment der Wahl für einen Außenanstrich.

Durch Oberflächenbehandlung mit ZrO_2, Al_2O_3, SiO_2, oder in einigen seltenen Fällen auch mit ZnO, kann die bereits geringere photokatalytische Aktivität des Rutils noch weiter vermindert werden. Deshalb gibt es (siehe Kapitel 4, Fassadenfarben) teils erhebliche Unterschiede im Freibewitterungsverhalten von Anstrichen, die Rutile unterschiedlicher Nachbehandlung und Herstellung (Sulfat- oder Chloridprozess) enthalten. Es ist deshalb ratsam, im Einzelfall mit gezielten Voruntersuchungen die Eignung des jeweiligen Rutiltyps für eine spezielle Anwendung zu verifizieren.

2.4.2.2 Sonstige Pigmente

Neben Weißpigmenten werden zur Farbgestaltung des Anstrichs unterschiedlichste Buntpigmente eingesetzt. Die preiswerteren, anorganischen Pigmente (z.B. Eisen-, Cadmium-, Chrom-, Bleioxide oder -sulfide, Bleimolybdat, Kobaltblau,

Ruß) weisen eine erheblich bessere UV-Stabilität (ausgenommen Ruß) auf als die teuren organischen Pigmente (z.b. Phthalocyanine, Azopigmente, Chinacridone, Perylene, Carbazole). Sie führen jedoch üblicherweise nicht zu einer vergleichbaren Brillanz der Farbtöne. Für Außenanwendungen kommen daher nur die Metalloxide in Betracht, die zusätzlich vielfach eine gute Alkalibeständigkeit des Anstrichs ergeben. Auf Grund ökologischer Erwägungen nimmt man heute im wesentlichen Eisenoxide als anorganische Buntpigmente. Zudem lassen sich die toxischen Blei- und Cadmiumverbindungen teilweise auch durch Wismutvanadat ersetzen.

Im Abschnitt Abtön- und Volltonfarben werden spezifische Aspekte zu bunten Farben erläutert.

2.4.3 Füllstoffe [23, 24]

Füllstoffe sind anorganische Materialien mit im Vergleich zu den echten Pigmenten geringem Brechungsindex (nach DIN 55 943 und 55 945 für Füllstoffe Brechungsindexwerte < 1,7). Eine Reihe von Standard-Füllstoffen und Pigmenten sind zusammen mit ihren Brechungsindices und Kristallformen in **Tab. 2.4** aufgeführt. Die meisten Füllstoffe sind natürlich vorkommende Mineralien (z.b. Calcit, Kreide, Dolomit, Kaolin, Talk, Glimmer, Diatomeenerde, Baryt, Quartz), einige wenige werden jedoch synthetisch über Fällungsreaktionen hergestellt (z.b. präzipitiertes $CaCO_3$ oder $BaSO_4$, pyrogene Kieselsäure SiO_2). Der mengenmäßig wichtigste Füllstoff ist Calciumcarbonat. In Form des kristallinen Calcits und der amorphen Kreide deckt Calciumcarbonat ca. 80 bis 90 % des Gesamtfüllstoffbedarfs in Westeuropa. Calcit wird in vielen Anstrichformulierungen auch als alleiniger Füllstoff eingesetzt. Üblich sind jedoch Füllstoffkombinationen, wobei Mattfarben bis zu 6 verschiedene, in Korngröße, Kristallform und Wirkung aufeinander abgestimmte Füllstoffe enthalten können.

Füllstoffe werden im wesentlichen zur Verbilligung, aber auch zur Modifizierung der Eigenschaften in Anstrichfarben eingesetzt. Mit Füllstoffen kann die PVK auf Werte oberhalb der KPVK eingestellt werden, was über eingeschlossene Luftporen das sogenannte „Dry hiding" oder Trockendeckvermögen bewirkt und somit die Einsparung von teurem Titandioxid erlaubt (= Extenderfunktion).

Im Allgemeinen erhöhen Füllstoffe den Festkörper, das Volumen und das spezifische Gewicht der Farbe (Dichte der Standardfüllstoffe von 2,5 bis 2,8 g/cm^3, Baryt 4.0 g/cm^3). Beeinflusst wird daneben aber durch die Wahl der Füllstoffe auch die Wetterbeständigkeit, die Abriebfestigkeit, der Glanz, die Verschmutzungsresistenz und die Gasdurchlässigkeit des Anstrichs, sowie die Rheologie der Farbe. Zudem tragen Füllstoffe, wie beschrieben, zum Deckvermögen (= Kontrastverhältnis) bei und helfen die Kosten einer Farbformulierung niedrig zu halten.

Material		Brechungs-index	Kristallform
Luft		1,0	
Wasser		1,33	
Polymere/Bindemittel		1,4 bis 1,6	
Füllstoffe			
Calcit	$CaCO_3$	1,55	kubisch/ rhomboedrisch
Kreide	$CaCO_3$	1,55	amorph/ mikrokristallin
Dolomit	Ca-Mg-Carbonat	1,60	kubisch/ rhomboedrisch
Quarz/ Cristoballit	SiO_2	1,55	kubisch/ trigonal
Pyrogene Kieselsäure	SiO_2	–	amorph
Kaolin/ China Clay	Al-Silikat	1,56	plättchenförmig
Talkum	Mg-Hydrosilikat	1,57	plättchenförmig
Glimmer	Al-Silikat	1,58	plättchenförmig
Baryt	$BaSO_4$	1,64	rhombisch
Wollastonit	$CaSiO_3$	–	faserförmig
Pigmente:			
Zinkoxid	ZnO	2,06	
Zinkblende	ZnS	2,37	
Anatas	TiO_2	2,55	
Rutil	TiO_2	2,70 bis 2,75	

Tab. 2.4 Brechungsindices und Kristallformen unterschiedlicher Materialien, Pigmente und Füllstoffe

Wesentliche Faktoren zur Charakterisierung eines Füllstoffs sind die Partikelgröße und die Helligkeit. Je feiner die Zermahlung ist, desto heller erscheint das Mahlgut, aber desto stärker ist auch das Saugvermögen, d.h. der Bindemittelbedarf (ausgedrückt in der Ölzahl). Weiterhin hat die Kristallform (amorph, plättchenförmig, faserförmig, kubisch) einen entscheidenden Einfluss auf die Dispergierbarkeit und die Wirkung des Füllstoffs in Farben (z.B. Rheologiebeeinflussung) und Anstrichen (z.B. Filmmechanik oder Schwundrissverhinderung).

Kubische bzw. rhomboedrische Füllstoffe ($CaCO_3$ oder Dolomit) lassen sich im Gegensatz zu plättchen- (z.B. Kaolin, Talkum, Glimmer) oder nadelförmigen Füllstoffen (z.B. Wollastonit) leichter dispergieren und haben einen geringeren Bindemittelbedarf (kleinere Ölzahl). Die plättchen- und faserförmigen Füllstoffe können aber die Filmmechanik des Anstrichs im Sinne einer Verstärkungs- oder Armierungssubstanz positiv beeinflussen. Sie verhindern zudem das Entstehen

von Schwundrissen und sind in der Lage, das Saugvermögen von porösem Untergrund zu nivellieren.
Die Härte und die Korngröße des Materials entscheiden über die Abrasivität eines Füllstoffs. Die Abrasivität wird nach der Methode von Einlehner (Beschreibung in [7]) bestimmt. Dabei rührt man eine Füllstoffschlämme in einer Spezialapparatur in Gegenwart eines Metallsiebs über den Zeitraum von einer Stunde. Der Abrieb am Metallsieb wird im Anschluß ermittelt und – auf die spezifische Oberfläche bezogen – als Materialkonstante des Füllstoffs ausgedrückt. Besonders abrasiv ist grobkörniger Quarz. Eine hohe Abrasivität des Füllstoffs ist nachteilig, denn sie verkürzt zum einen die Standfestigkeit der Dispergieraggregate bei der Farbenherstellung, zum anderen aber auch die Haltbarkeit von Spritzdüsen, z.b. beim Airless-Spritzen, bei der Applikation.

2.4.4   Additive [25 - 28]

Unter Additiven werden alle Hilfsstoffe einer Farbformulierung verstanden, die zur Verbesserung der Herstellbarkeit, der Verarbeitungseigenschaften, sowie der Stabilität und Haltbarkeit von wässrigen Bautenanstrichfarben beitragen. Es werden heute im wesentlichen folgende Additive eingesetzt:

– Lösemittel/Filmbildehilfsmittel
– Verdicker/Rheologiemodifizierungsmittel
– Entschäumer
– Netz- und Dispergierhilfsmittel
– Neutralisationsmittel
– Konservierungsmittel/Biozide

Daneben kommen in vielen Fällen zur Modifizierung der Oberflächeneigenschaften noch Mattierungsmittel, Wachse und Verlaufshilfsmittel zum Einsatz. Zur Verbesserung der Witterungsstabilität sind zusätzlich UV-Absorber (siehe Kap. 5) und Radikalfänger als Additive aufzuführen [25].

2.4.4.1 Filmbildehilfsmittel [29 - 31]

Um der Anforderung nach sicherer Verarbeitbarkeit einer Anstrichfarbe gerecht zu werden, muss eine gute Filmbildung bis zu Temperaturen von wenigstens 5 °C gewährleistet sein. Da aber die Mindestfilmbildetemperaturen (MFT) von typischen Marktprodukten, wie z. B. Acronal® 290 D[a] oder Acronal® S 716[a] mit ca. 20 °C oder von Acronal® 18 D[a] mit ca. 13 °C dieser Forderung entgegen stehen, wird klar, dass man in der Formulierung ein Filmbildehilfsmittel verwenden muss. Geeignet dafür ist ein Lösemittel, welches das Polymer temporär, nämlich bis zu seiner Verdunstung, plastifiziert.
Nähere Informationen zu diesem Additivtyp und dessen Einfluss auf die MFT-Werte finden sich in Kapitel 1 unter dem Abschnitt Filmbildung.

Neben dem Effekt, die MFT abzusenken, beeinflussen die Filmbildehilfsmittel, wie in Kap. 1 erwähnt, über die Lebensdauer des Anstrichs hinweg auch die Entwicklung der Filmhärte und Oberflächenklebrigkeit. Der Einsatz von hochsiedenden Lösemitteln kann aufgrund deren langanhaltender plastifizierender Wirkung zur (nachteiligen) verstärkten Anschmutzungsneigung des Anstrichs führen. Die Filmbildehilfsmittel haben zudem auch Einfluss auf die Viskosität und das Benetzungsverhalten der Farben. Darüber hinaus bestimmen sie – neben dem Bindemittel – im wesentlichen Maße die erreichbare Nassscheuerfestigkeit der Anstriche.

Allgemein verlieren Dispersion und Anstrichfarbe nach Zugabe eines Filmbildehilfsmittels an kolloidaler Stabilität. Dies kann bei zu rascher Dosierung zur Bildung von Feinkoagulat oder gar zu vollständiger Koagulation führen. Dieses als „Lösemittelschock" bezeichnete Phänomen lässt sich durch langsames Dosieren des Koaleszenzmittels und dessen Vorverdünnung mit Wasser bzw. mit wassermischbaren Lösemitteln vermeiden.

Hochsiedende wassermischbare Lösemittel, wie Propylenglykol, sorgen über eine verlangsamte Wasserverdunstung für eine ausreichend lange „offene Zeit" (bis zu 15 min) und damit für günstigere Verarbeitungseigenschaften des Anstrichmaterials.

2.4.4.2 Verdicker [25 - 28, 32]

Über die Möglichkeiten, die Viskosität bzw. das Fließverhalten von Dispersionen zu variieren, wurde bereits in Kapitel 1.4.5 berichtet. Um die Rheologie von wässrigen Anstrichfarben und Lacken bei Herstellung, Handling, Lagerung und Applikation optimal einzustellen, benötigt man heute jedoch zusätzlich spezielle Rheologieadditive oder Verdicker als Formulierungsbestandteile. Hierfür kommen sowohl organische als auch anorganische Verdickersysteme (siehe **Tab. 2.5**) zum Einsatz.

Konventionelle Verdicker

Die Viskosität von Dispersionsfarben wird in der Regel von verschiedenen Faktoren bestimmt. So haben der Feststoffgehalt der Farbe und die Eigenviskosität des Bindemittels einen entscheidenden Einfluss auf das Fließverhalten. Durch Einsatz von Cellulosederivaten bzw. alkaliquellbaren Polyacrylat-Dispersionen (= Acrylatverdicker, ASE; siehe unten) kann zusätzlich die Grundviskosität der Anstrichfarbe angehoben werden. Bei Putzen und Silikatfarben kommen häufig auch hochwirksame Xanthan-Gum-Verdicker zum Einsatz. Die Viskositätserhöhung beruht bei den Polysaccharid- und Polyacrylat-Verdickern auf vergleichbaren Effekten. Neben der Ausbildung von intra- und intermolekularen Wasserstoffbrückenbindungen zwischen den Verdickermolekülen spielen die Hydratation, sowie die Verschlaufung und Verknäuelung von Molekülketten eine entscheidende Rolle.

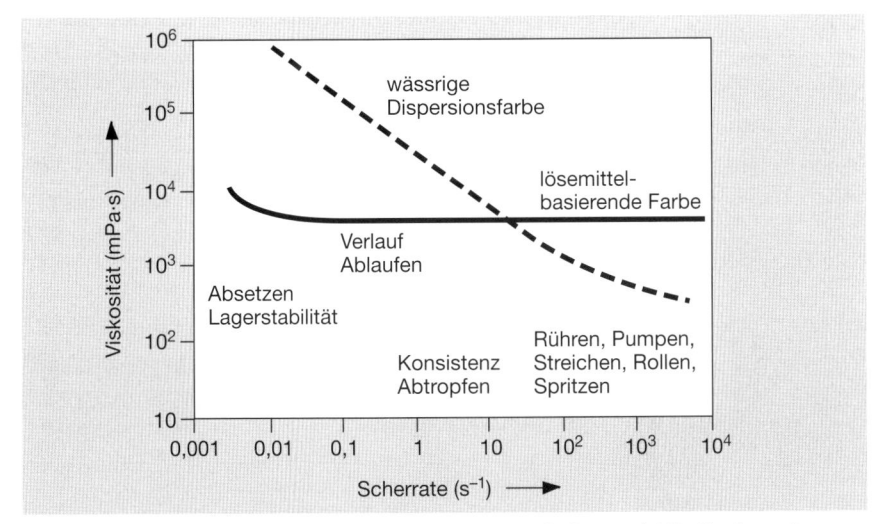

Abb. 2.10 Typische Viskositätskurven von Dispersionsfarben und Alkydlacken mit Zuordnung von Scherbereichen zu Eigenschaften

Insgesamt resultiert daraus eine mehr oder weniger ausgeprägte Strukturviskosität bzw. Pseudoplastizität der Fließkurven. Damit einher gehen üblicherweise eine gute Stabilität der Farbe gegen Absetzen des Pigmentes und die Möglichkeit einer tropffreien Applikation bei nur geringer Ablaufneigung (keine "Rotznasenbildung"). Behindert wird jedoch ein guter Verlauf (Nivellierung) der Farbe und man erhält wegen der zu geringen Viskosität bei hoher Scherrate normalerweise eine schlechte Streichzähigkeit, einen relativ geringen Schichtauftrag und eine zu starke Spritzneigung bei der Applikation (siehe **Abb. 2.10**).

Die rheologischen Eigenschaften von wässrigen Celluloseetherlösungen werden durch das Molekulargewicht, die hydrophilen Substituenten (siehe **Tabelle 2.5**), den Substitutionsgrad sowie die Konzentration beeinflusst. Das Viskositätsniveau und die Ausprägung der Strukturviskosität steigen mit dem Molekulargewicht und der Lösungskonzentration.

Anorganische Verdicker sind auf Basis unterschiedlicher Al, Mg-Schichtsilikate (= Tonmineralien) bekannt. Verdickend wirken sie in der Wasserphase über Gelbildung, die durch eine räumliche Ausrichtung der blättchen- oder kettenförmigen mineralischen Teilchen verursacht wird. Eine solche räumliche Orientierung ist möglich, da die Partikeloberflächen Kantenladungen unterschiedlichen Vorzeichens tragen, die einen ausreichend großen Teilchenkontakt sichern.

Die anorganischen Schichtsilikatverdicker (z.B. Bentonit) werden meist in Kombination mit Celluloseethern eingesetzt. Sie verstärken die Strukturviskosität, erlauben häufig aber auch eine Thixotropierung der Farben. Dabei wird der Gelzu-

Organische Systeme:	**1. Polysaccharide** – Xanthanverdicker – Guarverdicker **2. Cellulosederivate** – Carboxymethylcellulose (CMC, anionisch) – Hydroxyethylcellulose (HEC, nichtionisch) – Methylcellulose (MC, nichtionisch) – Hydroxypropylmethylcellulose (HPMC, nichtionisch) – Ethylhydroxyethylcellulose (EHEC, nichtionisch) – Hydrophob modifizierte Cellulosederivate (HEER, nichtionisch, assoziativ) **3. Acrylatverdicker** – Alkaliquellbare Dispersionen (ASE, Alkali swellable emulsions, anionisch) – Hydrophob modifizierte, alkaliquellbare Dispersionen (HASE, anionisch, assoziativ) **4. Polyurethanverdicker** (HEUR oder PU, hydrophob modifizierte, polyetherbasierte Polyurethane, nichtionisch, assoziativ)
Anorganische Systeme:	**1. Bentone** (Al-Mg-Schichtsilikate) – Bentonit – Hectorit – Smectit – Attapulgit **2. Metallorganyle** (Gelbildner) – Titanate – Zirkonate

Tab. 2.5   Typen von Verdickern für wässrige Anstrichfarben und Lacke

stand unter Schereinwirkung aufgebrochen, und der Grundzustand stellt sich nach Ende der Scherung erst zeitlich verzögert wieder ein (Hysterese, siehe **Abb. 2.11**). Eine extreme Thixotropierung, wie sie bei „festen Farben" für die tropffreie Applikation benötigt wird, lässt sich durch den Einsatz von Metallorganylen und dabei speziell von Titan- oder Zirkonchelaten erreichen. Für eine gute Wirkung der Metallchelate sind hydroxyfunktionelle Schutzkolloide (Hydroxyethylcellulose, Stärke oder Polyvinylalkohol) im Bindemittel vorteilhaft.

Assoziativverdicker

Assoziativverdicker sind allgemein hydrophob modifizierte Polymerverdicker mit nebeneinander hydrophilen und hydrophoben Struktureinheiten. Wichtige Vertre-

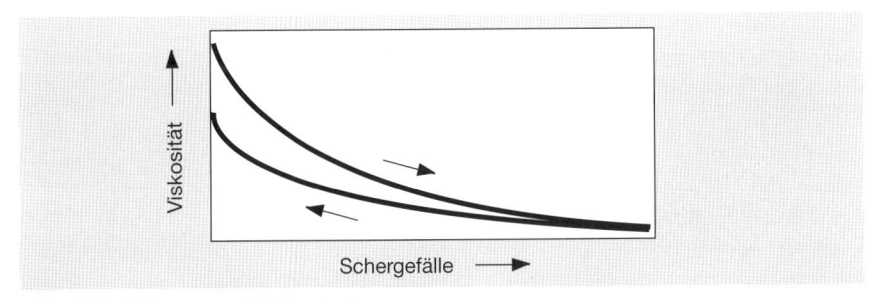

Formulierungsbestandteile einer Anstrichfarbe 71

Abb. 2.11 Thixotropes Fließverhalten

ter dieser Verdickerklasse sind die Polyurethanverdicker (= hydrophob modifizierte, ethoxylierte Urethane; kurz HEUR- oder PU-Verdicker) und die HASE-Verdicker (= hydrophob modifizierte, alkaliquellbare Emulsionen, siehe unten). Die Assoziativverdicker vermögen über hydrophobe Gruppen im Molekül an der Oberfläche der Bindemittelpartikel zu adsorbieren und micellartige, assoziative Komplexe in der Wasserphase auszubilden (siehe **Abb. 2.12**). Damit lässt sich auch die Viskosität der Anstrichfarben bei mittlerer und hoher Scherrate in bindemittelreichen Rezepturen gezielt anheben.

Auch bei den Celluloseethern sind hydrophob modifizierte Typen (HEER = hydrophob modifizierte Celluloseether), meist ausgehend von HEC oder EHEC, im Markt. Sie verdicken allerdings eher konventionell und zeigen meist nur eine schwach assoziative Wechselwirkung mit den Bindemittelpartikeln. Man verwendet sie vor allem zur Verminderung der Spritzneigung beim Rollen.

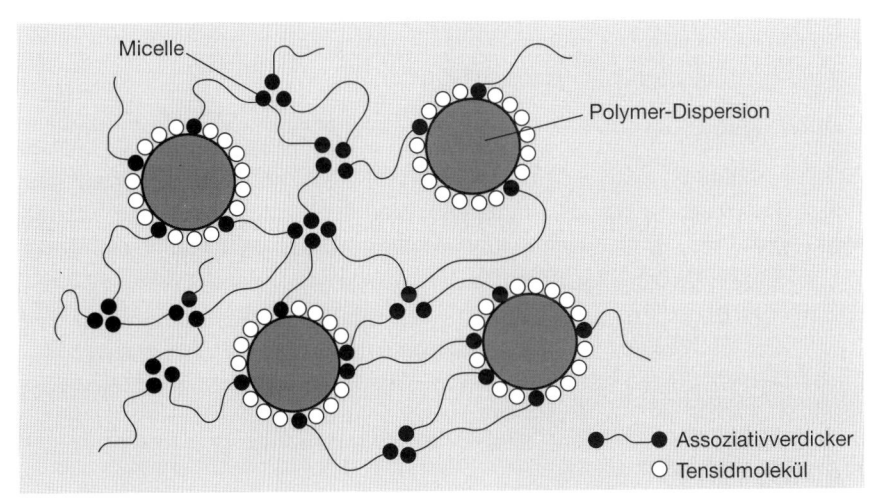

Abb. 2.12 Schematische Darstellung der Wirkungsweise von Assoziativverdickern (am Beispiel PU-Verdicker) [25]

Vor allem der Entwicklung von Polyurethanverdickern vor ca. 20 Jahren ist es zu verdanken, dass die Verarbeitbarkeit (Streichbarkeit, Verlauf, Spritzneigung) von wässrigen Anstrichfarben deutlich verbessert werden konnte. Über die gezielte Kombination von Grundverdickern und Assoziativverdickern lassen sich Alkydlack-ähnliche rheologische Eigenschaften auch bei wässrigen Dispersionslacken und Holzbeschichtungen einstellen. Polyurethanverdicker sind üblicherweise aus Polyethylenglykolen, Diisocyanaten (z.B. Hexamethylendiisocyanat) und hydrophoben langkettigen Alkoholen aufgebaute Polymere, die eine Art Dreiblockstruktur aufweisen. In deren Mitte befindet sich der eher hydrophile Polyurethanblock, die Kettenenden sind dagegen jeweils durch den langkettigen Alkohol hydrophob modifiziert.

Kritisch beim Einsatz aller Assoziativverdicker ist die starke Abhängigkeit ihrer Wirkung von der Gesamtformulierung [28, 33 - 35] (siehe dazu auch Kapitel 5, Dispersionslackfarben). So bestimmt nicht nur das Bindemittel mit seinem spezifischen Stabilisierungssystem, sowie seiner Gesamtpartikeloberfläche, sondern auch die Wahl der Dispergier-, Netz- und Filmbildehilfsmittel die Wirkung des Assoziativverdickers. Bereits ein Wechsel des Lösemittels oder die Umstellung auf eine lösemittelfreie Rezeptur mit einem weicheren Bindemittel kann zu völligem Wirkungsverlust oder aber im günstigen Fall auch zu einer Wirkungsverstärkung des Assoziativverdickers führen.

Bei der Buntfarbenherstellung wird häufig ein Viskositätsabfall beim Abtönen der assoziativverdickten, weißen Grundfarben beobachtet. Dies ist auf die in den Pigmentpräparationen eingesetzten Netzmittel bzw. Stabilisatoren zurückzuführen. Sie treten an der Oberfläche der Binderpartikel und in den Verdickermicellen in Konkurrenz zu den Assoziativverdickermolekülen und stören somit die für die Verdickerwirkung benötigte Netzwerkstruktur.

Acrylatverdicker

Alkaliquellbare Acrylatverdicker (ASE und HASE) sind säuregruppenreiche Polyacrylat-Dispersionen, die stark anquellen, wenn der pH-Wert den Neutralpunkt übersteigt. Die Quellungsstärke und damit die Verdickerwirkung hängt dabei von folgenden Faktoren ab:
- Säuretyp im Latex
- Säuregehalt im Latex
- Säureverteilung im Latex
- Neutralisationsgrad
- Glastemperatur (Tg) des Grundpolymeren
- Vernetzungsdichte
- Polarität

Neben der Wahl des Säuremonomers (meist AS oder MAS) und der Säuremenge (üblich 10 bis 40 Gew.%), sowie der Säureverteilung im Latexteilchen (auf Serum, Oberfläche und Teilcheninneres), spielt die Tg des Polymeren eine wichtige Rolle. So quellen weiche Copolymere mit tiefer Tg stärker als harte, starre Systeme mit hoher Tg. Zudem verdicken hydrophile Copolymere bei gleicher Säuremenge und Tg stärker als hydrophobe Polymerisate. Deshalb verwendet man überwiegend weiche, Ethylacrylat-haltige Reinacrylat-Dispersionen mit AS oder MAS als Säuremonomeren. Die im Sauren hergestellten Polymerisate (Feststoffgehalt ca. 40 Gew.-%), quellen nach Basenzugabe ab einem pH-Wert von ca. 7 stark an. Meist läuft die Verdickerwirkung mit steigendem pH-Wert und wachsender Säuremenge durch ein Maximum. Das Viskositätsmaximum wird bei optimaler Quellung der Partikel erreicht.

Mit weiter steigendem pH-Wert oder zu hoher Säuremenge setzt eine Teillöslichkeit der Dispersion unter Wirkungsverlust ein. Durch eine schwache, intrapartikuläre Vernetzung wird zwar die Quellungsfähigkeit etwas behindert, es können jedoch zur Leistungssteigerung, ohne die Teillöslichkeit zu verstärken und die Partikelstruktur zu verlieren, noch höhere Säuremengen ins Polymer eingebaut werden. Durch den Einbau von Spezialmonomeren mit Strukturverwandtschaft zu nichtionischen Tensiden lassen sich Acrylatverdicker auch mit assoziativen Eigenschaften (HASE-Verdicker) einstellen. Die Polymerisate werden dazu ebenfalls als saure Polymerdispersion hergestellt und durch Zusatz einer Base zur Wirkung gebracht. Über die langen hydrophoben Reste des Spezialmonomeren kann dann eine den PU-Verdickern analoge Adsorption an der Oberfläche der Bindemittelpartikel und eine Verdickung der Wasserphase über die Ausbildung eines durchgängigen micellaren Netzwerks eintreten.

Anwendungsaspekte

Speziell bei Außenanwendungen sollte nicht nur der Einfluss des Verdickers auf die Viskosität betrachtet werden. Denn nach Auftrag der Farbe und Trocknung wird oft vergessen, dass der Verdicker ebenfalls in die Farbschicht eingebaut wird und daher die Eigenschaften Wasserfestigkeit und Wetterbeständigkeit des Fassadenanstrichs nachteilig beeinflussen kann. Dies beobachtet man vor allem mit Celluloseethern und Acrylatverdickern. Als Faustregel gilt deshalb, dass für Fassadenfarben maximal 1 Gew.-% Celluloseether (fest), bezogen auf den Feststoffanteil der Farbe, eingesetzt werden sollte. Noch stärkere Einschränkungen gibt es beim Einsatz von Acrylatverdickern. Sie werden wegen ihrem negativem Einfluss auf die Wasserfestigkeit der Anstriche nahezu ausschließlich nur für Innenfarben eingesetzt.

Verdicker, die sich aus natürlichen Polymeren, wie Cellulosederivaten, aufbauen lassen, haben immer den Nachteil, dass sie im Farbtopf und auch an der Wand von

Mikroorganismen befallen werden können. Zudem erhöhen alle Verdicker aufgrund ihrer chemischen Struktur die Wasseraufnahme des Filmes. Dies ist bei Auswahl und Menge zu berücksichtigen.

Die anorganische Verdicker, wie z.B. Bentone, haben zwar nahezu keinen negativen Einfluss auf die Wasserfestigkeit der Anstrichfarben, aber auch sie haben Nachteile. Der Verdickungsmechanismus beruht bei ihnen, wie geschildert, auf Oberflächenladungen. Daher reagieren derartige Verdicker äußerst empfindlich auf Ladungsänderungen, wie sie z. B. durch pH-Wertänderungen oder durch unterschiedliche Oberflächenladungen von verschiedenen Füllstoffchargen erzeugt werden.

2.4.4.3 Netz- und Dispergierhilfsmittel [25, 26, 28, 36]

Um die Pigmente und Füllstoffe optimal in einer Farbe nutzen zu können, muss ihre vollständige Dispergierung gewährleistet sein. Dispergiermittel unterstützen auf verschiedene Weise den Dispergiervorgang:
- durch Erleichterung der Benetzung der Pigmente im flüssigen Dispersionsmedium (Netzmittelwirkung),
- durch Aufbrechen der Pigmentagglomerate und
- durch sterische bzw. elektrostatische Stabilisierung der beim Scherprozess entstehenden Primärpartikel (Dispergiermittelwirkung)

Stoffklassen

Es gibt im wesentlichen zwei Gruppen von Dispergierhilfsmitteln:
1. Polyphosphate und
2. Salze von Polycarbonsäuren, meist von Polyacrylsäuren und Acrylsäure-Copolymeren

Daneben werden unterschiedlichste Oligomere oder Polymere, sowie niedermolekulare Verbindungen, wie z.B. 2-Aminopropanol (AMP), Acetylendiole, Polyphosphonate, oder auch einfache nichtionische Emulgatoren, z.B. Fettalkoholethoxylate, als Dispergier- bzw. Netzmittel in der Anstrichindustrie eingesetzt. Sowohl die Polyphosphate als auch die Polycarbonsäure-Salze beeinflussen die Oberflächenladung von Pigmenten und Füllstoffen; die Oberflächenspannung des Systems wird jedoch nicht verändert.

Polyphosphate

Die linear verknüpften Polyphosphate – oder besser Oligophosphate (Kettenlänge meist 2 bis 6 Phosphateinheiten) – bilden zudem Komplexe mit Erdalkali- und schweren Ionen und wirken somit dem negativen Einfluss der Wasserhärte entgegen. Dabei steigt das Calcium-Bindevermögen mit zunehmender Kettenlänge des Oligophosphats an (Optimum ab ca. 6 Einheiten). Als ein möglicher Nachteil kann im Einzelfall die chemische Instabilität der Polyphosphate angesehen werden. Durch zu hohe Temperatur beim Dispergiervorgang, oder während der Lagerung der Farbe, können sie zu Monophosphaten hydrolysiert werden und verlieren dadurch den Stabilisierungseffekt. Die entstehenden Phosphate, z.B. Calciumphosphat, können zudem im ungünstigen Fall bei Lagerung der Farben als störende Kristallite ausfallen.

Polycarboxylate

Bei den Polycarboxylaten handelt es sich üblicherweise um Ammonium- oder Natriumsalze der Homo- oder Copolymere aus Acrylsäure, Methacrylsäure und Maleinsäure, oder um Copolymere dieser Säuremonomere mit hydrophoben Acrylestermonomeren, Styrol bzw. Olefinen.

Vorteile der Polyacrylsäuresalze oder allgemein Polyacrylate gegenüber Polyphosphaten sind ihre bessere Lagerstabilität. Daneben sind sie auch für die Glanzentwicklung bei Dispersionslacken (speziell bei Hydrophobmodifizierung) und für den Einsatz in Abtönsystemen vorteilhaft. Als synthetische Produkte sind sie jedoch teurer als die Polyphosphate. Die Wirkung der Polyacrylsäuren als Dispergiermittel ist elektrosterischer Natur und wird im wesentlichen von der Ladungsdichte, vom Molekulargewicht und von der Breite der Molekulargewichtsverteilung (MGV) bestimmt. Günstig bei Polyacrylsäuren sind vor allem mittlere Molekulargewichte (2000 bis 20000) und eine enge Molekulargewichtsverteilung.

Aus technischer und ökonomischer Sicht ist es ratsam, die Polyphosphate und die Polycarboxylate in Farben zu kombinieren. Häufig werden dann wegen der unterschiedlichen Stabilisierungsmechanismen auch synergistische Dispergiereffekte beobachtet.

Einsatzhinweise

Die für ein Farbrezept benötigte Dispergiermittelmenge bestimmt man üblicherweise über das Viskositätsminimum der Pigmentpaste bei Variation der Dispergiermittelmenge bzw. über Absetzversuche an der Pigmentpaste mit unterschiedlicher Dispergiermittelmenge. Da das Dispergiermittel im Wechselspiel mit dem Bindemittel auch Einfluss auf anwendungstechnische Eigenschaften ausüben kann, z.B. auf die Nassscheuerfestigkeit von Anstrichen, sollte bei einem Austausch des Bindemittels immer auch eine Optimierung des Dispergiermittels und seiner Einsatzmenge im Farbrezept vorgenommen werden. Üblicherweise kommen die Dispergiermittel in Mengen von 0,25 bis 0,8 Gew. % (bezogen auf die Füllstoffe und Pigmente) zum Einsatz.

2.4.4.4 Entschäumer [25, 37]

Die bei der Herstellung der Bindemittel und Farben eingesetzten grenzflächen-aktiven Materialien (z.B. Emulgatoren, Netzmittel, Assoziativverdicker) reichern sich an der Flüssigkeitsoberfläche (Grenzfläche Flüssigkeit/Luft) an und setzen dort die Grenzflächenspannung herab.

Wirkungsweise

Unerwünschterweise bewirken diese Materialien, dass die bei Herstellung, Transport oder Applikation in die Farbe eingebrachte Luft in Form von Schaum oder Mikroschaum dispergiert und stabilisiert wird. Die Luftblasen steigen in der sie umgebenden Flüssigkeit nach oben, oder sie verbleiben – vor allem bei hochviskosen Systemen – als stabiler Mikroschaum in der Farbe. Die an der Oberfläche ankommenden Luftblasen sind von einer zäh-elastischen Tensid-Doppelschicht, der sogenannten Schaumlamelle, umgeben (siehe **Abb. 2.13a**) . Die so stabilisierten Blasen sammeln sich an der Oberfläche der Farbe unter Ausbildung einer Schaumkrone. Beim Applizieren der Farbe führt dies zu Beschichtungsfehlern und zu optisch störenden Filmdefekten. Dies muss durch den Einsatz von Entschäumern verhindert werden.

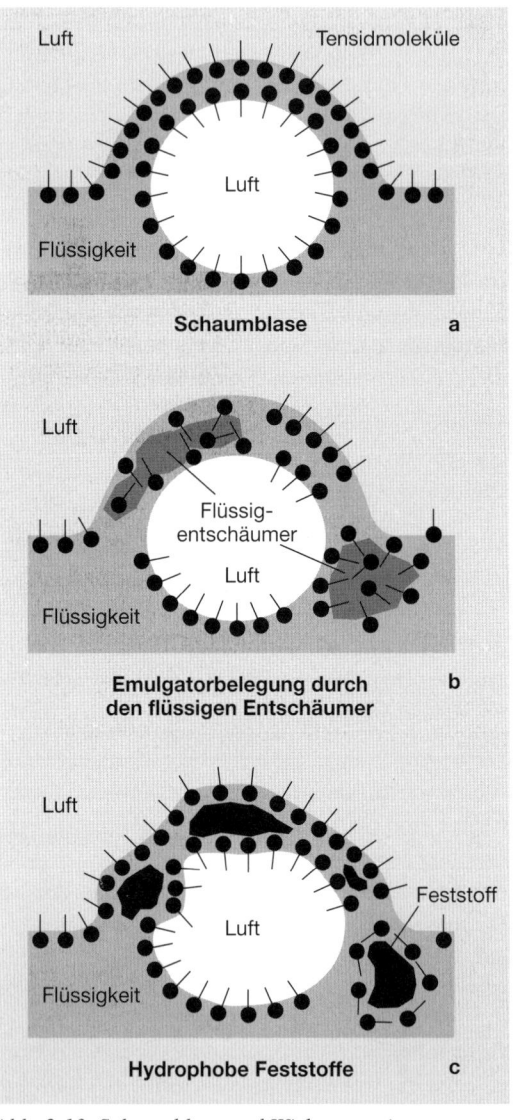

Abb. 2.13 Schaumblase und Wirkungsweise von flüssigen und festen Entschäumern [37]

Entschäumer sind üblicherweise Flüssigkeiten mit niedriger Grenzflächenspannung und geringer Elastizität. Sie müssen den hochelastischen Tensidfilm bzw. die schaumstabilisierende Tensid-Doppelschicht zerstören, damit die eingeschlossene Luft wieder entweichen kann. Der Entschäumer sollte dazu unverträglich mit dem zu entschäumenden Medium sein und sich unter Destabilisierung des Tensidfilms in die Flüssigkeitslamelle einschieben können. In dieser breitet er sich dann aus und zerstört als unelastische Monoschicht die Schaumblase (siehe **Abb. 2.13 b).**

Entschäumertypen

Die wichtigsten Entschäumerklassen sind heute die Mineralöl- und die Silikonölentschäumer. Die Mineralölentschäumer sind kostengünstig, zeigen jedoch meist eine geringere Wirkung als die teureren Silikonölentschäumer. Entschäumer, vor allem die hochaktiven silikonhaltigen, sind generell sehr sorgfältig auszuwählen und zu dosieren, da sie zu Oberflächendefekten (Krater, Dellen etc.) der Beschichtung führen können. Durch Zusatz von feinstteiligen, hydrophoben Partikeln, z.B. hydrophobe Kieselgele oder Wachspartikel, in die Entschäumerflüssigkeit kann die Entschäumerwirkung noch gesteigert werden (siehe **Abb. 2.13 c**). Maßgebend hierfür ist die starke Oberflächenadsorption der Tenside des zu entschäumenden Mediums an diese Partikel.

Verwendungshinweise

Schwer emulgierbare Entschäumer, z.B. hochwirksame Silikonentschäumer, lassen sich besonders effektiv beim Mahlprozess einsetzen. Demgegenüber sind Entschäumerformulierungen mit Emulgatoren oder Schutzkolloiden (z.B. Polyglykolether) verträglicher. Sie können deshalb auch beim Auflacken mit dem Bindemittel dosiert werden. Üblicherweise werden Entschäumer in Anteilen von 0,1 bis 0,6 %, bezogen auf die Gesamtfarbformulierung, eingesetzt, wobei die Hälfte bis zwei Drittel der Menge bereits beim Mahlprozess, der Rest beim Auflacken mit der Dispersion zudosiert wird. Allgemein gilt, dass es keinen Universalentschäumer gibt, der alle Schaumprobleme bei wässrigen Anstrichen löst. In Vorversuchen muss immer für das spezifische Problem der passende Entschäumer empirisch ausgewählt werden.

2.4.4.5 Konservierungsmittel [38]

Auf Biozide und Konservierungsmittel wurde bereits bei der Gebindekonservierung von Polymerdispersionen kurz eingegangen (siehe Kap. 1.5). Wird die wässrige Anstrichfarbe im Gebinde von Mikroben befallen, so kann dies zu Serumbildung oder zu Viskositätsveränderung, ferner über Gasbildung zu Druckaufbau oder aber zu störendem Geruch führen. Die Gefahr der Verkeimung einer Bautenanstrichfarbe ist vor allem gegeben beim Einsatz natürlicher Materialien, wie

Verdicker oder Füllstoffe, und sie wird durch mangelnde Betriebshygiene bei der Farbenherstellung und -abfüllung noch begünstigt. Deshalb müssen zur Topf- oder Lagerkonservierung von wässrigen Bautenanstrichfarben im Prinzip die gleichen wasserlöslichen Wirkstoffe bzw. Wirkstoffkombinationen wie bei den Polymerdispersionen selbst eingesetzt werden.

Topfkonservierung

Neben Chlormethylisothiazolinon (CIT) werden 2-Methyl- (MIT) und 1,2-Benzisothiazolinon (BIT), Bromnitropropandiol (Bronopol) sowie Formaldehyddepotstoffe in ppm-Mengen zur Topfstabilisierung verwendet. Bezüglich der Verwendung der bewährten Konservierungsmittelkombinationen aus CIT/MIT ist zukünftig – aufgrund ihrer sensibilisierenden Wirkung bei Hautkontakt – mit Einschränkungen zu rechnen. Aktuell wird eine europaweite Gefahrstoffkennzeichnung für Zubereitungen mit > 15 ppm dieser Substanzen diskutiert.

Filmkonservierung

Für Außenanstriche und dabei speziell für Holzbeschichtungen können zur Behinderung von Mikroorganismenbefall dem Anstrichmaterial Kombinationspräparate (Algizide und Fungizide) als Filmkonservierungsstoffe zugesetzt werden. Entscheidend ist dabei eine geringe Wasserlöslichkeit der Wirkstoffe, damit vorzeitiges Auswaschen verhindert und langanhaltende Wirkung garantiert werden können. Übliche Dosiermengen an Filmkonservierungsmittelzubereitungen liegen im Bereich von 0,5 bis 2 Gew.-%, bezogen auf die Gesamtfarbformulierung. Auf die Wirkstoffgehalte bezogen, sind die Einsatzkonzentrationen deutlich niedriger.
Bei den eingesetzten Wirkstoffen handelt es sich um Carbamate (Zn-Dimethyldithiocarbamat, Carbendazin, 3-Iodpropargyl-N-butylcarbamat, Methylbenzimidazol-2-yl-carbamat), ferner um Isothiazolinone (Oktylisothiazolinon, 4,5-Dichlorooktylisothiazolinon), sowie um die rein algiziden Harnstoffderivate und um Triazinverbindungen. Organische Zinn- (Tributylzinnoxid, Tributylzinnnaphtenat) oder gar Quecksilberverbindungen werden heute aufgrund ihrer Ökotoxizität nicht mehr verwendet.

2.5 Literatur

[1] H. Warson, The application of synthetic resin emulsions, London: Benn Publishers, London 1972, Kap. 7 und 8, S. 367 - 583.

[2] H. Kittel, Lehrbuch der Lacke und Beschichtungen; Band I, Teil 3, Grundlagen, Bindemittel, Verlag W.A.Colomb in der H. Heenemann GmbH, Berlin (1972), S. 961 - 1001.

[3] D. Stoye, W. Freitag, Paints, coatings and solvents, 2. Auflage, Wiley-VCH Verlag GmbH, Weinheim (1998), Kap. 3.3 Waterborne paints, S. 109 - 115.

[4] V. Verkholantsev, Colloid chemistry, part VII: Latex paints, European Coatings J. (1997) 1036 - 1043.

[5] D. Distler, Wässrige Polymerdispersionen, Synthese, Eigenschaften, Anwendungen, Wiley-VCH, Weinheim 1999; Kap. 6, R. Kuropka, Anwendungen in der Anstrich- und Lackindustrie; S. 99 - 124.

[6] a) H. Dörr, F. Holzinger, KRONOS Titanium Dioxide in Emulsion Paints, Herausgeber KRONOS International Inc., Leverkusen, Deutschland 1990.
b) W. Könner, Optimum formulation of emulsion paints, II. International Conference of Advances in Coatings Technology, 7-9.10.1996, Katovice (Polen), Paper 25, 32 Seiten.

[7] J. Becker Jr., D. Howell, CPVC concentration of emulsion binders, Official Digest (1956) 775 - 790.

[8] G. Bierwagen, D. Rich, The critical pigment volume concentration in latex coatings, Progress in Organic Coatings 11 (1983) 339 - 352.

[9] J. Weaver, CPVC, critical pigment volume concentration – an overview, J. of Coatings Technology 64, Nr. 806 (1992) 45 - 46.

[10] W. Asbeck, A critical look at CPVC performance and application properties, J. of Coatings Technology 64, Nr. 806 (1992) 47 - 58.

[11] F. Floyd, R. Holsworth, CPVC as point of phase inversion in latex paints, J. of Coatings Technology 64, Nr. 806 (1992) 65 - 69.

[12] G. Bierwagen, Critical pigment volume concentration (CPVC) as transition point in the properties of coatings, J. of Coatings Technology 64, Nr.806 (1992) 71 - 75.

[13] E. Schaller, Critical pigment volume concentration of emulsion based paints, J. of Paint Technology 40, Nr. 525 (1968) 433 - 438.

[14] G. del Rio, A. Rudin, Latex particle size and CPVC, Progress in Organic Coatings 28 (1996) 259 - 270.

[15] M. Schwartz, H. Kossmann, Acrylat- und Acrylat/Styrol-Copolymere, Farbe + Lack 103, 10 (1997), 109 - 122.

[16] O. Wagner, Polymerdispersionen in Silikatsystemen, Farbe + Lack 97, 2 (1991) 109 - 113.

[17] J. Lamprecht, Verhalten von unpigmentierten Kunststoffdispersionsfilmen gegenüber Wassereinwirkung, Farbe + Lack 79, 3 (1973) 209 - 213.

[18] R. Baumstark, C. Costa, M. Schwartz, Farben auf Basis von Acrylat-Dispersionen, Farbe + Lack 106, 10 (2000) 103 - 110, 123 - 124.

[19] J. Snuparek, Some aspects of water absorption in free films from non-pigmented copolymer latex binders, XXIII FATIPEC Congress, Brüssel, 10. - 14.06.1996, Vol. B, B232 - B244.

[20] H. Koßmann, The formulation of aqueous anticorrosion paints, AFTPV Kongress in Nizza, 20. September 1989.

[21] H. Künzel, Beurteilung des Regenschutzes von Außenbeschichtungen, Institut für Bauphysik der Fraunhofer-Gesellschaft, Mitteilung 18, 1978.

[22] G. Benzing, Pigmente für Anstrichmittel, Expert-Verlag, Ehningen 1988.

[23] D. Stoye, W. Freitag, Paints, Coatings and Solvents, 2. Aufl., Wiley-VCH, Weinheim, 1998; Kap. 4, Pigments and Extenders, S. 143 - 158.

[24] H. Huber, Ohne Füllstoffe geht es nicht – Hinweise zu Füllstoffsystemen, 2. Seminar Beschichtungen und Bauchemie, Kunstharzdispersionen in Beschichtungen – von der Vergütungshilfe bis zum Bindemittel, 07. – 08.10.1998, Kassel.

[25] J. Bieleman, Additives for coatings, Wiley-VCH, Weinheim 2000.

[26] D. Stoye, W. Freitag, Paints, Coatings and Solvents, 2. Auflage, Wiley-VCH, Weinheim, 1998; Kap. 5, Paint Additives, S. 159 - 171.

[27] V. Verkholantsev, Colloid chemistry, part V: Paint additives, European Coatings J. (1997) 818 - 828.

[28] J. Bieleman, New additives for waterborne paints, Polymers Paint Colour J. 181, Nr. 4283 (1991) 268 - 271.

[29] J. Bieleman, Additives for coatings, Wiley-VCH, Weinheim 2000, Kap. 6.2, K. Dören, Coalescing agents, S. 180 - 199.

[30] B. van Leeuwen, Zum Filmbildungsmechanismus von Polymerdispersionen, Farbe + Lack 101, 7 (1995) 606 - 609.

[31] C. Rodriguez, J. Weathers, B. Corujo, P. Peterson, Formulating water-based systems with propylene-oxide-based glycol ethers, J. of Coatings Technology 72, Nr. 905 (2000) 67 - 72.

[32] V. Verkholantsev, Coatings additives, part VII, Rheology control additives, European Coatings J., 7 - 8 (1999) 66 - 71.

[33] a) J. Schrickel, Associative thickening in waterborne coatings and the influence of wetting agents on PU thickeners, Pitture e Vernici, European Coatings 5 (1999) 11 - 13, 15 - 18.
b) J. Schrickel, Der Einfluss von Netzmitteln auf die Viskosität, Welt der Farben 6 (2000) 12 - 15.

[34] E. Johnson, Wechselwirkung zwischen Rheologiemodifizierungs- und Pigmentdispergiermitteln, Farbe + Lack 100, 9 (1994) 759 - 764.

[35] T. Svanholm, F. Molenaar, A. Toussaint, Associative thickeners: their adsorption behaviour onto latexes and the rheology of their solutions, Progress in Organic Coatings 30 (1997) 159 - 165.

[36] J. Clayton, Pigment/dispersant interactions in water-based coatings, Surface Coatings International (1997), 9, 414 - 420.

[37] K. Breindel, Molecular-based defoamer eliminates foam and enhances coating properties, Modern Paint & Coatings (2000), 18 - 22.

[38] W. Schultze, Wässrige Siliconharz-Beschichtungssysteme, Expert-Verlag, Ehningen 1997, Kap. 5.2, Antoni-Zimmermann, P. Hahn, Gebinde- und Filmkonservierung von wässrigen Siliconharz-Beschichtungssystemen, S. 379 - 406.

Fußnoten:

a   eingetragene Marke der BASF AG, Ludwigshafen

3 Grundierungen

3.1 Begriffsdefinition und Anforderungen

Eine alte Malerweisheit besagt, dass ein Anstrich immer nur so gut ist, wie es der Zustand des Untergrunds erlaubt. Aus diesem Grund werden spezielle pigmentierte oder pigmentfreie Vorstriche, sogenannte Grundierungen, zur Beseitigung von Oberflächendefekten des Untergrunds und zur Verbesserung der Haftung eines neuen Anstrichs – im Sinne einer Haftschicht – aufgebracht. Grundiert werden üblicherweise Materialien wie Holz, Metall und vor allem mineralische Baustoffe. An dieser Stelle soll im wesentlichen auf Grundierungen mineralischer Substrate eingegangen werden. Holzgrundierungen werden im Kapitel Holzanstriche gesondert vorgestellt.

Die Grundierung hat im Bereich der mineralischen Baustoffe unter anderem die Aufgabe, lose Bestandteile des Untergrunds, wie z.B. durch Abwitterung freigelegte Füllstoffe und Pigmente von Altanstrichen, oder Sande aus alten Putzen, zu binden und den Untergrund dadurch zu verfestigen. Voraussetzung dafür ist eine sehr gute Verfilmung des in der Grundierung enthaltenen Bindemittels. Bei trockenen und porösen Oberflächen muss die Grundierung weiterhin das Wegschlagen des Lösemittels der nachfolgenden Deckbeschichtung, z.B. von Wasser, verhindern und das Saugvermögen des Untergrunds ausgleichen.

Grundierungen sollten weiterhin in der Lage sein, das Austreten von gelösten Salzen aus dem Untergrund zu unterbinden, um langfristig eine Enthaftung der Deckbeschichtung durch Unterwanderung mit Ausblühsalzen zu verhindern. Beides kann nur durch eine gute Wasserfestigkeit und Wasserbarrierewirkung erzielt werden. Um eine ausreichende Tiefenwirkung der Grundierung zu erreichen, sollte sie möglichst gut in den Untergrund penetrieren können. Wegen der hohen Alkalinität vor allem frischer, zementhaltiger Untergründe (z.B. Putze) ist weiterhin eine ausreichende Verseifungsbeständigkeit eine wesentliche Voraussetzung. Aufgrund des hohen Anteils an löslichen, auch mehrwertigen Ionen (z.B. Ca^{2+}-, Mg^{2+}-, Al^{3+}-Ionen) in mineralischen Baustoffen ist eine sehr gute Elektrolytstabilität der Grundierung und insbesondere dessen Bindemittels gefordert. Damit wird eine vorzeitige Koagulation auf der Substratoberfläche verhindert.

Eine Übersicht der Anforderungen an eine Grundierung für mineralische Substrate und das dafür erforderliche Bindemittel findet sich in **Tab. 3.1**.

- gute Verfilmung
- Verbesserung der Haftung nachfolgender Anstriche durch:
  - Verfestigung des Untergrunds
  - Ausgleich der lokal unterschiedlichen Saugfähigkeit des Untergrunds
  - Schutzwirkung gegen das Austreten von Salzen aus dem Untergrund (= Ausblühsperrwirkung)
  - gute Haftvermittlungsfunktion zum Neuanstrich
- Elektrolytstabilität
- Penetrationsvermögen in den Untergrund
- Verseifungsbeständigkeit (bei Alkalinität des Untergrunds)
- Wasserabweisende Wirkung

Tab. 3.1 Anforderungen an Grundierung und Bindemittel

3.2 Wässrige Grundierungen auf Basis von Acrylat-Dispersionen

In der Vergangenheit wurden Grundierungen vor allem ausgehend von Lösungspolymerisaten hergestellt, da molekular gelöste, niedermolekulare Polymere meist ein sehr gutes Penetrationsvermögen in poröse Substrate zeigen und daraus eine tiefreichende Verfestigungswirkung resultiert.

Heute werden jedoch, aufgrund eines gesteigerten Umweltbewusstseins der Verarbeiter und Endverbraucher, in zunehmendem Maße wässrige, dispersionsbasierte Grundierungen eingesetzt [1].

Der Gesamtmarkt für Grundierungen belief sich 1996 auf abgeschätzt ca. 130 000 t in Europa, wovon zwei Drittel lösemittelhaltig und ein Drittel wässrig waren [2]. Alleine in Deutschland wurden 1998 ca. 86 000 t wässrige Grundierungen hergestellt [3].

Aufgrund der geforderten Verseifungsbeständigkeit werden ausschließlich Acrylat/Styrol- oder Reinacrylat-Copolymerdispersionen für wässrige Grundierungen im Markt angeboten. Bevorzugt sind dabei weiche, auch ohne Lösemittel gut verfilmende Dispersionen (Glastemperatur < 10 °C), die eine gewisse Klebrigkeit und damit ein gutes Bindevermögen, sowie eine gute haftvermittelnde Wirkung gegenüber der Deckschicht aufweisen.

Eindringvermögen

Partikuläre Systeme tun sich erfahrungsgemäß schwerer in poröse Baustoffe einzudringen als molekular gelöste Systeme. Dennoch ist es möglich, mit modernen, feinstteiligen Acrylat-Dispersionen (mit Partikeldurchmessern von 30 bis 60 nm bei Feststoffanteilen von 30 bis 42 Gew. %) Eindringtiefen in mineralische Materialien vergleichbar zu denjenigen gelöster Polymere zu erzielen. Dabei macht man sich zunutze, dass für ein gutes Penetrationsvermögen die Teilchengröße der Polymerpartikel um Faktor 10 kleiner als der Porendurchmesser des Baustoffs sein sollte [3].

In einer älteren Untersuchung von *Mondt* [4] ist ein nahezu linearer Zusammenhang der Steighöhe (= Maß für die Penetrationsfähigkeit) von Acrylat-Copolymerlatices in Gipsprobenkörper in Abhängigkeit von der Teilchengröße beschrieben (siehe **Abb. 3.1**).

Das Eindringen von Acrylat-Bindemitteln oder von acrylbasierten Grundierungen in verschiedene Substrate lässt sich prinzipiell durch Markierung des Polymeren mittels Fluoreszenzfarbstoffen unter UV-Licht nachweisen. Um Artefakte durch den freien Farbstoff zu vermeiden, sollte dieser, wie im Falle der Untersuchungen von *Mondt* [4], über eine polymerisierbare oder pfropfaktive Gruppe vollständig an die Polymerteilchen angebunden werden.

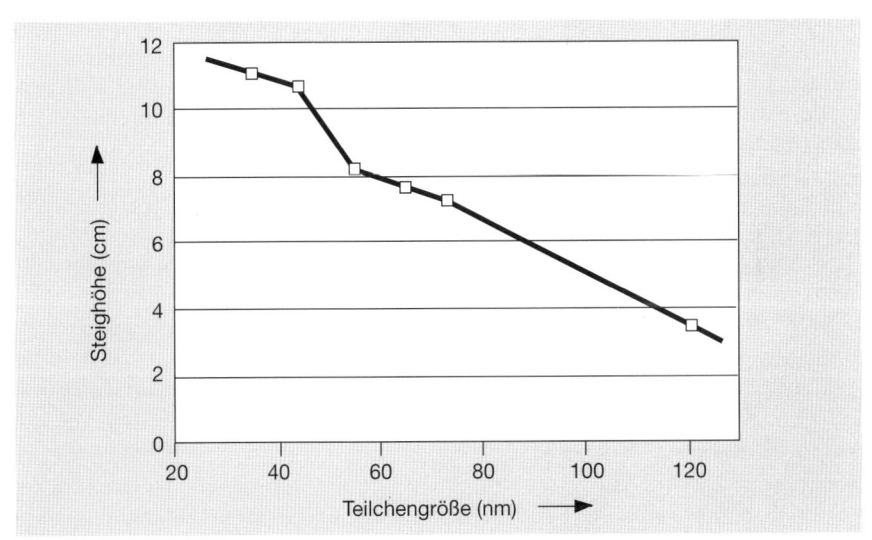

Abb. 3.1 Zusammenhang von Teilchengröße und Penetrationsvermögen; Steighöhe einer Acrylatdispersion in Gipsstäben [4]

Anforderungsprofil

Häufig reichen schon Teilchengrößen von 100 bis 200 nm aus, um eine ausreichende verfestigende Wirkung auf grobporigem mineralischem Untergrund zu zeigen. Deshalb werden immer noch sehr viele Standard-Acrylat-Dispersionen, wie Acronal® 290 D[a], als Bindemittel vor allem für pigmentierte Grundierungen eingesetzt. Im einfachsten Fall nimmt man zum Grundieren die wässrige Deckanstrichfarbe in stark verdünnter Form.

Sogenannte Tiefengrundierungen, die eine gute verfestigende Wirkung bei sehr gutem Eindringvermögen aufweisen müssen, werden jedoch im wesentlichen mit den beschriebenen feinstteiligen Spezialdispersionen (z.B. Acronal® A 508[a]) formuliert und pigmentfrei appliziert.

Wesentliche Voraussetzungen für eine gute Penetration sind, wie bereits erwähnt, neben der diskutierten Feinteiligkeit, eine gute Elektrolytstabilität des Bindemittels, aber auch der Einsatz der wässrigen Grundierung in starker Verdünnung. Beides verhindert eine vorzeitige Koagulation der Grundierung durch die meist hohe Konzentration löslicher Salze aus dem Untergrund.

Die Applikation der wässrigen Grundierung mit niedrigem Feststoffgehalt (üblicherweise ca. 10 Gew.%) garantiert weiterhin eine niedrige Viskosität auch nach Wegschlagen von Wasseranteilen in den Untergrund, was eine zwingende Voraussetzung für gutes Eindringvermögen ist.

Um eine ausreichende Feinteiligkeit bei gleichzeitig guter Elektrolytstabilität zu erzielen, muss das Stabilisierungssystem der Dispersion optimiert werden.
Für die Einstellung von Teilchengrößen deutlich kleiner 100 nm sind üblicherweise relativ große Mengen (2 bis 10 Gew.-%, bezogen auf Monomer) stark grenzflächenaktiver anionischer Emulgatoren bei der Emulsionspolymerisation erforderlich.
Mit steigender Emulgatormenge sinkt die Teilchengröße, wie am Beispiel einer PS-Dispersion mit einem sulfatierten Fettalkoholethoxylat gezeigt wird (siehe **Abb. 3.2**). Sie vermindert sich bis zu einem im wesentlichen vom Polymergehalt,

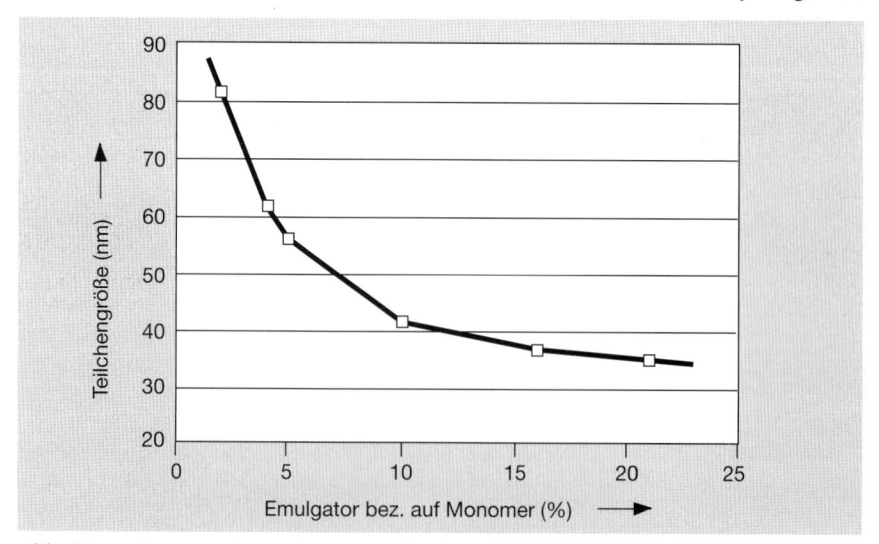

Abb. 3.2 Abhängigkeit der Teilchengröße einer PS-Dispersion von der Menge an anionischem Emulgator

von der Polarität der Monomere und vom Emulgatortyp festgelegten Endwert. Durch Optimierung des Emulsionspolymerisationsverfahrens, sowie des Initiator- und des Emulgatorsystems lassen sich für Acrylatcopolymere technisch, bei akzeptablem Feststoffgehalt, Teilchendurchmesser von minimal 20 bis 50 nm realisieren.

3.3 Formulierung von Grundierungen

Eine transparente, unpigmentierte Tiefengrundierung enthält im wesentlichen nur das stark verdünnte, feinteilige Bindemittel, etwas Entschäumer, bei Bedarf Filmbildehilfsmittel und ein Konservierungsmittel zur Gewährleistung einer ausreichenden Lagerstabilität (siehe **Tab. 3.2**).

Wasser
feinteilige Acrylat-Dispersion (z.B. Acronal® A 508 [a])
Entschäumer
Biozid/Konservierungsmittel
Filmbildehilfsmittel (in Abhängigkeit von MFT des Bindemittels)
Pigmentpräparation (0 bis 1 % auf Gesamtformulierung)
Feststoffgehalt ca. 10 Gew. %

Tab. 3.2   Rezeptur einer pigmentfreien bzw. schwach eingefärbten Tiefengrundierung

Die Auftragsmenge an Tiefengrundierung sollte in Abhängigkeit vom Saugvermögen des Untergrunds 25 bis 100 g/m² betragen.

Pigmentierte Grundierungen sollten bindemittelreicher, tendenziell klebriger und niederviskoser als die Deckschicht sein. Sie müssen generell filmbildend und geschlossenporig sein, d.h. die PVK sollte unterhalb der KPVK liegen. Pigmentierte Grundierungen werden im wesentlichen eingesetzt, um bereits mit dem ersten Arbeitsgang der Grundierung bei stark gefärbtem oder kontrastreichem Untergrund einen Beitrag zum Deckvermögen zu leisten. Weiterhin visualisiert die Pigmentierung einen gleichmäßigen Schichtauftrag der Grundierung. Spezielle pigmentierte Putzgründe werden im PVK-Bereich von ca. 50 – 60 %, d.h. knapp unterkritisch formuliert.

3.4 Prüfmethoden

Zur Prüfung der Eignung von Grundierungen kommen verschiedene Untersuchungsmethoden zum Einsatz. Neben Tests zur Penetrationsfähigkeit in poröse

Substrate (z.B. Gips, Kalksandstein) sind Methoden zur Prüfung der Bindekraft (z.B. mit feinkörnigem Sand oder einem feinen Füllstoff) in Gebrauch oder Haftungsabrissmessungen (trocken oder nass), z.B. nach Einlegen eines Gewebes zwischen Grundierung und Deckschicht. Die Überprüfung der Ausblühsperrwirkung erfolgt üblicherweise mit mineralischen Probekörpern (z.B. Zement, Faserzement), die zuerst mit Salzlösung (NaCl, $CaCl_2$, $MgSO_4$, KNO_3, $NaNO_3$ etc.) gesättigt und dann getrocknet werden. Nach Grundierung und Kantenversiegelung werden derartige Probekörper auf einen feuchten Schwamm oder ein Wasserbad aufgelegt. Bei einer schlechten Sperrwirkung der Grundierung treten dann die Salze an der Trockenseite des Probekörpers aus. Eine gut sperrende Grundierung sollte dagegen den von der Feuchtigkeit bewirkten Transport der Salze zur Oberfläche und ihren Austritt dauerhaft verhindern können.

3.5 Literatur

[1] D. Distler, Wässrige Polymerdispersionen, Kap. 6, R. Kuropka, Anwendungen in der Anstrich- und Lackindustrie, S. 121 - 124; Wiley-VCH, 1999.

[2] Verband der Lackindustrie e.V., Jahresbericht 1998/99, Frankfurt.

[3] A. Guez, F. Huguet, M. Arami, Use of ultrafine latex in primers for architectural paints, Piturre e Vernici Europe - Coatings 6 (1998) 21 - 27.

[4] J. Mondt, Umweltfreundliche Bindemittel mit guten Penetrationseigenschaften auf Basis von feinteiligen Kunststoffdispersionen, Farbe + Lack 83, 1 (1977) 13 - 17.

Fußnote

a   eingetragene Marke der BASF Aktiengesellschaft, Ludwigshafen

4 Außenfarben auf mineralischen Systemen

4.1 Einleitung

Unter Außenfarben seien alle Beschichtungssysteme verstanden, die im Außenbereich aufgetragen werden. Sie können in Fassadenfarben sowie elastische Farben, Holzfarben und Putze unterteilt werden. Grundierungen für solche Systeme wurden bereits im Kapitel 3 besprochen.

Für die Notwendigkeit von Außenanstrichen gibt es prinzipiell zwei Gründe:
1. Gestalterischer / ästhetischer Aspekt und
2. Schutz des gestrichenen Objekts.

Ein Beispiel, wie durch Anstrich der optische Aspekt einer Fassade verbessert werden kann, zeigt **Abb. 4.1**. Da die Fassadenfarbe dem Gebäudeschutz dienen soll, besteht das Interesse eines jeden Hausbesitzers hauptsächlich darin, dass dieser Schutz möglichst lange währt.

Die Fassadenfarbe muss wie jeder Außenanstrich eine hohe Beständigkeit aufweisen. Der Anstrich ist aber unterschiedlichen Stressfaktoren ausgesetzt, die letztendlich zum Abbau der Beschichtung führen; im Einzelnen sind es:

Abb. 4.1 Ästhetik
  Bild freundlicherweise von Herrn Uwe Hampel zur Verfügung gestellt

Physikalische Einflüsse
- Temperatur/Temperaturverlauf
- Abrieb – Mechanischer Stress/Stressverlauf

Chemische Einflüsse
- Photoabbau - UV/sichtbare Strahlung - Photokatalysatoren
- Chemikalien/Verschmutzung - Sauerstoff (atomar, Hydroperoxide)
- Herauslösen/-waschen von Ionen und/oder Pigment
- Wasser/Feucht-Trocken-Zyklen (Quellen / Schwinden)

Biologische Einflüsse
- Pilzbefall, Flechten- und Algenbewuchs

Im Folgenden werden Fassadenfarben abgehandelt, danach weitere Außenanstriche, wie elastische Farben, Holzbeschichtungen und Putze, mit ihren jeweiligen Besonderheiten.

4.2 Fassadenfarben

4.2.1 Einleitung

Außenanstriche, die auf Fassaden aufgebracht werden, lassen sich in verschiedene Klassen einteilen:
1. Klassische (normale) Fassadenfarben:
   Heutzutage ist die wichtigste klassische Fassadenfarbe die Dispersionsfarbe. Sie hat die früher üblichen, auf Lösemittel und/oder Öl basierenden Anstriche bzw. Kalkfarben mehr oder weniger verdrängt.

Als Untergruppe der Dispersionsfarben sind anzusehen
2. Abtön- und Volltonfarben und
3. sogenannte House Paints.

Daneben gibt es
4. Silikatfarben, die immer mehr Bedeutung gewinnen, und
5. Siliconharzfarben.

Zuerst sollen die „normalen" Fassadenfarben auf Dispersionsbasis erläutert werden, hauptsächlich jene mit weißem Farbton. Für bunte Farben werden die spezifischen Aspekte zusammen mit den Abtön- und Volltonfarben diskutiert. Gleiches gilt für die Silikat- und Siliconharzfarben.

An Fassadenfarben sind besonders hohe Anforderungen wegen der Witterungsbelastung zu stellen. Deshalb müssen bei der Auswahl der Bindemittel für Fassadenfarben deren Einflüsse auf

- die Verseifungsbeständigkeit,
- die Kreidungsstabilität,
- die Wasserdampfdurchlässigkeit,
- die Wasseraufnahme,
- die Haftung,
- die Glanzhaltung und
- die Farbtonhaltung

berücksichtigt werden. Auf diese Anforderungen und ihre Überprüfung wird nun eingegangen.

4.2.2 Bedeutung der Freibewitterung

Es ist bekannt, dass alle Kurzbewitterungsmethoden die Freibewitterung nur bedingt nachvollziehen können [1]. Das unterschiedliche Wechselspiel von Temperatur, Feuchtigkeit und Globalstrahlung setzt hier Grenzen. Unter bestimmten Bedingungen kann jedoch auch eine Freibewitterung zur Kurzprüfung gestaltet werden.

Deutliche Unterschiede bestehen zwischen pigmentierten und unpigmentierten Formulierungen, da Pigmente und Füllstoffe, ähnlich UV-Absorbern, einen Teil der Globalstrahlung absorbieren und somit deren bindemittelschädigende Wirkung reduzieren. Um diese Einflüsse auszuschalten, lassen sich auch unpigmentierte Formulierungen für eine Bindemittelprüfung heranziehen. Doch auf welchem Untergrund soll die Prüfung erfolgen?

Zwei Wege bieten sich für die Prüfung unpigmentierter Formulierungen an:
a. Freie Filme, fixiert auf einem Träger und
b. Applikation der Formulierung auf einem Substrat.

Beide Methoden sind nicht problemlos. Polymerfilme können unterschiedliche Glasübergangstemperaturen (Tg) aufweisen. Ihre Beschaffenheit reicht von hart, fast spröde – ein Zustand, in dem die Filmbildung bei 20 °C nur mit Hilfe von Koaleszenzmitteln möglich ist – bis hin zu weich, fast fließend. Mithin ist die sichere Fixierung freier Filme auf einem Substrat über längere Zeiträume problematisch. Ganz anders ist die Situation beim Verfahren der „Weissstein-Prüfung".

4.2.2.1 Weissstein-Prüfung

Die bei der „Weissstein-Prüfung" benutzte Formulierung ist den Buntsteinputzen sehr ähnlich, da das Buntgranulat lediglich durch weißes Marmorgranulat ausgetauscht wird. Mit den meisten anstrichtechnisch interessanten Polymerdispersionen kann der „Weissstein-Putz" formuliert werden. Für Prüfungen lässt sich folgende Formulierung verwenden [2]:

Komponente	Gewichtsteile
Polymerdispersion, 50 %ig	195
Hydroxyethylcellulose, 4 %ige Lösung	36
Butylglykolacetat	15
Konservierungsmittel	2
Marmorgranulat, weiss 2 mm	750
Entschäumer	2
Summe	**1000**

Natürlich müssen hierbei Feststoffgehalt und Viskosität des Bindemittels berücksichtigt werden. So ist der Verdickerzusatz (Hydroxyethylcellulose) erforderlich, um besonders bei niedrigviskosen Dispersionen eine verarbeitungsfähige Putzformulierung zu erhalten. Im umgekehrten Fall, also wenn der Putz zu viskos und somit nicht mehr verarbeitungsfähig ist, kann das Problem mittels geringen Wasserzusatzes gelöst werden. Grundsätzlich sollte man natürlich den Verdickerzusatz so niedrig wie möglich halten, damit der Einfluss bei den Bewitterungsversuchen möglichst gering bleibt.

Wichtig ist die Auswahl des Granulats. Gegen Quarz sprechen mehrere Gründe. Quarzgranulat weist in der Regel einen sichtbaren Eisengehalt auf, angedeutet durch gelbliche Einschlüsse. Andererseits ist bekannt [3], dass Quarz als Füllstoff in Dispersionsfarben die Kreidung also auch den Bindemittelabbau fördert. Bei Marmorsteinen ist der reinweiße Farbton des Granulats wichtig, denn nach Abwitterung der dünnen Bindemittelschicht ergibt sich ein optisch auffallender Kontrast.

Um die beginnende Schädigung des Polymerfilms besser wahrnehmbar zu machen, ist ein geringer Zusatz von Phthalocyaninblau hilfreich. 0,03 % einer Pigment-Präparation (Luconyl® Blau 6900[a]), berechnet auf die „Weissstein-Formulierung", reichen aus, wobei wegen der genaueren Dosierung die Verdicker-Lösung mit der Pigment-Präparation vorgemischt werden sollte. Wie bei jeder Pigment- und Füllstoffzugabe stellt sich natürlich auch hier die Frage der UV-Absorption. Sie ist, wie **Abb. 4.2** zeigt, bei 0,03 %-Zugabe gering und somit zu vernachlässigen. Durch die Blaueinfärbung wird auch eine fotografische Dokumentation erheblich erleichtert.

Der Zusatz eines wirksamen Filmbildehilfsmittels ist bei allen Polymerdispersionen mit einer MFT über 20 °C erforderlich. Um in einer Serie unterschiedliche Durchtrocknungszeiten zu vermeiden, ist es ratsam, ein Lösemittel zuzusetzen. Hierfür wurde in den Formulierungen, unabhängig von der MFT der Polymerdispersion, Butylglykolacetat verwendet. Auf Zugabe eines Topfkonservierungsmittels kann verzichtet werden, wenn sichergestellt ist, dass zwischen Herstellung und Applikation des Weissstein-Putzes nur wenige Tage vergehen. Der Entschäumer-Zu-

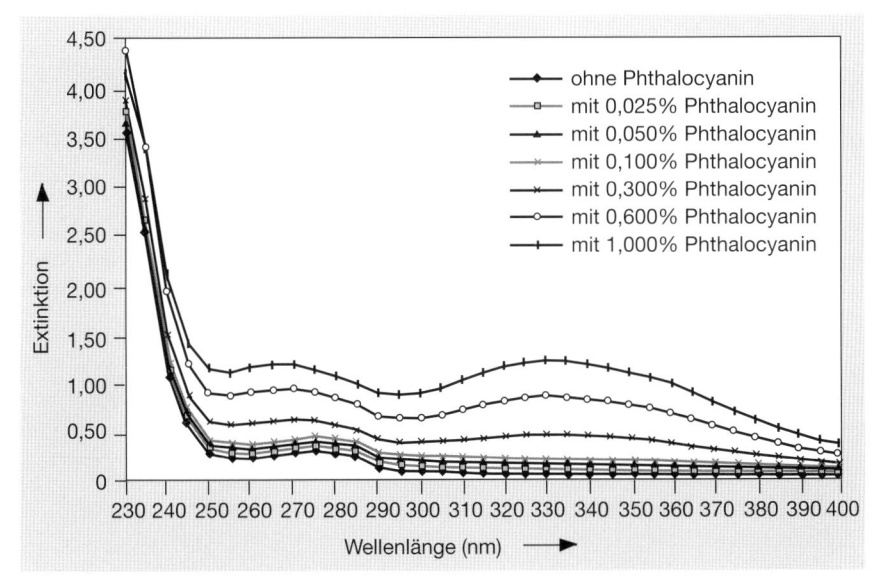

Abb. 4.2 UV-Durchlässigkeit der Dispersion RA 3 als Funktion der Phthalocyaninblau-Konzentration [2]

satz sollte so bemessen sein, dass beim Einmischen des Marmorgranulats entstehender Schaum nicht vollständig beseitigt wird. Der Restschaum verhindert das Absetzen des Granulats und erleichtert so ein gleichmäßiges Verarbeiten.

Aufgetragen wird der Weissstein-Putz mit einer Dicke von 4 mm, was dem Doppelten der Korndicke (2 mm) des Marmorgranulats entspricht, wobei als Substrat grundierte Faserzementplatten gut geeignet sind.

Bei der Bewitterung des „Weissstein-Putzes" kommt es, je nach der Art des Polymeren, zu mehr oder weniger ausgeprägter Schmutzaufnahme an der Oberfläche. Zudem ist zu berücksichtigen, dass Polymere, die Vinylidenchlorid (VDC) oder Vinylchlorid (VC) enthalten, durch die Bewitterung eine deutliche Gelbfärbung erfahren. In geringerem Maße wird dies auch bei styrolhaltigen Polymerisaten beobachtet. Dies fällt jedoch nur im direkten Vergleich mit Reinacrylaten auf. Während Verschmutzung und Gelbfärbung bei VC- und VDC-haltigen Polymeren bereits nach 4 bis 8 Wochen auftreten, setzt deren Bindemittelabbau nach wenigen Monaten, je nach VC- bzw. VDC-Anteil, ein. Hierbei wird das Marmorgranulat an der Oberfläche freigelegt, was optisch zu deutlicher Aufhellung des Putzes führt.

Vergleichende Bewitterung mit den Probenpositionen 45° und 90° (vertikal) nach Süden erleichtert die Einschätzung der 45°-Bewitterung. Nach langjährigen Erfahrungen verläuft übrigens bei 45°-Exposition die Abwitterung mehr als doppelt so schnell wie bei vertikaler Anordnung. Mit Abdeckplatten aus PVC lässt sich zudem das obere Drittel der Bewitterungstafel so schützen, dass bei der späteren Abmusterung ein nicht bewitterter Teil als Vergleich zur Verfügung steht.

4.2.2.2 Vergleich verschiedener Kurzprüfungen

Neben der Abmusterung von Bewitterungstafeln wurde vergleichsweise auch die künstliche Bewitterung von „Weisssteinputzen" durchgeführt. Drei handelsübliche Polymerdispersionen unterschiedlicher Zusammensetzung dienten als Bindemittel für blau eingefärbten Weisssteinputz, der im SUNTEST und im Xenotest 1200 geprüft wurde; im Einzelnen handelte es sich um folgende Produkte [2]:

Bindemittel	Monomere	MFT [°C]	Wasseraufnahme nach 24 h [%]
Dispersion RA 3	n-Butylacrylat, Methylmethacrylat	13	12
Dispersion AS 1	n-Butylacrylat, Styrol	20	8
Dispersion VCE 1	Vinylacetat, Vinylchlorid, Ethylen	12	27

Wie erwähnt, ist nicht zu erwarten, dass Kurzprüfungen unpigmentierter Bindemittel zu mit der Freibewitterung vergleichbaren Resultaten führen. Dies kann erst recht nicht der Fall bei einer Prüfung sein, die ohne Feuchtigkeit stattfindet. So ist es auch nicht verwunderlich, dass im SUNTEST, bei dem ohne Filter im Wellenlängenbereich von 270 bis 800 nm mit 1000 W/m^2 geprüft wurde, nur eine gelbliche Verfärbung des Bindemittels VCE 1 auftrat, ohne dass die Bindemittelschicht auf dem Marmorgranulat durch Zerstörung entfernt war.

Für eine weitere Kurzprüfung wurde der Xenotest 1200 ausgewählt, wo neben den Bestrahlungszyklen zusätzlich die Feuchtigkeitsbelastung von Bedeutung ist. Die Zyklen liefen unter Dauerbestrahlung ab, wobei nach 3 Minuten Regen für 17 Minuten getrocknet wurde.

Doch im Gegensatz zur Freibewitterung erscheint im Xenotest 1200 die mit Dispersion AS 1 ausgeführte Formulierung wesentlich mehr abgebaut als die mit VCE 1 (**Abb. 4.3**). Gerade dieses Beispiel macht deutlich, dass Kurzbewitterungsresultate leicht zu Fehlbeurteilungen führen können. Untersuchungen von *Schwartz* und *Kossmann* [4] belegen zudem die Bedeutung von Freibewitterungen für praxisrelevante Beurteilungen.

Vergleicht man die Prüfergebnisse an drei verschiedenen Polymerdispersionen mit denen einer Freibewitterung von 22 Monaten, unter der Position 45° beziehungsweise vertikal nach Süden, dann wird offensichtlich, dass die „Weisssein-Prüfung" zu realistischeren Aussagen führt. Während die vertikal exponierten

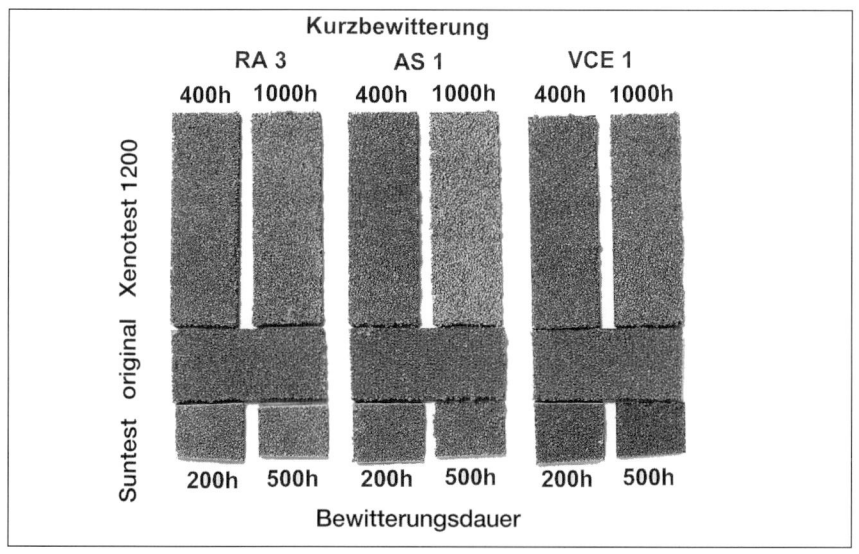

Abb. 4.3   Blaue „Weissstein-Putze" – SUNTEST/Xenotest 1200 – Resultate [2]

Muster noch keinen Unterschied zwischen Dispersion RA 3 und AS 1 zeigen, ist bei Dispersion VCE 1 ein deutlicher, oberflächlicher Abbau erkennbar. Bei der 45°-Exposition ist an ihr schon die ganze Granulatoberfläche frei von Bindemittel, während an der Dispersion AS 1 lediglich erste weiße Granulate zu erkennen sind (**Abb. 4.4**). Diese vergleichenden Prüfungen belegen einmal mehr, dass in der Freibewitterung erhebliche Unterschiede offensichtlich werden können [5].

4.2.2.3   Bindemittelvergleich

Wie verhalten sich nun verschiedene Polymerdispersionen in der „Weissstein-Prüfung"? Für einen Bindemittelvergleich ist die Einteilung in vier Gruppen sinnvoll, wobei jeweils in einer Gruppe solche Polymerdispersionen zusammengefasst sind, die gleiches Verhalten in der Freibewitterung erwarten lassen:

Gruppe   A – Acrylat-Copolymere = Reinacrylate
Gruppe   B – Acrylat/Styrol-Copolymere
Gruppe   C – Vinylesterdispersionen, Homo- und Copolymere
Gruppe   D – Copolymere mit VC und/oder VDC

Innerhalb jeder Gruppe befinden sich naturgemäß Polymere unterschiedlicher Glasübergangstemperatur, aber auch solche, die durch Selbstvernetzung besondere Eigenschaften aufweisen. Dies ist vor allem in den Gruppen A und B der Fall. In der Gruppe C sind Vinylacetat- und Vinylpropionat-Copolymere zusammengefasst, die jedoch kein Vinylchlorid enthalten. Als Comonomer ist VC in

94 Außenfarben auf mineralischen Systemen

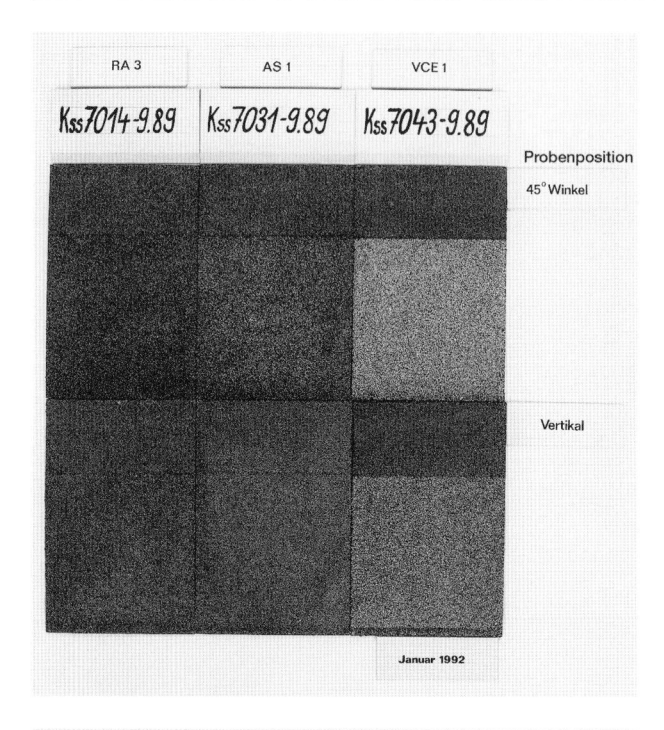

Abb. 4.4
Freibewitterung
Vergleich von blau
eingefärbten Weiss-
steinputzen
45°/Vertikal [2]

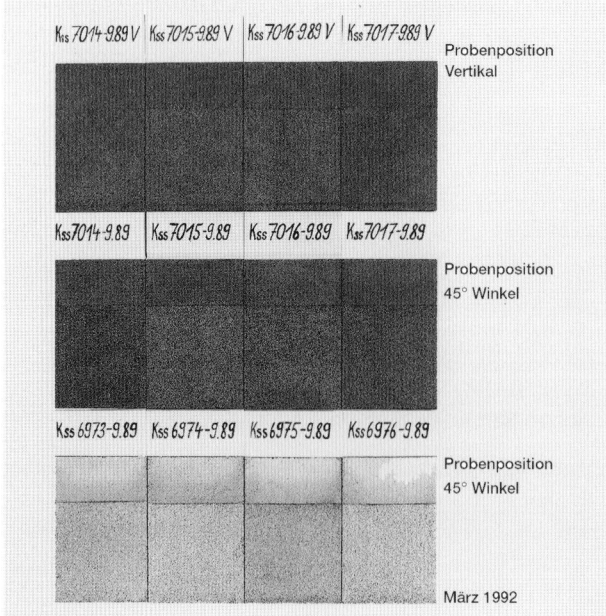

Abb. 4.5
Reinacrylat-Putze
nach 30 Monaten
Freibewitterung
oben/mitte:
Weissstein-Putze mit
Phthalocyanin
unten:
Weissstein-Putze ohne
Einfärbung [2]

Vinylester- und Acrylatcopolymeren anzutreffen, VDC hingegen in Polymerisaten zusammen mit Acrylaten und VC. Der Chlorgehalt kann in recht breitem Rahmen schwanken; dies sind die Bindemittel der Gruppe D.

Doch zunächst zur Gruppe A, den sogenannten Reinacrylaten. Die hier zugeordneten Copolymeren sind auf der Basis von Acrylsäure- bzw. Methacrylsäureester formuliert, wobei die Glasübergangstemperatur, je nach Anteil der einzelnen Monomerbausteine, in einem gewissen Bereich schwanken kann. Eine weitere Variante sind selbstvernetzende Polymerdispersionen. Die höchste photochemische Stabilität lässt sich bei Formulierungen auf Basis der Dispersion RA 3 (**Abb. 4.5**, Platte Kss 7014) beobachten. Hingegen war bei den selbstvernetzenden Dispersionen (Platten Kss 7015 und 7016) nur ein geringer Filmabbau festzustellen.

Die Acrylat/Styrol-Copolymeren sind in der Gruppe B zusammengefasst. Hier ist ein Vergleich der Dispersionen von Kss 7031 = AS 1, Kss 7032 und Kss 7033 interessant (siehe **Abb. 4.6**), denn bei gleichen Monomerbausteinen n-Butylacrylat (nBA) und Styrol ist bei Kss 7032 der Film durch höheren nBA-Anteil weicher eingestellt, wodurch er schmutziger erscheint und deutlich weniger abbaut. Kss 7033 hat den gleichen Monomeraufbau wie Kss 7031, ist jedoch durch eine geringe Modifikation selbstvernetzend eingestellt. Wie schon bei den Reinacrylaten beobachtet, ist die photochemische Stabilität etwas geringer.

Erstaunlich ist die photochemische Stabilität der Vinylester-Copolymeren, die an jene der Reinacrylate heranreicht, wenn das Polymere ohne VC aufgebaut ist. Die Putzformulierungen Kss 7044 und Kss 7045 enthalten Vinylacetat-Ethylen-Copolymere, hingegen beinhaltet das Polymer Kss7043 zusätzlich VC als Hartkomponente. Es gehört somit zur Gruppe D. Durch das VC wurde letztlich der rasche Filmabbau in der Freibewitterung verursacht (**Abb. 4.7**). Es sollte jedoch nicht außer Betracht bleiben, dass hinsichtlich Alkalibeständigkeit und Wasseraufnahme Reinacrylat- und Acrylat/Styrol-Copolymerdispersionen für wetterbeständige Systeme vorzuziehen sind.

Noch ein Blick auf die Gruppe der VC- oder VDC-haltigen Copolymeren. Hier gibt es kein Bindemittel, das nach 30 Monaten Freibewitterung, auch in vertikaler Exposition, ohne deutlichen Abbau ist, wobei der VDC-haltige Typ extrem negativ erscheint (**Abb. 4.8**). Erstaunlich, dass gerade diese Polymerdispersion einmal für wässrige Korrosionsschutzbeschichtungen empfohlen wurde. Eine niedrige Wasseraufnahme ist eben nicht das einzige zu beachtende Qualitätsmerkmal.

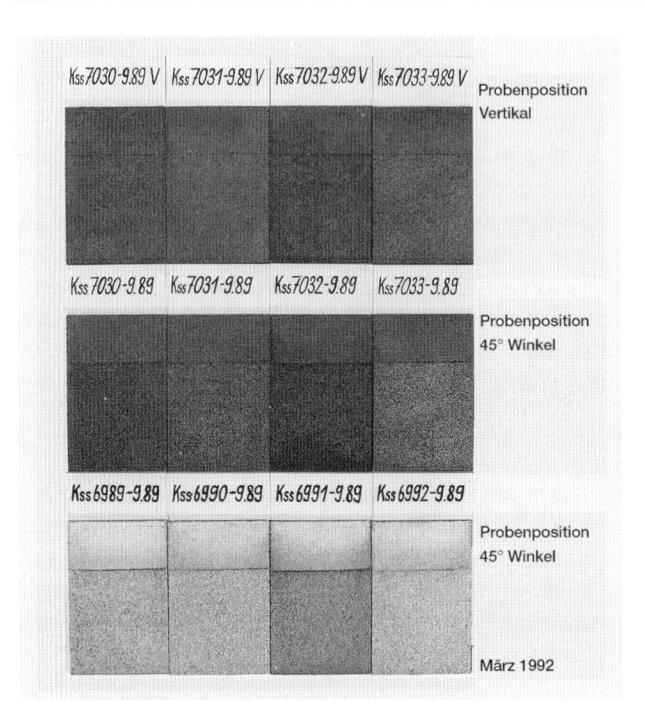

*Abb. 4.6
Acrylat/Styrol-Putze
nach 30 Monaten
Freibewitterung
oben/Mitte:
Weissstein-Putze mit
Phthalocyanin
unten:
Weissstein-Putze
ohne Einfärbung* [2]

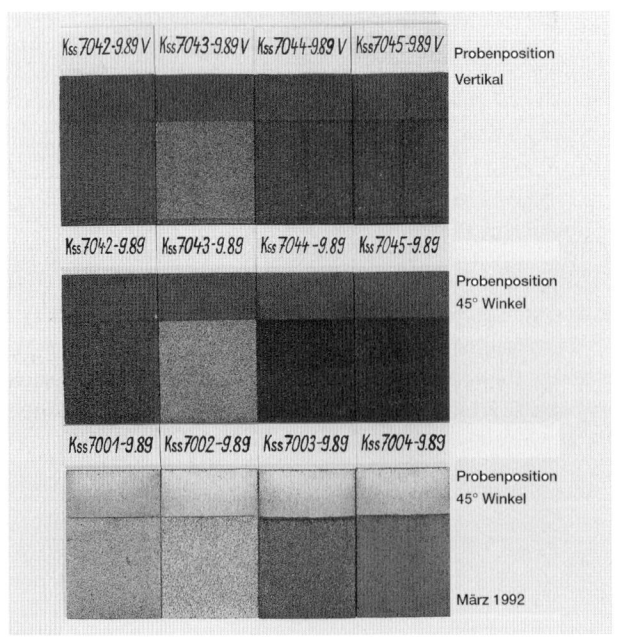

*Abb. 4.7
Vinylester-Copoly-
mer-Putze nach
30 Monaten Frei-
bewitterung
oben/Mitte:
Weissstein-Putze mit
Phthalocyanin
unten:
Weissstein-Putze
ohne Einfärbung* [2]

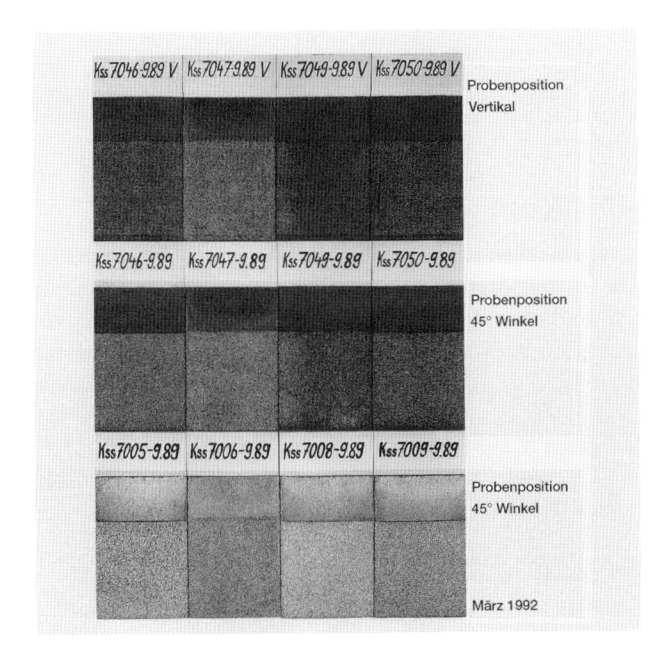

Abb. 4.8
VC/VDC-Copolymer-Putze nach 30 Monaten Freibewitterung
oben/Mitte: Weissstein-Putze mit Phthalocyanin
unten: Weissstein-Putze ohne Einfärbung [2]

4.2.3 Zusammenfassung

Beim Vergleich verschiedener Polymerer in der Freibewitterung sind nach bestimmten Zeiten unterschiedliche Abbaugrade von „Weisssteinputzen" zu beobachten. Sie reichen von unveränderter Oberfläche bei Reinacrylaten über Freilegung einzelner Marmorstein-Oberflächen, den kompletten Abbau der Bindemittel an der oberen Schicht bis hin zur Zerstörung an der Oberfläche und in der Putzschicht, so dass das Marmorgranulat keine Haftfestigkeit mehr besitzt.

Die „Weissstein-Prüfung" erlaubt die Bewertung von Anstrichdispersionen hinsichtlich ihrer photochemischen Stabilität in der Freibewitterung. Durch eine geringe Einfärbung mit Phthalocyaninblau wird frühzeitiger Filmabbau leicht erkennbar. Im Vergleich zu pigmentierten und zu gefüllten Formulierungen ist ein erheblicher Zeitgewinn mit dem Faktor 4 bis 5 gegeben, da praktisch nur das Bindemittel bewittert wird. Diese Prüfmethode kann als Unterstützung bei der Bindemittelauswahl angesehen werden. Die Resultate der „Weissstein-Prüfung" geben Hinweise für mögliche Anwendungsgebiete der verschiedenen Polymerdispersionen. Ein Bindemittel, welches schon nach 6 Monaten einen sichtbaren Abbau zeigt, sollte nicht in bindemittelreichen Formulierungen, wie Glanzfarben oder farblosen Überzügen, eingesetzt werden. Da aber in der Regel als Anstrichmittel unterschiedlich pigmentierte Formulierungen zur Anwendung kommen, sollten auch diese einer Freibewitterungsprüfung unterzogen werden.

Mit anderen Worten: Die Weissstein-Methode gibt nur Auskunft über die Bewitterungsstabilität des reinen Polymerfilms. Für Fassadenanstriche werden aber pigmentierte und gefüllte Farben eingesetzt. Deshalb muss auch das Freibewitterungsverhalten solcher Systeme diskutiert werden [2,5].

4.2.4 Lösemittelhaltige Fassadenfarben

Größtenteils werden Fassadenfarben auch heute noch unter Zuhilfenahme von Lösemitteln oder Koaleszenzmitteln formuliert. Deshalb sollen die Resultate grundlegender Untersuchungen an diesen Systemen mitgeteilt werden. Im Anschluss daran werden die analogen Erkenntnisse über lösemittelfrei formulierte Fassadenfarben zusammengefaßt.

4.2.4.1 Labortests mit Fassadenbeschichtungen

Zur Formulierung von Fassadenfarben gibt es verschiedenartig aufgebaute Polymerdispersionen. Vergleichende Laboruntersuchungen an dispersionsgebundenen Farbfilmen zweier marktüblicher Acrylat-Copolymerdispersionen vom Typ Reinacrylat (RA) und Acrylat/Styrol (AS) lassen im PVK-Bereich 15 bis 55 % erkennen, dass beide Copolymere zu einer vergleichbaren Wasseraufnahme der Farbfilme führen (siehe dazu [6]), beim AS-System aber die Wasserdampfdurchlässigkeit der Farbfilme niedriger ist als beim RA-System (**Abb. 4.9**).

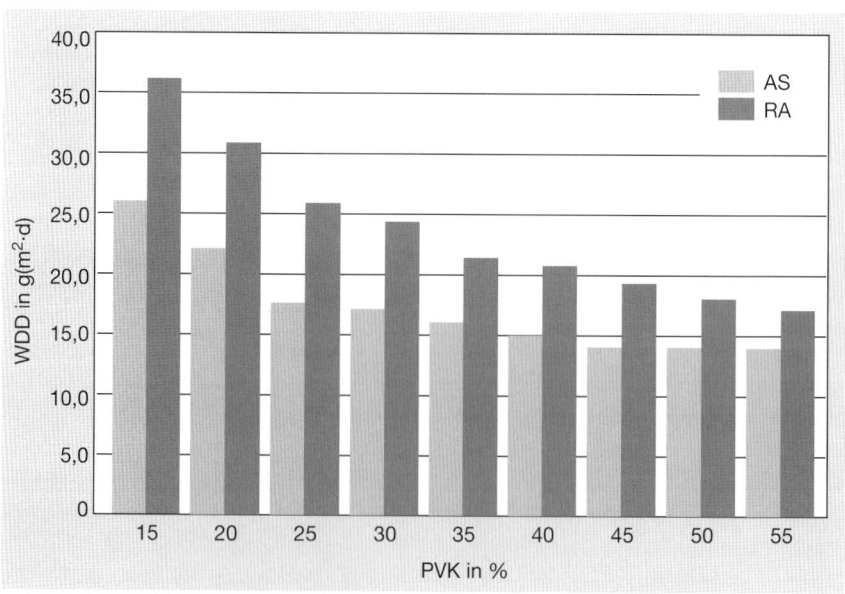

Abb. 4.9   *Wasserdampfdurchlässigkeit (WDD) von Fassadenfarben* [6]

Die Mechanik der Farbfilme wird, wie erwartet, stark von der PVK, aber auch durch Wasserlagerung und Trocknungsprozesse beeinflusst. Auffallend an den Ergebnissen ist, dass alle PVK-Reihen einen U-förmigen Verlauf aufweisen (**Abb. 4.10**). Beim nicht gewässerten Film auf Basis der AS-Dispersion zeigt sich ein Minimum der Reißkraft (RK) bei der PVK 35 %. Filme hergestellt aus Farben mit sowohl niedrigerer als auch höherer PVK zeigen höhere Reißfestigkeiten. Für den unbelasteten Film der RA-Farben wird das RK-Minimum bei der PVK 30 % beobachtet.

Für den Kurvenverlauf sind zwei gegenläufige Effekte maßgebend. Auf der einen Seite können Emulgatoren des Bindemittels in den Farbfilmen als Weichmacher wirken. Deren relativer Anteil in der Farbe nimmt aber mit steigender PVK ab. Auf der anderen Seite erhöhen „harte" anorganische Bestandteile wie Pigmente und Füllstoffe in einer Polymermatrix deren Festigkeit. Dieses Phänomen kann dadurch erklärt werden, dass mit steigender PVK der relative Anteil an Füllstoffen und Pigmenten im Verhältnis zum Bindemittel zunimmt, wodurch höhere Werte für den Elastizitätsmodul der Farben [7] und damit einhergehend höhere Reißkräfte der Farbfilme gefunden werden.

Durch die Wassereinwirkung wird die Mechanik der Filme geändert (**Abb. 4.10**). Die RK-Werte steigen besonders durch die erste Wasserlagerung und Rücktrocknung an, weitere Wasserlagerungen steigern sie praktisch nicht mehr [6]. Dieser Effekt ist beim AS-System ausgeprägter als bei den RA-Farben. Dabei ist auffallend, dass der durch die Wasserlagerung bedingte RK-Anstieg von der PVK

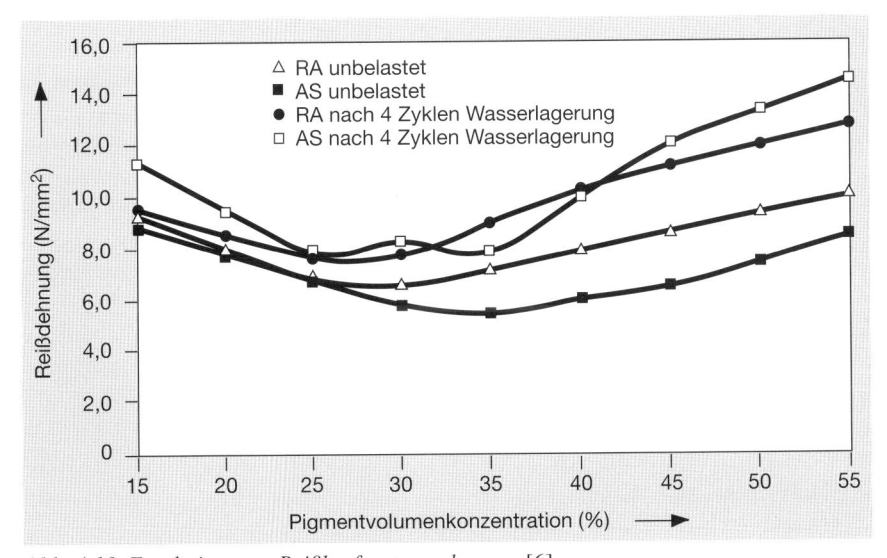

Abb. 4.10 Ergebnisse von Reißkraftuntersuchungen [6]

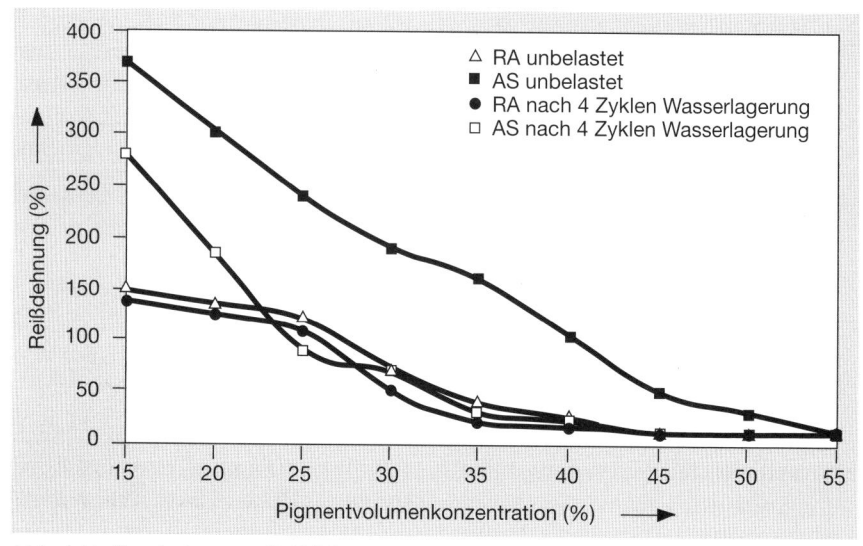

Abb. 4.11 Ergebnisse von Reißdehnungsmessungen [6]

abhängt. Die Ergebnisse der Reißdehnungsmessungen (RD) sind in **Abb. 4.11** gezeigt. Mit steigender PVK nehmen, unabhängig von der Wasserlagerung, die RD-Werte stark ab. Dank des höheren Bindemittelanteils ist die Dehnfähigkeit des Films mit der PVK 15 % höher als jene bei der PVK 55 %. Grundsätzlich führt wiederholte Wasserlagerung zu weiterer Reißdehnungsabnahme.

Anhand der Untersuchungsergebnisse zur Wasseraufnahme und Wasserdampfdurchlässigkeit (als Funktion der Wässerungszyklen) lässt sich zeigen, dass wasserlösliche Anteile des Films herausgewaschen werden; die Mechanik der Filme wird dabei verändert. Sie werden spröder und verlieren an Dehnungsvermögen. Dieses Phänomen wurde bereits von *Bradac* und *Novak* beschrieben [8a]. Im Allgemeinen geht man davon aus, dass wasserlösliche Bestandteile von Dispersionsfilmen in den sogenannten Zwickeln, d.h. im Bereich der Teilchengrenzen vor der Filmbildung, angereichert sind (siehe auch Kapitel 1, Abb. 1.5). Wenn diese Bestandteile herausgewaschen worden sind und sich wie beobachtet die Mechanik der Filme verändert hat, bedeutet dies, dass von den Zwickelbereichen, die flächen- und volumenmäßig nur einen geringen Anteil vom Gesamtfilm ausmachen, ein teilweise erheblicher Einfluss auf die Festigkeit der Filme ausgeht. Erklären lässt sich das Phänomen durch z.B. den weichmachenden Effekt [8b] oder die filmbildungsbehindernde Wirkung [8c] von Emulgatoren. Zudem wird nach der Wasserlagerung durch die thermische Rücktrocknung oberhalb der Glasübergangstemperatur die Filmbildungsgüte und damit die Filmkohäsion verbessert.

Die Ergebnisse der mechanischen Prüfungen an RA-Farben sind im Prinzip mit denen der AS-Farben vergleichbar. Der Anstieg der RK-Werte nach Wasserlagerung fällt, im Vergleich mit den AS-Farben, vor allem bei geringer Pigmentierung schwächer aus. Die Reißdehnung nimmt mit steigender PVK zunächst leicht, ab der PVK 25 % jedoch stark ab; wiederholte Wasserlagerung wirkt sich dabei aber kaum aus.

Die AS-Farben werden durch wasserlagerungsbedingte Hydrophobierung im Vergleich mit den RA-Farben immer zäher und bleiben dehnungsfähiger. Gerade bei Außenanwendungen, wo (je nach Witterung und Region) mehr oder weniger „natürliche Wasserlagerungsprozesse" von Beschichtungen ablaufen, erweist sich die gemessene Veränderung der Mechanik der AS-Farben als vorteilhaft.

In künstlichen Bewitterungsversuchen beobachtet man bei dem Acrylat/Styrol-Copolymerem im PVK-Bereich 15 bis 55 % nur eine geringe Farbtonverschiebung, die jedoch ausgeprägter als die der Reinacrylat-gebundenen Farben ist. Zwischen den untersuchten Acrylat/Styrol- und Reinacrylat-Copolymeren ist jedoch insgesamt kein gravierender Unterschied festzustellen. Die reine Vergilbungsneigung Δb^* liegt für die Acrylat/Styrol- und Reinacrylatbasierten Farben in vergleichbarer Größenordnung und ist weitgehend unabhängig von der PVK. Dieser Befund deckt sich mit Untersuchungsergebnissen von *Stevens* [9], der bei der PVK 20 % keinen Einfluss des Styrolanteils im Bindemittel auf die Vergilbungsneigung (Δb^*-Werte) beobachtete. Die unterschiedlichen Veränderungen der ΔE^*-Werte der AS-Farben, besonders für die PVK 55 %, im Vergleich mit den RA-Farben, resultieren somit aus unterschiedlichen Veränderungen bei den L (weiß-schwarz-Achse im Farbraum)- und a* (rot-grün-Achse im Farbraum)-Werten [6].

4.2.4.2 Freibewitterungsprüfungen von Fassadenfarben

Im Segment der Fassadenfarben gewannen Bindemittel auf Basis von Acrylat/Styrol-Copolymerdispersionen seit ihrer Markteinführung in 1965 schnell an Gewicht gegen Vinylacetat- und Reinacrylat-Copolymere. Sowohl Kurz- als auch Langzeitversuche bestätigten die prognostizierten Vorteile der Acrylat/Styrol-Copolymerdispersionen, wie niedrige Wasseraufnahme, hohe Alkalibeständigkeit und schließlich minimale Schmutzaufnahme der Beschichtung. Schnell fand man als einen weiteren Vorteil dieser feinteiligen Bindemittelklasse das hohe Pigmentbindevermögen. So ist es auch nicht verwunderlich, dass für matte Innenfarben mit der Markteinführung von Acrylat/Styrol-Copolymeren eine neue Ära begann, gekennzeichnet durch hohe Nassscheuerfestigkeit bei niedrigem Bindemittelanteil. Für die aufstrebenden Kunstharzputze erkannte man die niedrige Wasseraufnahme als wichtiges Qualitätsmerkmal.

Aus damaligen Praxisversuchen gibt es auch heute noch Objekte mit den Originalanstrichen, welche die hohe Wetterbeständigkeit und die geringe Anschmutzung bestätigen, wie z.B. das in **Abb. 4.12** gezeigte Gebäude.

Abb. 4.12
*Wohnhaus in Ludwigshafen/
Rhein, Eschenbachstraße;
1969, gestrichen mit
AS-Fassadenfarbe.
Foto März 1997* [4]

Verallgemeinert können für Acrylat/Styrol-Copolymere folgende Vorteile genannt werden:
- hohes Pigmentbindevermögen,
- niedrige Wasseraufnahme,
- hohe Alkalibeständigkeit.

Für den Außenanstrich stehen Reinacrylatdispersionen zur Verfügung, die wetter- und lichtbeständig sind. Ihre Wasseraufnahme ist in der Regel höher als diejenige der Acrylat/Styrol-Copolymere, jedoch niedriger als die von Vinylesterdispersionen. Reinacrylatdispersionen werden bevorzugt eingesetzt in bindemittelreichen Formulierungen, d.h. Anwendungen mit niedriger PVK, wie Klarlacke, Holzlasuren und Dispersionslackfarben.

In der Abb. 2.1 sind die wesentlichen Anwendungsbereiche der beiden Bindemittelgruppen aufgezeigt. Gerade für Fassadenfarben überschneiden sich die Hauptanwendungsgebiete der Acrylat/Styrol-Copolymere und der Reinacrylate. Daher wird besonders im Anwendungsbereich Fassadenbeschichtungen immer wieder die Frage diskutiert, ob Reinacrylat- oder Acrylat/Styrol-Copolymerdispersionen der Vorzug zu geben sei. Im folgenden werden daher Unterschiede und Gemeinsamkeiten beider Bindemittelklassen diskutiert.

Für die Untersuchungen wurden zwei typische Copolymere aus der Gruppe der Acrylat/Styrol- (AS) und der Reinacrylat-Dispersionen (RA) mit folgenden charakteristischen Daten verwendet [4]:

Produkt	Monomere	Mindest-filmbilde-temperatur [°C]	Wasser-aufnahme nach 24 h [%]
Dispersion RA	MMA, nBA	13	12
Dispersion AS	S, nBA	20	8

Damit formulierte, unterschiedlich pigmentierte Fassadenbeschichtungen wurden u.a. der Freibewitterung unterzogen und nach bestimmten Zeitabschnitten hinsichtlich Kreidung und Farbtonänderung bewertet.

Das erscheint zweckmäßig für die endgültige Bewertung von Fassadenfarben bzw. Außenanstrichen, denn Laborexperimente können nur zur Unterstützung der langwierigen Freibewitterungsversuche dienen.

Folgende Variablen wurden bei den Freibewitterungsserien berücksichtigt:
a. Austausch des Bindemittels, also Reinacrylat- gegen Acrylat/Styrol-Dispersion,
b. Titandioxid-haltige gegen Eisenoxidrot-haltige (also Titandioxid-freie) Formulierungen
c. verschiedene Pigmentvolumenkonzentrationen und
d. unterschiedliche Füllstoffe.

In allen Prüfreihen wurden die beiden Farbtöne rotbraun und creme eingestellt. Der rotbraune Ton wurde durch ein Gemisch aus Eisenoxidrot und -gelb, der cremefarbene durch Titandioxid und Eisenoxidgelb erreicht. Die wichtigsten Daten der verwendeten Pigmente sind [4]:

Pigment	Dichte [g/cm^3]	Ölzahl [g/100 g]
Titandioxid Rutil	4,1	18
Eisenoxidgelb	4,1	65
Eisenoxidrot	5,0	26

Bei den Füllstoffen wurde für die ersten Versuche (mit den Variablen a. bis c.) ein Gemisch aus Calcit (Calciumcarbonat) und Talkum im Verhältnis 83 : 17 verwendet [4].

Für die Freibewitterungen dienten als alkalischer Untergrund Faserzementplatten, die zunächst mit einer wässrigen Dispersions-Grundierung gestrichen wurden. Hierdurch wird die unterschiedliche Saugfähigkeit des Substrates weitgehend ausgeglichen; zudem lassen sich so Ausblühungen durch migrierendes Calciumhydroxid vermeiden. Dem folgten zwei deckende Anstrichschichten (Gesamtmenge 300 g / m^2) mit der jeweils zu prüfenden Formulierung. Auf dem Bewitterungsstand wurden die Prüfplatten dann unter 45° nach Süden ausgelegt. Die so erhaltenen Resultate entsprechen weitgehend der vertikalen Bewitterung von Fassadenflächen, wobei allerdings ein erheblicher Zeitvorteil entsteht, aufgrund langjähriger Erfahrungen etwa um einen Faktor 2 bis 2,5.

Nach bestimmten Zeiten erfolgte die Abmusterung durch
a. Kreidungsmessung nach DIN 53 159
b. Fotografische Dokumentation
c. Farbmetrische Bestimmung von Farbabständen nach DIN 6174.

4.2.4.2.1 Einfluss Bindemittel und Pigmentvolumenkonzentration

Diese Serie liefert Ergebnisse über den Einfluss verschiedener Polymerdispersionen sowie von unterschiedlichen Pigmentvolumenkonzentrationen in matt auftrocknenden Fassadenbeschichtungen.

Ein wertvolles Maß zur Beurteilung der Witterungsbeständigkeit ist die Kreidungsmessung nach DIN 53 159. Sie erlaubt eine gute Dokumentation der durch Bewitterung, also unter Einfluss energiereicher Strahlung und Feuchtigkeit, freigelegten Pigmente und Füllstoffe, was letztlich auf Bindemittelabbau an der Oberfläche zurückzuführen ist. Zur Kreidungsbewertung wurde die Skala von 10 (= kreidungsfrei) bis 1 (= starke Kreidung) benutzt. Im Allgemeinen kann man davon ausgehen, dass bis zur Kreidungsstufe 6 keine Farbtonänderung festzustellen ist.

Die Bewitterungsexperimente erstreckten sich über 9 Jahre. Bei den matten Fassadenbeschichtungen (PVK 45 %) war der Einfluss des Bindemitteltyps gering; erreicht wurde nach 2 Jahren nur die Kreidungsstufe 8, also keine sichtbare

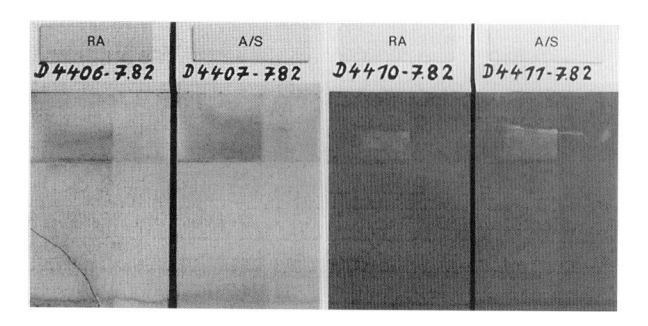

*Abb. 4.13
RA- und AS-Fassadenfarben, PVK 45% nach 9-jähriger Bewitterung (45° nach Süden).
Das obere Drittel der Platten war abgedeckt, die rechte Hälfte wurde mit Wasser gewaschen* [4]

Farbtondifferenz zwischen Reinacrylat und Acrylat/Styrol-Formulierung (**Abb. 4.13**).

Bei Variation der Pigmentvolumenkonzentrationen, von 35 über 45 bis 55 %, war nach 2 Jahren eine Differenzierung möglich. Die Unterschiede des Kreidungsverhaltens der beiden Bindemittel Acrylat/Styrol und Reinacrylat sind allerdings klein. Größer ist die Differenzierung durch den Einfluss der PVK. Die Kreidung fällt nach 2 Jahren von Note 9 bei PVK 35 % auf 7 bei PVK 55 % (**Tabelle 4.1**). Ausgeprägter ist die Kreidung und somit auch die Aufhellung nach 9 Jahren. Die Beschichtungen kreiden stärker, es werden Noten zwischen 5 und 6 erreicht. Der Bindemitteleinfluss ist gering. Nach 9 Jahren ist auch die Differenzierung durch die unterschiedliche PVK gering. Ähnliches wird auch bei der rotbraunen, Titandioxid-freien Formulierung beobachtet.

Dispersion		RA			AS		
	Jahre	1	2	9	1	2	9
PVK 35%		9	9	6	9	9	6
PVK 45%		9	8	5	9	9	6
PVK 55%		9	7	5	9	7	5

Tab. 4.1 Fassadenbeschichtung – creme – Kreidung nach DIN 53 159 [4]
0 = starke Kreidung; 10 = keine Kreidung

Während in der Praxis auf der vertikalen Wand die Beschichtung mit überkritischer Pigmentierung eher zur Kreidung und somit zu deutlicher Aufhellung neigt, ist auf den unter 45° nach Süden ausgelegten Bewitterungstafeln mit stärkerer Schmutzansammlung über den teils offenporigen, saugenden Anstrichfilmen zu rechnen. Dies wiederum kann in der ersten Bewitterungsphase wegen der „Schutzwirkung des Schmutzes" gegen UV-Strahlung zu geringerer Kreidung führen – ein Effekt, der sich nach langjähriger Bewitterung nivelliert.

4.2.4.2.2 Einfluss Pigment – Füllstoffverhältnis

In dieser Reihe wurde das Pigment-Füllstoffverhältnis der Formulierungen variiert. Während Bindemittelauswahl und Farbtöne unverändert blieben, war die Pigmentvolumenkonzentration auf 45 % und 55 % eingestellt.

Welche Überlegungen liegen dieser Serie zugrunde? Zunächst, es gibt Buntpigmente mit hohem Deckvermögen, so dass aus kalkulatorischen Überlegungen geringe Pigmentanteile und hohe Füllstoffdosierungen angezeigt erscheinen. Eisenoxidpigmente sind hier ein gutes Beispiel. Vergleicht man die Brechungsindices von Luft, Polymerbindemitteln und Füllstoffen (**Tab. 4.2**) dann wird deutlich, dass Füllstoffe ohne Bindemittelhülle auch färbend, besser gesagt deckend, wirken

Dispersion Reinacrylat	1,49
Dispersion Acrylat/Styrol	1,53
Titandioxid Rutil	2,76
Calcit	1,59
Schwerspat	1,64
Talkum	1,57
Luft	1,00

Tab. 4.2 Brechungsindices [4]

können. Der „dry hiding" Effekt hochgefüllter Innenfarben stellt ja die Nutzung dieses Phänomens dar.

Bei Fassadenbeschichtungen führen hohe Füllstoffanteile zu vorzeitiger Aufhellung, wobei in der ersten Stufe des photochemischen Bindemittelabbaus nicht zwangsläufig auch hohe Kreidungsgrade vorhanden sein müssen. Pigment und Füllstoff sind wie auf einem guten Fundament noch fest mit der Beschichtung verbunden, nur der obere Teil der Bindemittelhülle fehlt nach einer bestimmten Bewitterungszeit. Dementsprechend sind in **Tab. 4.3** die Farbabstände als Maß für die Aufhellung nach 5-jähriger Bewitterung wiedergegeben.

	Dispersion RA		Dispersion AS	
	PVK 45%	**PVK 55%**	**PVK 45%**	**PVK 55%**
Pigment/Füllstoff				
10:90	6,6	5,7	7,0	6,0
30:70	3,0	2,7	2,5	1,9
50:50	1,6	2,8	2,1	2,0

Tab. 4.3   Farbabstände ΔE^* – Fassadenfarbe – creme – nach 5 Jahren Bewitterung [4]

Diesen farbmetrischen Bestimmungen gemäß ist beim Pigment-Füllstoff-Verhältnis 10 : 90 die Aufhellung erheblich größer. Nach fast siebenjähriger Freibewitterung wurden die meisten Tafeln fotografisch dokumentiert. In diesen Bildreihen (**Abb. 4.14** und **4.15**) findet sich die Aussage von *Kresse* [10] bestätigt, dass bei einem Pigmentanteil unter 30 % die Aufhellung des Anstriches auch durch den hohen Füllstoffanteil verursacht sein kann. In dieser Reihe wurde kein Unterschied zwischen Fassadenbeschichtungen auf Basis der Reinacrylat- oder Acrylat/Styrol-Dispersionen gefunden.

4.2.4.2.3 Einfluss unterschiedlicher Füllstoffe

Füllstoffe sind Bestandteile der meisten pigmentierten Beschichtungen, werden somit auch in Fassadenanstrichen eingesetzt. Füllstoffe können u. a. die Verarbeitbarkeit verbessern, die Abriebfestigkeit erhöhen, die Pigment-Füllstoffpackung

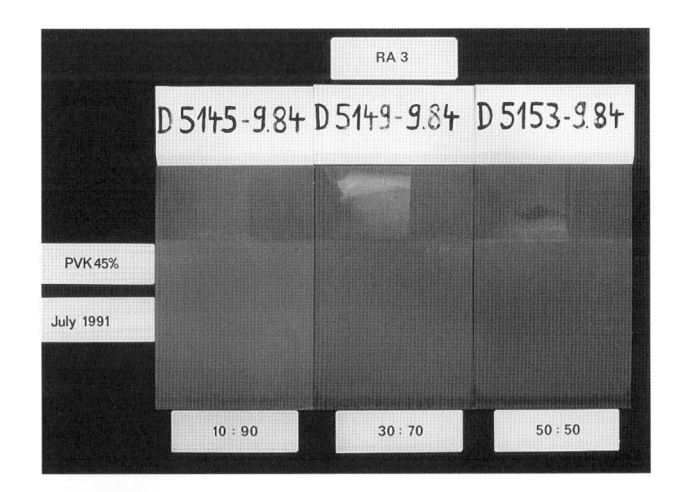

Abb. 4.14
RA-Fassadenfarbe
rotbraun, PVK 45%
mit verschiedenen
Pigment-Füllstoff-
Verhältnissen nach
7-jähriger Bewitte-
rung [4]

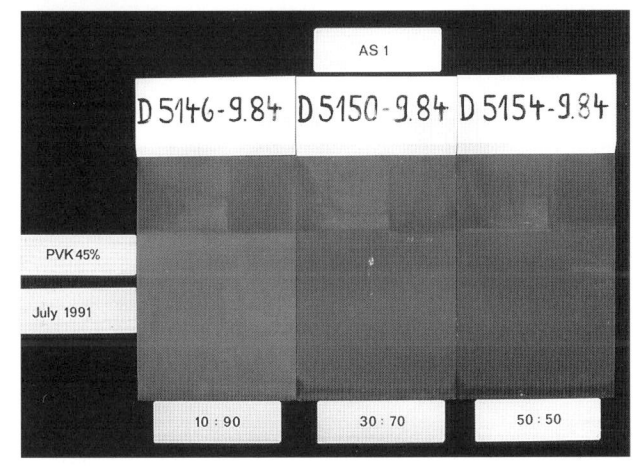

Abb. 4.15
AS-Fassadenfarbe
rotbraun, PVK 45%
mit verschiedenen
Pigment-Füllstoff-
Verhältnissen nach
7-jähriger Bewitte-
rung [4]

optimieren oder eine bestimmte Oberflächenstruktur ermöglichen. Dies sind alles Punkte, die bei der Entwicklung von Farben eine Rolle spielen können.

Füllstoffe sind in der Regel mineralische Substanzen, allerdings recht unterschiedlicher chemischer Zusammensetzung. Dabei kann die spezifische Oberfläche und die Struktur der Teilchen sehr verschiedenartig sein. In **Tab. 4.4** sind die wichtigsten Füllstoffgruppen mit ihren Kenndaten aufgeführt. Weitere Informationen zu Füllstoffen finden sich in Abschnitt 2.4.3.

In die Versuche zum Füllstoffeinfluss wurden Bindemittel, PVK und Farbtöne der bisher beschriebenen Versuchsreihen übernommen. Das Pigment-Füllstoff-Verhältnis 30 : 70 wurde beibehalten. Die Freibewitterung führte zu aufschlussreichen Resultaten. In **Tab. 4.5** und in **Abb. 4.16** bis **4.19** sind die Ergebnisse der Kreidungs-

	SiO$_2$ [%]	Spezifische Oberfläche [m²/g]	Ölzahl [g/100 g]	pH	Brechungs- index
Calcit	< 0,1	3,3	18	9,0	1,59
Dolomit	< 0,6	2,3	15	10,0	1,62
Schwerspat	6,0	–	11	8,0	1,64
Glimmer	44,7	8,4	51	8,4	1,58
Quarz	> 99,0	3,5	–	7–8	1,55
Talkum/Dolomit	38,9	6,6	40	9,5	1,57
Talkum	61,0	16,0	43	9,5	1,57
Kaolin	55,0	8,0	50	7,0	1,56

Tab. 4.4   Füllstoffe [4]

	Fassadenfarbe			
	creme		rotbraun	
Dispersion	RA	AS	RA	AS
Calcit	8	9	8	8
Dolomit	9	9	8	8
Schwerspat	9	8	8	8
Glimmer	4	4	7	5
Quarz	3	4	6	6
Talkum/Dolomit	4	4	4	6
Talkum	5	5	5	7
Kaolin calciniert	3	4	3	3

Tab. 4.5   Einfluss verschiedener Füllstoffe auf das Kreidungsverhalten nach 3 Jahren (nach DIN 53 159) [4]

Prüfung nach 3-jähriger Bewitterung zusammengefaßt. Während sich mit Calcit, Dolomit und Schwerspat nur schwache Kreidungsabdrücke ergaben, verursachten die übrigen Füllstoffe mehr oder weniger deutliche Kreidung. Ein gradueller Unterschied ist zwischen den beiden Farbtönen creme und rotbraun vorhanden. Die Titandioxid-frei mit Eisenoxid-Rot pigmentierten Formulierungen mit Glimmer, Quarz oder Talkum weisen geringere Kreidungsgrade auf. Die 4 1/2 Jahre (45°, nach Süden orientiert) bewitterten Tafeln – entsprechend einer etwa 10jährigen Fassadenbewitterung – bestätigen die oben erwähnten Resultate.

Beim Vergleich der Füllstoffe fällt besonders auf: Füllstoffe mit hohem SiO$_2$-Anteil verursachen ausgeprägte Kreidung. Calcit und Dolomit, frei von SiO$_2$, zeigen diesen Effekt nicht. Gewiss, dieser Vergleich ist nicht unproblematisch. Denn

Fassadenfarben 109

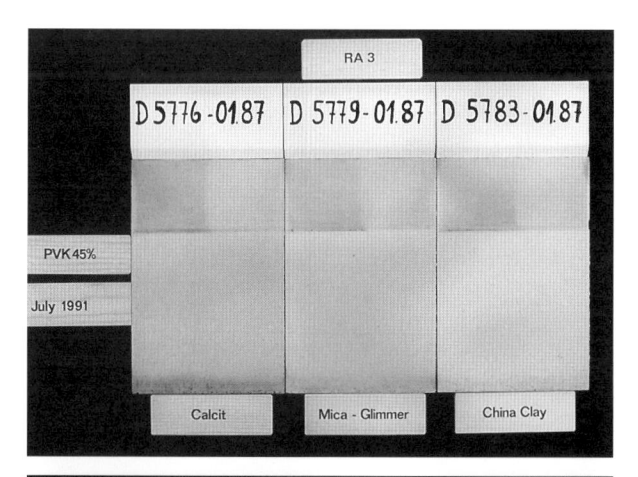

Abb. 4.16
RA-Fassadenfarbe
creme, PVK 45%
mit verschiedenen
Füllstoffen nach
3 1/2-jähriger
Bewitterung [4]

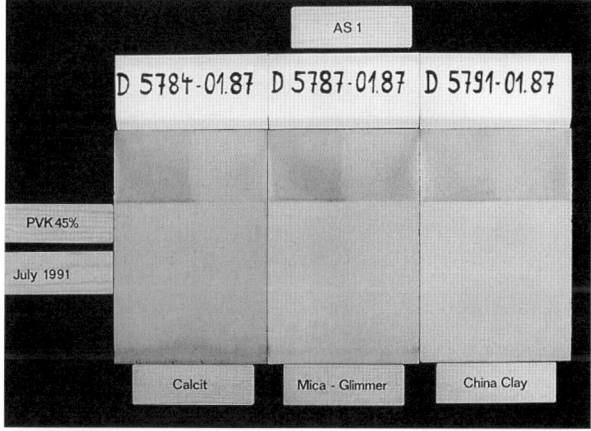

Abb. 4.17
AS-Fassadenfarbe
creme, PVK 45%
mit verschiedenen
Füllstoffen nach
3 1/2-jähriger
Bewitterung [4]

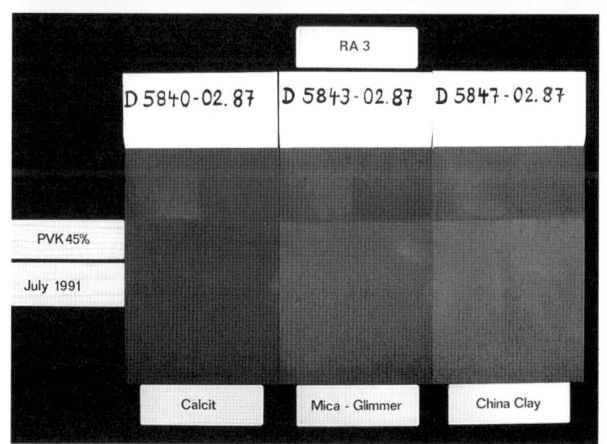

Abb. 4.18
RA-Fassadenfarbe
rotbraun, PVK 45%
mit verschiedenen
Füllstoffen nach
3 1/2-jähriger
Bewitterung [4]

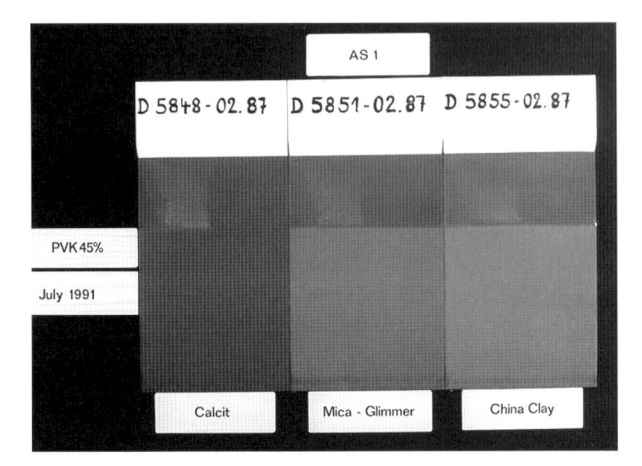

Abb. 4.19
AS-Fassadenfarbe
rotbraun, PVK 45%
mit verschiedenen
Füllstoffen nach
3 1/2-jähriger
Bewitterung [4]

trotz gleicher durchschnittlicher Teilchengröße der Füllstoffe ist die spezifische Oberfläche sehr unterschiedlich. Zudem dürfte eine Fassadenfarben-Formulierung, die nur Glimmer oder nur Talkum enthält, eine Rarität sein. Aber eine Füllfarbe, rezeptiert mit hohen Quarzmehlanteilen, war zumindest in der Vergangenheit durchaus üblich.

4.2.4.3 Zusammenfassung

Wann sollen Reinacrylate, wann Acrylat/Styrol-Copolymerdispersionen eingesetzt werden? Wie die Untersuchungen an Fassadenfarben im PVK-Bereich von 35 bis 55 % zeigen, findet man bei langjähriger Bewitterung keine Unterschiede zwischen Reinacrylat- und Acrylat/Styrol-Copolymeren. Wichtig ist allerdings eine Optimierung der Pigmentvolumenkonzentration und der Pigment/Füllstoff-Kombination. Dies wird durch die beschriebenen Versuche und auch durch Versuchsobjekte belegt.

Formulierungen mit überkritischer Pigmentierung hatten bei der Bewitterung mit 45° nach Süden ihre speziellen Probleme. Auf den Mikroporen wurden feinste Schmutzpartikel abfiltriert und dann gilt einmal mehr: Schmutz schützt vor Abbau. Überdies liegt die kritische PVK bei Reinacrylat-Dispersionen graduell niedriger als bei Acrylat/Styrol-Copolymeren.

Pigmente und Füllstoffe sollten in einem vernünftigen Verhältnis stehen. Bei 30 Teilen Pigment und 70 Teilen Füllstoff war die Aufhellung gering. Wichtig ist zudem die Auswahl der Füllstoffe. Calcit, Dolomit und Schwerspat verursachen keine Aufhellung.

In ausgewogen formulierten Fassadenfarben lässt sich in Freibewitterungsversuchen kein nennenswerter Unterschied zwischen Reinacrylat- und Acrylat/Styrol-Copolymeren finden [4].

4.2.5 Lösemittelfrei formulierte Fassadenfarben

Die Beständigkeit von Fassadenfarben wird, wie gezeigt, stark von der Beständigkeit des Bindemittels beeinflusst. Dies darf aber nicht darüber hinwegtäuschen, dass die Witterungs- und Farbbeständigkeit auch durch andere Inhaltsstoffe beeinträchtigt werden kann und wird.

Wie weiter oben geschildert, wurden bei den Untersuchungen über die Bewitterungsstabilität der Acrylat/Styrol- bzw. Reinacrylat-Copolymeren Unterschiede zwischen Titandioxid-haltigen und Titandioxid-freien Farben gefunden. Es gibt bereits vergleichende Untersuchungen über Acrylatestercopolymere, die unterschiedliche Filmbildetemperaturen aufweisen und mit verschieden behandelten Titandioxiden formuliert wurden [4,6]. Wie für andere Anwendungsgebiete wurde dabei auch für Fassadenbeschichtungen die Frage diskutiert, welches Eigenschaftsprofil das Bindemittel Acrylat/Styrol-Copolymerdispersion aufweisen soll, um eine gute Qualität der Farbe zu ergeben.

Darüber hinaus wird nach Bindemitteln gesucht, die es gestatten, lösemittelfreie Anstrichfarben zu formulieren. Dieses Ziel kann durch entsprechende Einstellung der Mindestfilmbildetemperatur (MFT) des Bindemittels erreicht werden. Im folgenden soll daher auf Unterschiede und Gemeinsamkeiten zwischen Acrylat/Styrol-Dispersionen unterschiedlicher MFT näher eingegangen werden. Daneben wird auch der Einfluss des Weisspigments Titandioxid auf derartig formulierte Fassadenanstriche diskutiert.

In diese Untersuchungen wurden drei typische Copolymere aus der Gruppe der Acrylat/Styrol-Copolymeren (AS) einbezogen, mit folgenden charakteristischen Daten der verwendeten Bindemittel [11]:

Bindemittel	% n-BA	% S	Tg [°C]	MFT [°C]
Disp AS weich	60	40	8	< 1
Disp AS mittel	50	50	27	18
Disp AS hart	40	60	43	40

Vorgenommen wurden damit Untersuchungen sowohl an Filmen der Dispersionen als auch an daraus mit unterschiedlichen Rutiltypen formulierten Fassadenbeschichtungen. In Anbetracht der MFT des Bindemittels Dispersion AS weich wurden die jeweiligen Farben *ohne* Lösemittel, hingegen bei Verwendung der Dispersion AS mittel oder AS hart *mit* Lösemittel formuliert. Die Bewitterungsexperimente liefen sowohl im Freien als auch im Labor ab, wobei die Muster nach bestimmten Zeitabschnitten hinsichtlich Kreidung und Farbtonänderung bewertet wurden.

	lösemittel-frei	lösemittel-haltig	
Wasser	61	55	58
Polyacrylat	3	3	3
Polyphosphat	4	4	4
Natronlauge	2		
Ammoniak		2	2
Konservierungsmittel	3	3	3
Hydroxyethylcellulose als 2%ige Lösung	100	100	100
Lösemittel 1	0	13	13
Lösemittel 2	0	7	7
Netzmittel	10	10	10
TiO_2-Pigment aus Tab. 4.7	194	190	190
Calcit	246	240	240
Talkum	53	50	50
Entschäumer	3	3	3
Disp. AS weich	321		
Disp. AS mittel		320	
Disp. AS hart			317
Summe	1000	1000	1000

Tab. 4.6 *Grundrezept der Fassadenfarben, Gewichtsteile* [11]

4.2.5.1 Farbrezepte und eingesetzte Pigmente

Mit den drei Dispersionen wurden Fassadenfarben nach dem in **Tabelle 4.6** beschriebenen Grundrezept formuliert. Die Pigmentvolumenkonzentration war für alle Farben auf 45 % eingestellt. Die mit Dispersion AS weich formulierten Farben enthielten weder Lösemittel noch Ammoniak. Für Farben auf Basis der beiden anderen Bindemittel wurden Koaleszenzmittel und Ammoniak verwendet. Zudem waren verschiedene Titandioxide des Rutiltyps in die Untersuchungen einbezogen, nicht hingegen, da bereits ausführlich beschrieben [4], der Einfluss von Füllstoffen, anderen Pigmenten und der PVK.

Es wurden nur Anstriche im Farbton weiß untersucht, mit von 4 Herstellern kommerziell erhältlicher Titandioxid-Typen (**Tab. 4.7**), um deren Einfluss auf die Bewitterungsstabilität der drei Bindemittel zu prüfen.

Bezeichnung des Pigments	% Al$_2$O$_3$	% SiO$_2$	Hersteller	Prozess
P 1	3,6	9,6	Anbieter 1	SP
P 2	2,3	2,1	Anbieter 1	SP
P 3	3,1	1,1	Anbieter 1	SP
P 4*	3,1	0,15	Anbieter 1	SP
P 5	3,9	0,18	Anbieter 1	CL
P 6*	3,9	0,5	Anbieter 1	CL
P 7	2,7	0,7	Anbieter 2	SP
P 8	2,8	0,05	Anbieter 2	SP
P 9	2,7	0,9	Anbieter 2	SP
P 10*	4,3	0,1	Anbieter 2	SP
P 11*	3,3	0,12	Anbieter 3	SP
P 12*	3,4	0,6	Anbieter 3	CL
P 13	4,2	0,14	Anbieter 3	CL
P 14	5,6	2,07	Anbieter 3	CL
P 15	4,4	0,1	Anbieter 4	CL
P 16	4,4	1,5	Anbieter 4	CL
* = enthält zusätzlich ZrO$_2$; SP = Sulphatprozess, CL = Chloridprozess				

Tab. 4.7   Eingesetzte TiO$_2$-Typen

4.2.5.2 Abhängigkeit der Farbhelligkeit von Bindemittel und TiO$_2$-Typ

In **Abb. 4.20** sind die Ergebnisse der Helligkeitsmessungen der Farben wiedergegeben. Die Helligkeiten der Farben mit den beiden härteren Bindemitteln sind für viele TiO$_2$-Typen sehr ähnlich. Auffallend ist, dass Farben auf Basis von AS weich bei allen Pigmenten des Anbieters 1 im Vergleich mit Farben auf Basis der beiden anderen Bindemittel teils deutlich niedrigere Helligkeitswerte aufweisen.

Größere Helligkeitsunterschiede zeigten sich bei Farben auf Basis der Dispersion AS mittel, im Vergleich mit Farben auf Basis der beiden anderen Bindemittel, nur mit den Pigmenten Nr. 11 und 14. Dies bedeutet, dass die Pigmente bei der Herstellung der Farben unterschiedlich benetzt werden und daher ihr Helligkeitspotenzial unterschiedlich entfalten. Bekanntlich werden Benetzung und Verträglichkeit der Pigmente vom Typ Titandioxid von verschiedenen Faktoren, u.a. von Herstellart und Nachbehandlung, beeinflusst. Derartige Zusammenhänge untersuchten übrigens auch *Reck* und *Wilford* [12]. Bei den hier beschriebenen Resultaten ergab sich kein größerer Einfluss der Härte des Bindemittels auf die Benetzung und die Dispergierfähigkeit der Pigmente.

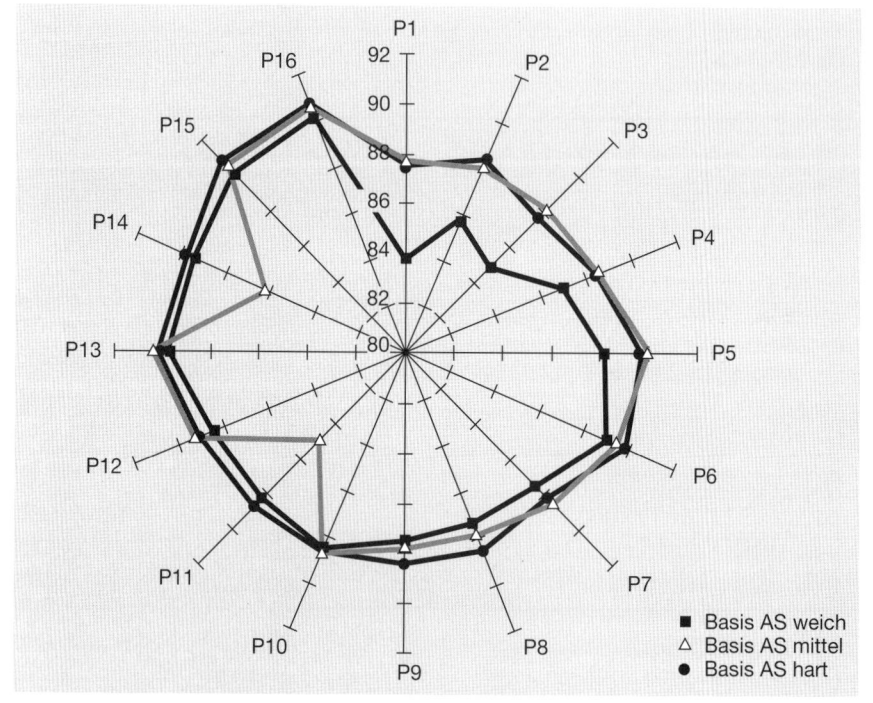

Abb. 4.20 Ergebnis der Helligkeitsmessungen in Abhängigkeit von Bindemittel und Titandioxid [11]

4.2.5.3 Ergebnisse künstlicher Bewitterungen von Farben

4.2.5.3.1 Farbtonveränderungen in künstlicher Bewitterung

Die Farben wurden künstlicher Bewitterung im Xeno1200-Test unterzogen. Nach Belastung wurden die Farbtonänderungen im Vergleich zur entsprechenden unbelasteten Probe gemessen. Die Ergebnisse dieser Farbtonmessungen für das Bindemittel AS weich als Funktion von Zeit und TiO_2-Typ zeigt **Abb. 4.21**. Farben mit den beiden anderen Bindemitteln ergaben ähnliche Resultate.

Je nach TiO_2-Typ kommt es in Farben, mit ein und demselben Bindemittel formuliert, zu mehr oder weniger starken Farbtonverschiebungen ΔE^*. Die ΔE^*-Werte nehmen mit der Bestrahlungsdauer zu. Gemäß Abb. 4.21 werden in der TiO_2-Palette des gleichen Pigmentanbieters Unterschiede gefunden. So schützt z.B. das im Sulphatprozess hergestellte Pigment Nr. 1 des Anbieters 1 in allen Farben, unabhängig vom Bindemittel, besser vor Farbtonverschiebung als die im Chloridprozess gefertigten Pigmente Nr. 5 oder 6. Aber auch bei den im Sulphatprozess hergestellten Pigmenten des Anbieters 1 kommt es zu einer Differenzierung der

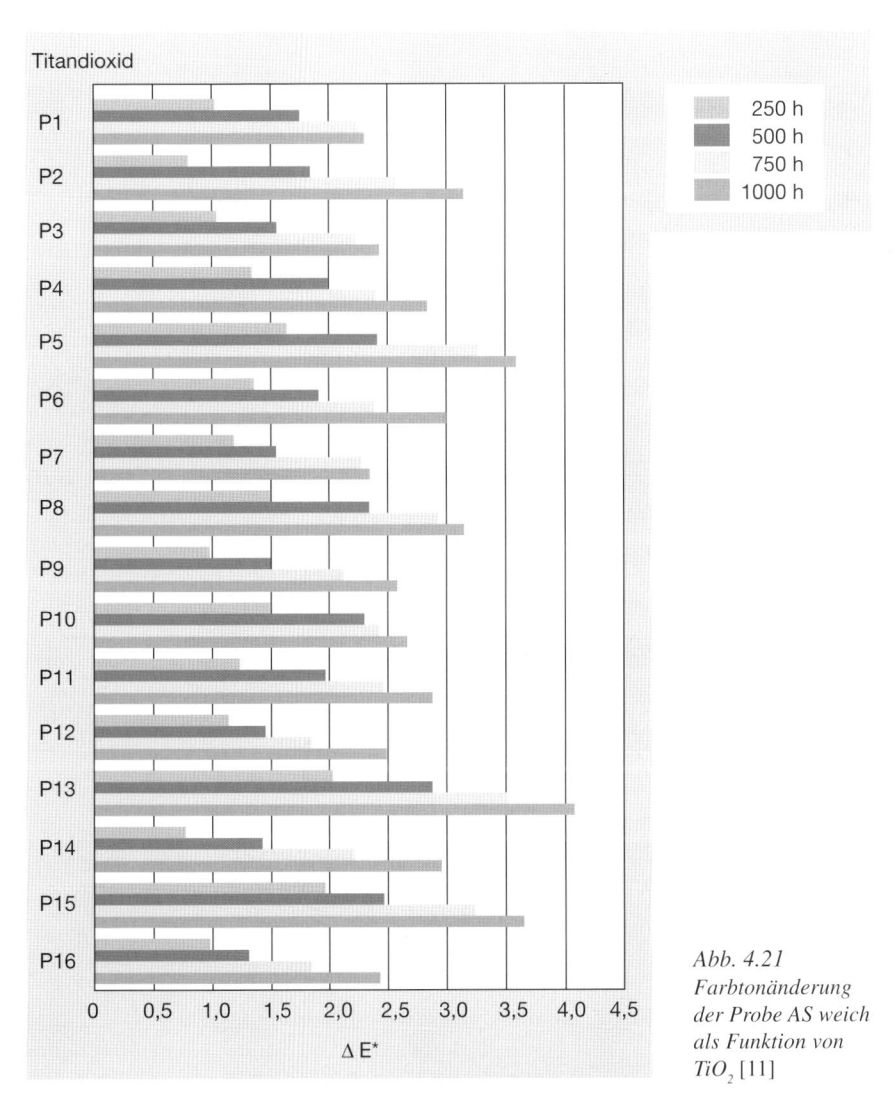

Titandioxid

Legende: 250 h, 500 h, 750 h, 1000 h

Balkendiagramm für Proben P1 bis P16, x-Achse: ΔE* von 0 bis 4,5

Abb. 4.21 Farbtonänderung der Probe AS weich als Funktion von TiO_2 [11]

Farbtonveränderungen als Funktion der Bestrahlung. Auf Grund dieser Ergebnisse ist Pigment Nr. 1 des Herstellers 1 als am günstigsten zu beurteilen. Es spiegelt sich darin der Einfluss der Nachbehandlung wieder, von der bei TiO_2-Pigmenten die UV-Beständigkeit und seine Schutzwirkung für das Bindemittel abhängt. Ähnliche Differenzierungen ergaben sich auch bei den Pigmenten anderer Hersteller. Nach Vorstellungen [13] über den Mechanismus der Photochemie von TiO_2-Typen besteht ein Einfluss der entscheidend von der Nachbehandlung abhängigen OH-Konzentration an der Pigmentoberfläche auf die photokatalytische Oxidation.

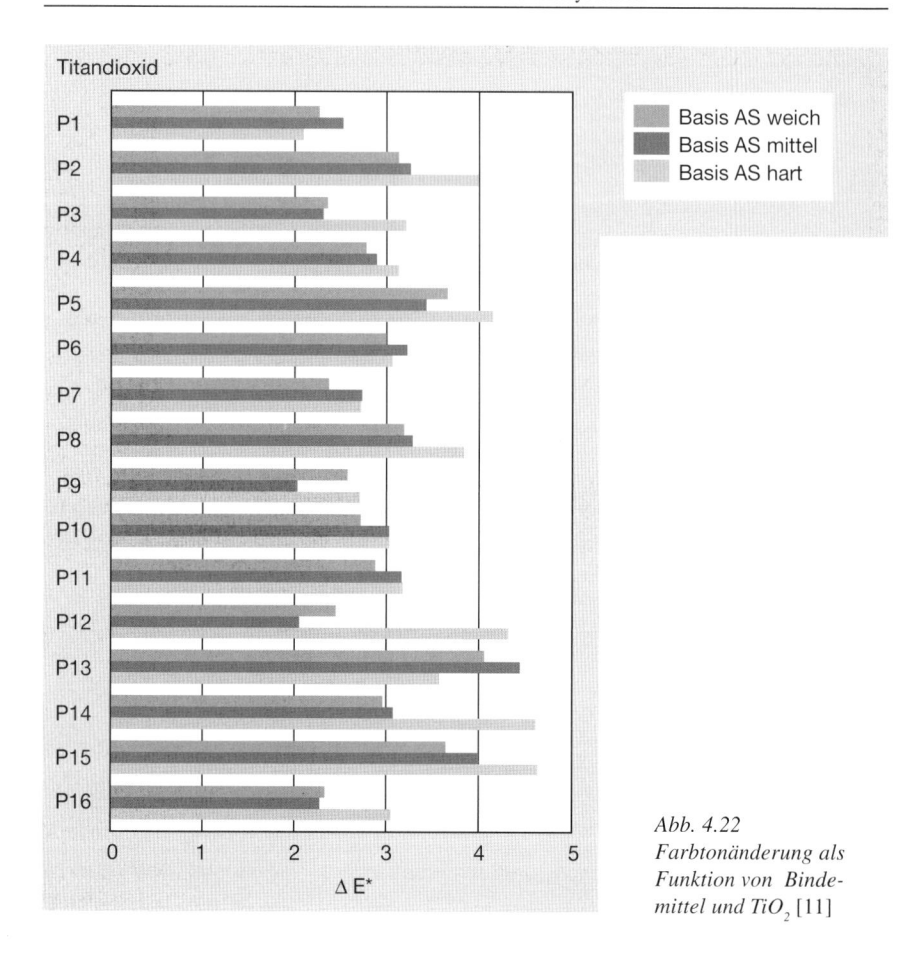

Abb. 4.22
Farbtonänderung als Funktion von Bindemittel und TiO_2 [11]

In **Abb. 4.22** sind die Farbtonveränderungen nach 1000 h Xeno1200-Test als Funktion des Bindemittels und des Pigments aufgetragen. Eigentlich sollten mit steigender Härte und damit einhergehend steigendem Styrolgehalt des Bindemittels die Δ E*-Werte zunehmen, was aber nur bei wenigen Pigmenten zutrifft. Meist ändern sich die Δ E*-Werte nicht korrelierbar mit der Härte bzw. dem Styrolgehalt des Bindemittels.

4.2.5.3.2 Kreidung

Die Farben wurden auch einer Kreidungsprüfung unterzogen. Deren Ergebnisse sind, als Funktion der Zeit, für das Bindemittel AS weich in **Abb. 4.23** wiedergegeben. Farben mit den beiden anderen Bindemitteln ergaben ähnliche Resultate.

Fassadenfarben

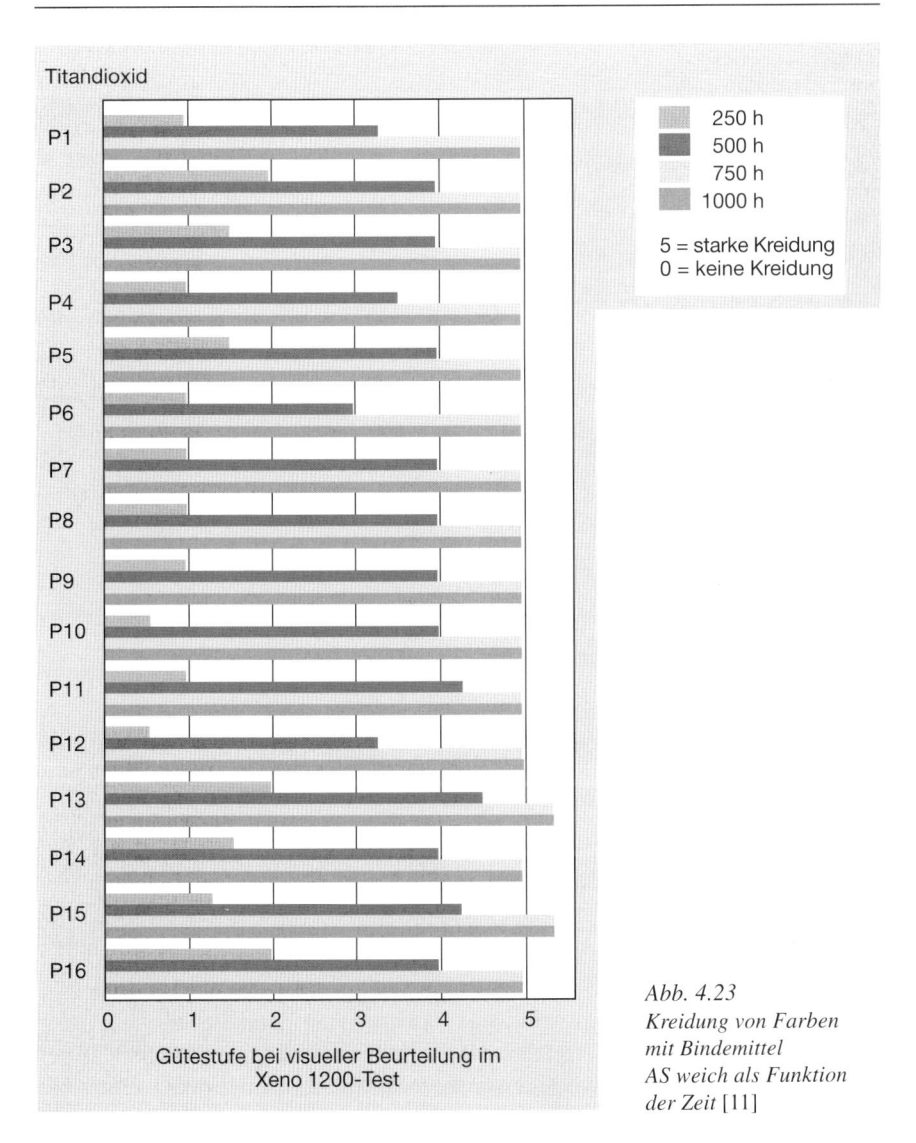

Abb. 4.23
Kreidung von Farben mit Bindemittel AS weich als Funktion der Zeit [11]

Gütestufe bei visueller Beurteilung im Xeno 1200-Test

250 h
500 h
750 h
1000 h

5 = starke Kreidung
0 = keine Kreidung

Durch die Bestrahlung nimmt die Kreidung zu. Die relativen Zunahmen sind sehr ähnlich. Nach 750 h Xeno1200-Test wird, unabhängig von Bindemittel und Weißpigment, für alle Farben die Kreidungsnote 5 gefunden.

Für die Bindemittel sind in **Abb. 4.24** – bei gleichem Pigment – die Kreidungswerte nach 500 h Xeno1200-Test aufgetragen. Die stärkste Kreidung ergibt sich in allen Fällen beim Bindemittel AS mittel. Wider Erwarten ist das Kreidungs-

Titandioxid

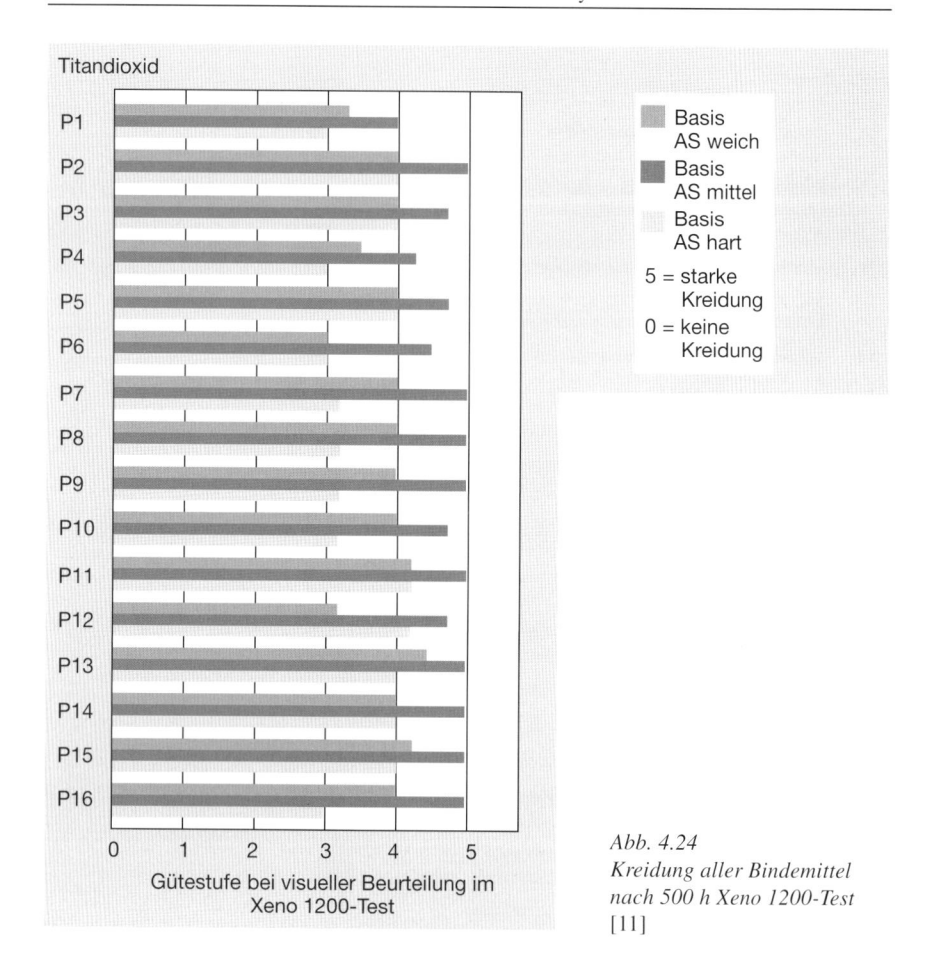

Gütestufe bei visueller Beurteilung im Xeno 1200-Test

Legende:
- Basis AS weich
- Basis AS mittel
- Basis AS hart
- 5 = starke Kreidung
- 0 = keine Kreidung

*Abb. 4.24
Kreidung aller Bindemittel
nach 500 h Xeno 1200-Test*
[11]

verhalten der Bindemittel AS weich und hart trotz des Unterschieds von 20 Gew.% im Styrolanteil des Polymeren ziemlich ähnlich. Bei künstlicher Bewitterung zeigte sich übrigens keine Korrelation zwischen Bindemittelhärte und Kreidungsverhalten, es stellte sich aber heraus, dass der Einfluss der TiO_2-Pigmente und ihrer Nachbehandlungsmethoden auf die Beständigkeit der Beschichtung größer als der des jeweiligen Bindemittels ist.

4.2.5.4 Freibewitterung verschiedener Fassadenbeschichtungen

Für die Freibewitterungen wurden als alkalischer Untergrund Faserzementplatten (wie oben beschrieben) verwendet.

Abb. 4.25 Farbtonänderung ΔE^* von Fassadenfarben nach 2 Jahren Freibewitterung

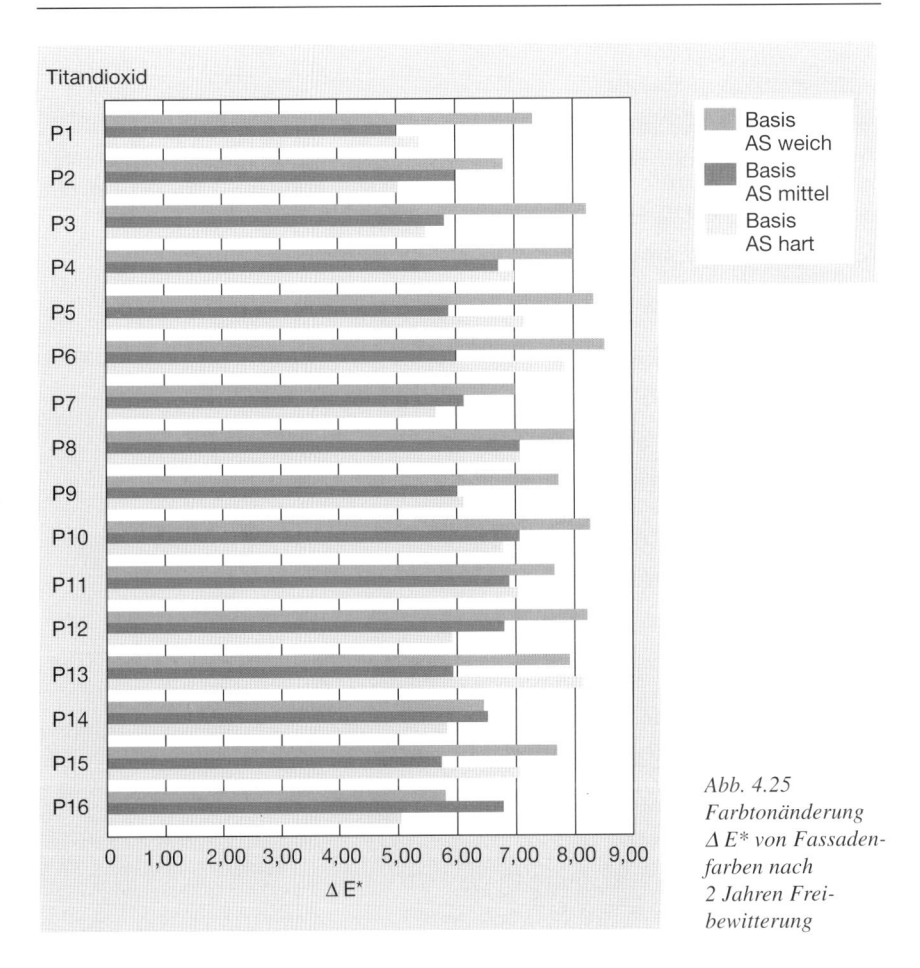

4.2.5.4.1 Farbtonveränderungen durch 2 Jahre Freibewitterung

Bei Farbtonmessungen nach 2 Jahren Freibewitterung zeigte sich (**Abb. 4.25**), dass die ΔE^*-Werte aller freibewittterten Farben über denen der künstlich bewitterten Farben liegen (vgl. Abb. 4.21 und 4.22). Dieser Befund kann damit erklärt werden, dass in den künstlichen Tests die Bewitterung ohne Schmutzanfall abläuft. In der Freibewitterung hingegen verändern Schmutzablagerungen auf der Farboberfläche stärker die Farbtöne und erhöhen somit die ΔE^*-Werte.

Wie bereits bei der künstlichen Bewitterung zeigte sich auch in der Freibewitterung kein eindeutiger Zusammenhang zwischen der Härte des Polymeren, also seinem Styrolanteil, und der Änderung der ΔE^*-Werte.

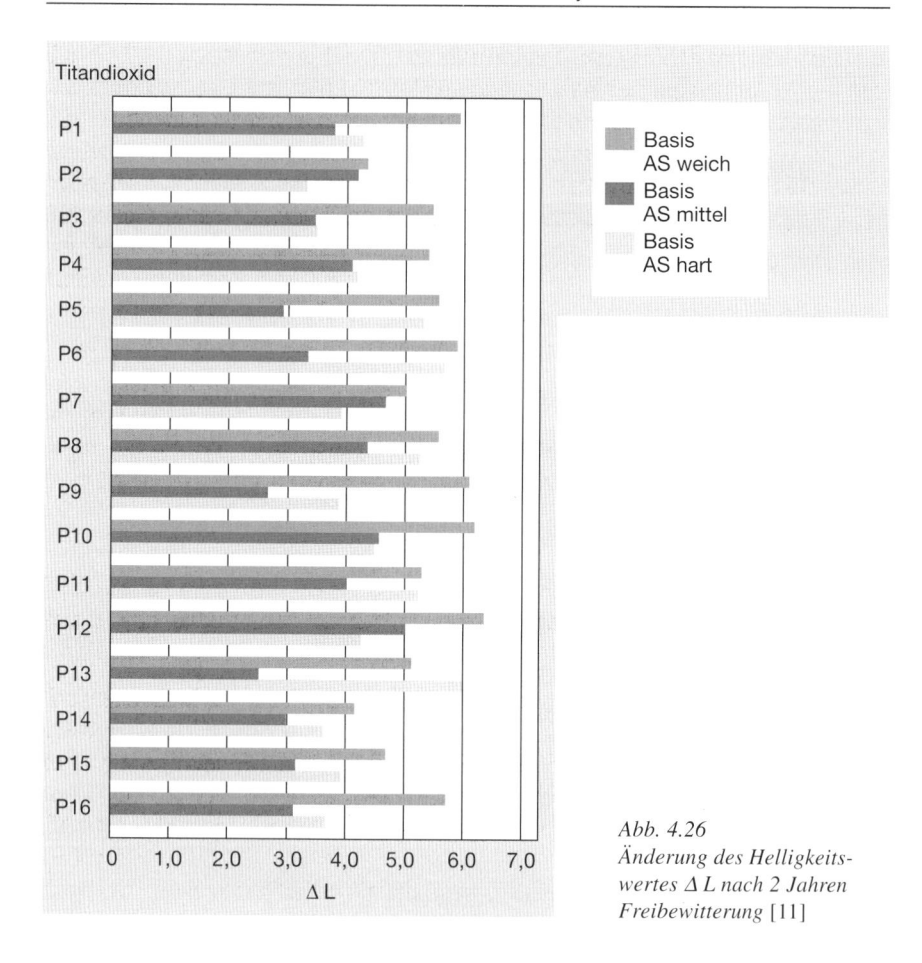

Abb. 4.26
Änderung des Helligkeitswertes ΔL nach 2 Jahren Freibewitterung [11]

Bekanntlich ist ΔE^* der Summenvektor aus den Änderungen der Helligkeit (ΔL-Wert) und Veränderungen auf der Rot-Grün- (Δa^*-Wert) bzw. Gelb-Blau-Achse (Δb^*-Wert). Dementsprechend zeigt **Abb. 4.26** den ΔL-Wert nach 2 Jahren Freibewitterung. Unabhängig vom TiO_2-Typ haben alle Farben mit dem Bindemittel AS weich höhere ΔL-Werte als die mit AS mittel bzw. hart. Dieser Befund wird auch durch Untersuchungen gestützt [14], in denen man freie Polymerfilme einer Freibewitterung unterzog. Mit gleichen chemischen Bausteinen zum Aufbau des Polymeren ergab sich bei weicherer Einstellung mehr Anschmutzung, jedoch deutlich geringerer Abbau des Bindemittels.

In fast allen untersuchten Farben weist das Bindemittel AS mittel im Vergleich zu den beiden anderen Bindemitteln die niedrigste ΔL-Wertänderung auf (Abb. 4.26).

Fassadenfarben

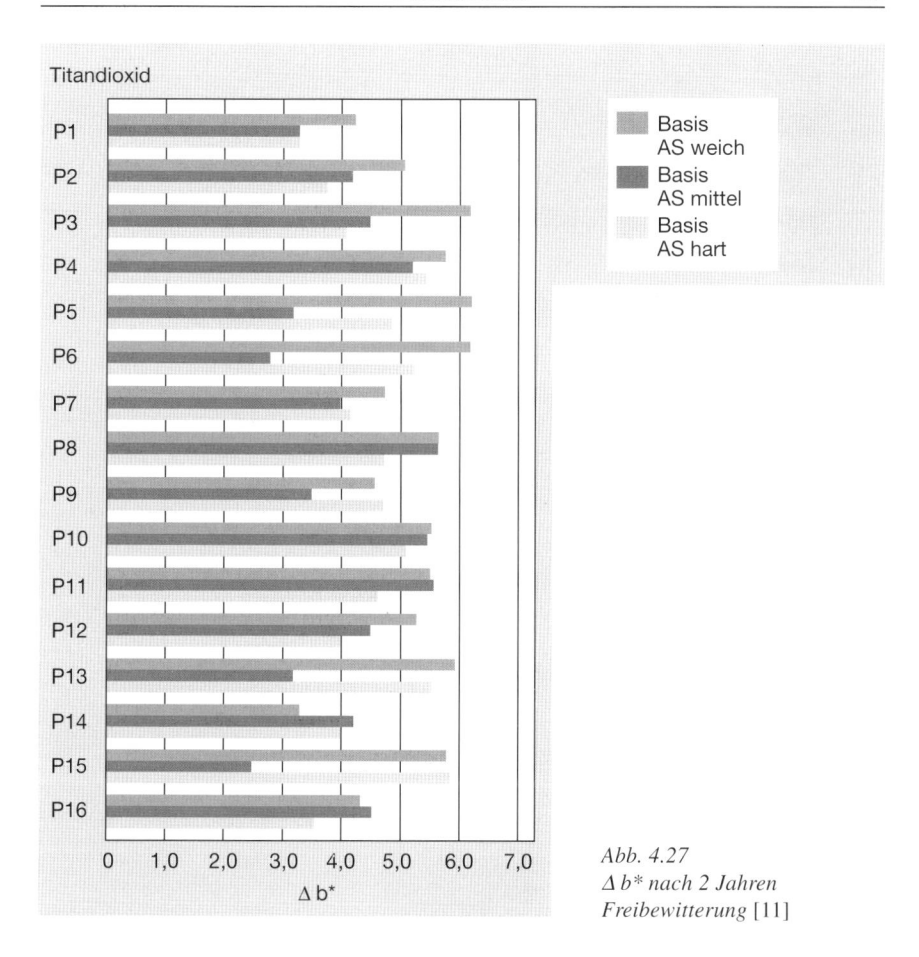

Titandioxid

[Bar chart showing Δb* values for pigments P1 through P16, with three bars each for Basis AS weich, Basis AS mittel, and Basis AS hart. X-axis: 0 to 7,0 Δb*]

Abb. 4.27
Δ b* nach 2 Jahren
Freibewitterung [11]

In **Abb. 4.27** sind die Δ b*-Wertänderungen als Maß für die Vergilbungsneigung nach 2 Jahren Freibewitterung aufgetragen. Offenbar besteht hier keine Korrelation zur Härte des Bindemittels. In vielen Farben weist das Bindemittel AS mittel die geringsten Δ b*-Wertänderungen auf.

4.2.5.4.2 Kreidung nach 2 Jahren Freibewitterung

In **Abb. 4.28** sind die Ergebnisse der Kreidungsmessungen nach 2 Jahren Freibewitterung aufgeführt. Nur mit den Pigmenten Nr. 13 und 15 werden für alle Bindemittel die Kreidungsnoten 5 erreicht. Ähnlich stark kreiden Farben mit der Dispersion AS hart und den Pigmenten 2 und 3. Ansonsten liegen die in der Freibewitterung ermittelten Kreidungswerte deutlich unterhalb der bei künstlicher Bewitterung gefundenen (vgl. mit Abb. 4.23 und 4.24). Beim Vergleich der

Abb. 4.28
*Kreidungsmessungen nach
2 Jahren Freibewitterung* [11]

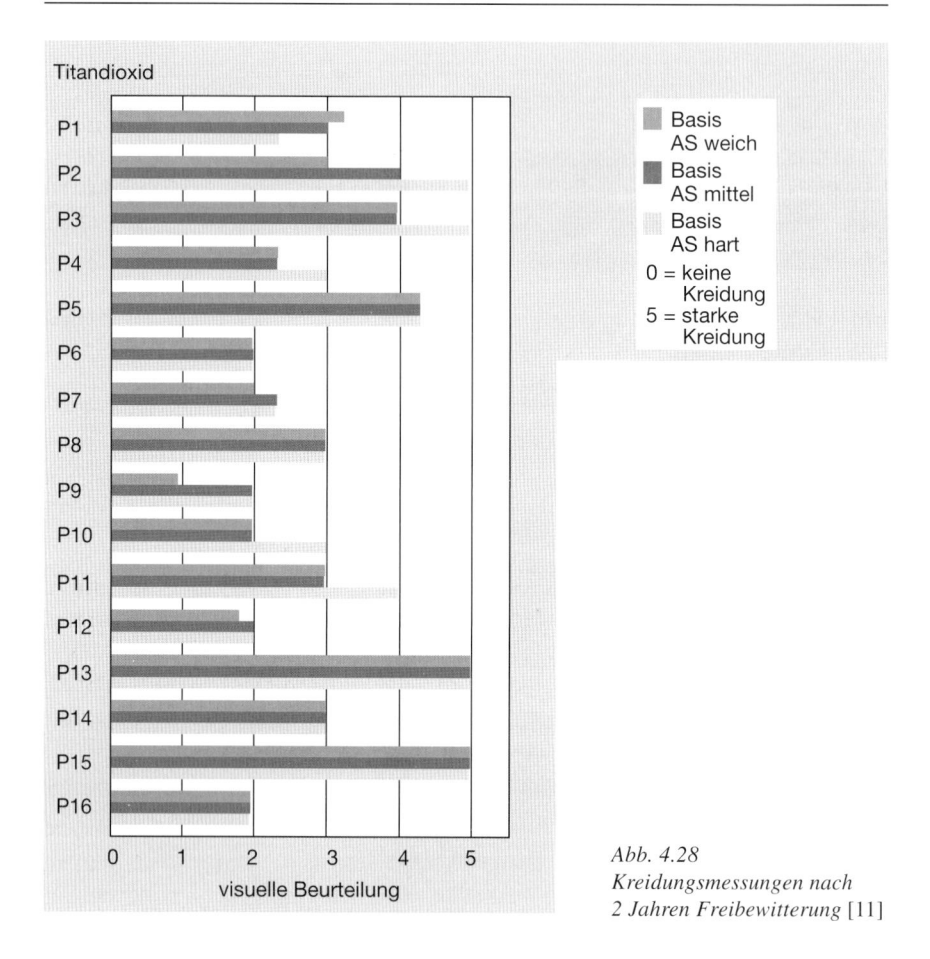

sich in den unterschiedlichen Bewitterungsmethoden ergebenden Farbtonänderungen wird erkennbar, dass der bei Freibewitterung abgelagerte Schmutz die Beschichtung vor Abbau schützt, so dass man hier geringere Kreidung als im Xeno1200-Test findet.

Darüber hinaus zeigen die Ergebnisse der Kreidungsmessungen von freibewitterten Farben einen Einfluss des Bindemittels auf das Kreidungsverhalten. In vielen Fällen nimmt mit steigender Härte des Bindemittels die Kreidung zu. Es besteht aber kein eindeutiger Zusammenhang zwischen Bindemittelhärte und Kreidung, da der Einfluss des Pigments den des Bindemittels überlagert. Die niedrigsten Kreidungswerte werden, unabhängig vom Pigment, mit der Dispersion AS weich gefunden.

4.2.5.5 Zusammenfassung

Fassadenfarben, formuliert auf Basis von Acrylat/Styrol-Dispersionen unterschiedlicher Mindestfilmbildetemperatur, zeigen einen Einfluss des Weißpigments Titandioxid auf die Freibewitterungsstabilität. Im Einzelnen sind nach 1000 h künstlicher Bewitterung die Farbtonveränderungen schwächer als nach 2 Jahren Freibewitterung. Im Gegensatz dazu wird bei künstlicher Bewitterung mehr Kreidung als in der Freibewitterung gefunden, was die Erfahrung bestätigt: Schmutz schützt vor Abbau.

Eine eindeutige Korrelation zwischen der Härte der untersuchten Bindemittel und ihrem Anschmutzungs-, Kreidungs- und Abbauverhalten konnte in dieser Studie weder in der künstlichen noch in der Freibewitterung gefunden werden. Der Einfluss der Titandioxid Rutil-Pigmente auf die Bewitterungsstabilität ist größer als der des Bindemittels. Wie die Ergebnisse zeigen, lassen sich mit einem geeigneten Bindemittel lösemittelfrei Farben formulieren, deren Bewitterungsverhalten durchaus vergleichbar ist mit dem herkömmlicher lösemittelhaltiger Farben [11].

Die Stabilität einer Fassadenfarbe in der Freibewitterung wird, wie gezeigt, stark von den eingesetzten Rohstoffen (Bindemittel, Pigmente, Füllstoffe) beeinflusst und lässt sich nur unzureichend durch Kurzbewitterungsmethoden vorhersagen. Deshalb kann nur immer wieder betont werden, dass Fassadenfarben, und allgemein Außenanstriche, sorgfältig in der Freibewitterung geprüft werden müssen, bevor man damit in die Praxis geht.

4.2.6 Fassadenfarben mit hoher PVK

In einigen Regionen und für bestimmte Anwendungen werden Fassadenfarben mit PVK ≥ 50% bis oberhalb der kritischen PVK (KPVK) formuliert.

Gerade beim Renovieren alter Gebäude sowie für Beschichtungen, die auf Kalkanstrichen aufgebracht werden sollen, muss die Fassadenfarbe eine sehr gute Wasserdampfdurchlässigkeit (WDD) haben. Untersucht wurden hierzu typische Handelsprodukte – vergleichbarer Teilchengröße – aus der Gruppe der Acrylat/Styrol-Dispersionen (AS) und der Reinacrylate (RA), mit denen sich Fassadenfarben im überkritischen Bereich formulieren ließen. Einige charakteristische Daten der gewählten Produkte zeigt folgende Zusammenstellung:

Bindemittel	% n-BA	% S	T_g [°C]	MFT [°C]
Disp AS1	55	45	12	7
Disp AS2a	50	50	25	18
Disp AS2b	50	50	25	20

Bindemittel	% n-BA	% MMA	Tg [°C]	MFT [°C]
Disp RA1	55	45	12	7
Disp RA2	50	50	20	13

Die Bindemittel AS2a und AS2b haben die gleiche Bruttozusammensetzung. Zur Herstellung der Bindemittel wurden verschiedene Emulgatoren verwendet, zudem gab es Unterschiede in der Wahl des Neutralisationsmittels. Dispersion AS2a war mit Ammoniak neutralisiert, während AS2b Natronlauge als Base enthielt.

Unabhängig von der MFT des Bindemittels wurden alle Farben mit Lösemittel formuliert.

	PVK 40%	PVK 50%	PVK 60%
Wasser	103	116	127
Pigmentverteiler® A[a]	2	2	2
Ammoniak, conc.	2	2	2
Konservierungsmittel, Acticid® FI[b]	3	3	4
Natriumpolyphosphat, Calgon® N[c], 25%ige Lösung	4	5	5
Celluloseverdicker, Natrosol® 250 HHR[d], 2%ige Lösung	50	56	62
PU-Verdicker, Collacral® PU 85[a]	4	5	5
Entschäumer, Agitan® 280[e]	1	1	1
Lösemittel 1, Testbenzin (180–210 °C)	12	14	15
Lösemittel 2, Butyldiglykol	12	14	15
Lösemittel 3, Propylenglykol	16	18	20
Titandioxid, Kronos® 2043[f]	155	175	192
Füllstoff 1, Omyacarb 5GU	175	198	216
Füllstoff 2, Talkum AT 1	55	62	68
Entschäumer, Agitan® 280	2	2	2
Summe	**596**	**673**	**737**
Dispersion 50%ig	404	304	221
Wasser		23	42
Summe	**1000**	**1000**	**1000**

Tab. 4.8 Verwendete Rezepturen der Fassadenfarben (Feststoffgehalt 58,8%)

4.2.6.1 Farbrezepte

Mit den Dispersionen wurden matte Fassadenfarben formuliert. Die Pasten, hergestellt nach dem in **Tab. 4.8** beschriebenen Grundrezept, wurden mit den zu prüfenden Dispersionen aufgelackt. Die Pigmentvolumenkonzentration (PVK) variierte von 40 bis 60 %.

4.2.6.2 Diskussion der Laborergebnisse

Mit steigender MFT der Bindemittel vermindert sich, unabhängig vom Dispersionstyp, die End-Wasseraufnahme (WA) der freien Farbfilme (**Tab. 4.9 bis 4.11**). Wie

	Dispersion				
	RA1	RA2	AS1	AS2a	AS2b
WA n.24h 1. Zyklus [%]	14,3	12,0	11,0	11,9	9,7
WA n. 24h 2. Zyklus [%]	10,5	9,5	8,8	6,3	3,9
Reißkraft [N/mm^2]	4,8	5,7	4,3	5,2	5,4
Reißdehnung [%]	30	20	150	80	50
WDD [g/(m^2·d)] Sd [m] Auftrag: 300 g/m^2	41,5 0,5	36,4 0,5	41,7 0,5	24,1 0,8	29,0 0,7
WDD [g/(m^2·d)] Sd [m] Auftrag: 500 g/m^2	28,8 0,7	27,3 0,7	35,9 0,5	18,8 1,1	18,2 1,1
Kapillare Wasseraufnahme [kg/(m^2·d$^{1/2}$)]	0,02	0,03	0,03	0,02	0,01

Tab. 4.9 Ergebnisse der Laborprüfungen von Farben mit unterschiedlichen Bindemitteln bei PVK 40%

	Dispersion				
	RA1	RA2	AS1	AS2a	AS2b
WA n.24h 1. Zyklus [%]	12,0	9,6	8,1	9,2	8,2
WA n. 24h 2. Zyklus [%]	8,1	7,3	6,0	5,0	3,7
Reißkraft [N/mm^2]	6,6	7,8	5,7	6,8	6,6
Reißdehnung [%]	20	8	30	20	10
WDD [g/(m^2·d)] Sd [m] Auftrag: 300 g/m^2	40,5 0,5	37,7 0,5	47,2 0,4	28,9 0,7	27,7 0,7
WDD [g/(m^2·d)] Sd [m] Auftrag: 500 g/m^2	27,0 0,7	29,8 0,7	33,2 0,6	17,9 1,1	19,4 1,0
Kapillare Wasseraufnahme [kg/(m^2·d$^{1/2}$)]	0,04	0,05	0,01	0,03	0,01

Tab. 4.10 Ergebnisse der Laborprüfungen von Farben bei PVK 50%

	Dispersion				
	RA1	RA2	AS1	AS2a	AS2b
WDD [g/(m²·d)] Sd [m] Auftrag: 300 g/m²	41,5 0,5	36,4 0,5	41,7 0,5	24,1 0,8	29,0 0,7
WDD [g/(m²·d)] Sd [m] Auftrag: 500 g/m²	28,8 0,7	27,3 0,7	35,9 0,5	18,8 1,1	18,2 1,1
Kapillare Wasseraufnahme [kg/(m²·d^{1/2})]	0,02	0,03	0,03	0,02	0,01

Tab. 4.11 Ergebnisse der Laborprüfungen von Farben bei PVK 60%

zu erwarten, ist die WA bei RA-Systemen höher als die der entsprechenden AS-Systeme. Überraschend ist der Befund, dass in den Farben die mit Natronlauge neutralisierte Dispersion AS2b, unabhängig von der PVK, im Vergleich mit AS2a eine geringere WA – und auch eine geringere kapillare Wasseraufnahme – aufweist. Zudem ist die WDD von Farben auf Basis der Dispersion AS2b besser als jene bei Dispersion AS2a.

Die WDD und die kapillare Wasseraufnahme von Farben auf Basis „weicher" Dispersionen ist besser als die mit „härteren". Bei unterkritisch (PVK 40 bzw. 50 %) formulierten Farben überrascht die niedrige WA und die hohe WDD von Farben auf Basis des „weichen" Bindemittels AS1 im Vergleich zu den „härteren" AS-Bindemitteln. Dieses Einzelergebnis sollte man freilich ohne Prüfung nicht auf alle „weichen" Acrylat/Styrol-Dispersionen übertragen. Bei den Reinacrylaten führt die MFT-Absenkung dagegen zur Erhöhung der WA.

Freie Farbfilme nehmen mit steigender MFT des Bindemittels weniger Wasser auf. Für die kapillare Wasseraufnahme applizierter Filme gilt diese Aussage nicht, da sich die Bestimmungsmethoden in der Probenpräparation unterscheiden. Zur Messung der „normalen" WA werden freie Filme verwendet, die in dieser Form in der Praxis nie vorkommen. Die Bestimmung der kapillaren Wasseraufnahme und der WDD erfolgt an Farben, die auf mineralischem Substrat bzw. auf Natronkraft-Papier verfilmt sind. Gerade die Verfilmung auf Kalksandstein simuliert im Labor gut die mögliche Anwendung als Fassadenanstrich.

Bei den Reinacrylat-Bindemitteln nimmt, wie die Werte für kapillare Wasseraufnahme und WA zeigen, beim Übergang der PVK von 40 auf 50 % die Wasserfestigkeit ab, während sie bei den untersuchten Acrylat/Styrol-Bindemitteln fast unverändert bleibt.

Die Farbfilme mit PVK 60 % waren zu spröde für eine Bestimmung der WA und der mechanischen Werte an freien Filmen, zumal für beide Bindemittelklassen die kritische PVK nahezu erreicht wurde.

Farben auf Basis von RA-Bindemitteln weisen, unabhängig von der PVK, eine höhere WDD als die mit AS-Bindemitteln formulierten auf. Interessant ist, dass sich mit AS-haltigen Farben bei direktem Vergleich der Farben mit PVK = 40% und 60% nur ein relativ geringer Anstieg der kapillaren WA ergibt, während dieser für die RA-haltigen Farben sehr stark ist. Bei PVK = 60% sinkt mit steigender MFT die kapillare Wasseraufnahme des Bindemittels. Gerade für überkritisch formulierte Fassadenfarben sind – wegen der günstigen Relation von WDD zu kapillarer Wasseraufnahme – „härtere" AS-Bindemittel vorzuziehen.

Der Unterschied in den RK-Werten zwischen den Bindemittelklassen ist bei gleicher MFT klein. Die Elastizität der freien Filme, ausgedrückt durch die RD, ist beim AS-Bindemittel besser als die der vergleichbaren Filme auf Basis von RA.

4.2.6.3 Freibewitterungsergebnisse

Für die Freibewitterungen dienten als alkalischer Untergrund Faserzementplatten, gestrichen zunächst mit einer wässrigen Dispersions-Grundierung. Dem folgten zwei deckende Anstrichschichten (Gesamtmenge 300 g/m^2) mit der jeweils zu prüfenden Formulierung. Auf dem Bewitterungsstand wurden die Prüfplatten dann unter 45° nach Süden ausgelegt. Nach jeweils 12 Monaten Freibewitterung erfolgte die Abmusterung durch
a. Kreidungsmessung nach DIN 53 159
b. Verschmutzungsprüfung und
c. Farbmetrische Bestimmung von Farbabständen nach DIN 6174.

4.2.6.3.1 Farbtonveränderungen durch die Freibewitterung

Da sich die Farben, unabhängig von der PVK, sehr ähnlich verhalten, werden nur Ansätze mit der PVK 50 % diskutiert. Hierfür zeigt **Abb. 4.29** die Farbtonveränderungen als Funktion der Freibewitterungszeit. Mit steigender MFT der Bindemittel nehmen die ΔE^*-Werte ab. Es werden somit die an unpigmentierten Polymeren erhaltenen Aussagen bestätigt [14].
Die Farbtonveränderungen der RA-Farben liegen über denen entsprechender AS-Farben. Für die RA-Farben nehmen sie mit der Zeit ab, bei den AS-Farben hingegen zeigt sich ein mehr oder weniger ausgeprägter U-förmiger Verlauf. Wie erwähnt, ist ΔE^* der Summenvektor aus den Änderungen der Helligkeit (ΔL-Wert) und aus Veränderungen auf der Rot-Grün- (Δa^*-Wert) bzw. Gelb-Blau-Achse (Δb^*-Wert).
Dementsprechend zeigt **Abb. 4.30** den L-Wert und seine Änderung in Abhängigkeit von Zeit und Bindemitteltyp.
Nach einem Jahr Freibewitterung ist die L-Wertänderung bei RA-Farben größer als bei AS-Farben. Dies ist auch optisch sichtbar, durch stärkere Anschmutzung der RA-Farben im Vergleich mit solchen auf AS-Basis (**Tab. 4.12**). Im Laufe der Zeit nimmt für RA der L-Wert durch einsetzende Kreidung zu, während er für AS-

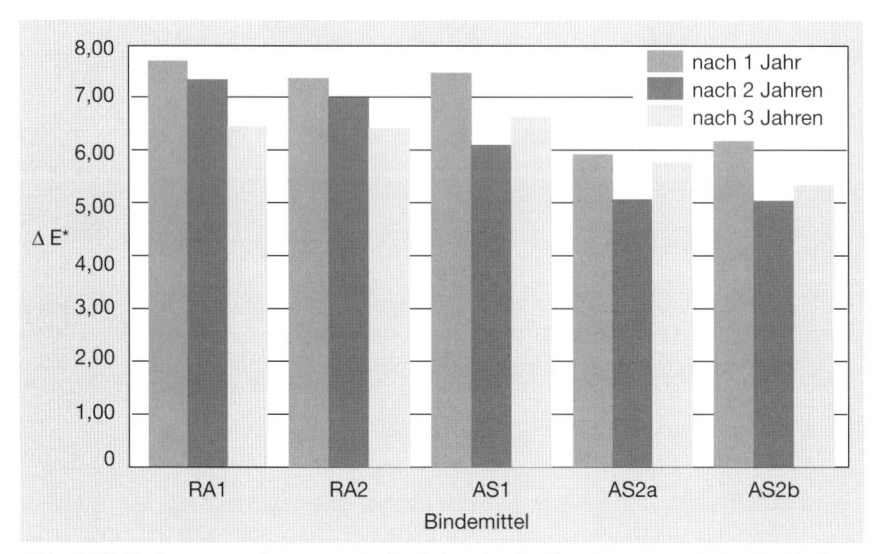

Abb. 4.29 Farbtonveränderungen als Funktion der Freibewitterungszeit für die Farben mit PVK 50%

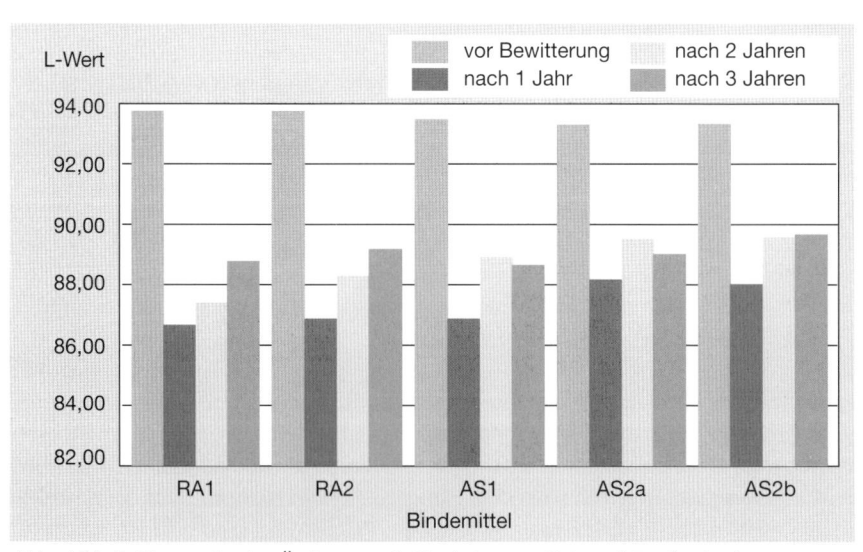

Abb. 4.30 L-Wert und seine Änderung als Funktion von Zeit und Bindemitteltyp

Bindemittel bereits nach 2 Jahren durch Einstellung eines Kreidungs-Verschmutzungsgleichgewichtes ein Plateau erreicht hat. Die Anschmutzung als optischer Aspekt und die L-Wertänderungen favorisieren somit die AS-Bindemittel. Interessant ist der Vergleich von AS2a mit AS2b. Obwohl beide gleiche Monomer-

zusammensetzung haben, sind sowohl Δ E* als auch L-Wertänderung für AS2b leicht besser als bei AS2a. Die Abmusterung zeigt für AS2b eine geringere Anschmutzung als für AS2a (siehe auch Tab. 4.12).
Die Änderung der zweiten Komponente bei der Farbtonbewertung, des Δ b*-Werts, kann als Maß für die Vergilbungsneigung der Beschichtungen angesehen werden. Die ermittelten Änderungen für b* zeigt **Abb. 4.31**. Wider Erwarten wird

Bewitterungsdauer		Dispersion				
		RA1	RA2	AS1	AS2a	AS2b
1 Jahr	PVK	40	40	40	40	40
Verschmutzung		2	1,5	1,5	1,5	1,5
Kreidung		0	0	0	0	0
2 Jahre						
Verschmutzung		3	2	2	2	2
Kreidung		1	1	2	1	2
3 Jahre						
Verschmutzung		3	2,5	2	2	2
Kreidung		1,5	2	3	3	3
1 Jahr	PVK	50	50	50	50	50
Verschmutzung		2	1,5	1,5	1,5	1,5
Kreidung		0	0	0	0	0
2 Jahre						
Verschmutzung		2,5	2	2	2	2
Kreidung		3	1	3	3	3
3 Jahre						
Verschmutzung		3,5	3	3,5	3,5	3,5
Kreidung		3,5	2	4	4	4
1 Jahr	PVK	60	60	60	60	60
Verschmutzung		2,5	2,5	2	2	2
Kreidung		0,5	0,5	0,5	0,5	0,5
2 Jahre						
Verschmutzung		3	2,5	2,5	2,5	2,5
Kreidung		3	3	4	4	4
3 Jahre						
Verschmutzung		4	3,5	3,5	3,5	3,5
Kreidung		4	3	5	4,5	5

Tab. 4.12 Verschmutzung und Kreidung durch die Freibewitterung (Bewertung visuell mit Gütestufen 0 bis 5; 0 = keine Kreidung, 5 = starke Kreidung)

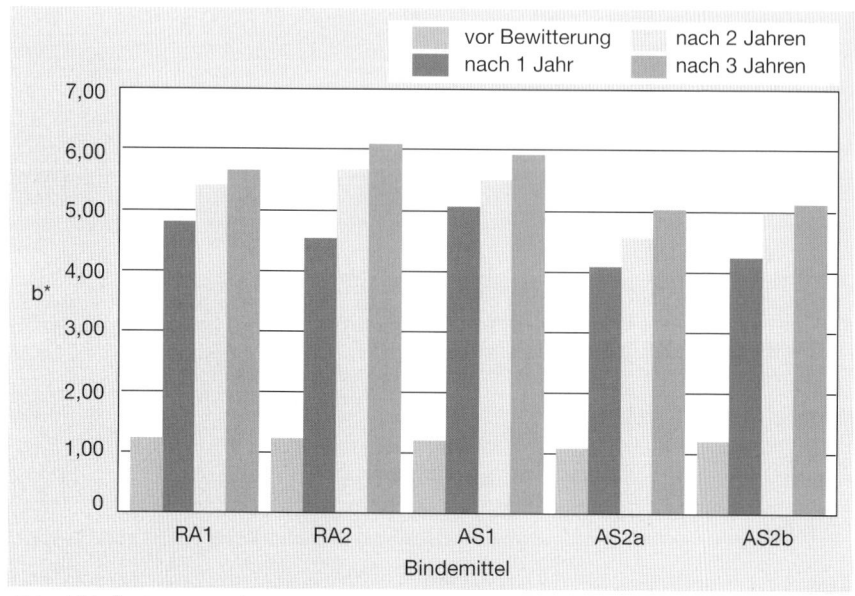

Abb. 4.31 Änderungen des b*-Wertes von Fassadenfarben (PVK 50%) in der Freibewitterung

mit steigender MFT der AS-Bindemittel – damit geht steigender Styrolanteil einher – keine Zunahme der Vergilbungsneigung gefunden. Im Gegenteil, Farben auf Basis von AS2a und AS2b neigen weniger zum Vergilben als AS1. Überraschend ist auch der Vergleich mit den Farben auf RA-Basis. Bei vergleichbarer MFT ist die Neigung der RA-Farben zur Vergilbung nicht schwächer ausgeprägt als bei den AS-Bindemitteln.

Die Änderungen der dritten Komponente für ΔE^*, des Δa^*-Wertes, zeigt **Abb. 4.32**. Die abnehmenden a*-Werte deuten daraufhin, dass im Laufe der Bewitterung bei allen Farben eine Verschiebung in Richtung grün eintritt. Sie beruht auf einem im Laufe der Zeit zunehmendem Wachstum von Mikroorganismen, da die Farben nur ein Topfkonservierungsmittel und kein Fungizid bzw. Algizid enthielten.

4.2.6.3.2 Kreidung durch Freibewitterung

Die Kreidungsneigung der freibewitterten Farben nimmt mit steigender PVK zu (Tab. 4.12). Nach einem Jahr Freibewitterung beobachtet man bei Farben der PVK 60 % bereits leichte Kreidung, während die mit einer PVK 40 und 50 % noch keinerlei Anzeichen von Bindemittelabbau zeigen. Im Laufe der Zeit nimmt die Kreidung zu. Farben auf Basis der RA-Bindemittel kreiden weniger als die auf AS-Basis. Bei den RA-Farben findet man mit dem Bindemittel RA2 eine etwas stärkere Kreidung als mit RA1. Dies wird beim Übergang von AS1 nach

Fassadenfarben

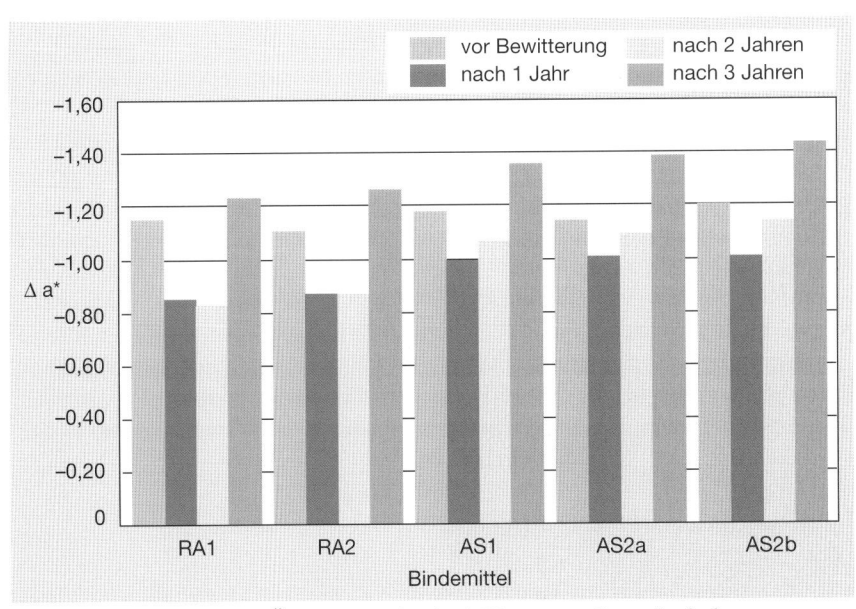

Abb. 4.32 Darstellung der Änderungen des Δa^*-Wertes von Fassadenfarben (PVK 50%) in der Freibewitterung

AS2 nicht beobachtet. Im Bewitterungsverhalten unterscheiden sich AS2a und AS2b nur sehr wenig.

4.2.6.4 Zusammenfassung

Es wurden Fassadenfarben mit Acrylatdispersionen, die unterschiedliche Mindestfilmbildetemperatur und Neutralisationsmittel aufwiesen, im PVK-Bereich 40 bis 60 % formuliert und bewittert. Folgende Erkenntnisse wurden dabei gewonnen:

- Steigende MFT des Bindemittels führt zu einer Verringerung der WA der freien Farbfilme, die kapillare WA applizierter Farben steigt jedoch an.
- Austausch von Ammoniak gegen das geruchsarme Neutralisationsmittel führt nicht zwingend zu einer schlechteren Wasserfestigkeit der Farben.
- Reinacrylate führen zu einer höheren kapillaren WA und besseren WDD der Anstriche als Acrylat-Styrole.
- Reinacrylatsysteme haben eine stärkere Verschmutzungstendenz als Acrylat/Styrolsysteme und zeigen keine verringerte Vergilbungsneigung.
- Steigende MFT/Tg führen zu einer Abnahme der ΔE^*-Werte.
- Reinacrylate kreiden etwas weniger stark als Acrylat/Styrole.
- Kreidungstendenz steigt mit ansteigender PVK und zunehmender Freibewitterungszeit.

- Kreidungstendenz ist weitgehend unabhängig vom MFT/Tg des Bindemittels.
- Bewuchs mit Mikroorganismen beeinflusst die Farbtonänderungen (über den Δa^*-Beitrag) bei der Freibewitterung.

Erhöht man die PVK auf Werte $\geq 60\%$, so werden die meisten Systeme überkritisch und infolge der Porosität nimmt auch, im Vergleich zu unterkritisch formulierten, die CO_2-Durchlässigkeit solcher Fassadenfarben zu. Deshalb eignen sie sich besonders für den Anstrich von alten Gemäuern und von kalkhaltigen Beschichtungen. Dank der guten Wasserdampfdurchlässigkeit kann das System als atmungsaktiv bezeichnet werden. Eventuell noch im Bauwerk vorhandenes Wasser kann verdunsten, ohne dass es zu Blasenbildung, zum Ablösen oder gar zum Abplatzen der Beschichtung kommen kann. Ein Vorteil gegenüber mineralischen Silikatfarben ist, dass überkritisch formulierte Fassadenfarben nur schwach alkalisch sind, während Silikatfarben (bedingt durch das verwendete Wasserglas) stark alkalisch sind. Denn die durch das Wasserglas bedingte hohe Alkalinität der Silikatfarben kann unter Umständen zu Ausblühungen führen, was bei überkritisch formulierten Fassadenfarben nicht der Fall ist.

Zudem haben überkritisch formulierte Fassadenfarben dank des „Dry Hiding"-Effektes – trotz geringen Bindemittel- und Pigmentanteils – ein gutes Deckvermögen (nähere Erläuterungen siehe Kapitel Innenfarben).

Vor allem in Südamerika, in Südeuropa und in Skandinavien werden - teils aus Kostengründen, teils auf Grund technischer Anforderungen – häufig überkritisch formulierte Fassadenfarben eingesetzt. In all den genannten Regionen trägt man derartige Farben oft auf kalkhaltigen Anstrichen auf. Sicher muss man dabei berücksichtigen, dass die Haltbarkeit derartiger Anstriche ohne Zusätze von Hydrophobierungsmitteln nicht gut ist. Doch besteht nicht immer und überall der Wunsch, einen Außenanstrich für Jahrzehnte anzubringen. Es hängt immer vom Ergebnis einer Kosten/Nutzen-Analyse ab, welchen PVK-Bereich man bei den Farben vorzieht.

Bei alten Gemäuern hingegen stehen eindeutig die technischen Anforderungen im Vordergrund. In feuchten und relativ kühlen Regionen ist bei unterkritischen Farben der Wasserhaushalt wegen der eingeschränkten WDD ein Problem. Dem kann durch überkritisch formulierte Fassadenfarben abgeholfen werden.

4.2.7 Formulierungen auf Basis von Acrylat/Styrol-Dispersionen

Auf Grund der Diskussionen über die Beeinflussung der Freibewitterungseigenschaften von Fassadenfarben sei nun beispielhaft eine praxiserprobte Formulierung aufgeführt, und zwar für eine unterkritisch formulierte (PVK 50 %) Fassadenfarbe auf Acrylat/Styrol-Basis (bei einem Feststoffgehalt von 66 %):

Komponente	Gewichtsteile
Bindemittel, z. B. Acronal® S 716[a]	100
Wasser	100
Natrosol® 250 HR[d] (Verdicker)	1
Pigmentverteiler® NL[a] (Dispergierhilfsmittel)	4
Natriumpolyphosphat, 25%ige Lösung (Puffer)	4
Konservierungsmittel, z. B. Acticide® FI[b]	2
Entschäumer, z. B. Agitan® 280[e]	4
Isopar® G[g] (Lösemittel)	10
Dowanol® DPnB[h] (Lösemittel)	10
Titandioxid Rutil (Pigment)	175
Omyacarb 5 GU (Füllstoff)	255
Naintsch SE-Micro (Füllstoff)	60
Bindemittel, z. B. Acronal® S 716	245
Entschäumer, z. B. Agitan® 280	3
Collacral® PU 85[a], 5 %ige Lösung (Verdicker)	12
Wasser	15
Summe	1000

4.2.8 Formulierungen auf Basis von Reinacrylat-Dispersionen

Zu Vergleichszwecken – zwischen den Bindemittelklassen Reinacrylat und Acrylat/Styrol – möge eine typische, unterkritisch formulierte Fassadenfarbe mit einem Reinacrylat dienen. Sie hat einen Feststoffgehalt von 58 % bei einer PVK von 41 %. Die niedrigere PVK der Reinacrylatfarbe erklärt sich aus den in Kap. 2 und diesem Abschnitt diskutierten Formulierungskonzepten.

Komponente	Gewichtsteile
Wasser	137
Pigmentverteiler® A[a] (Dispergierhilfsmittel)	2
Ammoniak, konz. (Base)	2
Konservierungsmittel, z. B. Acticide® FI	3
Natriumpolyphosphat, 25 %ige Lösung (Puffer)	4
Natrosol® 250 HHR, 2 %ige Lösung (Verdicker)	50
Collacral® PU 85 (Verdicker)	4
Entschäumer, z. B. Agitan® 280	1
Testbenzin (180 – 210 °C) (Lösemittel)	12
Butyldiglykol (Lösemittel)	12
Propylenglykol (Lösemittel)	16
Titandioxid Rutil, z. B. Kronos® 2043[f] (Pigment)	155
Omyacarb, 5 µm (Füllstoff)	175
Talkum, 5 µm (Füllstoff)	55
Entschäumer, z. B. Agitan® 280	2
Bindemittel, z. B. Acronal® 18 D[a]	370
Summe	**1000**

4.2.9 House Paints/Universalfarben

Generell werden unter Fassadenfarben Anstriche auf einem mineralischen Substrat, wie z. B. auf einer Fassade, verstanden.

Demgegenüber kommt der Begriff House Paints aus dem angelsächsischen Bereich und beinhaltet einen Farbtyp, der über die klassische Fassadenanwendung hinausgeht. House Paints können zwar ebenso auf Fassaden, aber auch auf kritischen Untergründen wie Alkydlacken oder Metallflächen, aufgebracht werden. Daneben eignen sich House Paints auch für Anstriche auf Holz, auf alten Alkydanstrichen, auf PVC oder gar auf galvanisiertem Eisen. Kurzum: es handelt sich bei diesem Anstrichsystem um eine Universalfarbe für alle Substrate, die man – wie der Name besagt – an einem Haus finden kann.

Um diesen Forderungen gerecht zu werden, muss das Bindemittel für House Paints neben den bisher beschriebenen Eigenschaften von Fassadenfarben auch noch über Nasshaftung, d.h. Haftung auf den unterschiedlichen Substraten, auch unter Einwirkung von Feuchtigkeit und Frost, verfügen. Das Thema Nasshaftung auf alten

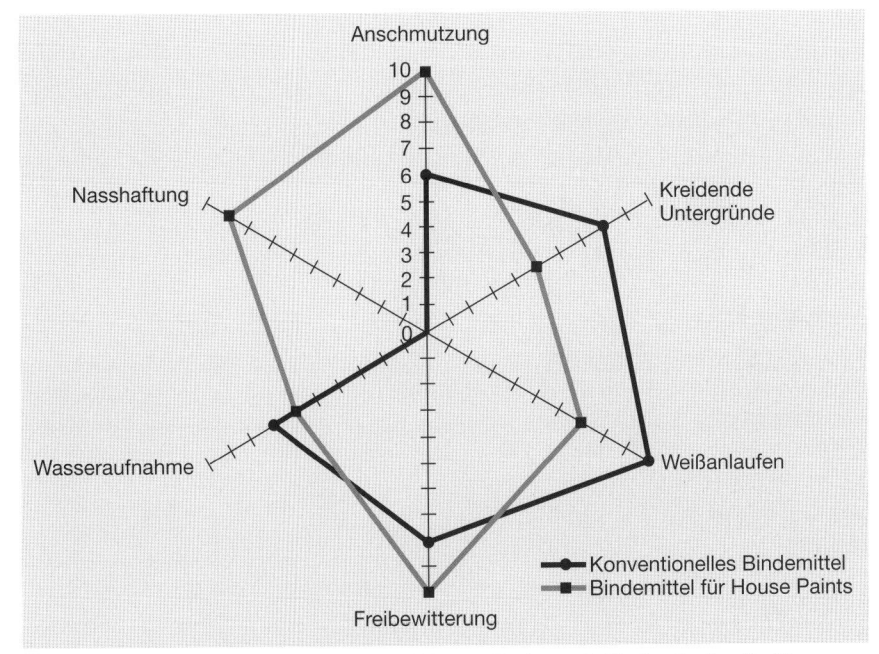

Abb. 4.33 Vergleich der Eigenschaftsprofile von Farben mit Bindemitteln, die für House Paints bzw. klassische Fassadenfarben geeignet sind (0 = schlecht, 10 = sehr gut)

Alkydanstrichen und die zur Verwendung kommenden Spezialmonomeren werden im Kapitel 5, Holzbeschichtungen, ausführlich erläutert.

Im folgenden sei ein Bindemittel für das Anwendungsgebiet House Paints vorgestellt. Dazu gibt **Abb. 4.33** einen Vergleich des Eigenschaftsprofils eines Bindemittels, welches für House Paints geeignet ist, mit jenem einer konventionellen Fassadenfarbe.

Ermöglicht wurde dieser Eigenschaftsvergleich durch eigene Freibewitterungsexperimente mit Farben auf Basis dieser Bindemittel. Es zeigte sich, dass mit einem für House Paints vorgesehenen Bindemittel durchaus auch in konventionellen Farben technische Verbesserungen z.B. bezüglich Witterungsstabilität und Verschmutzungsresistenz möglich sind.

4.2.10 Abtön- und Volltonfarben

Fassadenfarben werden im Allgemeinen zunächst weiss formuliert. Um den jeweils gewünschten bunten Farbton zu erhalten, werden sogenannte Abtön- und Volltonfarben angeboten. Volltonfarben sind fertig formulierte Dispersionsfarben mit einem definierten Buntton. Es lassen sich damit durch Abmischen mit weißen Fassadenfarben auch Pastelltöne einstellen. Unter Abtönfarben sind stark mit Buntpigmenten eingefärbte Farben zu verstehen, die in der Regel nur zum Abtönen weißer Farben verwendet werden.

4.2.10.1 Herstellung

Sowohl Abtön- als auch Volltonfarben können in schnell laufenden Rührwerken, z.B. Dissolvern, hergestellt werden. Bewährt haben sich folgende Arbeitsweisen:

Vorschlag 1:

Man dispergiert die Füllstoffe und das Weisspigment in einer vorgelegten Mischung aus Wasser, Alkali und Dispergiermittel, gibt anschließend der Reihe nach die Hydroxyethylcellulose (als Lösung), die Dispersion und das Filmbildehilfsmittel zu und färbt zuletzt durch Zusatz einer Buntpigment-Präparation ein. Konservierungsmittel sollten – wegen der Alkaliempfindlichkeit mancher Typen und der begrenzten Temperaturstabilität – erst nach der Dispersion zugegeben werden.

Vorschlag 2:

Man gibt alle Hilfsmittel – mit Ausnahme des Alkali, aber inklusive der Hydroxyethylcellulose in Pulverform – in die wässrige Vorlage und dispergiert darin die Farbpigmente. Danach setzt man einen Teil der Dispersion zu und dispergiert die Füllstoffe. Zuletzt werden das Alkali und die restliche Dispersionsmenge zugegeben. Diese Arbeitsweise setzt allerdings voraus, dass die verwendete Dispersion scherstabil und füllstoffverträglich ist. Konservierungsmittel sollten (aus den oben genannten Gründen) ebenfalls erst nach dem letzten Dispersionsanteil zugegeben werden.

4.2.10.2 Rezepthinweise und -vorschläge

Die für Abtön- und Volltonfarben vorgesehenen Dispersionen sollten mit den Füllstoffen, den organischen Pigmenten und mit den verschiedenen Polymerdispersionen, die üblicherweise für Dispersionsfarben und Kunstharzputze verwendet werden, gut verträglich sein.

Zur Einstellung der gewünschten Viskosität kann Hydroxyethylcellulose dienen, die als Verdicker eine relativ große Sicherheit gegen Pigmentflockulationen bietet. Die Optimierung von Fließverhalten und Verlauf lässt sich, falls erforderlich, durch kleine Zusätze von Assoziativ-Verdickern (z.B. Collacral® PU 85 oder Rheolate® 208[i]) erreichen.

Bei Bindemitteln mit einer MFT über 10 °C (z. B. Acronal® S 716[a] oder Acronal® 290 D[a]) sollte die Filmbildetemperatur durch Zusatz von mindestens 2 % eines Filmbildehilfsmittels, z.b. Lusolvan® FBH[a] oder Testbenzin, abgesenkt werden.

Besonders wichtig ist die Verwendung ausreichender Mengen von Netz- und Dispergiermitteln. Dadurch ergibt sich, neben problemloser Pigmentdispergierung, auch eine gute Lagerstabilität der Abtön- und Volltonfarben. Bewährt haben sich z.b. Kombinationen von Polyacrylsäuren wie Pigmentverteiler® A[a] oder N mit wasserlöslichen Polyphosphaten. Bei manchen organischen Pigmenten kann die zusätzliche Verwendung eines nichtionischen Tensids, z.b. Lutensol® AT 25[a], vorteilhaft sein.

Konservierungsmittel und Entschäumer sollten in den üblichen Mengen zugesetzt werden. Verträglichkeit und Wirksamkeit werden am besten durch Vorversuche ermittelt. Dazu gehört auch die Prüfung der Viskositätsstabilität beim Lagern unter ca. 50 °C.

4.2.11 Vergleich von verschiedenen Fassadenfarbensystemen

Nach der Vorstellung verschiedener Dispersionsfassadenfarben gibt nun **Tab. 4.13** einen Vergleich der Stärken und Schwächen für
a.) Farben auf Basis Polymerdispersion
b.) Farben auf Basis Kaliwasserglas plus Polymerdispersion
c.) Farben auf Basis Siliconemulsion plus Polymerdispersion.

Fassadenbeschichtungen auf der alleinigen Grundlage von Polymerdispersionen sind anwendbar auf allen möglichen Untergründen, mit Ausnahme der Mörtel-

Bindemittel	Polymerdispersion	Kaliwasserglas + Polymerdispersion	Siliconemulsion + Polymerdispersion
Untergrund	alle, außer Mörtelgruppe 1	nur mineralisch (verkieselungsfähig)	alle, auch matte Altanstriche
Glanzgrad	glänzend – matt	matt	matt
Elastizität	einstellbar	gering	gering
Wasseraufnahmekoeffizient W $(kg/m^2 \cdot h^{0,5})$	≤ 0,1	≤ 0,3	≤ 0,1
Sd-Wert (m)	0,5–1,5	≤ 0,5	≤ 0,5

Tab. 4.13 Gegenüberstellung der Eigenschaftsprofile von Silikat-, Siliconharz- und Fassadenfarben [16]

gruppe 1. Sie können von glänzend bis matt formuliert werden, besitzen – bei entsprechender Dispersionsauswahl – eine hohe Elastizität, haben eine geringe Wasseraufnahme und liegen mit einem Sd-Wert von 0,5 bis 1,5 m in einem günstigen Bereich der Wasserdampfdurchlässigkeit.

Dispersions-Silikatfarben auf der Basis von Kaliwasserglas und Polymerdispersion sind auf verkieselungsfähige Untergründe angewiesen. Die Bindemittelauswahl lässt weder glänzende noch elastische Beschichtungen zu. Solche Produkte zeichnen sich aus durch hohe Wasserdampfdurchlässigkeit und einen Wasseraufnahmekoeffizient unter 0,3 kg/m^2 · h^{0,5}, optimale Formulierung mit Hydrophobierungsmitteln vorausgesetzt.

Auffällig ist bei dem üblicherweise überkritisch formulierten System auf Basis Siliconemulsion plus Polymerdispersion der niedrige Wasseraufnahmekoeffizient, verbunden mit hoher Wasserdampfdurchlässigkeit. Dieses System ist weder mit glänzender Oberfläche, noch mit hoher Elastizität formulierbar.

Deutlich werden diese Unterschiede zwischen den drei Beschichtungssystemen anhand elektronenmikroskopischer Aufnahmen (vgl. Abb. 4.36). Während die Farbe auf reiner Polymerdispersionsbasis bei einer PVK von 50 % eine nahezu geschlossene Schicht zeigt, findet man eine gut erkennbare Porosität der Siliconharzfarbe (PVK 60 %) und der Dispersions-Silikatfarbe [16].

Die für Silikat- und Siliconharzfarben spezifischen Aspekte werden in Kapitel 4.3 und 4.4 diskutiert.

4.2.12 Literatur

[1]   H. Nissler, L. Klug und B. Rody, Klassifizieren kaum möglich, Farbe + Lack 101, 12/1995, Seite 1034-1040.

[2]   H. Kossmann, M. Schwartz, Freibewitterung als Kurzprüfung, Farbe + Lack 105, 04/1999, S. 217 – 224.

[3]   H. Kossmann, Aufhellung von Fassadenbeschichtungen auf Basis wässriger Polymerdispersionen, XXI. FATIPEC-Buch 1992, Band II Seite 341 – 359.

[4]   M. Schwartz, H. Kossmann, Acrylat- und Acrylat/Styrol-Copolymere, Farbe + Lack 103, 10/1997, S. 109 – 122.

[5]   H. Kossmann, M. Schwartz, Photoinduzierter Abbau von Polymerdispersionen in der Freibewitterung, XXIV Fatipec-Buch 1998, Volumen A, S. 223 – 241.

[6]   R. Baumstark, C. Costa, M. Schwartz, Farben auf Basis von Acrylat-Dispersionen (Teil 1), Farbe + Lack 105, 02/1999, S. 30 – 37.

[7]   A. Zosel, Lack- und Polymerfilme, Viskoelastische Qualitätsmerkmale, Vincentz-Verlag, Hrsg. U. Zorll, 1996, Kap. 5.8, S. 100 - 109.

[8] a) M. Bradac, R.Novak, Einfluss von Wasser auf die mechanischen Eigenschaften von Anstrichfilmen aus wässrigen Polymerdispersionen, Coating 25, 8/1992, S. 278 - 280.
b) S. Kawaguchi, E. Odrobina, M. Winnik, Non-ionic surfactant effects on polymer diffusion in poly(butyl methacrylate) latex films, Macromol. Rapid Commun. 16, 1995, S. 861 – 868.
c) S. Lam, A. Hellgren, M. Sjörberg, K. Holmberg, H. Schoonbrood, M. Unzue, J. Asua, K. Tauer, D. Sherrington, Surfactants in heterophase polymerization; A study of film formation using AFM, J. Appl. Polym. Sci. 66, 1997, S. 187 - 198.

[9] V. Stevens, The effect of styrene-acrylic latexes on paint yellowing and chalking: I. A correlation of accelerated and field exposures, Waterborne, Higher Solids and Powder Coatings Symposium, February 9-10 1994, New Orleans, S. 577 - 593.

[10] P. Kresse, Nachbehandelte anorganische Pigmente, Farbe + Lack 97, 5/1991, S. 399 - 404.

[11] M. Schwartz, Ch. Zhao, Acrylat-Copolymerdispersionen - Bindemittel für Fassadenfarben, Farbe+Lack 105, 09/1999, S. 61 - 70.

[12] E. Reck, J. Wilford, Benetzung und Verträglichkeit von Titandioxid, Farbe + Lack 104, 01/98, S. 40 - 48.

[13] Th. Rentschler, Determination of hydroxyl groups on the surface of TiO_2 pigments, European Coatings Journal 10/97, S. 939 - 941.

[14] H. Kossmann, M. Schwartz, Freibewitterung unpigmentierter Polymerfilme, applica 1-2/99, 106, S. 6 - 11, Schweizerischer Maler- und Gipsermeister- Verband, CH-8304 Wallisellen.

[15] M. Schwartz, Acrylat-Copolymerdispersionen - Bindemittel für Fassadenfarben (Teil 1), applica 5/2000, 107, S. 8 - 17, Schweizerischer Maler- und Gipsermeister-Verband, CH-8304 Wallisellen.

[16] H. Kossmann, Fassadenbeschichtungen auf Basis von Acrylat-Copolymerdispersionen und Siliconemulsionen, Farbe + Lack 97, 05/1991, S. 412 - 415.

Fußnoten:

a eingetragene Marke der BASF Aktiengesellschaft
b eingetragene Marke der Thor Chemie GmbH
c eingetragene Marke der Benckiser N. V.
d eingetragene Marke der Hercules Incorp.
e eingetragene Marke der Münzing Chemie GmbH
f eingetragene Marke der Kronos-Titan GmbH
g eingetragene Marke der Exxon Mobile Chemical Central Europe
h eingetragene Marke der Dow Chemical Company
i eingetragene Marke der Rheox Inc.

4.3 Polymerdispersionen in Silikatsystemen

4.3.1 Einleitung

In den letzten Jahren gewannen Polymerdispersionen an Bedeutung für die Herstellung von Dispersions-Silikatfarben und -putzen. Ein wesentlicher Bestandteil dieser Systeme ist die Polymerdispersion. Der Zusatz soll zur Verbesserung der Stabilität und Lagerbeständigkeit der Silikatsysteme beitragen.

Die Auswahl einer geeigneten Polymerdispersion und die richtige Rezeptierung der Farbe – in Abhängigkeit von der eingesetzten Polymerdispersion – beeinflussen die Eigenschaften des Endproduktes in entscheidendem Maße.

Im folgenden soll ein Überblick darüber gegeben werden, welche Eigenschaften Polymerdispersionen für den Einsatz in Silikatsystemen aufweisen müssen, um damit die Auswahl geeigneter Produkte zu erleichtern.

Im Gegensatz zu den 2-Komponenten-Silikatsystemen, die vor dem Verarbeiten an der Baustelle erst gemischt werden müssen, sind 1-Komponenten- oder Dispersions-Silikatsysteme verarbeitungsfertig. Dazu werden ihnen Dispersionen als organische Stabilisatoren zugesetzt, wobei die Gesamtmenge organischer Bestandteile nach DIN 18 363 maximal 5 % betragen darf. Das heißt, in 1-Komponenten-Silikatsystemen liegen im Grunde zwei Bindemittel vor:

a) ein anorganisches Bindemittel, das Wasserglas (= wässrige Lösung von Alkalisilikaten), und

b) ein organisches Bindemittel, die Polymerdispersion.

Beide Bindemittel zeigen unterschiedliches Verhalten, sowohl in der flüssigen Farbe als auch im applizierten Anstrich. Wasserglas bildet bei der Applikation durch chemische Reaktion eine anorganische Silikat-Matrix, in die die Pigmente und Füllstoffe der Farbe eingebaut werden. Polymerdispersionen hingegen bilden bei Applikation und Trocknung durch einen rein physikalischen Prozess einen Film, der Pigmente und Füllstoffe umhüllt.

Der Polymerdispersionszusatz fungiert aber in diesem Farbsystem nicht nur als Stabilisator, sondern ermöglicht zudem die Verbesserung mehrerer Größen, als bedeutendste:
– Feuchtigkeitsschutz,
– Kreidungsresistenz,
– Haftungsverbesserung.

Dass der Feuchtigkeitsschutz das wichtigste technische Kriterium bei Fassadenbeschichtungen ist, wird im Kapitel Fassadenfarben ausführlich diskutiert. In Silikatfarben ist dieses Merkmal sogar noch wichtiger, weil eine chemisch reaktive Komponente, das Wasserglas, im System enthalten ist. Der „Wasserhaushalt" einer Silikatbeschichtung lässt sich mit zwei Größen recht gut beschreiben:

- Wasseraufnahme (abgekürzt: WA) und
- Wasserdampfdiffusion (abgekürzt: WDD).

Die WDD von Silikatsystemen ist, bedingt durch deren Morphologie, ausgezeichnet und erfüllt die Anforderungen, die heutzutage an diffusionsfähige Beschichtungen gestellt werden, ohne Probleme.

Von größerer Bedeutung in unseren Breitengraden ist allerdings die Wasseraufnahme oder, einfacher ausgedrückt, der Regenschutz. Um eine möglichst geringe kapillare Wasseraufnahme zu erreichen, bedarf es bei Silikatsystemen einer besonders sorgfältigen Formulierung und Applikation. Der Einsatz von organischen Bindemitteln hat auf die WA und WDD einen messbaren Einfluss. Dieser ist aber von Bindemittel zu Bindemittel in Abhängigkeit von Hauptmonomeren, Hilfsmonomeren, Emulgatoren, Additiven und Herstellverfahren unterschiedlich. Die Wasseraufnahme, aber auch die Verseifungsbeständigkeit dienen somit als Auswahlkriterien für einen geeigneten Dispersionstyp in Dispersions-Silikatsystemen.

4.3.2 Verseifungsbeständigkeit

Da ein Silikatsystem, bedingt durch den hohen Wasserglasanteil, ein stark alkalisches System darstellt, muss die einzusetzende Polymerdispersion hoch alkalifest und somit verseifungsstabil sein. Eine nicht verseifungsbeständige Dispersion kann, wie weiter unten gezeigt wird, das gesamte System instabil und unbrauchbar machen [1].

Polymerdispersionen setzen sich aus chemisch unterschiedlich aufgebauten Monomeren zusammen. Deshalb ist die Verseifungsbeständigkeit von Polymerdispersionen von der Zusammensetzung abhängig. Die Prüfmethode wurde in Abschnitt 2.4.1.2 beschrieben.

Für Silikatsysteme kommen, wie Abb. 2.2 im Kapitel 2 zeigt, praktisch nur zwei Dispersionstypen in Frage: Acrylat/Styrol-Copolymere und Reinacrylat-Copolymere. Eine wesentliche Voraussetzung ist allerdings, dass die Monomerbausteine schwer verseifbare Acrylester sind, z.B. wie Butylacrylat oder Ethylhexylacrylat. Beide Polymerklassen sind vom Standpunkt der Verseifungstestzahlen problemlos in Silikatsystemen einsetzbar.

Acrylat/Styrol-Copolymere sind in dieser Beziehung, abhängig vom Styrolanteil im Copolymeren, den Reinacrylaten jedoch immer überlegen. Denn das Monomere Styrol ist von seinem chemischen Aufbau her absolut unverseifbar [1].

4.3.3 Wasseraufnahme

Wie in Kap. 1 und 2 ausführlich diskutiert, nehmen Polymerdispersionsfilme bei Lagerung im Wasser dieses auf und laufen weiss an. Der Grad der Wasseraufnahme wird u.a. von 2 Faktoren bestimmt:

a) von der Art bzw. Zusammensetzung des Polymeren und
b) von in Lösung gehenden Salzen, die – zwischen den Teilchen eingeschlossen – einen osmotischen Druck aufbauen.

Der Einfluss des Polymeren ist bedingt durch hydrophile, nichtionogene Gruppen der verwendeten Monomeren, die solvatisiert werden. Also: je hydrophiler das Polymer, desto höher die Wasseraufnahme unter sonst gleichen Bedingungen [3]. Die Feststellung in bezug auf die Verseifungsbeständigkeit, dass nur Acrylat/Styrol-Copolymere und Reinacrylate zur Verwendung in Dispersions-Silikatsystemen geeignet sind, und somit alle anderen Polymerdispersionstypen ausscheiden, kann mit Hilfe der Wasseraufnahme untermauert werden (siehe Abb. 2.3 in Kapitel 2).

Auch hierbei sind Acrylat/Styrol-Copolymere, in Abhängigkeit vom Styrolanteil im Copolymeren, den Reinacrylaten immer überlegen, da das Monomere Styrol wesentlich hydrophober ist als alle verwendeten Acrylat-Monomeren.

Folgerung

In Dispersions-Silikatsystemen sollten bevorzugt Acrylat/Styrol-Copolymere verwendet werden, da sie dank ihrer Verseifungsbeständigkeit und niedrigen Wasseraufnahme allen anderen Polymertypen überlegen sind. Ferner lässt sich ableiten [2], dass von der Polymer-Zusammensetzung her hierfür nur Systeme mit der Hauptmonomerzusammensetzung Styrol/Ethylhexylacrylat oder Styrol/Butylacrylat in Frage kommen.

4.3.4 Wechselwirkungen Dispersion-Wasserglas

Die Wechselwirkung einer Polymerdispersion mit Kali-Wasserglas lässt sich sowohl schnell als auch eindrucksvoll im sogenannten „Wasserglasverträglichkeitstest" demonstrieren. Er wird folgendermaßen durchgeführt:
Man versetzt die vorgelegte Dispersion mit der gleichen Menge Wasserglas und verrührt die Mischung von Hand mit einem Spatel. Hierbei sollte weder die Dispersion noch die Silikatlösung koagulieren oder ausflocken [1].

Dieser Test zeigt die ganze Problematik der Dispersionssilikat-Systeme, denn mit fast allen verwendeten Polymerdispersionen bilden sich Koagulate und/oder Ausflockungen. Um den Ursachen hierfür auf den Grund zu gehen, muss man sich mit der Chemie beider Komponenten näher beschäftigen:

Das Eigenschaftsbild der Dispersion wird entscheidend mitgeprägt von den sogenannten Hilfsmonomeren [4,5,6]. Sie werden dem Polymerisat in mengenmäßig geringem Anteil zur Erzielung bestimmter anwendungstechnischer Eigenschaften zugesetzt. Die größte Bedeutung haben hierbei carboxylgruppenhaltige Comonomere wie Acryl- und Methacrylsäure. Ihr Zusatz bewirkt unter anderem:

- eine Erhöhung der Dispersionsstabilität (d.h. Scherstabilität, Elektrolytstabilität, Lagerstabilität)
- eine verbesserte Steuerung der Viskosität
- eine Verbesserung der Filmhaftung.

Die Zugabe von Alkali (im Falle der Dispersionssilikat-Systeme sind es Kali-Wassergläser mit einem pH-Wert größer als 11) führt zur Bildung stark dissoziierter Carboxylgruppen, was eine gegenseitige elektrostatische Abstoßung und eine starke Solvatation zur Folge hat. Diese erhöht die Hydrophilie des Polymeren, und zwar um so mehr, je hydrophiler der nichtionische Hauptteil des Polymerisates selbst ist. Das Resultat ist eine Erhöhung der Quellung und der damit verbundenen Wasseraufnahme sowie ein Anstieg der Viskosität.

Hierzu wird in **Abb. 4.34** das Viskositätsverhalten von zwei Styrol/Acrylat-Copolymeren bei Zugabe von Alkali gezeigt. Bei Dispersion AS-1 handelt es sich um ein 50%iges, hochviskoses, markttypisches Standardprodukt. Der Typ AS-2 ist eine 50%ige, mittel- bis niederviskose Spezialentwicklung für Dispersionssilikat-Systeme.

Deutlich lässt sich erkennen, dass die Viskosität beim Standardtyp AS-1 starken Schwankungen in Abhängigkeit vom pH-Wert unterworfen ist. Eine Viskositätsabnahme und damit ein Schrumpfen der Polymerteilchen bei höheren pH-Werten hängt vermutlich mit der stärkeren Abschirmung der ionisierten Gruppen zusammen. Zusätzlich macht sich aber auch ein Verdünnungseffekt durch das 20%ige

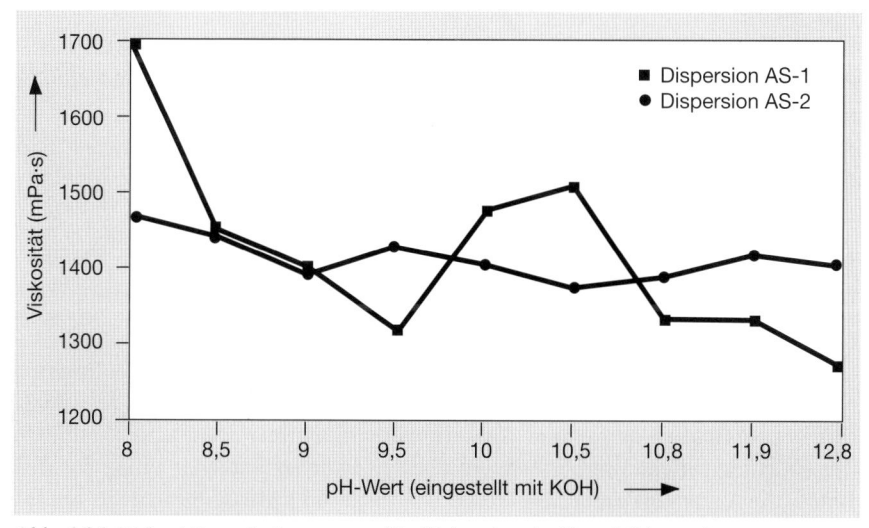

Abb. 4.34 Viskositätsverhalten unterschiedlicher Acrylat/Styrol-Dispersionen in Abhängigkeit vom pH-Wert [1]

KOH bemerkbar. Die für Silikat-Systeme optimierte Dispersion AS-2 zeigt in Abhängigkeit vom pH-Wert keine Viskositätsschwankungen.

Neben der Auswirkung auf die Viskosität – im Extremfall sogar zur Zerstörung der dispersen Struktur führend (Stichwort: Alkalischock) – haben die im Polymeren enthaltenen Carboxylgruppen auch noch einen Einfluss auf die Wasseraufnahme. Diese Gruppen sind im alkalischen Bereich stärker dissoziiert und dort somit osmotisch wirksamer als im sauren. Man wird also im alkalischen pH-Bereich eine deutlich höhere Wasseraufnahme feststellen.

In **Abb. 4.35** sind die Wasseraufnahmewerte der beiden Dispersionstypen AS-1 und AS-2 in Abhängigkeit vom pH-Wert dargestellt. Auch hier zeigt sich bei der Dispersion AS-2 fast keine Abhängigkeit vom jeweiligen pH-Wert. Bei dem Standardtyp AS-1 hingegen werden die Wasseraufnahmewerte zum pH-Bereich der Silikatsysteme hin fast vervierfacht.

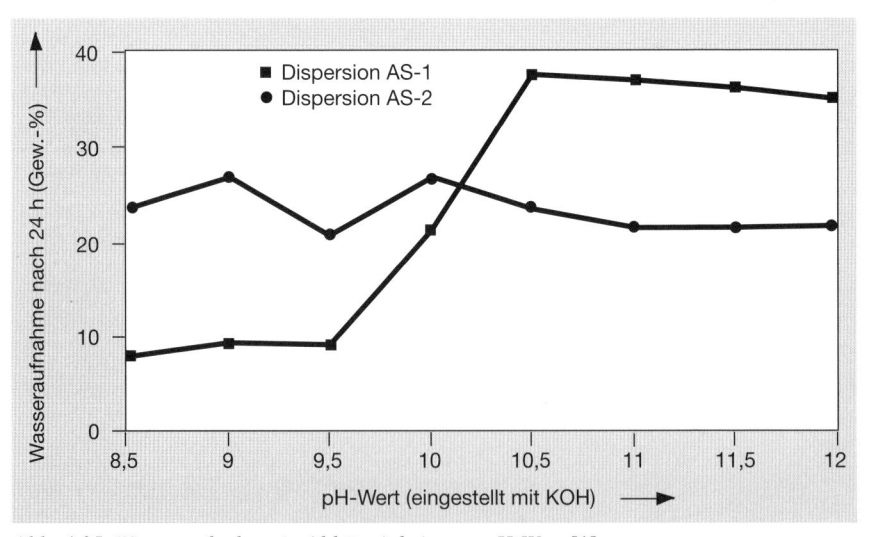

Abb. 4.35 Wasseraufnahme in Abhängigkeit vom pH-Wert [1]

Bei der Diskussion der Wasserglaseinwirkung ist zu beachten, dass Alkalisilikate keine echten chemischen Verbindungen sind, sondern Komplexe aus definierten Alkalisilikaten, Kieselsäuren und Alkalioxiden [7]. Alle Lösungen von Alkalisilikaten enthalten monomere Silikationen, Polysilikationen und kolloidale Kieselsäuremicellen. Hierbei herrscht ein dynamisches Gleichgewicht, das den Typus, die Verbindung und die Größe der Ionen und Micellen festlegt. Dieses Gleichgewicht hängt ab von der Art des Silikates, der Verhältniszahl (Quotient SiO_2 zu K_2O), der Konzentration und den äußeren Bedingungen, wie Temperatur, pH-Wert, Anwesenheit anderer Stoffe etc. So können Säuren und saure Salze, selbst Kohlensäure und Hydrogencarbonate, Kieselsäure in Freiheit setzen, die je nach den äußeren Bedingungen als Sol, Gel oder Niederschlag anfällt. Die Anwendung schwacher bzw. verdünnter Säuren begünstigt die Bildung von Kieselsäuresolen, die Anwendung starker Säuren eher die der Gele.

Durch die Anwesenheit der Polymerdispersionen liegen, gemäss oben Gesagtem, schwache Säuren vor, die in dieser alkalischen Lösung dissoziieren, wobei der pKs-Wert der Acrylsäure ca. 4,3 und derjenige der Methacrylsäure ca. 4,9 beträgt.

Bei den sich bildenden Kieselsäuren bzw. Kieselsäuresolen liegen im allgemeinen die Ionen SiO_3^{2-} und $HSiO_3^-$ sowie das nicht dissoziierte Molekül H_2SiO_3 vor. In einem Folgeschritt können aus diesen Dimer Ionen entstehen.

Diese $Si_2O_5^{2-}$-Ionen sind im pH-Bereich von 13,5 bis 10,9 durchaus stabil. Bei der Dimerisation von SiO_3^{2-} zu $Si_2O_5^{2-}$ fällt eine Dikieselsäure an, deren pKs-Wert ca. 10,6 beträgt. Der pKs-Wert der Kieselsäure liegt demgegenüber bei ca. 9,7 für die 1. Dissoziationsstufe und bei ca. 11,7 für die 2. Dissoziationsstufe.

Die stark unterschiedlichen pKs-Werte der Acryl- bzw. Methacrylsäure auf der einen und der Kiesel- bzw. Dikieselsäure auf der anderen Seite sowie deren dadurch bedingten unterschiedlichen Reaktionen mit dem vorhandenen Alkali sind der Schlüssel zur Stabilität (bzw. Instabilität) des ganzen Wasserglas-Dispersions-Systems.

Es zeigt sich also, dass nicht nur die Polymerdispersion irreversibel geschädigt werden kann, sondern auch das Wasserglas. Beide Komponenten können dann den ihnen zugedachten Zweck in Dispersions-Silikat-Systemen nicht mehr erfüllen. Somit kommt der Auswahl der Polymerdispersion und den Anforderungen an sie eine zentrale Rolle zu.

4.3.5 Forderungen an eine optimale Dispersion

Als Resümee aus dem bisher Gesagten lassen sich fünf Forderungen an eine optimale Polymerdispersion zum Einsatz in Dispersions-Silikat-Systemen stellen:
1. Es sollte ein verseifungsstabiles Styrol/Acrylat-Copolymer sein.
2. Sie muss geruchsneutral sein, d.h. sowohl frei von Lösemitteln, Weichmachern, Restmonomeren als auch von Ammoniak. Folge aus dem letzten Punkt: Die Neutralisation der Dispersion sollte bevorzugt mit KOH erfolgen.
3. Sie muss verträglich mit Kaliwassergläsern sein, gemäß dem Wasserglasverträglichkeitstest.
4. Sie muss lagerstabil sein, d.h. sie darf sich während der Lagerung nicht verändern oder zum Eindicken der Formulierung führen.

5. Sie sollte eine niedrige Filmbildetemperatur bzw. Tg aufweisen, um den Koaleszenzmitteleinsatz in der Rezeptur zu minimieren und um die „Flexibilität des Filmes" zu erhöhen [1].

4.3.6 Das Dispersions-Silikatsystem

Mit Silikatformulierungen beschäftigte sich ausführlich *Wagner* [2]. An einer Vielzahl von Formulierungen testete er verschiedene Einflussgrößen. Demnach werden sowohl die Anzahl der Scheuerzyklen als auch die Viskosität in Abhängigkeit von der Lagerungsdauer umso konstanter, je höher der Polymeranteil am Rezeptaufbau ist. Zudem bleiben die WDD-Werte ebenso wie die NGL-Werte im gesamten untersuchten Bereich von 3 bis 10 % Polymeranteil annähernd konstant.

Fazit: Es ist kein gravierender Einfluss des Polymerdispersionsanteils auf die WDD nachweisbar. Der Wasseraufnahmekoeffizient w wird erst oberhalb einer Zusatzmenge von 6 % Polymerdispersion merklich beeinflusst. Schließlich erweist sich die Resistenz der Silikatfarben gegenüber Kreidung bzw. Abbau bei Bewitterung als umso besser, je höher der Polymeranteil in der Formulierung ist. Der optimale Anteil Polymerdispersion (bezogen fest auf Gesamt) liegt bei 4,5 %.

4.3.6.1 Reihenfolge der Komponenten

Nun zur Reihenfolge der Komponentenzugabe, bezogen auf die Polymerdispersion. Vor Zugabe der Dispersion sollten zweckmäßigerweise zuerst der in Wasser gelöste Verdicker, das Dispergiermittel, das Pigment und der Entschäumer vorgelegt und eine ausreichenden Zeit dispergiert werden. Im Falle der Polymerdispersion AS-2 ist es ratsam, trotz der an sich niedrigen Filmbildetemperatur, eine geringe Menge Koaleszenzmittel zuzugeben, um ein besseres Anquellen der Polymerteilchen zu gewährleisten. Nach den Füllstoffen erfolgt die Zugabe des Wasserglases am Schluss der Formulierung. Das sollte in jeden Fall immer nach Einbringen der Dispersion geschehen. Im umgekehrten Falle, wenn also die Dispersion langsam der hochalkalischen Vorlage zugesetzt würde, könnte die Dispersion den oben erwähnten „Alkali-" oder „Elektrolytschock" bekommen. Denn, auch wenn die Dispersion einen Wasserglasverträglichkeitstest mit Erfolg absolviert hat, kann es immer noch durch falsche Reihenfolge der Zugabe zu unkontrollierten Reaktionen bis hin zur Koagulatbildung kommen [1].

4.3.7 Dispersions-Silikatputze

Prinzipiell gilt das bisher Gesagte genauso für Dispersions-Silikatfarben wie für Dispersions-Silikatputze. Bei der Formulierung der Putze sind lediglich einige zusätzliche Dinge zu beachten.

Generell ist Putz als eine dickschichtige, grobstrukturierte Farbe zu betrachten. Der größte Unterschied zur eigentlichen Silikatfarbe besteht, neben gröberen Füllstoffen, im Verhältnis von Bindemittel zu Füllstoff, in Abhängigkeit der zu erzielenden Struktur. In Dispersions-Silikatfarben ist dieses Verhältnis typischerweise ca. eins zu drei und in Dispersions-Silikatputzen ca. eins zu zwölf, wobei als Bindemittel die Gesamtmenge Polymerdispersion plus Kali-Wasserglas (jeweils als 100 % fest) gilt. Infolge des hohen Füllstoff- bzw. Feststoffanteils ergibt sich das Problem, in die Vorlage genügend Flüssigkeit zur ausreichenden Dispergierung von Pigment und Füllstoff zu bekommen. Aus diesem Grunde sollte die Polymerdispersion, neben Verdicker und Dispergiermittel, vorgelegt und in ihr das Pigment angerieben werden.

Hieraus ergibt sich, in Steigerung zu den Silikatfarben, dass die Dispersion extrem scherstabil sein muss. In der Praxis haben sich Dispersionsmengen zwischen 3 und 4 % (bezogen fest auf Gesamt), abhängig von der angestrebten Putzstruktur, als optimal erwiesen. Neben der Dispergierung des Pigmentes, aber vor Zugabe der Füllstoffe, sollte zweckmäßigerweise das Wasserglas in die Formulierung eingebracht werden. Zu beachten ist, dass ein hochkonzentriertes Kali-Wasserglas (28 bis 30 %ig) zum Einsatz kommt, um den Gesamtflüssigkeitsbedarf der Formulierung nicht zu übersteigen [2].

4.3.8 Rahmenformulierung für eine Dispersions-Silikatfarbe

Die oben beschriebenen Zusammenhänge zwischen Polymerdispersion und Wasserglas werden im Folgenden nun in eine allgemeine Rahmenrezeptur für Dispersions-Silikatfarben übersetzt:

Komponente	Gewichtsteile
Wasser	ca. 210 bis 240
Dispergier- und Netzmittel	2
Verdickungsmittel	2
Silikatstabilisator	2
Pigmente (Titandioxid)	100
Füllstoffe	310
Entschäumer	2
Polymerdispersion	90 bis 100
Filmbildehilfsmittel	0 bis 15
Silikatbindemittel (Kaliwasserglas)	250
Viskositätsregler	je nach Bedarf
Hydrophobierungsmittel	0 bis 10
Gesamt	1000 Gewichtsteile

4.3.9 Rahmenformulierung für einen Dispersions-Silikatputz

Wie weiter oben, besonders aber unter 4.3.7 beschrieben, weisen Dispersions-Silikatputze Besonderheiten auf. Die Übersetzung dieser Sachverhalte in eine allgemeine Rahmenformulierung sei hier gegeben, als Vorschlag für einen Dispersions-Silikat-Rillenputz [2]:

Komponente	Gewichtsteile	
Wasser	77	
Polysaccharid (Verdicker, z.B. Xanthan-Gum)	1	
Dispergier- und Netzmittel	2	
Entschäumer	2	
CMC-Verdicker, 2 %ig	34	
Polymerdispersion	64	
Hydrophobierungsmittel	3	
Pigment	25	
Silikatbindemittel (Kaliwasserglas)	98	
Cellulose-Fasern (Füllstoff und Verstärkersubstanz)	5	
Calcit, 40 µm (Füllstoff)	236	
Calcit, 130 µm (Füllstoff)	364	
Plastorit, 300 mm (Füllstoff)	44	
Filmbildehilfsmittel	5	
Quarz Rundkies (Füllstoff)	40	
Gesamt	1000	Gewichtsteile

4.3.10 Literatur

[1] O. Wagner, Polymerdispersionen in Silikatsystemen, Farbe + Lack 97, 2/1991, S. 109-113.

[2] O. Wagner, Wässrige Polymerdispersionen als Bindemittel in Silikatfarben, S. 233-261, in W. Schultze et al., Dispersions-Silikatsysteme, expert-Verlag, Renningen-Malmsheim, 1995.

[3] R. Baumstark, C. Costa, M. Schwartz, Vergleichende Untersuchungen an Farben auf Basis von Acrylat-Dispersionen Teil 1, Farbe + Lack 105, 2/1999, S. 8-13.

[4] B.R. Vijayendran, Effect of carboxylic monomers on acid distribution in carboxylated polystyrene latices, J. Appl. Polym. Sci., 23, (1979) S. 893-901.

[5] S. Muroi, Some physicochemical properties of poly(ethyl acrylate) emulsions containing carboxyl groups, J. Appl. Polym. Sci., 10, (1966) S. 713-729.

[6] S. Muroi et al., Alkali solubility of carboxylated polymer emulsions, J. Appl. Polym. Sci., 11, (1967) S. 1963-1978.

[7] E. Engler, Lösliche Silikate, Seifen-Öle-Wachse 100, (1974) S. 165-170, 207-212, 269-271, 298-300.

4.4 Polymerdispersionen als Bindemittel in Siliconharzsystemen

4.4.1 Einleitung

Ein in den letzten Jahren stark an Bedeutung gewinnendes Einsatzgebiet sind die Siliconharzfarben und -putze oder – technisch korrekter – Dispersions-Siliconharzfarben und -putze. Hauptsächlicher Anwendungsbereich ist der Fassadenschutz.

Diese Systeme enthalten als einen wesentlichen Bestandteil, nämlich als primäres Bindemittel, eine Polymerdispersion.

Die Auswahl einer geeigneten Polymerdispersion und die richtige Rezeptierung der Farbe beziehungsweise des Putzes beeinflussen die Eigenschaften des Endproduktes in entscheidendem Maße. Im folgenden soll ein Überblick darüber gegeben werden, welche Eigenschaften Polymerdispersionen für den Einsatz in Siliconharzsystemen aufweisen müssen, um damit die Auswahl geeigneter Produkte zu erleichtern.

4.4.2 Polymerdispersionen in Siliconharzsystemen

Eine Fassadenbeschichtung sollte eine niedrige Wasseraufnahme aufweisen, andererseits aber auch durchlässig sein für Wasserdampf, damit der Untergrund im Falle der Durchfeuchtung rasch austrocknet. Dies gilt selbst dann, wenn die Beschichtung gegenüber flüssigem Wasser absolut dicht ist, da – zumindest unter den klimatischen Bedingungen Mitteleuropas – an der Schicht ein Dampfdruckgefälle und damit Anlass für einen Feuchtestrom von innen nach außen besteht. Ein Feuchtestau unter der Beschichtung würde über kurz oder lang zur Enthaftung führen, d.h. zur Bildung von Blasen und schließlich zum Abblättern der Beschichtung [1].

Über die Relation von Wasseraufnahme und Wasserdampfdiffusion gibt es mehr qualitative Regeln, die sich aus klimatischen Daten und Modellrechnungen ableiten lassen [2]. Für mitteleuropäische Verhältnisse existieren darüber hinaus halbquantitative Beziehungen, die auf Freibewitterungsversuchen basieren [3,4].

Als Optimum gelten heute Beschichtungen mit einem Wasseraufnahmekoeffizienten w kleiner als 0,1 kg/m^2 h^{0,5} (Einstufung als „wasserundurchlässig") und gleichzeitig einem Diffusionswiderstand Sd kleiner als 0,1 m (Einstufung als „mikroporös und wasserdampfdurchlässig") [5].

Wie sieht es nun jedoch aus bei der Kombination von Siliconharz und Polymerdispersion? Durch die bewusst „überkritisch" formulierte Beschichtung kann Wasserdampf leicht diffundieren, flüssiges Wasser vermag in sie aber nur schwer eindringen, da die Poren vom Siliconharz hydrophobiert sind. Das heißt, Disper-

sions-Siliconharzsysteme versuchen dem Anspruch nach möglichst geringem Diffusionswiderstand und gleichzeitig geringem Wasseraufnahmekoeffizienten durch die Erstellung einer „hydrophobierten Porosität" gerecht zu werden [6-9].
Anhand rasterelektronenmikroskopischer Aufnahmen wird dies besonders deutlich (vgl. **Abb. 4.36**). Während die Oberfläche eines Fassadenanstrichs auf Basis einer Polymerdispersion mit einer PVK von 50 % (bei einer KPVK von ca. 58 %) geschlossen erscheint, ist die Oberfläche einer Siliconharzschicht (PVK 60 %, mit einem Polymerdispersion/Siliconharzemulsion-Verhältnis von 65 / 35) porös [10].

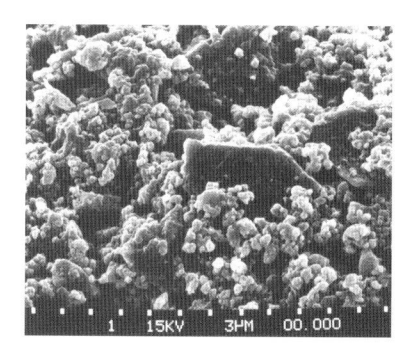

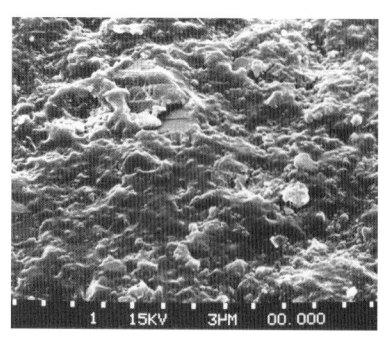

Warum formuliert man nicht mit einem Siliconharz als alleinigem Bindemittel, wenn die Oberfläche sowieso porös ist? Dagegen sprechen folgende Gründe. Siliconharze sind kostenintensiv und haben ein zu geringes Pigmentbindevermögen, um eine ausreichende Fixierung von Pigmenten und Füllstoffen zu gewährleisten. Dies drückt sich unter anderem stark negativ in der Witterungsbeständigkeit aus. Der Sinn einer Kombination des Siliconharzes mit einer Polymerdispersion ergibt sich somit aus einem Mangel des Silicons. Dessen mangelhaftes Pigmentbindevermögen zeigt sich eindrucksvoll anhand **Tab. 4.14**. Darin aufgeführt sind Nassscheuerwerte von Fassadenfarben (mit der PVK 60 %) auf Basis verschiedener Siliconharzemulsionen – als alleinigem Bindemittel – im Vergleich mit Farben auf Basis eines 65 / 35-Gemisches aus Siliconharz und Acrylat/Styrol-Copolymerdispersion.

Abb. 4.36
REM-Aufnahmen:
Aufsicht von Dispersions-, Silicon- und Dispersions-Silikat-Fassadenfarben
oben: Kaliwasserglas/Polymerdispersion
mitte: Siliconemulsion/Polymerdispersion
unten: Polymerdispersion PVK 50% [10]

Eingesetzte Siliconharz-Emulsion	Si-1	Si-2	Si-3	Si-4	Si-5
Anzahl Scheuerzyklen: nur Siliconharz	60	90	1600	700	450
Anzahl Scheuerzyklen: Siliconharz + Acrylat/Styrol-Disp.	> 5000	450	> 5000	1900	> 5000

Tab. 4.14 Anzahl Scheuerzyklen von Fassadenfarben bei PVK 60 % [1]

Der Dispersionszusatz fungiert aber nicht nur als Bindemittel in diesen Farbsystemen, sondern führt darüber hinaus zur Verbesserung mehrerer Qualitätsmerkmale, als wichtigste davon:
- Lagerstabilität,
- Kreidungsresistenz und
- Haftungsverbesserung.

Das Pigmentbindevermögen, die Wasseraufnahme und, als weitere wichtige anwendungstechnische Eigenschaft, das Verhalten bei Bewitterung (u.a. Verschmutzungsneigung), dienen somit als Auswahlkriterien für den Polymerdispersionstyp eines Dispersions-Siliconharz-Systems.

Der Einfluss der Polymerdispersion auf die Eigenschaften des Gesamtsystems ist von Dispersion zu Dispersion unterschiedlich, und zwar in Abhängigkeit von Hauptmonomeren, Hilfsmonomeren, Emulgatoren, Hilfsstoffen und Herstellverfahren [11].

4.4.3 Pigmentbindevermögen

Unter Pigmentbindevermögen einer Polymerdispersion versteht man deren Fähigkeit, möglichst viele Pigmente und Füllstoffe zu binden. Je höher das Pigmentbindevermögen einer gegebenen Dispersion, um so höher ist dann die Kritische Pigmentvolumenkonzentration (KPVK), um so geringer zudem der Anteil der Dispersion am Rezeptaufbau, um so ökonomischer schließlich das Endprodukt. Dem Vergleich unterschiedlicher Bindemittel in Bezug auf das Pigmentbindevermögen kommt somit einer sehr hoher Stellenwert zu.

Die KPVK kann durch Messung mehrerer Filmeigenschaften bestimmt werden. Am weitesten verbreitet zur Bestimmung der KPVK an Dispersionsfarben sind folgende Verfahren:
- Messung des Deckvermögens auf Kontrastkarten,
- Messung der Wasserdampfdurchlässigkeit,
- Messung der Filmporosität mittels Einfärbung und Bestimmung der Helligkeitsdifferenz (z.B. GILSONITE-Test),

- Messung der „Inneren Spannung", qualitativ [12] bzw. quantitativ [13], auf PVC-Folien,
- Messung des Aufhellvermögens.

Allen Methoden gemein ist das Anlegen einer PVK-Reihe, indem man ein bestimmtes Dispersionsfarben-Mahlgut mit der der jeweiligen PVK entsprechenden Menge an Dispersion vermischt. Durch anschließende Bestimmung der jeweiligen Filmeigenschaft lässt sich dann die Lage der KPVK als genau jener Punkt ermitteln, an dem sich die entsprechende Eigenschaft deutlich ändert.

Wie der Literatur entnommen werden kann, ist die Diskussion um die KPVK und ihre Lage sehr kontrovers. Theoretische Überlegungen dazu können teilweise in drastischem Widerspruch zu den praktischen Erfahrungen mit unterschiedlichen Polymerdispersionen stehen [12,14-17]. *Wagner* verwendete z.B. acht handelsübliche Polymerdispersionen, die sich in der Hauptmonomerzusammensetzung, im Stabilisierungssystem (also Emulgator- bzw. Schutzkolloid-Dispersion) und in der mittleren Teilchengröße unterschieden [11]. Diese Dispersionen sind mit ihren für die Untersuchung relevanten Daten in **Tab. 4.15** aufgelistet.

Nr.	Polymertyp	FG [%]	Mittlere Teilchengröße [µm]	MFT [°C]	Stabilisierung
AS-1	Acrylat/Styrol	50	0,15	22	E
AS-2	Acrylat/Styrol	50	0,1	20	E
AS-3	Acrylat/Styrol	50	0,1	7	E
AS-4	Acrylat/Styrol	50	0,15	8	E
RA-1	Reinacrylat	50	0,1	13	E
VP-1	Vinylpropionat	50	1,0–2,0	1	CD
VPA-1	Vinylpropionat/Acrylat	50	0,2–3,0	9	CD
VEV-1	Vinylacetat/Ethylen/Vinylchlorid	50	0,7	4	CD

Tab. 4.15 Polymerdispersionen und ihre wichtigsten Eigenschaften (E = Emulgator, CD = Cellulosederivat als Schutzkolloid) [11]

Mit jeder dieser Polymerdispersionen wurden nun PVK-Reihen angesetzt, bei denen die PVK, in Schritten von jeweils 5 Einheiten, von 35 % bis 70 % variiert wurde. Der Feststoffgehalt war in allen Formulierungen konstant, so dass sich beim Aufzug die gleiche Trockenschichtdicke ergab. Das gewählte Prüfrezept (mit einem Pigment/Füllstoff-Verhältnis von 78:22) zur Ermittlung der KPVK-Lage hatte folgenden Aufbau [11]:

Komponente	Gewichtsteile
Wasser	190
Polyphosphate (Dispergiermittel)	0,5
Polyacrylat (Dispergiermittel)	3,5
Verdicker	1,5
Konservierungsmittel	1,5
Filmbildehilfsmittel	10
Entschäumer	1
Titandioxid Rutil (Pigment)	110
Aluminiumsilikat 0.04 mm (Füllstoff)	15
Glimmer 1 mm (Füllstoff)	30
Calcit 3 mm (Füllstoff)	220
Calcit 7 mm (Füllstoff)	135
Polymerdispersion	170 bis 837
Entschäumer	1
PU-Assoziativverdicker, vorgemischt mit	4
Butyldiglykol	16
Wasser	0 bis 98
Gesamt	1.000 bis 1.576

Die Ermittlung der Lage der KPVK erfolgte nach drei unterschiedlichen Kriterien:
1. Deckvermögen als Kontrastvermögen
2. WDD- bzw. Sd-Werte
3. Filmporosität mittels Gilsonite-Test (Messung der Helligkeitsdifferenz).

In **Tab. 4.16** sind die ermittelten KPVK-Werte für alle eingesetzten Dispersionen und die jeweiligen Messverfahren dargestellt.

Die drei Messmethoden zur Bestimmung der KPVK liefern recht gut übereinstimmende Werte, lediglich bei den grobteiligeren Dispersionen VP-1 und VPA-1 gibt es Diskrepanzen. Mit den feinteiligeren Dispersionen werden höhere KPVK-Werte erzielt. Die untersuchten Acrylat/Styrol-Copolymere und Reinacrylate distanzieren sich deutlich vom Feld der restlichen Mitbewerber.

4.4.4 Siliconharzemulsion und KPVK

Um die Frage nach dem Bindemittelcharakter der eingesetzten Siliconharzemulsionen zu beantworten, ist es am sinnvollsten, gemäss den vorangegangenen Untersuchungen bei Polymerdispersionen deren Pigmentbindevermögen zu betrachten.

Nr.	KPVK im Gilsonite-Test [%]	KPVK aus dem Kontrastverhältnis [%]	KPVK aus WDD-Werten [%]	KPVK, Durchschnitt [%]
AS-1	58	59	61	59
AS-2	59	60	61	60
AS-3	59	58	61	59
AS-4	56	55	56	56
RA-1	59	61	62	61
VP-1	45	42	38	42
VPA-1	45	45	38	43
VEV-1	53	55	53	54

Tab. 4.16 *KPVK-Werte verschiedener Dispersionen in Prüfrezepturen S. 153* [11]

Hierzu wurden von *Wagner* [11] drei unterschiedliche Siliconharzemulsionen ausgewählt und in einem Prüfrezept entsprechend jenem auf S. 153 mit Siliconharzemulsionen bei einer alleinigem Bindemittel mit PVK zwischen 30 und 65 % hergestellt. Mittels der oben erwähnten Methoden wurde versucht die KPVK-Lage zu bestimmen. **Tab. 4.17** fasst die Ergebnisse zusammen.

Aus Bestimmungen der Nassscheuerfestigkeit wird übrigens ein ähnlicher Gang der Werte gefunden. Si-3 ist als die Siliconharzemulsion mit den ausgeprägtesten Bindemitteleigenschaften anzusehen, während Si-6 als relativ „schwach bindend" gilt. Einerseits sind diese Resultate eine gute Bestätigung für die Korrektheit der angewandten Bestimmungsverfahren. Auf der anderen Seite lassen sie aber nur eine Schlussfolgerung zu:
Die hier betrachteten Siliconharzemulsionen müssen – aufgrund von eindeutig vorhandenen und nachweisbaren Bindemitteleigenschaften – bei der PVK-Berechnung zusammen mit der Polymerdispersion als Bindemittel berücksichtigt werden [11].

Die Beeinflussung der Wasseraufnahme durch verschiedene Dispersionsklassen wird übrigens ausführlich im Kapitel 2 erörtert.

Nr.	KPVK im Gilsonite-Test [%]	KPVK aus WDD-Werten [%]	KPVK, Durchschnitt [%]
Si-3	48	48	48
Si-4	45	45	45
Si-6	< 35	< 35	< 35

Tab. 4.17 *KPVK bei Einsatz verschiedener Siliconharzemulsionen* [11]

4.4.5 Bewitterungsverhalten

Eingehend untersucht wurde das Verhalten von Modelldispersionen für Fassadenfarben, bei denen Copolymere auf Reinacrylat- bzw. Acrylat/Styrol-Basis als Bindemittel zum Einsatz kamen [18]. Bei der Verschmutzung zeigte sich ein deutlicher Einfluss der Tg des Polymeren. Je höher die Tg, desto geringer die Anschmutzung – aber auch um so bedeutungsloser der Unterschied im Polymeraufbau bei sonst gleicher Tg. Bei einer Tg von +10° C besteht zwischen den eingesetzten Dispersionen kein Unterschied.

Bei der Formulierung von lösemittelfreien Systemen, in denen man üblicherweise Polymerdispersionen mit Tg < 8 °C verwendet, kann sich jedoch die Wahl des richtigen Polymeren auch auf die Anschmutzung auswirken. Bei identischen Werten von Tg und/oder MFT wird mit dem eingesetzten Acrylat/Styrol eine geringere Anschmutzung als mit dem Reinacrylat gefunden.

Es ist naheliegend, die unterschiedliche Schmutzaufnahme, zumindest graduell, auf unterschiedlich starkes Kreidungsverhalten zurückzuführen. Ein stärkeres Kreiden sollte demnach mit niedrigerer Anschmutzung einhergehen, da beim Abkreiden bzw. Abbau der obersten Schicht auch sich darauf abgelagerter Schmutz entfernt würde.

Entsprechende Kreidungsuntersuchungen zeigten, dass der Unterschied bei der Anschmutzung nicht von einem „Selbstreinigungseffekt" herrühren kann. Zu berücksichtigen ist vielmehr auch die Tatsache, dass neben der Thermoplastizität des Polymeren auch die PVK und ihr Abstand von der KPVK die Verschmutzungs- und Kreidungstendenz zu beeinflussen vermag.

Für Systeme wie Siliconharzfarben, die bei bedeutend höherer PVK als Fassadenfarben formuliert werden, zeigte es sich, dass mit steigender PVK, also mit abnehmendem Anteil an thermoplastischem Material, die Verschmutzungsneigung zurückgeht [13].

4.4.6 Forderungen an eine optimale Dispersion

Somit lassen sich zusammenfassend fünf Forderungen an eine optimale Polymerdispersion zum Einsatz in Siliconharz-Systeme stellen:
1) Es sollte ein Acrylat/Styrol- oder ein Reinacrylat-Copolymer sein.
2) Im Bindemittel sollten die Partikel einen mittleren Teilchendurchmesser von kleiner als 0,2 µm haben (um ein möglichst hohes Pigmentbindevermögen zu erreichen).
3) Die Dispersion sollte geruchsneutral sein, d.h. frei von Lösemitteln, von Weichmachern und von Ammoniak und zudem restmonomerenarm.

4) Sie muss verträglich sein mit der einzusetzenden Siliconharz-Emulsion, d.h. sollte nicht koagulieren und allenfalls nur schwache Filmtrübung verursachen und
5) Sie sollte eine niedrige Wasseraufnahme haben.

4.4.7 Formulierung von Siliconharzfarben

Aufgrund von langjähriger Erfahrung [11] kann für lösemittelhaltige Siliconharzfarben folgender Formulierungsvorschlag aufgestellt werden:

Komponente	Gewichtsteile
Wasser	213
Polyphosphat (Dispergiermittel)	0,5
Polyacrylat (Dispergiermittel)	3,5
Verdicker	1,5
Konservierungsmittel	1,5
Filmbildehilfsmittel	10
Entschäumer	1
Titandioxid Rutil (Pigment)	110
Aluminiumsilikat 0,04 µm (Füllstoff)	15
Glimmer 1 µm (Füllstoff)	30
Calcit 3 µm (Füllstoff)	220
Calcit 7 µm (Füllstoff)	135
Polymerdispersion (z.B. Acronal® S 716[a])	100
Entschäumer	1
Siliconharzemulsion	100
PU-Assoziativverdicker, vorgemischt mit	4
Butyldiglykol	16
Wasser	38
Gesamt	1000

Analog dazu gibt es auch einen praxisgerechten Vorschlag für lösemittelfreie Siliconharzfarben in Anlehnung an [11]:

Komponente	Gewichtsteile	
Wasser	144	
Polyphosphat (Dispergiermittel)	0,5	
Polyacrylat (Dispergiermittel)	3,5	
Verdicker	1,5	
Konservierungsmittel	1,5	
Entschäumer	2	
Titandioxid Rutil (Pigment)	110	
Aluminiumsilikat 0,04 µm (Füllstoff)	15	
Glimmer 1 µm (Füllstoff)	30	
Calcit 3 µm (Füllstoff)	220	
Calcit 7 µm (Füllstoff)	135	
Polymerdispersion (z.B. Acronal® S 559[a])	68 bis 120	Summe = 200
Siliconharzemulsion (50 %-ig)	80 bis 132	
Entschäumer	1	
PU-Assoziativverdicker	8	
Wasser	Je nach Rezeptur	
Gesamt	1000	

4.4.8 Siliconharzputze

Prinzipiell gelten die bisherigen Aussagen sowohl für Siliconharzputze wie auch für Siliconharzfarben. Bei der Formulierung der Putze sind lediglich einige zusätzliche Dinge zu beachten.

Generell kann ein Putz, wie erwähnt, vereinfacht als dickschichtige, grobstrukturierte Farbe gelten, er unterscheidet sich aber von den Farben durch seinen Gehalt an gröberen Füllstoffen, in Abhängigkeit von der anzustrebenden Struktur, und vor allem durch das Verhältnis von Bindemittel zu Füllstoff. In Siliconharzfarben liegt dieses Verhältnis typischerweise bei ca. eins zu fünf, hingegen in Dispersions-Siliconharzputzen bei ca. eins zu elf. Als Bindemittel gilt die Gesamtmenge Polymerdispersion plus Siliconharzemulsion (jeweils als 100 Prozent fest gerechnet).

Wegen dieser hohen Füllstoff- bzw. Feststoffanteile ergibt sich das Problem, genügend Flüssigkeit in die Vorlage zur ausreichenden Pigment- und Füllstoff-Dispergierung zu bekommen. Aus diesem Grunde sollten Polymerdispersion,

Verdicker und Dispergiermittel vorgelegt werden und darin das Pigment angerieben werden. Die Dispersion muss deshalb extrem scherstabil sein. Nach *Wagner* [11] sieht ein Rezeptvorschlag folgendermaßen aus:

Komponente	Gewichtsteile
Polymerdispersion	95
Polyphosphat, 10 % ig (Dispergiermittel)	22
Konservierungsmittel	2
Wasser	32
Hydroxyethylcellulose, 20.000 cP (Verdicker)	1
Filmbildehilfsmittel	20
Propylenglykol	10
Alkylphenolethersulfat	4
Entschäumer	5
Siliconharzemulsion	50
Titandioxid Rutil (Pigment)	60
Cellulosefasern	6
Plastorit 05 (Füllstoff)	80
Calcit 40 µm (Füllstoff)	108
Calcit 130 µm (Füllstoff)	180
Calcit 0,5 bis 1,0 mm (Füllstoff)	150
Calcit 1,8 bis 2,5 mm (Füllstoff)	175
Gesamt	1000

4.4.9 Literatur

[1] E. Bagda, Beschichtungen im Wetter, Farbe und Lack 91, 07/1985, S. 595-599.
[2] D. Y. Perera, Hygric aspects of coated porous building materials, Prog. Org. Coat. 8, (1980) S. 183-206.
[3] H. Künzel, Anforderungen an Außenanstriche und Beschichtungen aus Kunstharzdispersionen, Kunststoffe Bau Heft 12, (1968) S. 26-32.
[4] H. Künzel, Beurteilung des Regenschutzes von Außenbeschichtungen, Institut für Bauphysik der Fraunhofer Gesellschaft, Mitteilung 18, 1978.
[5] H. Meyer, H. Weber, Anstriche als Beschichtungen für mineralische Fassadenbaustoffe, Band 3, Expert Verlag, Ehningen (1991).
[6] W. Sittenthaler, Siliconharzfarbe – die Mineralfarbe der Zukunft, XIX. Fatipec-Kongressbuch, Band II, (1988) S. 329.
[7] K. H. Schmidt, Mineralische Anstrichstoffe, Definition und Abgrenzung zu Siliconharzfarben, applica 16 (1989) S. 7-10.
[8] E. Bagda, Echte und weniger echte Siliconharzanstriche, XX. Fatipec-Kongressbuch, (1990) S. 471.
[9] E. Bagda, Siliconharzfarben und ihre positiven Eigenschaften, Die Mappe, 23 (1990) Nr. 3.
[10] H. Kossmann, Fassadenbeschichtungen auf Basis von Acrylat-Copolymerdispersionen und Siliconemulsionen, Farbe + Lack 97, (1991) S. 412-415.
[11] O. Wagner, Polymerdispersionen als Bindemittel in Siliconharzsystemen, S. 113-164, in W. Schultze, Wässrige Siliconharz-Beschichtungssysteme für Fassaden, Expert Verlag, 1997.
[12] F. Holzinger, Anwendungstechnische Untersuchungen über die lichtoptische Streuwirkung von Dispersionsfarben unter besonders Berücksichtigung der KPVK und deren Einfluss auf „überkritische" Filmeigenschaften, XI.Fatipec Kongressbuch, (1972) S. 143.
[13] T. Helmen et al., Ermittlung der KVPK an Dispersionsanstrichen durch Messung der inneren Spannung, Farbe+Lack 96, 10/90, (1990) S. 769-772.
[14] P.E.Pierce, R. M. Holsworth, Determination of CPVC by measure of density of dry paint films, Off. Dig. Fed. Soc. Paint Technol., 37, (1965) S. 272-283.
[15] R.J.Cole, Determination of CPVC in dry surface coating films, J.O.C.C.A., 45, (1962) S. 776-780.
[16] R. Bachmann, Ein Beitrag zur Berechnung von Anstrichmittel-Rezepturen, Fette, Seifen, Anstrichmittel, 60. Jahrgang, 12, (1958) S. 1177-1186.
[17] H. Dörr, F. Holzinger, Kronos Titandioxid in Dispersionsfarben, Kronos Titan GmbH, Leverkusen (1989).
[18] A. Smith, O. Wagner, Factors affecting dirt pickup in latex coatings, J. Coatings Technology, Vol. 68, No. 862 (1996), S. 37-41.

4.5 Elastische Beschichtungssysteme

4.5.1 Einleitung

Neben dekorativen Aspekten ist effektiver Feuchteschutz eine wichtige Funktion von Fassadenbeschichtungen. In Fassaden bilden sich – oft über Jahrzehnte hinweg – Risse, die meist baustatisch irrelevant sind, aber das Eindringen von Feuchtigkeit erleichtern. Die Renovierung solcher Fassaden muss mit Systemen erfolgen, die diese Risse überdecken können. Die Hauptanforderungen an geeignete Systeme sind
– hohe Elastizität auch bei tiefen Temperaturen und
– geringe Anschmutzung.

Diskutiert werden daher der Aufbau von Bindemitteln, die diese Anforderungen erfüllen, die Rolle der Oberflächenklebrigkeit als Ursache der Anschmutzung und die Möglichkeiten zu ihrer Verringerung, sowie schließlich einige in Europa geltende Regelwerke.

Seit alters her werden Gebäude zur Verschönerung mit Farbe versehen. Dieser Aspekt war lange Zeit einziger Grund für die Bemalung, erst in jüngster Zeit wurde eine zweite Anstrichfunktion immer wichtiger: Schutz der Bausubstanz gegen Klimaeinflüsse.

Heute ist die Schutzfunktion mindestens genauso wichtig wie die ästhetische Funktion. Der Schutz gegen Klimaeinflüsse ist hauptsächlich jener gegen Feuchtigkeit, deren Eindringen in die Bausubstanz verhindert werden muss, in Form von Regen, Tau, hoher Luftfeuchtigkeit und Schmelzwasser. Bei Stahlbeton muss die Beschichtung auch gegen die Diffusion von Kohlendioxid schützen, das sonst durch Karbonatisierung den pH-Wert im Beton und damit den Rostschutz des Stahls verringern würde [1].

4.5.2 Effektiver Fassadenschutz gegen Feuchtigkeit nach Künzel

Feuchtigkeit kann u.a. auf zwei Wegen in die Bausubstanz eindringen:
1) Diffusion von flüssigem Wasser durch die intakte Beschichtung
2) Einsickern über Fehlstellen in der Beschichtung, z.B. durch feine und feinste Risse.

Der erste Prozess, die kapillare Wasseraufnahme, ist relativ langsam, seine Geschwindigkeit nimmt mit der Offenporigkeit einer Beschichtung zu. Quantitatives Maß der kapillaren Wasseraufnahme ist der Wasseraufnahmekoeffizient (W); für viele Baustoffe entspricht er der Steigung der Geraden, die man erhält, wenn bei Wasserlagerung die Gewichtszunahme als Funktion aus der Wurzel der Zeit bestimmt wird. Der Wasseraufnahmekoeffizient für Fassadenbeschichtungen auf

Basis von Kunststoffdispersionen beträgt ca. 0,1 kg/m²·h^{0,5}, er ist damit deutlich geringer als bei üblichen Baumaterialien (Beton ca. 1 bis 2, Kalksandstein ca. 5 bis 7 kg/m²·h^{0,5}).

Der zweite Prozess kann sehr schnell sein; aufgrund der höheren Wasseraufnahmekoeffizienten der Baumaterialien gelangen auf diese Weise – zumindest im Bereich der Fehlstelle – größere Wassermengen in die Bausubstanz.

Die Rücktrocknung der Bausubstanz erfolgt immer durch Verdunstung, zum größten Teil durch die Beschichtung hindurch. Auch dieser Prozess ist langsam, verläuft aber um so schneller, je offenporiger die Beschichtung ist. Ein Maß dafür ist die Diffusionswiderstandszahl µ. Sie ist definiert als Verhältnis des Diffusionswiderstands eines Baumaterials zum Diffusionswiderstand einer gleichdicken, ruhenden Luftschicht und gilt als Materialkonstante.

Beim Diffusionsdurchgang ist noch die Dicke der Schicht (S) zu berücksichtigen, weil das Produkt aus Diffusionswiderstandszahl und Schichtdicke, die gleichwertige Luftschichtdicke Sd, für die praktische Beurteilung besser geeignet ist. Mit anderen Worten, Sd gibt an, wie dick eine Luftschicht sein müsste, um den gleichen Diffusionswiderstand wie die geprüfte Beschichtung bei gegebener Schichtstärke zu haben. Fassadenbeschichtungen auf Basis von Kunststoffdispersionen haben, da sie nur in sehr kleinen Schichtdicken aufgetragen werden, deutlich geringere gleichwertige Luftschichtdicken als übliche Baumaterialien [1].

Effektiver Feuchtigkeitsschutz mit einer Beschichtung setzt voraus, dass deren Wasseraufnahmekoeffizient und gleichwertige Luftschichtdicke möglichst klein sind. In der Praxis sind beide Parameter einer Beschichtung eher gegenläufig, geringe Wasseraufnahme bringt meist auch geringe Verdunstung, d.h. hohe gleichwertige Luftschichtdicke mit sich. Deshalb quantifizierte *Künzel* [2,3] bereits vor etwa 30 Jahren, aufgrund von Messungen im besonders ungünstigen Klima des Alpenvorlandes, die Bedingungen für einen effektiven Feuchtigkeitsschutz. Er ist dann gegeben, wenn der Wasseraufnahmekoeffizient und die gleichwertige Luftschichtdicke folgende Kriterien erfüllen:

W $\leq 0,5$ kg/m²·h^{0,5}
Sd ≤ 2 m
Sd x W $\leq 0,2$ kg/m·h^{0,5}

Aus diesen Kriterien ergeben sich erhebliche technische Anforderungen an ein Beschichtungssystem bzw. an dessen Bindemittel. Hiervon stellt die Industrie heute viele Typen zur Verfügung, mit denen Beschichtungssysteme formuliert werden können, die den genannten Kriterien entsprechen. Als technisch ausgereifteste Klasse gelten die wässrigen Polymerdispersionen [1].

4.5.3 Hauptanforderungen an Beschichtungssysteme zur Fassadenrenovierung

Mit zunehmendem Alter treten in Fassaden kleine Risse (Größenordnung bis max. 2 mm) auf, die baustatisch unerheblich sind, aber das Eindringen von Feuchtigkeit ermöglichen. Ein Beschichtungssystem zur Renovierung solcher Fassaden muss einmal das Eindringen von Feuchtigkeit unterbinden, zum anderen vorhandene Risse durch Überbrückung dauerhaft verschließen. Risse über 2 mm müssen in der Regel durch bauliche Massnahmen saniert werden.

Problematisch beim Renovieren solcher Fassaden ist, dass bei Temperaturänderung die Rissweite durch Volumenänderungen des Bausubstrates schwankt, wie folgender Vergleich zeigt [4]:

Ausgangsrissbreite [µm]	300	500	600	800	800	800	900
Max. Temperaturdifferenz [°C]	30,7	27,5	35,3	28,0	33,0	22,0	24,8
Max. Rissbreitenänderung [µm]	71	94	78	113	111	127	76

Eine geeignete Beschichtung muss also so elastisch sein, dass sie den temperatur- aber auch feuchtebedingten Rissweitenänderungen nachfolgen kann. Sonst ist das Entstehen neuer Risse und die Fortpflanzung bestehender Risse auch in der renovierten Fassade nicht auszuschließen und sogar sehr wahrscheinlich. Dieser Fall stellt an die Elastizität noch höhere Ansprüche.

Natürlich soll die Beschichtung auch ihre ästhetischen Zwecke über lange Zeit erfüllen, d.h. die Fassade soll nach Jahren noch sauber aussehen.

Die Hauptanforderungen an rissüberbrückende Beschichtungen sind also
– geeignete mechanische bzw. elastische Eigenschaften im klimatisch vorgebenen Temperaturbereich von ca. –10 °C bis 40 °C,
– hohe Anschmutzresistenz über lange Zeit.

Klassische Bindemittel für Fassadenfarben eignen sich nicht zur Rissüberbrückung, weil sie bei geringeren Temperaturen nicht genügend dehnfähig bzw. elastisch sind. Der vermeintliche Ausweg, mit nichtflüchtigen Weichmachern permanent plastizierte Bindemittel zu verwenden, ist problematisch, da der Weichmacher die Anschmutzneigung stark erhöht. Weichmacher können auch aus toxikologischer Sicht problematisch sein. Allein über die Monomerzusammensetzung, d.h. ‚intern' weichgemachte Bindemittel wären ebenfalls in Bezug auf die Anschmutzung kritisch.

Im folgenden wird auf einige chemische Faktoren eingegangen, die für die mechanischen Eigenschaften und die Anschmutzresistenz, insbesondere von Bindemitteln auf Basis wässriger Polymerdispersionen, verantwortlich sind. Mit Kenntnis dieser Faktoren wird der Aufbau moderner Bindemittel für rissüberbrückende Beschichtungen verständlich [1].

4.5.4 Mechanische Eigenschaften von Dispersionsfilmen

4.5.4.1 Glastemperatur (Tg)

Die mechanischen Eigenschaften eines Dispersionsfilms sind temperaturabhängig. Er ist bei tiefen Temperaturen glasartig und spröde, bei Erwärmung wird er oberhalb einer bestimmten Temperatur weich und, mehr oder weniger ausgeprägt, elastisch. Diese Übergangstemperatur ist die Glastemperatur (siehe auch Abb. 1.2 in Kapitel 1), sie hängt von der Zusammensetzung des Polymers ab, wie hier an einigen Beispielen für Homopolymere veranschaulicht [5]:

Homo-polymer aus:	2-Ethyl-hexyl-acrylat	Butyl-acrylat	Ethyl-acrylat	Methyl-acrylat	Vinyl-acetat	Styrol	Methyl-Meth-acrylat
T_g [°C]	-62	-45	-11	6	30	100	105

Man kann Tg z. B. aus der Temperaturabhängigkeit des Elastizitätsmoduls bestimmen. Bei Temperaturen unterhalb der Tg ist der E-Modul hoch, was sehr geringer Dehnfähigkeit entspricht. Bei Erwärmung fällt der E-Modul im Bereich der Tg um mehrere Zehnerpotenzen ab (**Abb. 4.37**). Der genaue E-Modulverlauf oberhalb der Tg hängt, wie noch gezeigt wird, vom Vernetzungsgrad ab. Die Dehn-

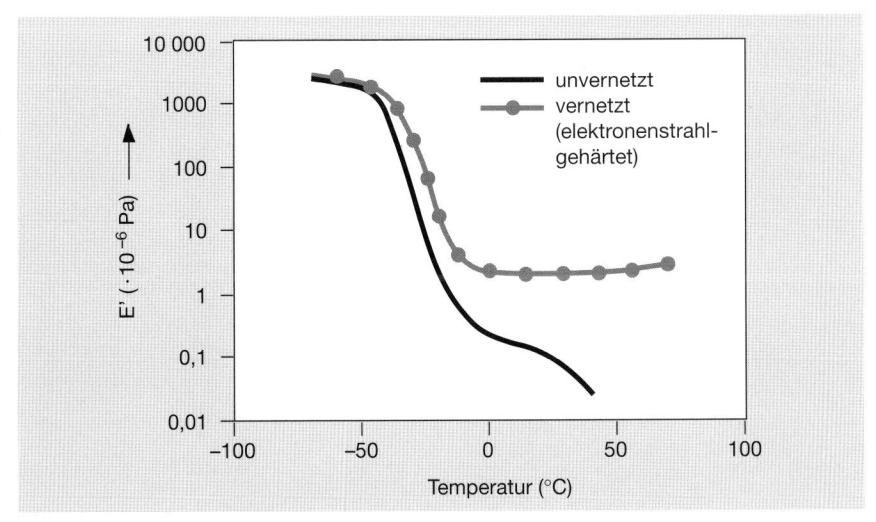

Abb. 4.37 Speicher-Modul E' als Funktion der Temperatur Butylacrylat-Homopolymer

fähigkeit ist dort auf jeden Fall wesentlich höher als unterhalb der Tg. Durch entsprechende Monomerenkombination kann man eine gewünschte Tg genau einstellen. Es ist einleuchtend, dass Bindemittel für ein auch bei −10 °C noch rissüberbrückendes System eine Tg unter −10 °C haben müssen. Das hierfür geeignete Bindemittel müßte dann hauptsächlich weiche Monomere enthalten, deren Homopolymere Tg-Werte unter −10 °C haben [1].

4.5.4.2 Vernetzung

4.5.4.2.1 Zug-Dehnungs-Versuch

Eine tiefe Tg ist kein erschöpfendes Kriterium für die mechanischen Eigenschaften des Bindemittels für ein rissüberbrückendes System. Ebenso wichtig ist, dass die Dehnung möglichst vollständig reversibel, das Material also elastisch ist. Ein sich schon bei geringer Dehnung thermoplastisch, also irreversibel verformendes System, d.h. eines ohne jede Rückstellkraft, wäre ungeeignet.

Das Dehnvermögen von Polymerdispersionsfilmen hat immer einen thermoplastischen und einen elastischen Anteil. Erhöhen läßt sich der elastische zu Lasten des thermoplastischen Anteils durch Vernetzung des Bindemittels. Sie führt zur Anhebung des E-Moduls oberhalb der Tg. In mechanischer Hinsicht erscheint der Film oberhalb der Tg gummielastischer, d.h. sein Verhalten ist weitgehend temperaturunabhängig. Die Tg selbst wird durch die Vernetzung nur unwesentlich erhöht.

Die Änderung des mechanischen Verhaltens durch die Vernetzung zeigt sich deutlich im periodischen Zug-Dehnungs-Versuch, einmal mit einem unvernetzten

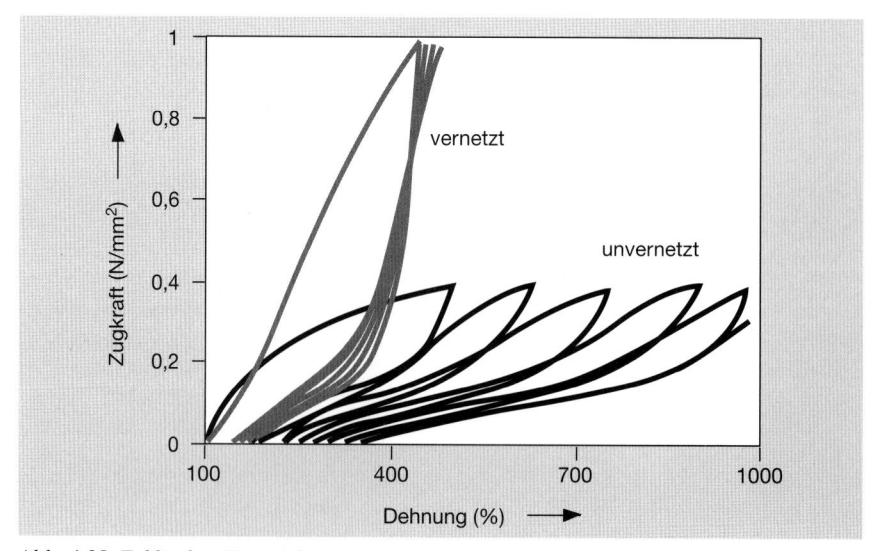

Abb. 4.38 Zyklischer Zug-Dehnungs-Versuch

Dispersionsfilm und zum anderen mit dem gleichen, jetzt aber mit Vernetzerzusatz (**Abb. 4.38**). Bei Registrierung der Zugkraft als Funktion der Dehnung hat die unvernetzte Probe bereits nach 5 Dehnungszyklen eine irreversible Verformung von über 200 % und damit jede Rückstellkraft verloren. Die vernetzte Probe hat zwar noch einen kleinen thermoplastischen Anteil, der sich im ersten Zyklus auswirkt, zeigt aber in den weiteren Dehnungszyklen fast keine thermoplastische Verformung mehr.

4.5.4.2.2 Art der Vernetzung

Man kann grob drei Vernetzungsarten in einem Dispersionsfilm unterscheiden (**Abb. 4.39**):

| Homogen im ganzen Film (ideal) | Nur an den Teilchengrenzen | Nur in den Teilchen |

Vernetzung durch:

| Elektronenstrahlung | Metallsalz | Difunktionelle Monomere |

■ vernetzt   □ unvernetzt

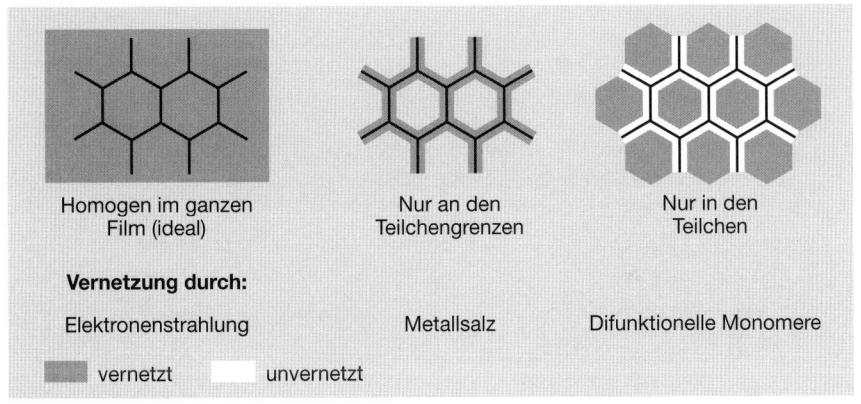

Abb. 4.39 Vernetzungsarten

1. Weitgehend homogene Vernetzung, erreichbar z.B. durch Elektronenbestrahlung des Filmes. Dem E-Modul oberhalb der Tg nach verhält sich der Film klassisch gummielastisch (vgl. Abb. 4.37).
2. Eine homogene Vernetzung innerhalb der Teilchen, aber nur auf einzelne davon beschränkt und sich nicht über die Teilchengrenzen hinweg fortsetzend. Diese Vernetzung erhält man z.B. mit difunktionellen Monomeren während der Polymerisation. Danach ist die Vernetzung abgeschlossen. Das Verhalten des Film im E-Modulbereich oberhalb der Tg wird mit steigender Menge an difunktionellem Monomer gummielastischer (**Abb. 4.40**).
3. Erst bei der Filmbildung wirksam werdende Vernetzung, über die Teilchengrenzen hinweggehend; die Teilchenkerne bleiben dabei mehr oder weniger unvernetzt. Die Vernetzung ist innerhalb des Filmes sehr heterogen, man erreicht sie z. B. durch Zusatz von Salzen mehrwertiger Metallionen oder bei thermischer Nachvernetzung von N-Methylolacrylamidhaltigen Dispersionen. Der Film verhält sich oberhalb der Tg bedingt gummielastisch (**Abb. 4.41**).

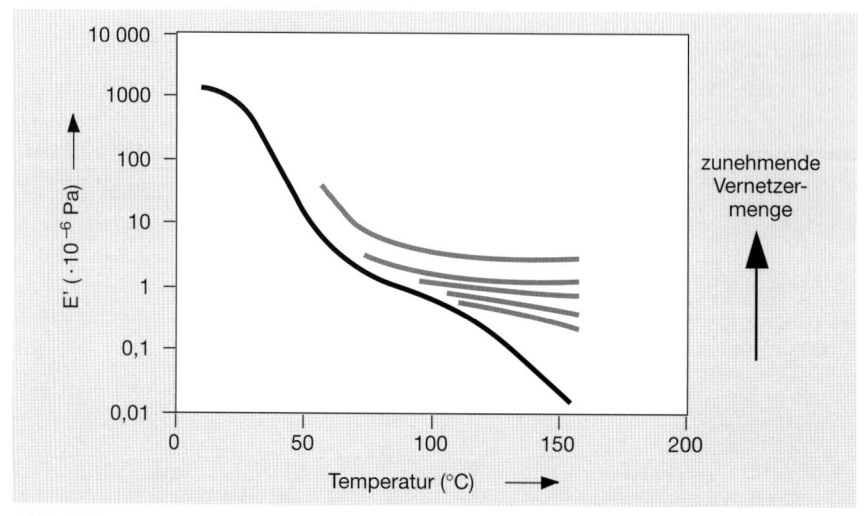

Abb. 4.40 Speicher-Modul E' als Funktion der Temperatur
Polymer aus Butylmethacrylat vernetzt mit Diacrylat

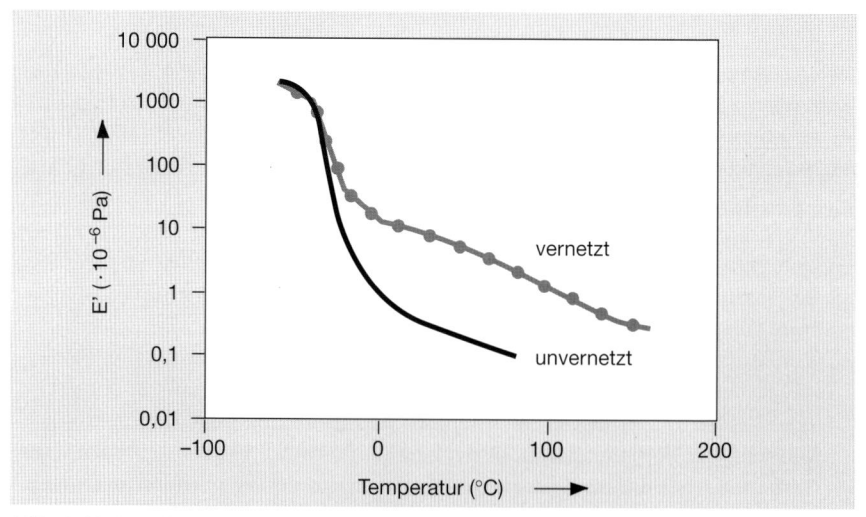

Abb. 4.41 Speicher-Modul E' als Funktion der Temperatur
Polymer aus BA/AS vernetzt mit Metallsalz

Zur Anschmutzbarkeit der Varianten ist folgendes zu sagen:
Der 1. Vernetzungstyp läßt sich in der Praxis nicht verwirklichen.

Der 2. Typ hat einen entscheidenden Nachteil, der in E-Modul-Messungen allein nicht sichtbar wird, sich aber bei Betrachtung von Reißkräften und Reißdehnungen entsprechender Filme zeigt. Infolge der homogenen Vernetzung innerhalb der Teilchen, nicht aber Vernetzung über die Teilchengrenzen hinweg, ist der Filmzusammenhalt, die Kohäsion, sehr gering und nimmt mit wachsender Vernetzung eher ab. So vermindert sich auch die Reißdehnung mit wachsender Vernetzermenge kontinuierlich, die Reißkräfte gehen durch ein Maximum. Die Dehnfähigkeit eines so vernetzten Beschichtungssystems wird für die Rissüberbrückung nicht ausreichen (**Abb. 4.42 links**).

Filme, die gemäß Typ 3 durch ein Metallsalz vernetzt sind, zeigen unabhängig von dessen Menge eine hohe Filmdehnung; die Reißkraft nimmt mit Metallsalzkonzentration zu (**Abb. 4.42 rechts**).

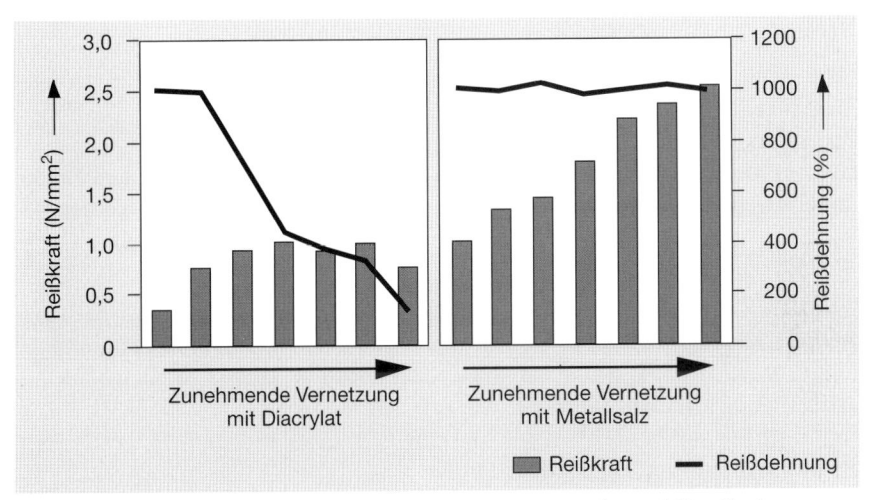

Abb. 4.42 *Reißkraft und -dehnung bei Vernetzung mit Diacrylat und Metallsalz*

Da die Rissüberbrückung mit hohen Dehnungen verbunden ist, ist die 3. Art der Vernetzung, die erst bei oder nach der Filmbildung wirksam wird, am besten für rissüberbrückende Systeme geeignet.

4.5.4.3 Zusammenfassung der mechanischen Anforderungen

Die an ein rissüberbrückendes System gestellten mechanischen Anforderungen können erfüllt werden durch eine Dispersion mit
– einer Polymerzusammensetzung mit einer Tg unterhalb des Temperaturbereiches, in dem die Rissüberbrückung wirksam sein soll, und
– einer Vernetzung, die erst bei der Verfilmung, also beim Trocknen, wirksam wird und dadurch die Elastizität verbessert [1].

4.5.5 Anschmutzresistenz

Vernetzung und Tg beeinflussen entscheidend die mechanischen Eigenschaften rissüberbrückender Systeme. Das zweite wichtige Qualitätsmerkmal rissüberbrückender Systeme ist die Anschmutzresistenz. Sie bestimmt, wie lange eine Fassade optisch ansprechend bleibt, also den zeitlichen Abstand zum nächsten Renovierungsanstrich.

Eine Oberfläche wird um so schneller verschmutzen, z.b. durch Staub, je besser er auf ihr haftet, d.h. je klebriger die Oberfläche ist. Ursache der Klebrigkeit können z.b. ausschwitzende niedermolekulare Bestandteile einer Formulierung sein. Auch weiche Bindemittel haben eine mehr oder weniger klebrige Oberfläche und schmutzen stärker an [6]. Diese als Tack bekannte Klebrigkeit ist in erster Näherung um so größer, je weicher das jeweilige Polymer ist.

Gute mechanische Eigenschaften - auch bei tiefen Temperaturen - und geringer Tack sind also a priori eher gegenläufige Eigenschaften eines Dispersionsfilmes. In der Praxis haben die mechanischen Eigenschaften absolute Priorität, man muss also mit weichen Bindemitteln arbeiten. Der Tack sollte bei gegebenem Bindemittel durch geeignete Massnahmen möglichst weitgehend reduziert werden [1].

4.5.5.1 Tack

Unter Tack versteht man eine Art von Klebrigkeit, die dazu führt, dass bei kurzzeitigem Kontakt eines Materials mit einem anderen, z.B. Staub, sich ein Verbund bildet, dessen Trennung eine messbare Kraft erfordert. Tack ist freilich keine exakt definierte Materialkenngröße, wie z. B. der E-Modul.
Im folgenden sollen die Faktoren, die den Tack eines Bindemittels bestimmen, etwas genauer betrachtet werden.

So zeigt etwa ein Vergleich von Gummi mit Honig, dass Weichheit nicht unbedingt gleichbedeutend mit Tack ist. Beide Substanzen sind weich, im Gegensatz zum fast tackfreien Gummi aber hat Honig einen hohen Tack. Die Ursache liegt in der Fließfähigkeit des Honigs. Sie bewirkt eine gute Deformierbarkeit der Oberfläche, so dass im Kontaktzeitpunkt eine relativ große Kontaktfläche entsteht. Gummi ist zwar weich, aber nicht fließfähig, so dass – im Vergleich zu Honig – am Kontakt nur eine geringe effektive Fläche beteiligt ist. Mit anderen Worten: Die Deformierbarkeit einer Substanz im Moment des Kontaktes bestimmt also den Tack.

4.5.5.2 Tackmessung

Eine quantitative Messung des Tacks ist Voraussetzung für das Verständnis der ihn auf molekularer Ebene bestimmenden Parameter. Da Tack, wie erwähnt, nicht exakt definiert ist, erfordert seine Messung genau festgelegte Randbedingungen.

Die folgenden Versuchsergebnisse wurden mit einer Apparatur erhalten, die dem sogenannten Probe-Tack Tester ähnelt: Zunächst bringt man die Probensubstanz in definierter Schichtdicke auf eine ebene Stahlplatte auf. Ein Prüfstempel, dessen Material und Kontaktflächengröße frei wählbar sind, wird mit der Probe in Kontakt gebracht. Kontaktzeit und Anpresskraft sind frei einstellbar (kürzeste Zeit ca. 0,01 sec). Am Kontaktzeitende trennt sich der Verbund zwischen Probe und Stempel in einstellbarer Abzugsgeschwindigkeit. Ein Kraftaufnehmer registriert dabei die Kraft als Zeitfunktion im gesamten Messvorgang. Eine Temperierkammer um die Apparatur ermöglicht Messungen bei verschiedenen Temperaturen (siehe **Abb. 4.43** [9]).

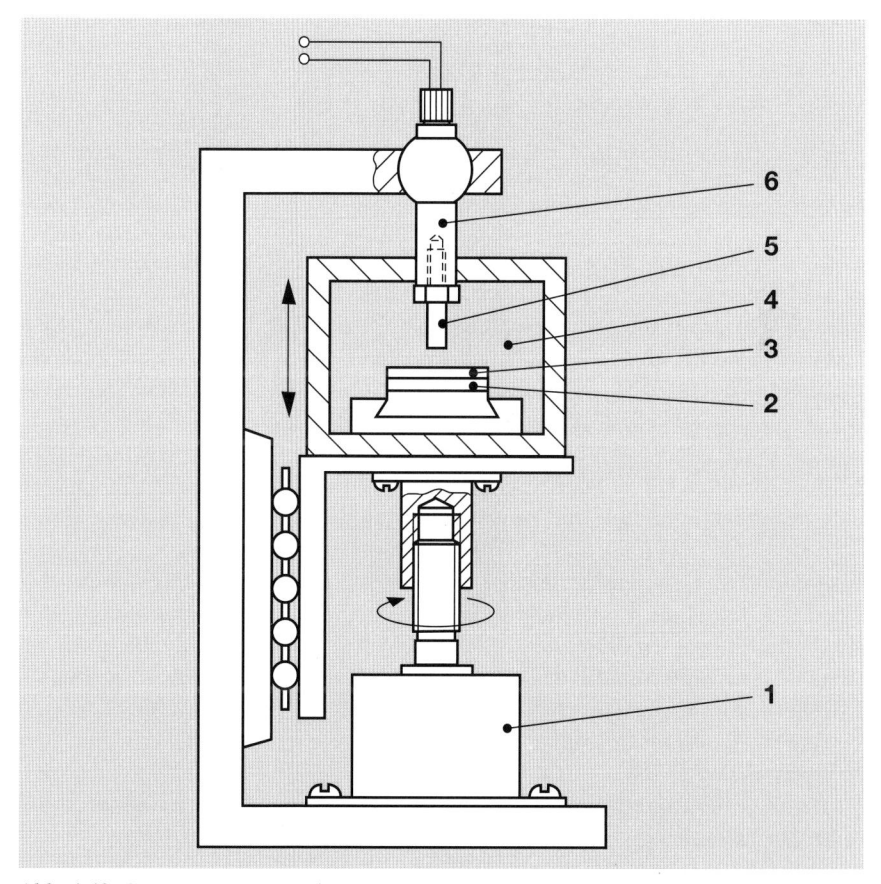

Abb. 4.43 Gerät zur Messung des Tack von Polymeren unter Variation verschiedener Einflussgrößen. 1 = Motor, 2 = Probenhalter, 3 = Probe, 4 = Temperierkammer, 5 = Prüfstempel, 6 = piezoelektrischer Kraftmesser

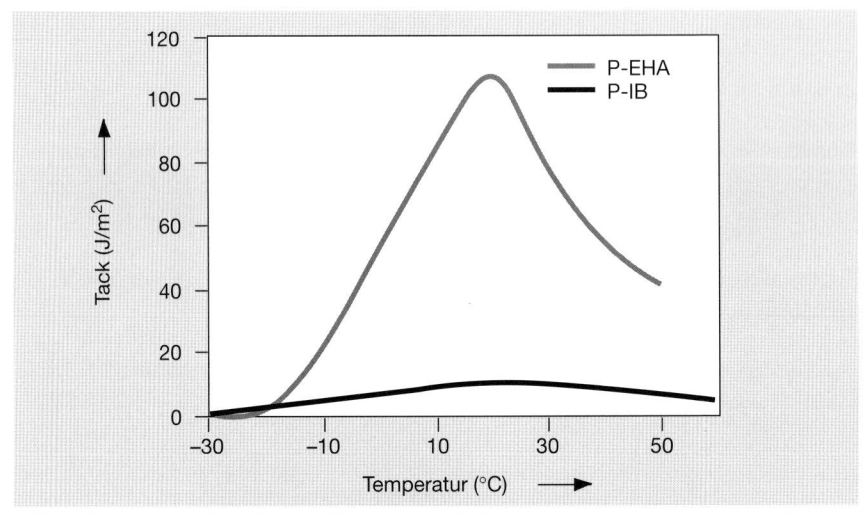

Abb. 4.44 Tack als Funktion der Temperatur; Polyethylhexylacrylat und -isobutylen

Gemessen wurde mit dieser Apparatur die Temperaturabhängigkeit des Tacks bei einem Film aus Poly-2-Ethylhexylacrylat (P-EHA), hergestellt aus wässriger Dispersion, und an hochmolekularem Poly-Isobutylen (P-IB). Diese Polymere stehen stellvertretend für Honig und Gummi. In beiden Fällen durchläuft der Tack ein Maximum bei ca. 20 °C (**Abb. 4.44**). Der entscheidende Unterschied besteht in der absoluten Größe des Tacks, der für P-EHA um über eine Zehnerpotenz höher als für P-IB ist. Verständlich wird dies anhand der temperaturabhängigen E-Modul-Kurven beider Polymeren (**Abb. 4.45**). Die Tg-Werte beider Polymeren sind fast gleich, oberhalb der Tg ist der E-Modul von P-IB aber um den Faktor 20 bis 30 höher als jener von P-EHA. In diesem Bereich bestimmen Verschlaufungen oder die Vernetzung der das Polymer bildenden Polymerketten das mechanische Verhalten. Verschlaufungen wirken bei kurzzeitigen Beanspruchungen wie Vernetzungen, erhöhen also z. B. den E-Modul. Sie verhindern aber nicht, im Gegensatz zu Vernetzungen, das viskose Fließen bei einer Langzeitbeanspruchung. P-IB ist, anders als P-EHA, stark verschlauft sowie zusätzlich vernetzt. Hierdurch verringert sich seine Deformierbarkeit, da die Polymerketten mit zunehmender Vernetzung immer stärker fixiert sind.

Das heißt, je deformierbarer bei kurzer Kontaktzeit eine Substanz erscheint, desto höher ist ihr Tack.

Vorgestellt wurden bereits die Bestimmungsresultate des temperaturabhängigen Tacks einer Reihe von Acrylat-Homopolymeren (Abb. 1.3). Der Tack durchläuft ca. 60 °C oberhalb der Tg ein Maximum, dessen absolute Höhe mit der Seiten-

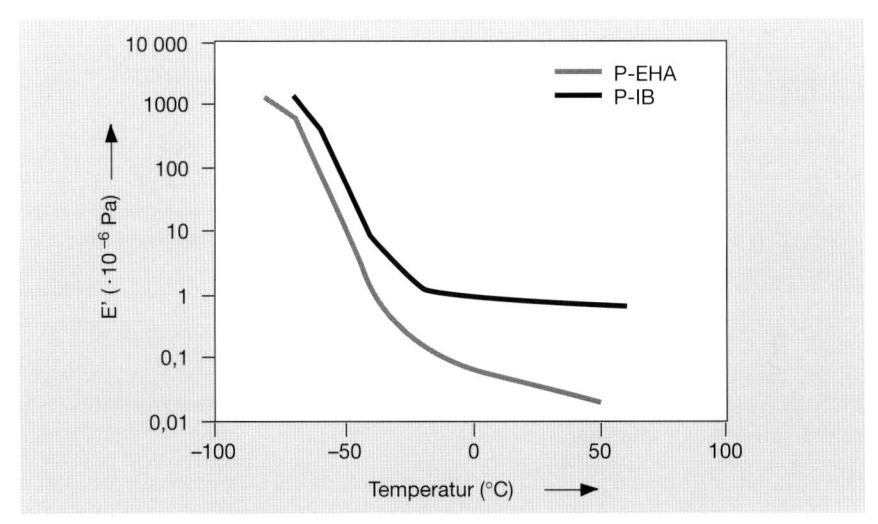

Abb. 4.45 *Speicher-Modul E' als Funktion der Temperatur Polyethylhexylacrylat und -isobutylen*

kettenlänge des jeweiligen Monomers zunimmt. P-EHA hat also einen höheren Tack als z.B. P-EA dank seiner höheren elastischen Deformierbarkeit im Kurzzeitbereich. Bekanntlich ist näherungsweise die Berechnung des mittleren Molekulargewicht zwischen zwei Verschlaufungspunkten möglich, also der Maschenweite eines Verschlaufungs-Netzwerkes. Sie nimmt mit wachsender Seitenkettenlänge zu und erreicht in der Polyacrylat-Reihe bei P-EHA ihr Maximum.

Fazit: Diese Ergebnisse zeigen, dass sich über eine Verschlaufung oder Vernetzung der Tack wirksam verringern lässt.

4.5.5.3 Oberflächenvernetzung

Der Reduzierung des Tacks durch Vernetzung sind jedoch Grenzen gesetzt. Eine effektive Reduzierung setzte eine so starke Vernetzung voraus, dass die Filmdehnung für ein rissüberbrückendes System zu gering, der Film also spröde würde. Da Tack aber nur an der Oberfläche wirkt, ist eine starke Vernetzung des gesamten Films allerdings nicht notwendig. Es würde ausreichen, die hohe Vernetzungsdichte auf die oberste Schicht zu begrenzen. Möglich ist dies ist durch lichtinduzierte Vernetzung über entsprechende Fotoinitiatoren.

Durch Lichteinfluss zerfällt der Fotoinitiator in Radikale, die in einer Folgereaktion die Polymerketten untereinander vernetzen können. Auch wenn der Initiator im ganzen Film gleichmäßig verteilt ist, wird er bei Belichtung nur in der obersten Schicht wirksam, da der Vernetzungsvorgang keine Kettenreaktion ist; pro Molekül Fotoinitiator entsteht nur eine Vernetzungsstelle. Füllstoffe und Pigmente verhindern zudem das Eindringen des Lichtes in tiefere Schichten. So reduziert die erhaltene Vernetzung der obersten Schicht nur den Tack, sie hat aber keinen Einfluss auf die Dehnbarkeit eines rissüberbrückenden Systems.

Ausführlich befassten sich *Wagner* und *Smith* [7] mit dem Einfluss der PVK auf die Verschmutzung, und konnten zeigen, dass sie mit steigender PVK der Farbe abnimmt. Des weiteren diskutiert wurde dabei der Einfluss der Glasübergangstemperatur (Tg) und der Polarität des Bindemittels, der Vernetzung und der Oberflächenmorphologie.

4.5.5.4 Zusammenfassung der Erkenntnisse zur Anschmutzungsresistenz

Im Allgemeinen sind gutes mechanisches Verhalten und Anschmutzresistenz eher gegenläufige Eigenschaften.

Die Anschmutzresistenz, indirekt proportional zum Tack der Oberfläche, kann durch Vernetzung verbessert werden. Eine zu starke Vernetzung wirkt sich aber negativ auf die mechanischen Eigenschaften aus. Durch lichtinduzierte Reaktion lässt sich die für die verbesserte Anschmutzresistenz entscheidende Vernetzung auf die oberste Schicht des Filmes begrenzen. Deshalb wird hiervon die Filmdehnung insgesamt nicht wesentlich beeinflusst [1].

4.5.6 Normen

Rissüberbrückende Systeme müssen sehr hohe technische Anforderungen erfüllen. Eine technische Vergleichbarkeit der Systeme setzt einheitliche Anforderungen und Prüfungen voraus, die z.B. in Normen oder Regelwerken festgelegt sein können.

Im folgenden wird auf die französischen Normen zur Rissüberbrückung näher eingegangen, da in Europa Frankreich der klassische Markt für rissüberbrückende Fassadenfarben ist.

Das von einem rissüberbrückenden System zu erfüllende Eigenschaftsprofil wurde 1989 in den Normen NF P 84-401 bis 84-403 festgelegt. Sie beschreiben die Mindestanforderungen und die Prüfbedingungen für
– Rissüberbrückung,
– Wasserdampfdurchlässigkeit,
– Haftung auf dem Untergrund,
– Wasserfestigkeit,
– Widerstand gegen Blasenbildung.

Die Rissüberbrückung wird in 4 Klassen unterteilt (I bedeutet ‚imperméabilité' / ‚Undurchlässigkeit'):

Klasse	Überbrückung bis max. [mm]	Kein Wert unter [mm]	Rissart
I1	0,3	0,2	bereits vorhandene Risse
I2	0,7	0,5	wie I1
I3	1,3	1,0	wie I1 und auch neu entstehende Risse
I4	2,5	2,0	wie I3

Diese Werte müssen bei 23 °C und bei –10 °C, vor und nach künstlicher Alterung erreicht werden. Diese umfasst eine zyklische Belastung mit UV-Strahlung, Kälte/Eis und Wärme/Feuchte. Die Prüfung ist von einem unabhängigen Institut (z.B. Bureau Veritas) vorzunehmen. Eine erfolgreich bestandene Prüfung ermöglicht es Systemherstellern in Frankreich, ihre Systeme gegen mechanische Schäden der jeweils geprüften Klasse über 10 Jahre zu versichern.

Natürlich kann eine Norm nur bedingt die Realität widerspiegeln. So wird z. B. die Rissaufweitung bei einer Geschwindigkeit von 1 mm/min geprüft, eine temperaturbedingte Rissbewegung ist sicher langsamer! Zyklische, temperaturabhängige Rissweitenänderungen gehören hingegen nicht zum Prüfprogramm. Es hat sich jedoch schon vor der endgültigen Normfestlegung gezeigt, dass normgerechte Systeme die Praxisanforderungen an die Rissüberbrückung erfüllen.

Zwei Punkte wurden in den Normen von 1989 allerdings nicht geregelt:
– die minimalen Schichtdicken, in denen ein System aufgetragen werden muss
– die Anschmutzresistenz.

Ersteres führte zu einem ‚Kampf um die aufzutragende Schichtdicke', da sie den Preis der Fassadenrenovierung mitbestimmt. Diese Situation führte teilweise zu Wettbewerbsverzerrungen – für alle Seiten eine unbefriedigende Situation – und zur Ausarbeitung einer weiteren Norm (gültig seit 1993), in der die Vorbereitung für Fassadenrenovierungen, die minimal aufzutragenden Schichtdicken (je nach I-Klasse) und Details der Ausführung festgelegt sind (NF P 84-404, Teil 1 bis 3).

Außer in Klasse I1 ist nach dieser Norm das Entfernen des Altanstriches von der Fassade obligatorisch.

Dabei müssen Schichtdicke und Auftragsart folgende Kriterien erfüllen:

Klasse	Schichtdicke [mm]	Anzahl Schichten
I1	0,2	1
I2	0,3	2
I3	0,4	2
I4	0,6	2, mit Gewebeverstärkung

Diese Schichtdickenfestlegung hat die Diskussion um ‚Wunderprodukte', die angeblich mit unglaublich geringen Auftragsstärken sogar Klasse I2 oder gar I3 erfüllen sollen, rasch verstummen lassen.

Die Anschmutzresistenz ist bis jetzt nicht normiert. Grund ist einzig und allein die fehlende Möglichkeit, innerhalb vertretbarer Zeiträume die Anschmutzung einer Fassade standardisiert zu erfassen. Die Parameter, die die tatsächliche Anschmutzung bestimmen, wie z.b. Wetter, Standort, Art und Grad der Luftverschmutzung, sind sehr komplex und auch unregelmäßig. Es gab und gibt viele Versuche, entsprechende Tests auszuarbeiten, dennoch gibt es bis heute keinen Test, der innerhalb vertretbarer Zeiträume das tatsächliche Anschmutzverhalten über Jahre hinweg zuverlässig simuliert [8].

4.5.7 Im Markt befindliche Polymere

Zur Formulierung rissüberbrückender Beschichtungen werden im Markt folgende Dispersionen angetroffen:
– Acrylat/Styrol-Copolymere und
– Reinacrylate.

Die Acrylat/Styrol-Copolymeren sind oft weichmacherfreie, auf Dauer sehr dehnbare Bindemittel, mit Glasübergangstemperaturen Tg im Bereich von –10 °C bis – 45 °C. Immer mehr gibt es vernetzte Acrylat/Styrol-Dispersionen mit niedrigen Glasübergangstemperaturen und reduzierter Oberflächenanschmutzung. Neuere Bindemittelgenerationen für diese Anwendungen zeichnen sich zudem durch geringeren Geruch aus. Oftmals wird bei ihnen auch mit mehreren Vernetzungssystemen gearbeitet, so dass sie wie folgt charakterisiert werden können:
– frei von Ammoniak,
– Tg ca. –30 °C bis –45 °C,
– Feststoffgehalt ca. 55 bis 60%
– höhere Dehnung als frühere Produkte bei fast gleicher Reisskraft
– niedrige Wasseraufnahme und
– geringe Oberflächenverschmutzung.

Für dieses Anwendungsgebiet sind die im Markt angetroffenen Reinacrylate nicht unbedingt erste Wahl, da deren höhere Hydrophilie, im Vergleich zu den Acrylat/Styrol-Copolymeren, anwendungstechnische Nachteile mit sich bringt. Zudem war bei den bisher angetroffenen Reinacrylaten ein erhöhtes Anschmutzungspotenzial festzustellen.

Als Beispiel, wie mit einem marktüblichen Bindemittel ein rissüberbrückender Anstrich formuliert werden kann, sei nachfolgend eine typische Rezeptur aufgeführt.

Komponente	Gewichtsteile
Wasser	101
Dispergierhilfsmittel, z. B. Pigmentverteiler® MD 20[a]	10
Konservierungsmittel	2
Entschäumer, z.B. Agitan® 731[b]	5
Bindemittel, z.B. Acronal® S 321[a] (58 %-ig)	200
Titandioxid Rutil, z.B. Kronos® 2056[c]	205
Füllstoff, Omyacarb 5 GU	128
Füllstoff, Naintsch KL 30	77
Füllstoff, Plastorit 00	51
... *Dispergieren bei hoher Drehzahl* ...	
Bindemittel, z.B. Acronal® S 321[a] **(58 %-ig)**	**170**
Entschäumer, z.B. Agitan® 731[e]	3
Collacral® PU 75[a], 1:4 verdünnt mit Propylenglykol	48
... *Zugabe in der angegebenen Reihenfolge* ...	
	1000

Feststoffgehalt: ca. 68 %, PVK: 40 %

Anwendung: Zur Überbrückung von bestehenden Rissen bis zu 0,3 mm;
Grundierung: Formulierung 1:4 mit Wasser verdünnt
Deckbeschichtung: (400 g/m²)

4.5.8 Zusammenfassung

Die entscheidenden Kriterien für Bindemittel rissüberbrückender Systeme sind:
– geeignete mechanische Eigenschaften auch bei tiefen Temperaturen,
– hohe Anschmutzresistenz
– effektiver Feuchtigkeitsschutz für die Fassade.

Die mechanischen Eigenschaften werden von metallsalzvernetzten Bindemitteln mit tiefer Tg erfüllt. Eine lichtinduzierte Oberflächenvernetzung verbessert die a priori eher geringe Anschmutzresistenz ohne Einbuße bei den mechanischen Eigenschaften.

Die Prüfungen des rissüberbrückenden Systems nach französischer Norm bei unabhängigen Instituten beziehen sich ausschließlich auf Feuchtigkeitsschutz und mechanische Eigenschaften; die Verschmutzungsneigung wird mangels geeigneter Prüfmethoden derzeit noch nicht geprüft.

4.5.9 Literatur

[1] P. Pföhler, A. Zosel, R. Baumstark, Elastic coating systems for the renovation of facades, Surf. Coat. Austr. 1995, S. 18-23.

[2] H. Künzel, Anforderungen an Außenanstriche und Beschichtungen aus Kunstharzdispersionen, Kunststoffe Bau Heft 12, (1968) S. 26-32.

[3] H. Künzel, Beurteilung des Regenschutzes von Außenbeschichtungen, Institut für Bauphysik der Fraunhofer Gesellschaft, Mitteilung 18, 1978.

[4] P. Gieler, Dissertation „Überlegungen und Versuche zur Rissüberbrückungsfähigkeit spezieller Beschichtungssysteme an Fassaden", Universität Dortmund, 1989.

[5] P. Peyser, Glass transition temperatures of polymers, VI/S. 209-277 in J. Brandrup, E.H. Immergut, Polymer Hand Book, Interscience Publ., New York, 3rd ed., 1989.

[6] H. Kossmann, M. Schwartz, Using natural weathering to assess polymer dispersion performance, Paint and Coatings Industry Magazine, März 1999, Troy, Michigan (USA), S. 48-56.

[7] A. Smith, O. Wagner, Factors affecting dirt pickup in latex coatings, J. Coatings Technology, Vol. 68, No. 862 (1996) S. 37-41.

[8] Carlos Costa, persönliche Mitteilung, 1999.

[9] A. Zosel, Lack- und Polymerfilme, Viskoelastische Qualitätsmerkmale, Hrsg. U. Zorll, Vincentz Verlag, Hannover (1996) S. 136.

Fußnoten:

a   eingetragene Marke der BASF Aktiengesellschaft

b   eingetragene Marke der Münzing Chemie GmbH

c   eingetragene Marke der Kronos-Titan GmbH

4.6 Kunstharzputze und Wärmedämmverbundsysteme (WDVS)

4.6.1 Einführung und Definition

Putze sind eine Beschichtung für Innen- und Außenwände, meist in mehreren Lagen und in hoher Schichtstärke (mehrere Millimeter) aufgebracht. Der Putzauftrag erfolgt zur Glättung oder Verschönerung und, bei Außenanwendung, zum Feuchteschutz des Untergrundes.

In DIN 18 550, Teil 1 (1985), wird unterschieden zwischen Putzen mit mineralischen und Putzen mit organischen Bindemitteln. Dieser Norm ist weiter zu entnehmen, dass es sich bei letzteren eigentlich um Beschichtungsstoffe aus organischen Bindemitteln – mit vorwiegend groben Füllstoffen – handelt, die eine Beschichtung putzartigen Aussehens ergeben. Die Kunstharzputze werden in DIN 18 558 (1985) näher beschrieben.

Die Technik des Fassadenputzes ist schon sehr alt. In frühester Zeit verwendete man Lehmmörtel. Auch heute noch sind in südlichen Ländern lehmverputzte Gebäude zu finden. Kalk war das erste mineralische Bindemittel für witterungsbeständige Außenputze. Kalkputze aus der Antike sind z.B. an griechischen Tempeln bis heute erhalten geblieben.

Mineralische Putze, die auch heute noch in großem Umfang für alle Putzarten verwendet werden, sollen im folgenden aber unberücksichtigt bleiben.

Kunstharzputze sind eine knapp 50 Jahre alte Produktklasse. Sie bestehen aus einer Polymerdispersion als Bindemittel und meist groben Füllstoffen (bis max. 15 mm). Man setzt sie ausschließlich als dekorative Deckputze im Innen- und Außenbereich ein. Die Trocknung erfolgt physikalisch, das Bindemittel verklebt die diversen Inhaltsstoffe und stellt die Haftung zum Untergrund her.

Die Vorteile der Kunstharzputze sind
– gute Haftung auf vielen Untergründen,
– geringe Rissanfälligkeit,
– schlagregendicht und wasserdampfdurchlässig,
– als gebrauchsfertiges Produkt in einem Arbeitsgang verarbeitbar,
– vielseitige Möglichkeiten der Oberflächengestaltung und Farbgebung.

Entwickelt wurden Kunstharzputze aus Dispersionsfarben einerseits und mineralischen Putzen andererseits. Dispersionsfarben mit Zusatz gröberer Füllstoffe, und aufgetragen mittels Bürste oder Rolle, bezeichnete man als „Streichputze". Mineralische Putze, denen zur Verbesserung von Feuchteschutz, Haftung und Elastizität eine Dispersion oder ein Dispersionspulver zugesetzt war, galten als „dispersionsvergütete Mineralputze". Beide Entwicklungslinien führten zum heutigen Kunstharzputz.

Kunstharzputze sind, richtige Formulierung vorausgesetzt, sehr lange haltbar. Mittlerweile sind in fast allen Klimazonen schadensfreie Objekte nachweisbar, die 30 Jahre und älter sind. Trotz der dekorativen Wirkung von Putzen darf man allerdings nicht vergessen, dass sie eine Verschleissschicht zum Schutz der verputzten Wand sind.

In der Zusammensetzung sind sich die auf dem Markt angebotenen klassischen Kunstharzputze einander sehr ähnlich. Die Produktvielfalt ergibt sich aus der Breite der Oberflächengestaltungsmöglichkeiten sowie aus den verschiedenen Verarbeitungstechniken.

Neben den „klassischen" Kunstharzputzen gibt es noch eine Reihe von Putzen mit speziellen Eigenschaften:

– Siliconharzputze:
Sie enthalten neben der Polymerdispersion ein Siliconharz als Bindemittel und ergeben Beschichtungen mit sehr hoher Wasserdampfdurchlässigkeit und geringer Empfindlichkeit gegen Regen.

– Silikatputze:
Sie enthalten neben dem (mineralischem) Bindemittel Wasserglas bis zu 5 Gew.-Prozent Polymerdispersion zur Stabilisierung. Silikatputze stehen zwischen reinen Kunstharz- und mineralischen Putzen. Sie haben ebenfalls hohe Wasserdampfdurchlässigkeit, aber auch eine hohe Wasserdurchlässigkeit, die durch geeignete Massnahmen, z. B. Hydrophobierung, verringert werden muss. Silikatputze werden wegen ihres mineralischen Aussehens oft bei der Renovierung/Restaurierung historischer Gebäude verwendet [1].

Die Siliconharz- und die Silikatputze werden im Kapitel Polymerdispersionen als Bindemittel in Siliconharzsystemen bzw. im Kapitel Polymerdispersionen in Silikatsystemen beschrieben.

Weitere Spezialputze, z. B. für die Schalldämmung, erfordern keine speziellen Bindemittelkombinationen und sind deshalb, was das Bindemittel betrifft, als normale Kunstharzputze einzustufen.

4.6.2 Einteilung der Kunstharzputze und technische Anforderungen

Für Putze gibt es eine Reihe von Normen:

DIN 18 550, Teil 1: Putz, Begriffe und Anforderungen,

DIN 18 550, Teil 2: Putze aus Mörteln mit mineralischen Bindemitteln, Ausführung,

DIN 18 550, Teil 3: Putz, Wärmedämmputzsysteme aus Mörteln mit mineralischen Bindemitteln und expandiertem Polystyrol (EPS) als Zuschlag,

DIN 18 555: Prüfung von Mörteln aus mineralischen Bindemitteln,

DIN 18 557: Werkmörtel, Herstellung, Überwachung und Lieferung,

DIN 18 558: Kunstharzputze,

DIN 18 556: Prüfung von Beschichtungsstoffen für Kunstharzputze,

DIN 4108, Teil 3: Wärmeschutz am Hochbau, Klimabedingter Feuchteschutz, Anforderungen und Hinweise für Planung und Ausführung,

DIN 4102, Teil 4: Brandverhalten von Baustoffen und Bauteilen, Zusammensetzung und Anwendung klassifizierter Baustoffe, Bauteile und Sonderbauteile [2].

Nach DIN 18 550 Teil 1 und DIN 18 558 gibt es zwei Kunstharzputz-Klassen:
P Org. 1 – Innen- und Außenputze
P Org. 2 – Innenputze.

Die technischen Anforderungen (z. B. Witterungsbeständigkeit, Feuchteschutz) sind bei der ersten Klasse viel höher als bei der zweiten.

Als Bindemittel für Kunstharzputze eignen sich alle auf dem Markt für Anstrichfarben erhältlichen Bindemitteltypen, darunter Acrylat/Styrol-Copolymere, Reinacrylate, VAc-Copolymere und Ethylen enthaltende Druckpolymere. Natürlich beeinflusst die Wahl der Rezeptbestandteile (Bindemittel, Additive, Füllstoffe) das Materialverhalten, z. B. die Wasseraufnahme des Putzes.

Je nach Typ und gröbstem verwendeten Füllstoff müssen Kunstharzputze, wie folgende Aufstellung (nach DIN 18 558) zeigt, Mindestmengen an Bindemittel enthalten:

Typ	Max. Korngröße [mm]	Bindemittelanteil [fest auf Gesamtfeststoffgehalt, Gew.-%]
Außen- und Innenputz:		
P Org. 1	≤ 1	8
P Org. 1	≥ 1	7
Nur Innenputz:		
P Org. 2	≤ 1	5,5
P Org. 2	≥ 1	4,5

Um eine langjährige Haltbarkeit des Putzes zu gewährleisten, sollte im überwiegenden Anteil der Füllstoffe die Partikelgröße über 0,125 mm liegen. Üblicherweise prüft man folgende Eigenschaften (nach DIN):

– am feuchten Putz:
Rissfreie Trocknung
Verarbeitbarkeit bei 5 °C
Lagerung ohne Entmischung

– am getrockneten Putz:
Wasseraufnahme
Wasserdampfdurchlässigkeit
Frostbeständigkeit bei Einwirkung von Feuchte und Kälte (-15 °C)
Verseifungsbeständigkeit.

4.6.2.1 Anforderungen an das Bindemittel

Die wichtigsten Anforderungen an das Bindemittel für Kunstharzputze sind

– hohes Bindevermögen für grobteilige Füllstoffe,
– geringe Wasseraufnahme als Bindemittel selbst und in der Formulierung/ guter Feuchteschutz,
– geringe Thermoplastizität (sofern für Spezialanwendungen nicht ausdrücklich erwünscht),
– hohe Alkalibeständigkeit,
– Schwerentflammbarkeit (für die Anwendung WDVS) und
– gute Verarbeitungseigenschaften.

4.6.2.2 Bindevermögen

Wie bei den Dispersionsfarben ist das Bindevermögen die Fähigkeit eines Bindemittels, die Pigmente und Füllstoffe eines Kunstharzputzes zu einer Beschichtung mit den gewünschten Gebrauchseigenschaften „zusammenzukleben". Die Untergrenzen der eingesetzten Bindemittelmenge sind durch die jeweiligen Normen vorgegeben. Acrylat/Styrol-Dispersionen zeichnen sich durch ein sehr hohes Bindevermögen aus, allerdings ist auch das Bindevermögen der anderen Bindemitteltypen für die Verwendung in Putzen absolut ausreichend. Im Unterschied zur Farbe ist beim Putz die Angabe einer Pigmentvolumenkonzentration wegen der Verwendung grobteiliger Füllstoffe mit relativ geringer spezifischer Oberfläche nicht sinnvoll.

4.6.2.3 Wasseraufnahme und Feuchteschutz

Um einen effektiven Feuchteschutz für die beschichtete Wand zu gewährleisten, muss ein Putz einerseits möglichst dicht gegen Regen und andererseits möglichst offen für die Diffusion von Wasserdampf sein. Diese beiden Forderungen stellen sicher, dass nicht zu viel flüssiges Wasser in die Wand eindringt und doch eingedrungenes Wasser möglichst schnell wieder verdunstet.

Zur Beschreibung der Kapazität für die Aufnahme flüssigen Wassers wird der Wasseraufnahmekoeffizient W verwendet. Er spielt auch bei der Beurteilung von Fassadenschutzsystemen eine wesentliche Rolle. Definiert ist W als die beim Eintauchen eines Stoffes in Wasser aufgesaugte Wassermenge, bezogen auf die Saugfläche.

Die Wasserdampfdiffusion wird durch die diffusionsäquivalente Luftschichtdicke Sd beschrieben. Für einen effektiven Feuchteschutz müssen alle der drei folgenden Bedingungen erfüllt sein. *Künzel* forderte in seiner nach ihm benannten Feuchteschutztheorie folgende Werte [3] (**Abb. 4.46**):

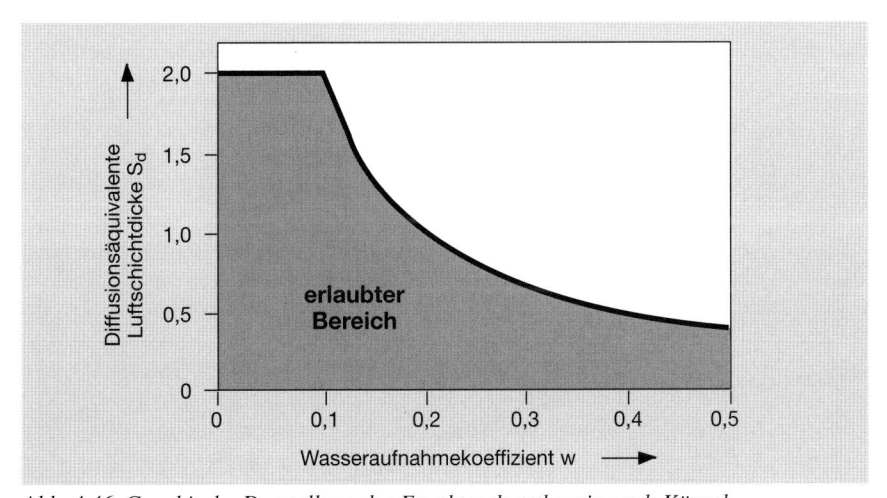

Abb. 4.46 Graphische Darstellung der Feuchteschutztheorie nach Künzel

1) $W \leq 0{,}5 \text{ kg}/(m^2 \cdot h^{0{,}5})$
2) $S_d \leq 2{,}0 \text{ m}$
3) $W \cdot S_d \leq 0{,}1 \text{ kg}/(m \cdot h^{0{,}5})$.

Später wurde vom Normen-Ausschuss in der Kunstharzputznorm DIN 18 558 unter Punkt 6.2.4 der Maximalwert für das Produkt $W \cdot S_d$ auf $\leq 0{,}2 \text{ kg}/(m \cdot h^{0{,}5})$ angehoben.

Bei marktgängigen Produkten wurden hierbei folgende Werte gefunden:

	W [kg/(m²·h^{0,5})]	Sd [m]
Kratzputz	0,05 bis 0,3	0,5 bis 1,0
Rillenputz	0,08 bis 0,1	0,3 bis 0,6
Buntsteinputz	0,03	0,1 bis 0,12

Die Produkte liegen mit ihren Werten im erlaubten Bereich des Feuchteschutzes. Der Vergleich mit üblichen Baumaterialien (Beton: Sd = 7 m, Mauerwerk Sd = 2,4 m) zeigt, dass Kunstharzputze ausreichend wasserdicht und wasserdampfdurchlässig sind. Wasseraufnahme und Wasserdampfdurchlässigkeit des Bindemittels allein haben keine Aussagekraft für den fertig formulierten Putz. Dies ist bei einer Beschichtung mit einem sehr geringen Bindemittelanteil auch nicht anders zu erwarten.

Die oben aufgeführten Werte gelten nur für den Putz allein. Wird er, wie oft üblich, mit einem farbigen Anstrich versehen, muss das System 'Putz + Anstrich' betrachtet werden. Ein in dicker Schicht aufgebrachter Anstrich kann die Wasseraufnahme positiv und die Wasserdampfdurchlässigkeit negativ beeinflussen [1].

4.6.2.4 Thermoplastizität, Alkalibeständigkeit und Entflammbarkeit

Außer für spezielle elastische Putze sind Bindemittel mit einer MFT zwischen 15 und 20 °C am besten für Putze geeignet. Höhere MFT führt zu spröden Putzen, geringere MFT erhöht die Empfindlichkeit für Verschmutzung.

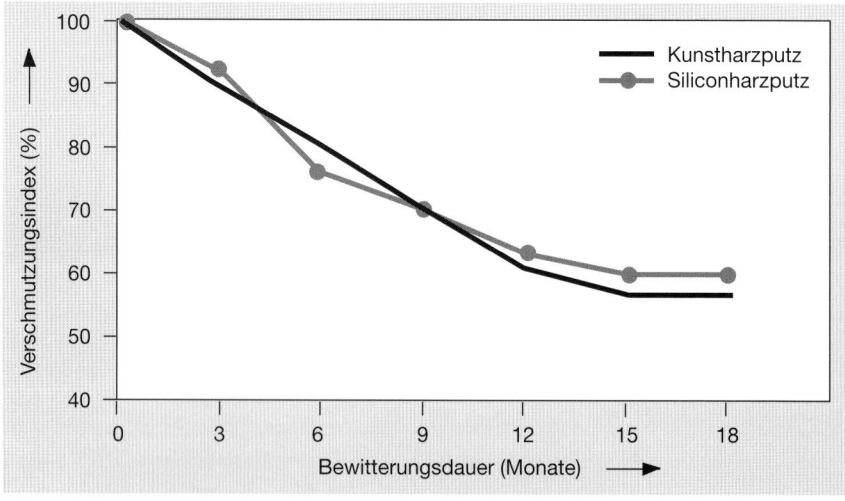

Abb. 4.47 Verschmutzung von Kunstharz- und Siliconharzputzen
(Verschmutzungsindex = L* nach Bewitterung/L* vor Bewitterung x 100 nach ASTM D 3719–95)[4]

Vorab praxisnahe Aussagen zur Verschmutzungsneigung eines Putzes zu treffen, ist äußerst schwierig. Objektstandort (Industriegebiet, Verkehrsstraßen, Stadt, Land), Dachüberstände, Gebäudehöhe, Putzstruktur und Untergrund sind, zusammen mit den Witterungseinflüssen, mit entscheidend für die Verschmutzungsneigung von Putzen. Die Praxis zeigt, dass bei Putzen generell erst nach 9 bis 15 Monaten Freibewitterung auf einem Wetterstand eine Verschmutzungsbeurteilung möglich ist. Nach insgesamt 18 bis 24 Monaten Freibewitterung (Probenlagerung unter 45°), sind in der Regel die höchsten Verschmutzungsintensitäten erreicht (**Abb. 4.47**).

Bei einschlägigen Untersuchungen wurde beobachtet, dass auch der Titandioxid-Gehalt die Verschmutzungsneigung beeinflusst. Wie **Abb. 4.48** zeigt, nimmt die Verschmutzung mit steigendem Titandioxid-Gehalt ab. Den Einfluss der Bindemittelmenge auf die Anschmutzbarkeit verdeutlicht **Abb. 4.49**. Je mehr Bindemittel ein Putz enthält, desto mehr verschmutzt er.

Normale Kunstharzputze sind ausreichend thermoplastisch, um 'tote' Putzrisse (Schwund- und Windrisse) sicher zu überbrücken. Die Überbrückung größerer Risse erfordert speziell angepasste elastische Putze oder bauliche Sanierungsmaßnahmen vor dem Verputzen.

Alkalibeständigkeit ist eine Forderung bei Außenputzen, speziell auf Beton als Untergrund. In dieser Hinsicht haben Acrylat/Styrol-Copolymere Vorteile gegenüber den übrigen Bindemitteltypen (siehe auch Abschnitt 2.4.1.2).

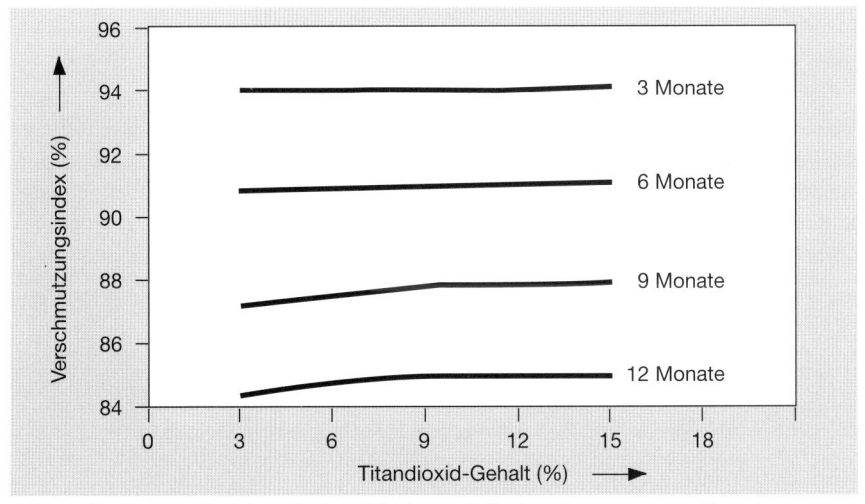

Abb. 4.48 Einfluss des Titandioxid-Gehaltes auf die Anschmutzung von Kunstharzputzen in der Freibewitterung (Körnung 2,5 mm; 8 % Polymer/Festkörper) [5,6]

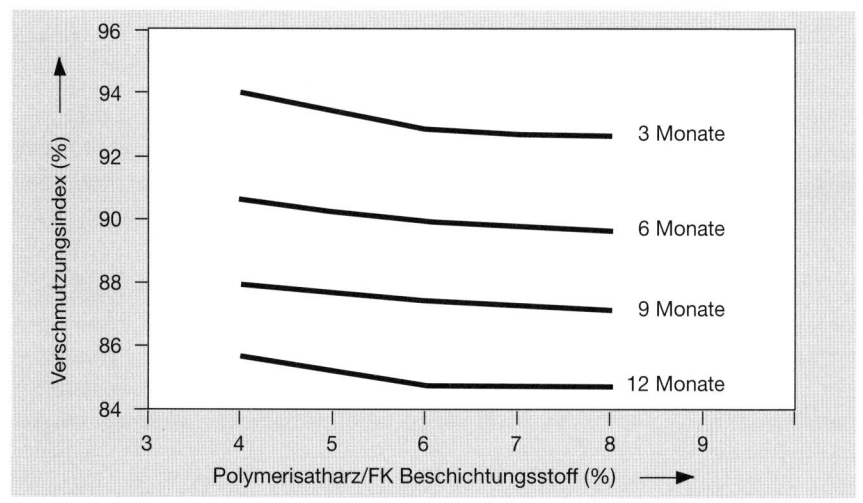

Abb. 4.49 Einfluss des Bindemittel-Gehaltes auf die Anschmutzung von Kunstharzputzen in der Freibewitterung (Körnung 2,5 mm; 3 % Titandioxid) [5,6]

Die Forderung nach Schwerentflammbarkeit gemäß Brandklasse B1 nach DIN 4102 gilt nicht für die Dispersion selbst, sondern nur für das fertig verarbeitete Putzsystem, aufgetragen auf massiven mineralischen Untergrund. Richtig formulierte Kunstharzputze erfüllen diese Forderung und können damit auf Gebäuden bis 20 m Höhe verwendet werden.

4.6.2.5 Verarbeitungseigenschaften

Die Verarbeitungseigenschaften eines Putzes – bzw. das entsprechende Urteil des ihn verarbeitenden Handwerkers darüber – entscheiden weit mehr als die technischen Eigenschaften über Erfolg oder Misserfolg des Produktes. Auch wenn heute Kunstharzputze teilweise maschinell aufgebracht werden, wozu der Putz entsprechend maschinengängig sein muss, sind das Glätten und die Oberflächenbearbeitung des Putzes immer noch weitgehend Handarbeit. Folgende Eigenschaften sind dazu wichtig:

- Oberflächenbearbeitung mit möglichst geringem Kraftaufwand,
- kein Schmieren oder Absacken des Putzes,
- genügend lange offene Zeit zur Vermeidung von Ansatzstellen.

Beeinflussen lassen sich die Verarbeitungseigenschaften hauptsächlich durch Hilfsstoffe, wie z. B. zur Modifizierung der rheologischen Merkmale. Das Bindemittel spielt hierbei nur eine geringe Rolle.

4.6.3 Oberflächenstrukturen

Die Vielfalt der mit Kunstharzputzen erzielbaren Oberflächeneffekte wird durch die Kornzusammensetzung einerseits und das Applikationsverfahren andererseits bestimmt.

Folgende Arten sind bekannt:
- Streichputz,
- Rollputz,
- Spritzputz,
- Kratzputz,
- Reibeputz,
- Rillenputz,
- Modellierputz und
- Buntstein-/Natursteinputz.

Streich-, Roll- und Spritzputze haben ihren Namen vom jeweiligen Applikationsverfahren und enthalten keine groben Füllstoffe. Ist Nacharbeiten der Oberfläche angebracht, spricht man von Modellierputz.

Kratzputze enthalten gleiche Anteile der Zuschlagsstoffe sehr unterschiedlicher Korngrößen. Beim Trocknen treten (durch Volumenschwund) die großen Kornteilchen deutlich hervor. Das Resultat ist eine Oberfläche, die jener eines mineralischen Kratzputzes ähnelt.

Reibe- und Rillenputze enthalten einen kleinen Anteil an Partikeln mit wesentlich größerem Korn, die beim Glätten („Verscheiben") rillenförmige Spuren in der Oberfläche hinterlassen. Je nach Art des Glättens kann man eine Vielzahl runder oder gerader Strukturen erhalten.

Buntstein- und Natursteinputze enthalten ausschliesslich gefärbten Buntsand oder Steine der Korngröße 1 bis 4 mm. Das Bindemittel trocknet transparent auf. Da keine feinteiligen Füllstoffe vorhanden sind, werden die Buntsandkörner sichtbar. Meistens ist das Bindemittel dem Sonnenlicht direkt ausgesetzt. Deshalb müssen für solche Putze Reinacrylate verwendet werden; Acrylat/Styrol-Dispersionen sind wegen der Vergilbung und vorzeitigem Abbau durch UV-Licht nicht geeignet. Von großer Bedeutung ist auch eine gute Weißanlaufbeständigkeit der Polymermatrix bei Wasserkontakt.

4.6.4 Wärmedämmverbundsysteme (WDVS)

Ein beträchtlicher Anteil der Kunstharzputze wird heute, überwiegend im Außenbereich, in WDVS eingesetzt. Deren Entwicklung setzte in den 60er Jahren ein und erlebte nach der Energiekrise von 1973 einen Boom, der allerdings auch zu vielen Schadensfällen führte, da fehlende Praxiserprobung durch Empirie ersetzt wurde. Mittlerweile hat sich die Situation geändert. Heute gibt es sehr viele praxiserprobte Systeme, die die technischen Anforderungen erfüllen. Die Wärmedämmung wird nicht nur an alten Fassaden durchgeführt, sondern bereits in die Planung neuer Bauten mit einbezogen. Auch im Fertighausbau sieht man fast immer eine Wärmedämmung vor, obwohl es in diesem Fall eher auf die rissüberbrückende Eigenschaften des WDVS ankommt.

Entscheidend ist, dass immer ein komplettes, von nur einem Hersteller angebotenes System verwendet wird, dessen einzelne Komponenten auch nicht ausgetauscht werden dürfen. Das Anforderungsprofil bezieht sich übrigens immer auf das ganze System.

Ein WDV-System besteht nach **Abb. 4.50** aus:
– Klebstoffschicht,
– Wärmedämmplatte,
– Spachtelmasse mit eingelegter Bewehrung,
– Deckputz.

Der Klebstoff muss den Kontakt der Wärmedämmung zum Untergrund sicherstellen und deshalb gut auf beiden Komponenten haften. Die Wärmedämmung (meist Mineralfaser-Platten oder Platten aus Styropor®[a]) sind das eigentliche Kernstück des WDVS. Sie müssen eine niedrige Wärmeleitfähigkeit und ausreichende Zugfestigkeit haben und unverrottbar sein. Auf kritischem Untergrund werden sie zusätzlich mit Spezialdübeln befestigt. Als Bindemittel der Spachtelmasse wird fast immer der Klebstoff verwendet. In die Masse wird die Bewehrung bzw. Armierung eingelegt, die mechanische und thermische Spannungen zwischen dem Untergrund bzw. den Dämmplatten und der Deckschicht ausgleicht. Diese Schicht muss vor allem eine hohe Zugfestigkeit bei geringer Dehnung haben. Meist werden darin Glasfasergewebe eingesetzt; Kunststoffgewebe sind wegen ihrer Thermoplastizität nicht geeignet.

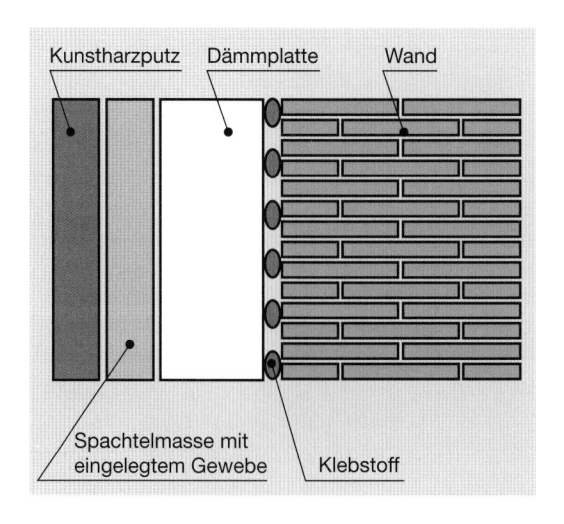

Der Deckputz sollte zu einem gewissem Grad elastisch sein, doch prinzipiell ist hierfür ein normaler Kunstharzputz geeignet. An die Putzverarbeitung werden die üblichen Forderungen gestellt.

Abb. 4.50
Systematischer Aufbau eines WDV-Systems

Polymer	Tg [°C]	Zersetzung ab [°C]	Spezifische Wärme[a] [kJ/kg·K]	Thermische Leitfähigkeit [W/m·K]	Heizwert[b] [kJ/kg]	$T_{Zünd}$ [c] [°C]
Polyethylen	−125	+335	2,3	0,40	44 000[d]	+341
Polyvinyl-chlorid	+80	+200	1,0	0,16	17 000	+391
Polystyrol	+100	+285	1,3	0,15	39 350	+345[e]
Poly(methyl-methacrylat)	+50	+170	1,5	0,19	25 300	+280[e]
Polyvinyl-Acetat	+35	+213	2,3[f]	0,16	26 500[g]	+330[h]
Vergleichsdaten:						
Quarzglas	1705[i]	−	0,17	0,04	−	−
Glimmer	−	−	0,21	0,60	−	−
Sand (trocken)	−	−	0,84	0,35	−	−
Wasser	±0[j]	−	4,18	0,59	−	−
Silbermetall	961[j]	−	0,24	407	−	−
Holz (trocken)	−	ab 100, max. +275[k]	2,5	0,15	16 000	+220

a) Wärmemenge, die nötig ist, um eine Einheitsmasse (z.b. 1 kg) eines Materials um eine Temperatureinheit (z.B. 1 K) zu erhöhen in kJ; Materialien mit hoher spezifischer Wärme erwärmen sich langsamer als Materialien mit geringer spezifischer Wärme;
b) Heizwert = Verhältnis der bei der Verbrennung frei werdenden Wärmemenge zur Masse des verbrannten Materials;
c) $T_{Zünd}$ = Mindestzündtemperatur = Mindesttemperatur, bei der sich ein Material durch Funken oder Glimmen entzünden lässt;
d) Dieser Wert entspricht weitgehend dem von Erd- und Heizöl (41 000 kJ/kg);
e) Styrol-Methylmethacrylat-Copolymer: +329 °C;
f) Vinylacetat-Ethylen-Copolymer
g) Vinylacetat-Vinylchlorid-Ethylen-Terpolymer;
h) Vinylacetat-Vinylchlorid-Copolymer;
i) Schmelzpunkt von ß-Cristobalit, einer Quarzmodifikation;
j) Schmelzpunkt;
k) Temperatur, bei der aus trockenem Holz in exothermer Reaktion Holzkohle entsteht;

Tab. 4.18 *Chemisch-physikalische Eigenschaften von Polymeren* [7]

Eine wichtige WDVS-Eigenschaft ist die Schwerentflammbarkeit des **gesamten** Systems. Dabei ist zu berücksichtigen, dass neben den Brandeigenschaften der Dämmplatte auch die organischen Anteile in Klebstoff, Armierung und Deckputz das Brandverhalten mit bestimmen. Bedeutsam ist, welche Polymerklassen zum

Herstellen dieser Komponenten verwendet werden. Es bestehen deutliche Unterschiede im Brandverhalten – gleiche Mengenanteile in den jeweiligen Komponenten vorausgesetzt – zwischen den einzelnen Polymerklassen. **Tab. 4.18** zeigt diesbezüglich einige chemisch-physikalische Eigenschaften von Polymeren.

Zur Eignungsbeurteilung der verschiedenen Polymerklassen für WDV-Systeme muss der Aufbau in seiner modularen Gestalt analysiert werden. **Tab. 4.19** zeigt die einzelnen Module. Die verschiedenen Module können nicht x-beliebig kombiniert werden. So kann ein Silikatputz auf Grund seiner Wasserempfindlichkeit nicht auf eine mineralische Dämmplatte aufgebracht werden. Für derartiges Dämmmaterial sollte als Deckbeschichtung ein Kunstharzputz gewählt werden. Handelt es sich beim Dämmmaterial aber um Platten aus Styropor®[a], so kann darauf ohne Probleme ein Silikatputz aufgebracht werden.

Klebstoff	Dämmplatte	Armierung	Deckbeschichtung
Pulver zementös, kunststoffvergütet	mineralisch	mineralisch	Pulver zementös, kunststoffvergütet
pastös + 30% zementiert	Polystyrol	Polystyrol	Silikatputz
pastös, ohne Zement	Hartschaum	Hartschaum	Kunstharzputz

Tab. 4.19 Modularer Aufbau eines WDV-Systems

In der Literatur werden Ergebnisse zum Brandverhalten verschiedener Polymerklassen im Brandschacht [8] beschrieben [7]. Dem Resultat ist zu entnehmen, dass die Brandschutzklasse B1 mit rein „organischem" Aufbau problematisch ist. Derartige Systeme können diese Brandschutzklasse nur erreichen, wenn ein Bindemittel mit niedrigem Heizwert im gesamten System verwendet wird. Polyvinylchlorid-haltige Produkte können somit den Brandschachttest in allen Kriterien auch ohne Flammschutzmittel (z. B. Aluminiumhydroxid) erfüllen. Im Deckputz werden in der Praxis aber oft Kombinationen mit Acrylat/Styrol-Dispersionen wegen besserer Wetterbeständigkeit und höherem Pigmentbindevermögen gewählt. Dem Deckputz muss dann zum Erreichen von Klasse B1 ein Flammschutzmittel (z. B. Aluminiumhydroxid) zugesetzt werden.

Je mehr anorganische Anteile in das Gesamtsystem über die Module eingebracht werden, desto mehr wird der Bindemitteleinfluss auf das Brandverhalten reduziert.

4.6.5 Formulierungsschema für Kunstharzputze

Die allgemeinen Richtlinien zur Formulierung eines Kunstharzputzes sollen am Beispiel eines Reibeputzes erläutert werden. Es handelt sich dabei um ein Produkt auf Basis einer handelsüblichen Acrylat/Styrol-Dispersion mit folgender Zusammensetzung:

Komponente	Gew.-Teile	Wirkung
Polymerdispersion, z. B. Acronal® 290 D[a]	132	Wird vorgelegt; Menge erfüllt Norm; die hohe Eigenviskosität von Polymerdispersionen wie z. B. Acronal® 290 D reduziert die benötigte Verdickermenge.
Natriumpolyphosphat 5 %ig	8	Netz- und Dispergiermittel, wichtig für die Lagerstabilität; Menge hängt von Bindemittel und Größenverteilung der Füllstoffe ab; optimale Menge muss durch Versuche ermittelt werden.
Konservierungsmittel	3	Meist ein Formaldehyd abspaltendes Mittel; konserviert während der Lagerung.
Entschäumer	3	Schaum kann die Verarbeitungseigenschaften des Putzes negativ beeinflussen; ausreichende Entschäumung deshalb wichtig!
Latekoll® D[a] 8 %ig in Ammoniak	8	Verdicker; beeinflusst Konsistenz, Verlauf, Verarbeitung und Struktur; wegen Wasserempfindlichkeit muss Menge begrenzt bleiben.
Testbenzin (180 bis 210 °C)	10	Filmbildehilfsmittel; gewährleistet rissfreies Trocknen auch bei der Mindestverarbeitungstemperatur gemäß Norm (5 °C).
Butyldiglykol	10	Verzögert das Abbinden; max. Zusatz 2%, da auch Wasserempfindlichkeit ansteigt.
Basophob® WDS[a]	6	Hydrophobierungsmittel; verbessert die Frühregenfestigkeit und verlängert die offene Zeit.

(Fortsetzung nächste Seite)

(Fortsetzung Formulierungsschema)

Komponente	Gew.-Teile	Wirkung
Titandioxid Rutil	28	Wie bei Farben sollen die Pigmente und Füllstoffe in der Reihenfolge ansteigender Teilchengröße zugegeben werden.
Omyacarb 40 GU	395	Füllstoff
Omyacarb 130 GU	255	Füllstoff
Plastorit 0,5	65	Füllstoff
Quarz Rundkies	45	Korn mit Übergröße zur Erzielung des Rilleneffektes beim Verscheiben.
Wasser	32	
Summe	**1000**	
Feststoffgehalt:	86 %	
Bindemittelanteil (trocken)	7,5 %	

Die Wahl des Verdickers ist sehr kritisch für die Verarbeitungseigenschaften des Putzes. So sorgt ein carboxylgruppenhaltiges Polymerisat, wie Latekoll® D[a], für eine ausreichende Nasshaftung und ermöglicht, dass beim Nachscheiben absolut schmierfrei gearbeitet werden kann.

Auch die verschiedenen Celluloseether beeinflussen die Verarbeitungseigenschaften. Methyl- oder Hydroxyethylcellulose ermöglichen eine gute Nasshaftung, wobei es aber zu leichtem Schmieren des Putzes kommen kann. Methylhydroxypropylcellulose gestattet gute Nasshaftung ohne Schmieren. Die Entschäumerwahl ist ebenfalls sehr wichtig. Im Falle von Buntsteinputzen kann freilich eine gewisse Schaumbildung zur Erzielung eines geschmeidigen, gut verarbeitbaren Putzes sogar erwünscht sein.

Mögliche weitere Zusätze:
Glykol (max. 2 %) trägt zur Erhöhung der Frostbeständigkeit im Gebinde bei. Höhere Zusätze an Glykol setzen allerdings die Viskosität herab.
Weichmacher, z. B. Plastilit® 3060[a], dienen der Flexibilisierung des Putzes.
Bei solchen Zusätzen muss berücksichtigt werden, dass diese die Trocknung beeinflussen und bei einem Siedepunkt von < 250 °C bislang als VOC eingestuft werden müssen.
Oberflächenaktive Substanzen, wie Emulgatoren, verbessern die Verarbeitungseigenschaften.
Die Herstellung derartiger Putze erfolgt heute meist in horizontalen Zwangsmischern. Da sowohl ein sehr hoher Feststoffgehalt als auch hohe Viskosität erzielt werden sollen, ist es notwendig die Dispersion vorzulegen. Ihr werden dann alle Additive und zum Schluss die Füllstoffe zugegeben.

4.6.6 Typische Bindemittel für Kunstharzputze

Bewährte Bindemittel für Kunstharzputze sind Dispersionen vom Typ Vinylacetat-Co- und Terpolymere, Acrylat/Styrol-Dispersionen und – speziell für Bunt- und Natursteinputze – Reinacrylate. Acrylat/Styrol-Dispersionen haben ein hohes Bindevermögen und sind wegen des günstigen Preis/Leistungsverhältnisses im Kunstharzputz weit verbreitet. In vielen Fällen werden diese Produkte auch als ammoniakfreie Versionen angeboten. Dadurch wird die Formulierung geruchsarmer Putze möglich. Die MFT liegt üblicherweise zwischen 0 und ca. 20 °C. Bindemittel mit niedriger MFT eignen sich zur Herstellung von emissionsarmen und lösemittelfreien Kunstharzputzen, insbesondere wenn kein Ammoniak vorhanden und der Gehalt an VOC niedrig ist.

Es muss aber beim Formulieren von Putzen mit derartigen Bindemitteln berücksichtigt werden, ob das Polymere thermoplastisch ist, da sich dies auf die Anschmutzbarkeit des Putzes nachteilhaft auswirken kann, weshalb derartige Polymere mehr für Innenanwendungen in Frage kommen.

Bei den Reinacrylaten sticht die besonders gute UV-Beständigkeit im unpigmentierten Film hervor, was sie besonders für Buntsteinputze geeignet erscheinen lässt. Dennoch muss auch bei ihnen unter extrem hoher direkter Sonneneinstrahlung in südlichen Klimazonen die Witterungsbeständigkeit in Vorversuchen geprüft werden.

Kunstharzputze für WDVS werden zur Sicherstellung ihrer Schwerentflammbarkeit mit VC-haltigen Bindemitteln – entweder als Alleinbindemittel oder aber in Kombination mit Acrylat/Styrol-Dispersionen – formuliert.

4.6.7 Literatur

[1] Peter Pföhler, persönliche Mitteilung, 1999.
[2] H. G. Meier, Der mineralische Fassadenputz, in Fassadenschutz und Bausanierung, expert-Verlag, Renningen-Malmsheim, 1994.
[3] H. Künzel, Beurteilung des Regenschutzes von Außenbeschichtungen, Institut für Bauphysik der Fraunhofer Gesellschaft, Mitteilung 18, 1978.
[4] M. Güntert, Siliconharzputze in der Praxis, S. 460 ff., in W. Schultze, Wässrige Siliconharz-Beschichtungssysteme für Fassaden, expert Verlag, 1997.
[5] H. Zeh, Weiß, weißer, reinweiß – Zur Wirkungsweise von Rezepturbestandteilen auf die Verschmutzungsresistenz von Kunstharzputzen in der Freibewitterung und im Laborexperiment, Vortrag auf der Jahresversammlung der Fachgemeinschaft Kunstharzputz e.V. am 29.04.1999 in Dresden.
[6] H. Zeh, 1999, persönliche Mitteilung.
[7] H. Zeh, F. Jodlbauer, Brandverhalten von Wärmedämmverbundsystemen und brandtechnische Anforderungen, Vortrag auf dem 2.Seminar Beschichtungen und Bauchemie am 07.10.1998 in Kassel.
[8] Prüfung von der FMPA in Stuttgart.

Fußnote:
a   eingetragene Marke der BASF Aktiengesellschaft

5 Holzbeschichtungen

An Beschichtungen für das natürliche „lebende" Material Holz (siehe **Abb. 5.1**) und dafür konzipierte Bindemittel werden spezifische Anforderungen gestellt, die deutlich von Anstrichen mineralischer Substrate, wie z.B. Innenwandfarben oder Fassadenfarben, abweichen [1, 2].

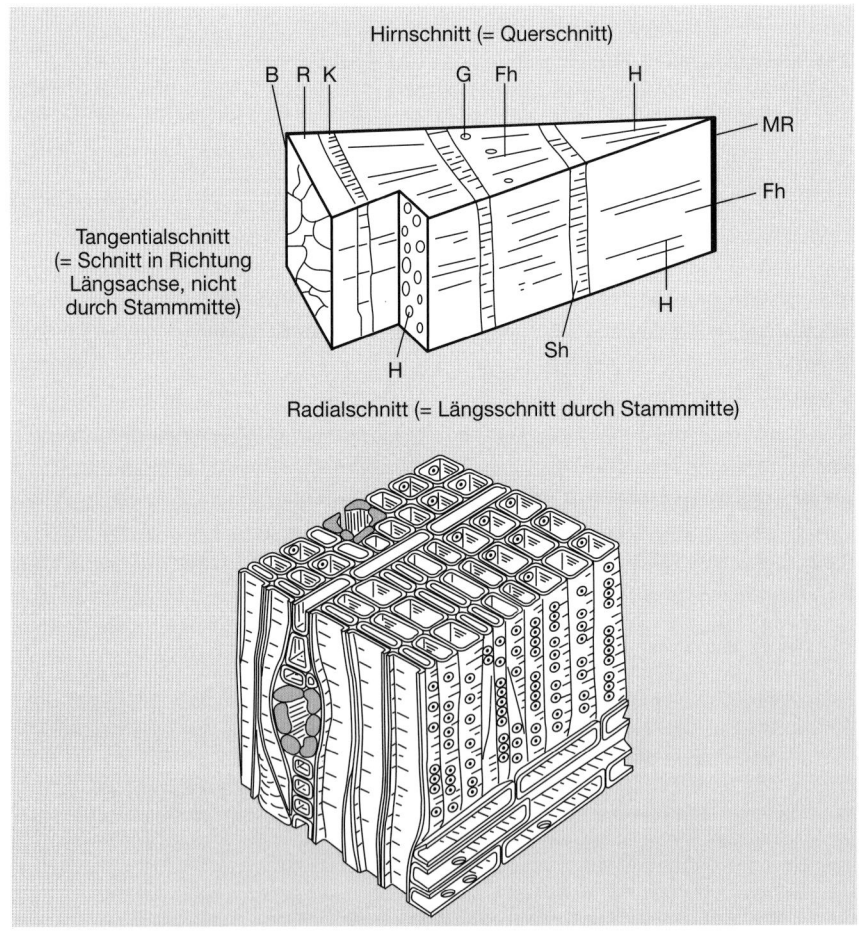

Abb. 5.1 Anatomischer Aufbau von Holz [1, 2]
oben [1]: Schnittformen und Grundaufbau; B: Borke, R: Innenrinde, K: Kambium, Fh: Frühholzzellen, Sh: Spätholzzellen, H: Holzstrahlen, MR: Markröhre, G: Harzkanäle
unten [2]: Holzzellstruktur (1 mm^3) bei Nadelholz

5.1 Besonderheiten von Holz als Baustoff

Um die an eine Holzbeschichtung generell geforderten Eigenschaften besser zu verstehen, soll an dieser Stelle in kurzer Form eine Einführung in die Besonderheiten von Holz als Werkstoff und Baumaterial (siehe **Tab. 5.1**) erfolgen [2, 3].

- Variabilität der Grundstruktur und chemischen Zusammensetzung
- Wasserquellbarkeit und Hygroskopie
- Anisotropie der Holzstruktur
- fehlende Dimensionsstabilität (Quellen und Schwinden mit Feuchtigkeitswechsel, Neigung zur Rissbildung)
- Instabilität gegen UV-Einwirkung (Verfärbung, Vergrauung, Ligninabbau)
- Anfälligkeit gegen Mikroorganismenbefall (Schimmel, Bläue etc.) bei Holzfeuchtegehalt > 20 %

Tab. 5.1   Besonderheiten des Baustoffs Holz

Holz besteht chemisch im wesentlichen aus folgenden Bestandteilen:

Cellulose	40 bis 60 %
Lignin	15 bis 40 %
Hemicellulose	15 bis 20 %
Restliche organische (Zucker, Stärke, Peptide) und anorganische Bestandteile (Mineralstoffe)	2 bis 8 %

Die Cellulosemoleküle verleihen dem Holz seine hohe Zugfestigkeit (Armierung), das Lignin stellt die Verbindung (Kitt oder Matrix) zwischen den Celluloseketten dar, und die Hemicellulosemoleküle verstärken die chemischen Bindungen zwischen den Cellulose- und Ligninmolekülen. Die Eigenschaften des Holzes werden nicht nur von den drei Hauptbestandteilen, sondern auch von holzbegleitenden Inhaltsstoffen, wie Alkaloiden, Farbstoffen, Fetten, Ölen und Stärken, geprägt. Sie sind unter anderem für Farbe, Geruch und Haltbarkeit des Holzes verantwortlich. Schwierigkeiten bei der Oberflächenbehandlung von Holz sind oftmals auf diese Inhaltsstoffe zurückzuführen.

Holz nimmt als hygroskopischer Werkstoff Feuchtigkeit aus seiner Umgebung auf und kann diese auch wieder abgeben. Dabei steht die von der Cellulose gebundene Feuchtigkeitsmenge mit der Feuchtigkeit der umgebenden Atmosphäre im Gleichgewicht.
Änderungen der Holzfeuchte bewirken Quellen und Schwinden des Holzes. Diese Volumenveränderungen („Arbeiten des Holzes") sind in den drei Schnittrichtungen des Holzes (radial, tangential und longitudinal) unterschiedlich. Man spricht aus diesem Grund von einer Anisotropie des Holzes. In Abhängigkeit von der Holzart und der Feuchteänderung quillt und schwindet Holz radial (in Mark-

Holzsorte	Schwindung oder Quellung [%]		
	radial	tangential	längs
Kiefer	4,0	7,7	0,4
Buche	5,8	11,8	0,3
Eiche	4,6	10,0	0,4
Mahagoni	1,2	5,7	0,2

Tab. 5.2 *Volumenänderungen von Holz bei Feuchtewechsel*

strahlrichtung) bis zu 10mal und tangential (entlang der Jahresringe) bis zu 17mal so stark wie longitudinal (in Faserrichtung bzw. Richtung des Längenwachstums); siehe **Tab. 5.2**.

Wegen des anisotropen Quell- und Trocknungsverhaltens kann es vor allem an den Jahresringen und an der Grenze zwischen Kern- und Splintholz zu Rissbildungen in Holz und Beschichtung kommen.

Eine zu hohe Holzfeuchte (> 20 %) fördert zusätzlich Pilzbefall und Holzverrottung. Holzzerstörende und holzverfärbende Pilze, wie Schimmel, oder die häufig bei Nadelhölzern vorkommende Bläue, beeinträchtigen die Ästhetik und die Haltbarkeit von Holz und Holzbeschichtung. Zum Problem wird dies vor allem bei Verwendung von Holz als Baumaterial im Außenbereich, wo es teilweise erheblicher Feuchtigkeit ausgesetzt ist (Schlagregen, Schnee, Tau, Kondenswasser etc.).

Holz kann weiterhin UV-Licht absorbieren. Unter der Einwirkung von UV-Strahlen des Sonnenlichtes und deren Absorption durch aromatische chromophore Gruppen werden Holzbestandteile, vornehmlich Lignin, photochemisch abgebaut (Depolymerisation). Die Folge sind zu Beginn bei hellen Hölzern Dunkelverfärbungen, später dann Verwitterungs-, Vergrauungs- und Ausbleicherscheinungen. Ebenso kommt es zu Rissbildung an der Oberfläche und Haftungsverlust der Beschichtung auf dem losen Cellulosegerüst. Letzteres ist auf das Auswaschen von wasserlöslichen Lignin-Abbauprodukten im Wetter zurückzuführen.

Aufgrund der vorgestellten Besonderheiten verlangt man für die Erhaltung der Funktionssicherheit von Holzkonstruktionen Anstrichsysteme, die auf Holzart und Holzqualität sowie auf die Beanspruchungen unter den verschiedenen Umgebungsbedingungen abgestimmt sind.

5.2 Einteilung der Holzbeschichtungen

Die Charakterisierung der wässrigen Holzbeschichtungsstoffe kann nach der Anwendung im Außen- oder Innenraumbereich, nach der Funktion, oder nach dem Grad der Transparenz erfolgen [2, 4].

Für die Außenanwendung gibt es einmal sogenannte Holzschutzbeschichtungen, die pilzhemmende Additive enthalten und in der Lage sind, in das Holz gut einzudringen, und zum anderen Wetterschutzmittel, die frei von Wirkstoffen sind und lediglich einen physikalischen Oberflächenschutz des Holzes bieten.
Für die Innenraumwendung sind im wesentlichen Möbel- und Parkettlacke zu betrachten.
Nach der Funktion kann bei Holzbeschichtungen allgemein zwischen Grundierungen, Füllgründen und Deckbeschichtungen unterschieden werden.

Deckbeschichtungen lassen sich wiederum in transparente oder semitransparente Systeme (Klarlacke und Lasuren) und deckend pigmentierte Systeme (Wetterschutzfarben und Dispersionslacke) unterteilen. Dabei kann differenziert werden zwischen hochwertigen Beschichtungen für maßhaltige Bauteile, wie Fenster und Türen, mit besonderen Anforderungen bezüglich Klebfreiheit, Blockfestigkeit und Feuchteschutz, und einfachen Beschichtungsmaterialien für nichtmaßhaltige Bauteile, wie Paneele, Balkongeländer, Zäune oder Pergolen.

Grundsätzlich müssen Grundierungen, Füllgründe und Deckbeschichtungen mit aufeinander abgestimmten Eigenschaften verwendet werden.

5.2.1   Grundierungen/Imprägnierlasuren

Die Grundierung soll die Verbindung zwischen Holz und Deckbeschichtung herstellen und aufgrund ihres dosierten Biozidanteils (z.B. Kupfer- oder Chromsalze, Borate) auch einen tiefenwirksamen Schutz gegen Pilz- und Bläuebefall garantieren. Sie soll ein gutes und standfestes Fundament bilden, so dass die anschließenden Beschichtungen gut haften und nicht abblättern. Die Grundierung muss, wegen der bei Kontakt mit Wasser sich stark aufrichtenden Holzfasern, schnell nach dem Trocknen schleifbar sein. Sie sollte jedoch, um Rissbildung zu vermeiden, keine zu hohe Härte aufweisen.
Charakteristisch für Holzgrundierungen ist der geringe Feststoffgehalt (meist < 15 %), und die geringe Viskosität, beides Merkmale, die eine verbesserte Penetration und damit gute Verfestigung der Holzoberfläche garantieren. Für Bläuegefährdete Nadelhölzer, wie Kiefer, Tanne oder Fichte, werden spezielle unpigmentierte, fungizidhaltige Grundierungen, sogenannte Bläueschutzgründe (siehe **Tab. 5.3**) eingesetzt. Als Bindemittel in Betracht kommen wegen ihres guten Penetrationsvermögens ins Holz überwiegend noch klassische Alkydharze, aber auch Alkydemulsionen oder feinstteilige, relativ weiche Polyacrylat-Dispersionen.

Ein Füllgrund wird verwendet, wenn man geschlossenporige Flächen erzielen und Unebenheiten bzw. Holzschadstellen ausgleichen will. Diese Zwischenbeschichtung ist am ehesten mit einer Spachtelmasse zu vergleichen und sollte

Polymerdispersion (feinstteilig, FG ca. 40 Gew.-%)	15 – 20 %
Fungizid	0,5 – 1 %
Lösemittel	0,1 – 0,5 %
Topfkonservierungsmittel	0,1 %
Wasser	75 – 80 %
Summe	**100 %**

Tab. 5.3 *Typische Formulierung für einen Bläueschutzgrund*

sich nach Trocknung sehr gut schleifen lassen. Deshalb werden dazu meist etwas härtere Acrylatbindemittel eingesetzt.

5.2.2 Sperrgrundierungen

Im Falle der Beschichtung von tanninreichen Hölzern, wie z.B. Red Pine, Iroco und Merbau, aber auch bei Eiche oder harzreichen Nadelhölzern, wie Kiefer oder Tanne, wird eine Sperrgrundierung benötigt, da die Holzinhaltsstoffe dieser Hölzer die Tendenz haben auszubluten und dadurch die deckende Beschichtung durch Flecken- oder Läuferbildung zu verfärben. Die Verfärbungen sind im wesentlichen zurückzuführen auf die Tannine (Gerbstoffe, Gerbsäuren) oder allgemein auf phenolische bzw. chinoide organische Komponenten, die vor allem unter alkalischen Bedingungen bei Feuchtigkeitseinwirkung austreten können [5]. Die Sperrgrundierung muss in der Lage sein, einen dauerhaften, effektiven Schutz gegen das Ausbluten zu gewährleisten.

Früher wurden für Sperrgrundierungen vor allem hydrophobe Lösungspolymerisate eingesetzt, die nach dem Wasser-Barriereprinzip wirkten. Heute kommen zunehmend wässrige Beschichtungen auf Basis spezieller Reinacrylat- oder Acrylat/Styrol-Dispersionen zur Anwendung. Geeignete Dispersionen sollten eine gute Wasserfestigkeit aufweisen und über einen aktiven Schutzmechanismus gegen das Austreten der farbigen, meist tanninhaltigen Holzinhaltsstoffe verfügen. Letzteres geschieht im wesentlichen durch Fixierung der phenolischen Holzinhaltsstoffe mit mehrwertigen Metallionen (z.B. Zink-, Zirkon-, Chrom- oder Zinn-Verbindungen) oder durch Vernetzung der niedermolekularen Farbstoffe im Untergrund. Bisher gelingt es jedoch auch mit den besten wässrigen Systemen nur dann eine gute Sperrwirkung mit der Formulierung zu erzielen, wenn die Pigmentvolumenkonzentration relativ niedrig bleibt (< 40 %) und man einen Einsatz von Zinkoxid als aktivem Füllstoff darin vorsieht.

Gegen das Durchschlagen von Harzanteilen in Nadelhölzern sind aktuell noch keine brauchbaren Problemlösungen auf wässriger Basis vorhanden.

5.2.3 Deckbeschichtungen im Außenbereich

Im folgenden werden Deckbeschichtungen betrachtet, die dem Wetter ausgesetzt sind. Auf Parkett- und Möbellacke für den Innenbereich bezieht sich dann Abschnitt 5.2.5.
Für die Deckbeschichtung im Außenbereich sind Lasuren, Wetterschutzfarben, Dispersionslacke (siehe Kap. 6) und Klarlacke in Gebrauch.

An alle diese Beschichtungstypen werden die folgenden Grundanforderungen gestellt:
– gute Wetterbeständigkeit
– hohe Elastizität und gute Dauerelastizität (keine Versprödung)
– gute Penetration ins Holz
– gute Haftung und Nasshaftung (auch auf Altanstrichen, z.B. gealtertem Alkyd)
– gute Wasserfestigkeit (d.h. geringe Wasserquellbarkeit)
– hohe Wasserdampfdurchlässigkeit
– Blockfestigkeit (für maßhaltige Substrate)
– Hagelschlagbeständigkeit
– Umweltfreundlichkeit (Erfüllung der Ökolabel-Kriterien, Biozidarmut, VOC-Armut)
– dauerhafter UV-Schutz zur Verhinderung des Abbaus von Lignin
– Schutz gegen zerstörende Pilze (Einstellung von Holzfeuchte < 20 %).
– Verträglichkeit mit Dichtprofilen und Dichtstoffen
– Reiniger- und Putzbeständigkeit (Alkalibeständigkeit)
– gleichmäßiger schaumfreier Schichtaufbau
– problemlose Farbgebung
– leichte Renovierbarkeit
– günstige Verarbeitungseigenschaften (guter Verlauf, lange offene Zeit, Tropffreiheit ...)

Die spezifischen Anforderungen an eine Holzbeschichtung für maßhaltige Bauteile, wie z.B. Fenster, findet man zusammengestellt in den alten Richtlinien des Rosenheimer Fensterinstituts [6] und in den neueren Arbeiten des Braunschweiger Wilhelm-Klauditz-Instituts [7] für moderne Holzbeschichtungen. Die Literatur [8] gibt in kurzer Form Informationen über die wichtigsten Anforderungen und Prüfmethoden. Wesentliche Bestandteile des Anforderungskatalogs für Holzbeschichtungen im Wetterkontakt beschreibt die neue Europäische Vornorm pr EN 927-1 bis 5. Festgelegt sind darin einmal die Details für die Prüfung der Freibewitterungsstabilität von Holzbeschichtungen im Vergleich zu einer Standard-Alkydharzformulierung, zum anderen zeigt die Norm eine Klassifizierung der Wetterschutzsysteme nach ihrer Haltbarkeit, Wasserfestigkeit und Wasserdampfdurchlässigkeit auf.

5.2.3.1 Holzlasuren

Holzlasuren sind transparente oder semitransparente Holzbeschichtungen. Sie enthalten transparente Pigmente (z.B. transparentes, ultrafeines Eisenoxid) in so geringer Menge, dass man die Struktur des Holzes noch erkennen kann. Die Lasur soll zum einen die Holzoberfläche vor Witterungseinflüssen schützen, zum anderen die Schönheit von Holzmaserung und Holzfärbung betonen und verstärken [9]. Die Transparenz der lasierenden Holzbeschichtung kann zu Problemen führen, da Holz, wie bereits beschrieben, durch UV-Licht angegriffen wird. Lignin weist ein Absorptionsmaximum im UV-B-Bereich bei ca. 280 nm auf, die Cellulosen und Hemicellulosen absorbieren weit unterhalb 200 nm und haben, wie weitere Holzinhaltsstoffe, zusätzliche Absorptionen im UV-A-Bereich bis 400 nm. Aus diesem Grund kommt der Holzlasur die Aufgabe zu, den Durchtritt des UV-Anteils der Globalstrahlung zum Untergrund zu verhindern. Dabei gilt, dass je dünner und durchscheinender die lasierenden Beschichtungen sind, desto intensiver der von ihnen gegebene UV-Schutz des Holzuntergrunds sein muss. Deshalb sollte zumindest der Pigmentanteil in der Formulierung nicht zu klein sein. Aber auch weitere Einflüsse sind zu beachten. So wird im Falle der wässrigen Acrylatbeschichtungen die im Vergleich zu Alkydsystemen hohe UV-Durchlässigkeit und Vergilbungsbeständigkeit zum zusätzlichen Problem. Um den nötigen UV-Schutz bei Transparentbeschichtungen auch mit Acrylaten zu erreichen, werden z.B. UV-absorbierende, feinstdisperse Transparentpigmente (z.B. ultrafeines Titandioxid oder Zinkoxid) eingesetzt. Zum selben Ziel führen aber auch Zusätze an organischen UV-Absorbersubstanzen aus der Gruppe der Hydroxyphenylbenzotriazole, der Hydroxybenzophenone, der Hydroxyphenyl-s-triazine oder der Oxalanilide (chemische Strukturen siehe in **Abb. 5.2**).

Häufig werden die UV-Absorber kombiniert mit Radikalfängern, die in den Photooxidationsprozess des Ligninabbaus eingreifen können. Es handelt sich dabei im wesentlichen um sterisch gehinderte Amine, die sogenannten HALS-Verbindungen (= Hindered Amine Light Stabilizers), meist tetraalkylsubstituierte Piperidine [10].

Was die Pigmentierung anbelangt, so sind für einen guten UV-Schutz des Untergrunds – ohne UV-Absorber in der Holzlasurformulierung – mindestens 0,5, besser jedoch 1 bis 2 Gew.-% transparentes, ultrafeines Eisenoxid (meist Kombinationen aus gelbem, rotem und schwarzem Eisenoxid mit mittlerem Teilchendurchmesser << 0,1 µm) erforderlich. In **Abb. 5.3** sind exemplarisch die Transmissionsspektren von Holzlasuren mit steigender Menge an gelbem, transparentem Eisenoxid dargestellt. Derartige mikronisierte Pigmente decken zwar nur gering, sie lasieren jedoch, d.h. betonen die Holzstruktur, steigern die Brillanz der Oberfläche und verhindern gleichzeitig den Durchtritt der schädigenden UV-Strahlung mit Wellenlänge < 400 nm zum Substrat Holz.

Abb. 5.2 Chemische Strukturen der wichtigsten UV-Absorberklassen

Grundsätzlich sollte die Konzentration an UV-Absorber in einer gut schützenden Beschichtung so gewählt werden, dass damit mehr als 95 % der UV-Strahlung abgefangen werden können. Um einen guten Kompromiss zwischen Kosten und Wirkung zu erzielen, wird bei Klarlacken meist eine Einsatzmenge von ca. 1 bis 3 Gew.-% UV-Absorber, bezogen auf die Gesamtformulierung, empfohlen.

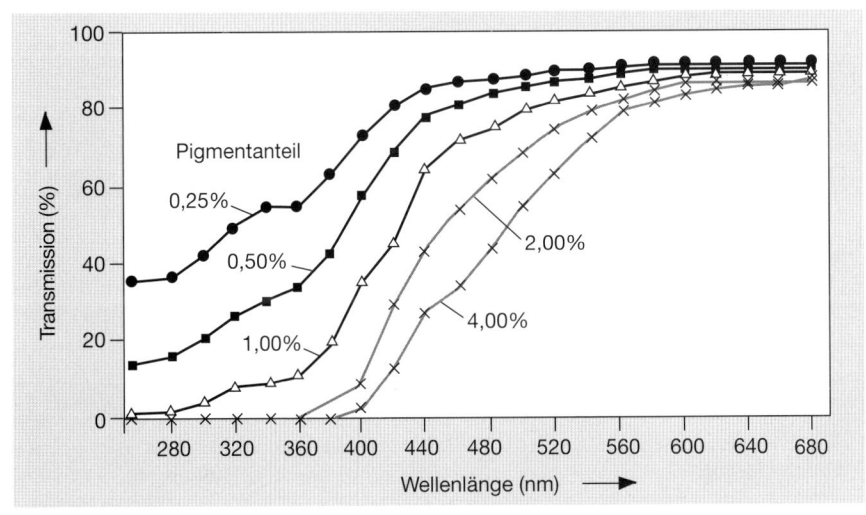

Abb. 5.3 Absorptionskurven von Holzlasuren mit steigendem Anteil an transparentem gelbem Eisenoxid

Generell ist die Schutzwirkung aller UV-Absorber durch das Lambert-Beer'sche Gesetz limitiert.

$\log I_0 / I = \varepsilon \cdot c \cdot d$ Lambert-Beer's Gesetz

I = Intensität des durchgelassenen Lichtes
I_0 = Intensität des eingestrahlten Lichtes
ε = molarer Absorptionskoeffizient
c = molare Konzentration
d = Schichtstärke

Nach dieser Beziehung lässt sich die Schwächung der auf eine Klarlackschicht auftreffenden UV-Strahlung durch die Absorption in Abhängigkeit von Absorptionsvermögen und Konzentration des UV-Absorbers, sowie der Schichtstärke des Lacksystems, quantitativ bestimmen.

Vom Feststoffgehalt her kann man die semitransparenten Holzbeschichtungen in Dünn- und Dickschichtlasuren unterteilen (siehe **Tab. 5.4**).

Dünnschichtlasuren

Für Dünnschichtlasuren sind eine niedrige Viskosität und ein niedriger Feststoffgehalt (< 30 %) charakteristisch. Mit derartigen Materialien stellt man Trockenschichtdicken bis zu 25 µm bei dreimaligem Auftrag ein. Dünnschichtlasuren sind vornehmlich für nicht maßhaltige Bauteile geeignet. An sich bieten sie aufgrund der vergleichsweise geringen Schichtdicke nur einen eingeschränkten Feuchteschutz. Sie dringen jedoch aufgrund ihrer niedrigen Viskosität meist tiefer ins Holz ein als die höher konzentrierten Dickschichtlasuren und zeigen deshalb eine gute Haftung. Üblicherweise werden sie ohne vorherige Grundierung appliziert.

Bestandteile	**Dünnschichtlasuren** Anteile in %	**Dickschichtlasuren** Anteile in %
Bindemittel (Polymer fest, z.B. Acronal® LR 8960[a])	10 bis 20	25 bis 45
Lösemittel	0 bis 10	0 bis 10
Pigmente (transparent)	0 bis 5	0 bis 5
Additive*	0,5 bis 3	0,5 bis 5
Wasser	60 bis 80	35 bis 60
Feststoffgehalt	**< 30**	**30 bis 60**
(* = Verdicker, Verlaufshilfsmittel, Fungizide, Mattierungsmittel, Entschäumer etc.)		

Tab. 5.4   Formulierungsaufbau von wässrigen Lasuren

Dickschichtlasuren

Dies sind Lasuren mit hohem Bindemittelanteil und mit höherer Viskosität, normalerweise thixotrop, d.h. tropfgehemmt, eingestellt. Damit werden Trockenschichtdicken bis zu 120 µm angestrebt. Dies kann in der Regel nur durch Spritzapplikation erzielt werden. Das Rosenheimer Institut für Fenstertechnik empfiehlt für lasierende Systeme im Fensterbau eine Trockenschichtdicke von mindestens 60 bis 80 µm.

Wässrige Dickschichtlasuren auf Acrylatbasis haben eine lange Haltbarkeit und bieten meist einen sehr guten Feuchteschutz des Holzes. Sie haben jedoch aufgrund ihres hohen Feststoffgehaltes und ihrer ausgeprägten Viskosität meist nur eine geringe Penetrationstiefe. Daraus resultiert eine schlechte mechanische Verankerung im Holz, was häufig zu Problemen mit der Anstrichhaftung auf der Holzoberfläche unter Feuchteeinwirkung führt.

Dickschichtlasuren kommen – üblicherweise industriell für die Erstbeschichtung appliziert – im wesentlichen nur für maßhaltige, bereits grundierte Bauteile, wie Fenster und Türen, in Betracht.

5.2.3.2 Deckende Beschichtungen; Wetterschutzfarben

Durch den Pigmentanteil kommt bei Holzschutzfarben und Dispersionslackfarben ein ausreichender Schutz des Holzuntergrunds gegen UV-Licht zustande. Auf teure zusätzliche UV-Absorber kann deshalb verzichtet werden. Deckende Holzfarben haben übrigens aufgrund ihrer UV-Schutzwirkung des Holzuntergrunds eine längere Haltbarkeit als die Transparentsysteme. Da sich mit steigender Pigmentierung die Elastizität und Dehnbarkeit einer Beschichtung jedoch verschlechtert, formuliert man pigmentierte Holzbeschichtungen meist nur im PVK-Bereich von 20 bis höchstens 35 %. Zur Formulierung der Holzfarben werden vorwiegend allein Pigmente (Titandioxid und Buntpigmente) eingesetzt und in nur untergeordnetem Maße feinst vermahlene Füllstoffe, wie Talkum oder Calciumcarbonat. Für deckende Beschichtungen im Fensterbau werden Trockenschichtdicken von 100 bis 120 µm empfohlen.

Gute Holzfarbanstriche haben eine ausreichend hohe Wasserdampfdurchlässigkeit (diffusionsäquivalente Luftschichtdicke $S_d < 0,5$ m). Diesen Wert einzuhalten ist insbesondere bei der Holzfachwerkbeschichtung erforderlich, wo Fäulnis des Sichtgebälks durch Staunässe unter der Beschichtung verhindert werden muss. Ist andererseits das Beschichtungssystem jedoch zu diffusionsoffen, sind Nachteile zu befürchten, denn dann kann Wasser über die Gasphase in das Holz eintreten.

5.2.4 Bindemittel für die Holzbeschichtung

Für alle aufgeführten Holzbeschichtungstypen findet man auch heute noch die bewährten lösemittelhaltigen, mittel- und langöligen Alkydharze am Markt. Das

Interesse ist zunehmend aber auch gerichtet auf die umweltfreundlicheren wässrigen Systeme mit Alkydharzemulsionen und vor allem Acrylat-Dispersionen [9 - 11] als Bindemittel. In einigen Fällen werden auch Hybridsysteme, d.h. Kombinationen aus Alkydemulsionen und Acrylat-Dispersionen als Bindemittel für Holzbeschichtungen eingesetzt.
In **Tab. 5**.5 dargestellt sind die wichtigsten Eigenschaftsunterschiede zwischen den klassischen Alkyd-basierten Holzbeschichtungen und den modernen wässrigen Systemen für diesen Zweck, die auf Basis von Acrylatcopolymer-Dispersionen formuliert werden.

Aufgrund solcher Bewertungen bleibt festzuhalten: nur maßgeschneiderte Acrylat-Dispersionsbindemittel erfüllen in vollem Umfang die komplexen Anforderungen, die an eine Holzbeschichtung im Wetter gestellt werden.

Eigenschaft	**Alkydharz lösemittelbasiert**	**Acrylat wässrig**
Wetterbeständigkeit	mäßig bis gut	gut bis sehr gut
Vergilbungsbeständigkeit	mäßig bis schlecht	sehr gut
Dauerelastizität	mäßig bis gut/ Versprödungstendenz	gut bis sehr gut
Nasshaftung auf Holz	sehr gut	mäßig bis schlecht
Penetrationsvermögen	sehr gut	mäßig bis schlecht
offene Zeit	sehr gut	mäßig
Verlauf	sehr gut	mäßig
Glanzvermögen	hoch	mittel bis hoch
Holzfaseraufrichtung	gering	stark
Trocknung	langsam; auch bei Frost und Feuchte	schnell, rasch überstreichbar, aber starke Temperatur- und Feuchteabhängigkeit
Blockfestigkeit	langsam, sehr gut	schnell, mäßig bis gut
Renovierbarkeit/Schleifbarkeit	gut/ duroplastisch	schlecht/thermoplastisch
Wasseraufnahme	sehr gering	mittel bis hoch (zu Beginn)
Wasserdampfdurchlässigkeit	sehr gering	hoch
Reinigung Werkzeuge	mit Lösemittel	mit Wasser
VOC-Anteil	hoch	gering/umweltfreundlich

Tab. 5.5 Eigenschaftsvergleich von Holzbeschichtungen auf Basis eines klassischen Alkyds und einer wässrigen Acrylat-Dispersion

Reinacrylat-Dispersionen

Dispersionsbindemittel für wässrige Holzbeschichtungen im Außenbereich sind heute vor allem wässrige Reinacrylat-Dispersionen mit bestenfalls geringem Styrolanteil. Schutzkolloid-stabilisierte Polyvinylacetat-Maleat-Dispersionen, die früher dank guter Wasserdampfdurchlässigkeit und Flexibilität für Holzfarben geschätzt wurden, haben heute aufgrund ihrer nur mäßigen Wasserfestigkeit, der schlechten Blockfestigkeit und der starken Verschmutzungsneigung keine große Bedeutung mehr im europäischen Anstrichmarkt.

Die Feinteiligkeit der modernen Reinacrylatdispersionen (Partikeldurchmesser < 120 nm) sorgt für eine gewisse Penetration des Beschichtungsmaterials in das poröse Substrat Holz und damit für eine ausreichende Verankerung der Beschichtung. Gleichzeitig begünstigt die Feinteiligkeit während der Applikation die Nasstransparenz (= trübungsfreie, transparente Lasur) der formulierten Lasuren, d.h. der Anwender kann beim Applizieren bereits das Aussehen der fertigen Beschichtung klar erkennen.

Dennoch zeigen wässrige Acrylate bezüglich Penetrations- und Nasshaftungsvermögen noch deutliche Schwächen gegenüber klassischen, lösemittelbasierten Alkyden oder modernen High Solid-Alkydsystemen [12 - 14]. Die Unterschiede von Acrylat- und Alkydsystemen in der Nasshaftung wurden in einer Studie von *De Meijer* und *Militz* (siehe **Abb. 5.4**) quantifiziert [14]. Dazu wurden auf die

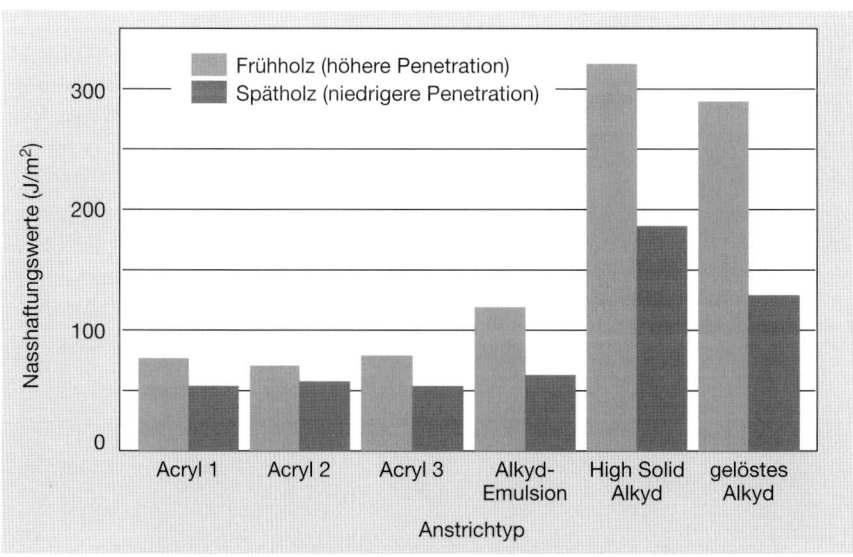

Abb. 5.4 Nasshaftung unterschiedlicher Beschichtungsmaterialien auf Kiefernsplintholz [14]

geschädigte und gewässerte Beschichtung aufgeklebte Klebebänder mittels einer Reißmaschine abgezogen (modifizierter Tape-Test).

Alkydsysteme

Alkyde absorbieren im Gegensatz zu Polyacrylaten selbst im UV-Bereich und zeigen deshalb auch ohne UV-Absorber eine gewisse Schutzwirkung des Holzes gegenüber Ligninabbau; sie neigen aus dem gleichen Grund jedoch zur Vergilbung.

Alkyde trocknen durch oxidative Vernetzung ihres ungesättigten Fettsäureanteils. Da die oxidative Vernetzung nach der Verfilmung noch nicht abgeschlossen ist, sondern bei Bewitterung fortschreitet, ändern sich die Eigenschaften der Alkydharzbeschichtung mit der Alterung, so z. B. die Glasübergangstemperatur. Diese nimmt mit der Zeit im Wetter zu, und verbunden damit ist eine Abnahme der Elastizität sowie eine verstärkte Rissanfälligkeit zu beobachten [15].

Beständigkeitsmerkmale

Die auf Basis geeigneter Reinacrylatdispersionen formulierten wässrigen Beschichtungen trocknen im Gegensatz zu den Alkyden nur physikalisch. Es ändern sich bei ihnen die Glasübergangstemperatur und die Elastizität nur unwesentlich in ihrer üblichen Lebensdauer von ca. 5 bis 10 Jahren [15, 16]. Da aber auch beschichtetes Holz unter Temperatur- und Feuchtewechsel arbeitet, sollte die ausgewählte Dispersion eine ausreichend hohe Reißdehnung der Filme aufweisen, vor allem auch bei tiefen Temperaturen, um die Rissbildung in der kalten Jahreszeit zu vermeiden. Allerdings kann sich durch die langsame Abgabe von hochsiedenden plastifizierenden Koaleszenzmitteln auch bei Acrylat-Beschichtungen die Elastizität in gewissem Umfang über die Lebensdauer des Anstrichs nachteilig entwickeln. Deshalb sollte die Glastemperatur des Acrylatpolymeren (nach *Schmid*) im Bereich < 10 °C, und bevorzugt bei ca. 0 °C liegen [16]. Derart weiche thermoplastische Polyacrylate liefern jedoch beim Beschichten von maßhaltigen Substraten – im Gegensatz zu den vernetzten Alkyden – keine ausreichend klebfreien und blockfesten Filme. Das heißt, damit beschichtete Fensterholme oder Türen können unter Druck- und Temperaturbelastung bei direktem Kontakt mit den Rahmen verkleben. Dies wird vor allem bei dunklen Anstrichen zum Problem. An ihnen können nämlich bei direkter Sonneneinstrahlung im Sommer Oberflächentemperaturen bis > 60 °C erreicht werden.

Mehrphasige Systeme

Da in Lasuren oder in nur schwach gefüllten Holzfarben die Pigmente und Füllstoffe nicht oder nur unwesentlich zur Härte und Blockfestigkeit der Beschichtungsoberfläche beitragen, war die Suche nach Alternativen unumgänglich. Sie fanden sich Anfang bis Mitte der 80-iger Jahre, als erste Systeme mit mehrphasigen Latexteilchen auf Acrylatbasis für die Holzbeschichtung entwickelt wurden.

Diese in Fachkreisen häufig als Kern-Schale-Polymerisate bezeichneten Acrylatdispersionen enthalten sowohl weiche verfilmende als auch harte nichtverfilmende Polymeranteile [17, 18]. Sie erlauben es, Holzbeschichtungen hoher Elastizität und gleichzeitig sehr guter Blockfestigkeit und Anschmutzungsresistenz zu formulieren. Die Hartphase wirkt dabei als nanoskaliger, transparenter, organischer Füllstoff und bedingt eine blockfestigkeitssteigernde Versteifung und Oberflächenabschirmung des Weichphasenmaterials. Die Elastizität des Gesamtsystems wird aber nicht beeinträchtigt, wenn – bei optimaler Teilchenmorphologie – ein gewisser Überschuss des Weichphasenmaterials vorliegt.

Vernetzte Systeme

In vielen Fällen nimmt man auch selbstvernetzende Acrylatdispersionen zur Verbesserung der Blockfestigkeit und Härte; begünstigt werden dadurch auch Wasserfestigkeit und Beständigkeit gegen Chemikalieneinwirkung [19].
Da Fenster oft mit Dichtprofilen oder Dichtstoffen ausgerüstet sind, muss die Beschichtung verträglich mit den Weichmachern dieser Produkte und mit den dabei verwendeten Klebstoffen sein. Auch hier ist eine Vernetzungskomponente in der Dispersion hilfreich.
Weiterhin ist bei den Lasuren eine gute Alkalisperrwirkung wichtig, da Neubauten nach dem Einbau der Fenster noch verputzt werden und dies infolge der hohen Alkalinität des Putzes zu Fleckenbildung im Holzuntergrund führen kann.

Rheologie

Schließlich muss die Rheologie des Anstrichs den Auftragsbedingungen angepasst sein, und nicht zuletzt auch seine dekorative Wirkung beachtet werden. Beides wird heute im wesentlichen durch den Einsatz von Assoziativverdickern in der Formulierung realisiert. Eine wichtige Voraussetzung seitens des Bindemittels ist dabei naturgemäß eine gute Wechselwirkung mit dieser Verdickerklasse (siehe dazu auch Kapitel 6 zu Dispersionslackfarben).

Nasshaftung auf Alkydanstrichen

Erfahrungsgemäß ist die Renovierung von alten Alkydharzbeschichtungen mit wässrigen Acrylatsystemen problematisch. Unter Einwirkung von Feuchtigkeit und Frost zeigen viele einfache Acrylatbeschichtungen Haftungsprobleme auf den alten Alkydharzanstrichen. Es bilden sich Blasen und die neue Beschichtung löst sich im durchfeuchteten Zustand von der alten Alkydharzbeschichtung ab. Dies hat bei Einsatz der ersten wässrigen Acrylate vor 15 bis 20 Jahren in Skandinavien zu teilweise erheblichen Schadensfällen geführt. Um in solchen Fällen zu einer ausreichenden Nasshaftung von Dispersionsbeschichtungen zu kommen, werden heute für diese Anwendungszwecke teure Spezialmonomere copolymerisiert [20 - 22]. Es handelt sich üblicherweise um Amino-, Acetoacetat-, Cyanoacetat-,

Harnstoff-, Thioharnstoff- oder zyklische Harnstoffgruppen tragende Monomere auf (Meth)acrylat-, Maleat-, Allyl- oder Vinylesterbasis. Diese Monomere sorgen durch die Ausbildung von Wasserstoffbrückenbindungen und durch Säure-Base Wechselwirkung mit dem Alkyduntergrund für die Anbindung einer Acrylatbeschichtung an den Altanstrich.

Alternativ zum Einbau von Spezialmonomeren, wie Dimethylaminoethylmethacrylat, ins Polymer kann auch – polymeranalog – eine Einführung von Aminfunktionalitäten in eine Acrylatdispersion erfolgen. Basis hierfür ist die Umsetzung von Carbonsäuregruppierungen mit Propylenimin. Allerdings sollte man bei der Formulierung von Dispersionen mit Nasshaftungspromotoren generell berücksichtigen, dass grenzflächenaktive Additive, wie z.b. Netzmittel, Emulgatoren oder Verdickerpolymere, den Haftmechanismus im ungünstigen Falle erheblich stören können.

Feuchteschutz

Dank ihrer ausgeprägten Hydrophobie sind lösemittelbasierte Alkydharzbeschichtungen (siehe **Tab. 5.6**) am Anfang in der Lage, das Holz sehr gut gegen Feuchtigkeit zu schützen [16, 23]. Sie verlieren aber wegen der Elastizitätsabnahme durch Bewitterung und der damit verbundenen Rissneigung in vielen Fällen diese positive Eigenschaft während ihrer Lebensdauer. Die dauerhaft elastischen, wässrigen Acrylat-Beschichtungen, am Anfang hydrophiler aufgrund der herstellbedingt in ihnen eingesetzten Emulgatoren und Formulierungsadditive (Verdicker, Dispergiermittel etc.), weisen nach dem Auswaschen solch hydrophiler Bestandteile eine niedrige Wasseraufnahme auf. Letztlich ermöglichen sie so einen besseren Langzeit-Feuchteschutz als die klassischen Alkydsysteme.

Die anfängliche Wasseraufnahme sollte jedoch auch bei Acrylatsystemen nicht zu hoch liegen (< 25 Vol.%), da eine wetterbedingt zu starke Wassereinlagerung in den Beschichtungsfilm zu Runzel- und Rissbildung führen kann. Die Risse entstehen dabei vor allem durch Oberflächenhautbildung beim Abtrocknen des wassergequollenen Films (= Puddingeffekt) [16].

Ein Abweichen vom konstruktiven Holzschutz, z.B. durch Dachüberstände oder Spritzwasserschutz im Sockelbereich, hat in Kombination mit der schlechten

Öl/Alkyde lösemittelbasiert	5 bis 10 Vol.%
Alkydemulsionen wässrig	ca. 20 Vol. %
Hybride Alkyd-Acrylat wässrig	10 bis 20 Vol. %
Acrylate wässrig	20 bis 30 Vol. %

Tab. 5.6   Wasseraufnahme unterschiedlicher Holzbeschichtungssysteme (Startwerte der Wasseraufnahme aus [16])

Wassersperrwirkung einiger wässriger Acrylatbeschichtungen an Hausfassaden zu teilweise starkem Pilzbefall der Holzoberflächen geführt („Wood rot"-Syndrom). Beobachtet wurde dieses Phänomen vor einigen Jahren vor allem in Norwegen und Schweden. Seitdem man diese Konstruktionsmängel erkannt und die Wasserfestigkeit der Acrylatbindemittel bzw. Formulierungen verbessert hat, gelten diese Probleme heute als weitgehend gelöst.

Die hohe Wasserdampfdurchlässigkeit der Acrylate (üblicherweise Faktor 1,5 bis 2 mal höher als diejenige von Alkydsystemen) verhindert zudem einen Feuchtestau unter der Beschichtung. Dies garantiert eine Bewuchsfreiheit sowie eine langwährend gute Haftung der Beschichtung. Den Wasserdampfdiffusionswiderstand einer Beschichtung bestimmte man bisher üblicherweise nach DIN 52 615. Dieser sogenannte μ-Wert ist eine dimensionslose Materialkonstante der Beschichtung. Im Zusammenhang damit steht die diffusionsäquivalente Luftschichtdicke Sd, gebildet als Produkt aus Schichtdicke und μ-Wert. Für ein Reinacrylatsystem liegt der Sd-Wert meist bei ca. 0,3 m für 100 μm Anstrichschichtdicke.

Für unpigmentierte Holzbeschichtungen sollte das Acrylatbindemittel aus Stabilitätsgründen einen pH-Wert von 7 bis 8 aufweisen. Werte von größer 8,5 bis 9 können auf kritischen Hölzern, wie z.B. Eiche, zu unerwünschten Dunkelverfärbungen führen und sollten deshalb nur in pigmentierten Anstrichen eingestellt werden.

Verarbeitungseigenschaften

Schwächen zeigen wässrige Acrylatbeschichtungsstoffe vor allem noch bezüglich der Verarbeitungseigenschaften. Die „offene Zeit" ist wegen der raschen und irreversiblen physikalischen Trocknung häufig zu kurz für eine großflächige Applikation. Der Verlauf ist aufgrund des ausgeprägten pseudoplastischen Fließverhaltens meist unzureichend. Deshalb gibt es vielfältige Anstrengungen, die offene Zeit zu verlängern, z.B. durch gesteigertes Wasserrückhaltevermögen des Polymeren oder mit hochsiedenden Filmbildehilfsmitteln und Koaleszenzverzögerern in der Formulierung.
Die Verlaufseigenschaften lassen sich durch Einsatz spezieller Assoziativverdicker verbessern. Im wesentlichen heben sie die Viskosität bei starker Scherung an, außerdem erniedrigen sie die Fließgrenze (siehe Kap. 6 zu Dispersionslackfarben). Zudem kann man den Verlauf durch Verwendung von Verlaufshilfsmitteln auf Silicontensidbasis weiter verbessern.

Hybridbeschichtungen

Mischungen aus Alkydharz-Emulsionen und Acrylat-Dispersionen werden – unter Hinweis auf die darin realisierte Kombination der positiven Eigenschaften von Alkydharz- und Dispersionsbeschichtungen – im Markt angeboten. Durch den

Alkydharzanteil soll die Penetrationstiefe und damit die Verankerung der Beschichtung im Holz verbessert werden und durch den Acrylatanteil eine dauerhafte Elastizität gewährleistet sein. Eine neuere Untersuchung hat allerdings gezeigt, dass der Alkydharzanteil nachteilhaftig beim Auftrocknen aufschwimmt und deshalb nur in eingeschränktem Maße die Haftung zum Holzuntergrund verbessern kann [24]. Dennoch ist die Nasshaftung von wässrigen Hybridsystemen im allgemeinen etwas besser als diejenige der reinen Acrylatsysteme, sie erreicht jedoch noch nicht das Niveau gelöster Alkydsysteme.

Die Hybridbindemittel trocknen sowohl physikalisch als auch oxidativ. Sie werden allerdings, namentlich wegen ihrer meist schlechten Filmtransparenz, heute fast nur in deckenden Beschichtungen eingesetzt. Immerhin sorgt der autoxidativ vernetzende Alkydharzanteil nach Ende der Anstrich-Lebensdauer für leichte Schleifbarkeit und Renovierbarkeit. Rein thermoplastische Acrylatsysteme sind zwar meist länger haltbar, müssen jedoch, wenn der Renovierungsanstrich einwandfrei sein soll, zuvor mühsam mehr oder weniger vollständig abgebeizt oder abgestrahlt werden.

Problematisch ist, wie bei allen Alkyd-Systemen, der Einsatz der für die Autoxidationsreaktion immer noch erforderlichen Cobalt(II)-Trocknungsbeschleuniger (Sikkative), da Cobaltverbindungen als toxikologisch bedenklich anzusehen sind. Zusätzlich können die wasserlöslichen Cobalt(II)-salze bei Lagerung der wässrigen Farben oder Lasuren als unwirksames Cobalthydroxid ausfallen [25]. Aktuell laufen dennoch vielerorts Grundlagenuntersuchungen zu wässrigen Hybridsystemen, bei denen Alkyd und Polyacrylat in einem Partikel kombiniert werden sollen, z.B. über die Verfahren der konventionellen Emulsionspolymerisation oder der modernen Miniemulsionspolymerisation [26, 27].

5.2.5 Holzbeschichtungen für die Innenraumanwendung

Holzlacke für Möbel und Parkett

Für die Innenraumanwendung von Holzbeschichtungen stehen vor allem ästhetische und dekorative Effekte im Vordergrund, wie etwa die Betonung der natürlichen Schönheit von Holz, aber natürlich auch der Schutz des Holzes gegen mechanische oder chemische Beschädigung [28]. Die Anforderungen an Holzbeschichtungen in der Parkett- und Möbelindustrie (meist Klarlacke) unterscheiden sich deshalb deutlich von denjenigen der Wetterschutzsysteme (siehe **Tab. 5.7**). Aufgrund der starken mechanischen und chemischen Beanspruchung werden hier höchste Ansprüche an Härte, Kratzfestigkeit und Beständigkeit gestellt. Die klassischen, lösemittelbasierten säurehärtenden Lacke oder Nitrocelluloselacke, sowie 2K-Polyurethansysteme erfüllen diese Forderungen in bewährter Weise. Dennoch werden sie heute zunehmend durch umweltfreundlichere Wasserlacke (auf Acrylatdispersionsbasis) oder durch 100 % Festkörper bietende UV-Lack-

- Oberflächenhärte
- Kratzfestigkeit
- Abriebfestigkeit (nach Taber Abraser-Test)
- geringer Lösemittelbedarf (d.h. nicht zu hohe MFT)
- gute Filmtransparenz
- gutes Anfeuern der Holzmaserung
- gute Wasserfestigkeit und Wasserdampfbeständigkeit
- Chemikalienbeständigkeit (nach DIN 68 861 Teil 1 B, DIN EN 12 720)
- gute Verarbeitungseigenschaften
- geringe Faseraufstellung
- Umweltfreundlichkeit (z.b. Formaldehydfreiheit, VOC-Armut)
- Verträglichkeit mit PU-Dispersionen

Tab. 5.7 Anforderungen an Dispersionen für wässrige Möbel- und Parkettlacke

systeme ersetzt. Aufgrund der 1999 verabschiedeten EU-VOC-Richtlinie, die in der Europäischen Union eine Reduzierung der VOC-Emisssionen aus Industrielacken bis 2007 um 50 % vorsieht, ist ein weiter verstärkter Trend zu wässrigen Systemen hin zu erwarten.

Die Acrylatdispersionen für Holzlacke sind meist sehr feinteilig (mittlere Teilchendurchmesser von 50 bis 100 nm), und sie werden zur Erzielung der gewünschten Härte mit einer hohen Glastemperatur (üblich 30 bis 60 °C) eingestellt. Bei derartigen Polymerisaten lässt sich durch Mitverwenden von Lösemittel (3 bis 10 %) im formulierten Lack die Verfilmung erreichen. Der Lösemittelbedarf kann, wie aus ökologischen Gründen anzustreben, durch einen heterogenen Aufbau der Acrylatpartikel, ähnlich wie bei den Holzlasuren, ohne Verlust an Oberflächenhärte und Blockfestigkeit weiter reduziert werden [29]. Über die Einstellung der Copolymerzusammensetzung lassen sich wichtige anwendungstechnische Eigenschaften steuern, vor allem Härte, Elastizität und Chemikalienbeständigkeit.

Formulierungsaspekte

Da bezüglich Chemikalienfestigkeit in der alten Möbel-DIN 68 861 Teil 1 B und neuen DIN EN 12 720 sehr hohe Anforderungen an Holzlacke gestellt werden, sind nahezu alle Holzlackbindemittel selbstvernetzend eingestellt [19, 30, 31]. Alternativ ist eine Fremdvernetzung möglich [32, 33]. Für carboxy- oder hydroxyfunktionalisierte Dispersionen verwendet man dazu Polycarbodiimide, Polyaziridine, Epoxysilane oder wasserdispergierbare Polyisocyanate. Der Einbau von Monomeren mit Carbonylfunktion in die Polymere ermöglicht eine Vernetzung über Kondensation mit Di- oder Polyaminen, oder auch mit Dihydraziden bzw.

multifunktionellen Semicarbaziden. Keines der genannten Vernetzungssysteme kann jedoch bezüglich Toxikologie, Wirkung, Topfzeit, Vergilbungsarmut und Preis gleichermaßen voll überzeugen. Problematisch im Hinblick auf die Vernetzung ist weiterhin die Tatsache, dass das Substrat Holz wegen der Gefahr von thermischer Verfärbung und von Ausgasungen lediglich Trocknungs- und Härtungstemperaturen bis 80 °C erlaubt.

UV-Wassersysteme [19, 34], d.h. strahlungshärtbare Polymerdispersionen könnten die Problemlösung der Zukunft sein. Sie ergeben sich beispielsweise durch Zusatz multifunktioneller Acrylatmonomere, wie Tripropylenglykoltriacrylat, zu Acrylatdispersionen. Alternativ ist auch eine nachträgliche Polymermodifikation der Acrylatdispersionen mit freien Doppelbindungen denkbar.

PUR-Kombinationen

In Erprobung auf dem Möbel- und vor allem Parkettgebiet sind wasserverdünnbare hochreaktive 2 K-Systeme, ausgehend von hydroxyfunktionellen Acrylatdispersionen und wasserdispergierbaren Polyisocyanaten. Derartige Systeme haben sich bereits im Automobilsektor für die Metallbeschichtung bewährt.

Die Zumischung von teuren, wässrigen Polyurethandispersionen (= Sekundärdispersionen) zu Acrylatsystemen führt zu einer Verbesserung der Abrieb- und Kratzfestigkeit bei gleichzeitig verbesserter Filmzähigkeit. Meist werden 60 bis 80 Gewichtsteile Polyacrylat mit 20 bis 40 Gewichtsteilen Polyurethan als Bindemittel kombiniert. Die Polyurethandispersionen sorgen über ihre Wasserquellbarkeit, aber auch aufgrund des herstellbedingten Restlösemittelgehaltes (z.B. N-Methylpyrrolidon), üblicherweise für eine Plastifizierung des Acrylatanteils bei der Filmbildung. Deshalb können für solche Kombinationen auch sehr harte Acrylatdispersionen mit hoher Glastemperatur eingesetzt werden.

Häufig zeigen sich jedoch bei Zusatz von Polyurethandispersionen auch Verschlechterungen der Wasserfestigkeit und der Chemikalienbeständigkeit. Zudem kann Schleierbildung im Film die Transparenz und Ästhetik der Beschichtung beeinträchtigen. Seit einigen Jahren sind deshalb auch Acrylat-Polyurethan-Hybridsysteme im Markt, bei denen der Polyurethananteil als Schutzkolloid vorgelegt und eine Acrylatdispersion aufgepfropft wird. Somit sind beide Polymere in einem Partikel enthalten [35]. Ob diese Systeme gegenüber reinen Mischungen insgesamt Vorteile bieten, ist in Fachkreisen noch immer umstritten [36]. In einigen Fällen zeigten sich jedoch Verbesserungen in der Anfeuerung des Holzuntergrunds und in der Beständigkeit, z.B. gegen Ethanol [37].

Weitere Formulierungsbestandteile

Neben der Wahl des Bindemittels und des Vernetzungssystems spielt die Gesamtformulierung des Wasserlacks (siehe Beispiel für Parkettlack in **Tab. 5.8**), wie

Mischung 1:	
Lösemittel; Propylenglykol-n-butylether	40 Gew.-Teile
Propylenglykol	10 Gew.-Teile
Solvenon® DPM[a] (Dipropylenglykolmonomethylether, Isomerengemisch)	20 Gew.-Teile
Additive / Entschäumer, Netzmittel, Verlaufsmittel, Verdicker, Mattierungsmittel	25 Gew.-Teile
Wasser	30 Gew.-Teile
Butylglykol	20 Gew.-Teile
Mischung 2:	
Acrylatdispersion (Luhydran® A 848 S[a]; 45 Gew. %-ig)	400 Gew.-Teile
Polyurethandispersion (40 Gew. %-ig)	400 Gew.-Teile
Wachsdispersion (Polygen® WE 1[a])	45 Gew.-Teile
Entschäumer/ Verlaufshilfsmittel	10 Gew.-Teile
Verfahrensweise: Mischung 2 vorlegen und Mischung 1 unter Rühren zusetzen	

Tab. 5.8   Parkettlackformulierung; mattierter Klarlack

z.B. die Wahl des Mattierungsmittels, oder der Lösemittel, eine entscheidende Rolle beim erzielbaren Eigenschaftsniveau [38].

Die Zugabe von Wachsemulsionen zur Mattierung und Oberflächenmodifizierung (üblich sind 1 bis 3 % bezogen auf den Feststoffgehalt des Bindemittels) hat neben der beabsichtigten Glanzminderung einen positiven Einfluss; er äußert sich in verbesserter Wasserfestigkeit und Kratzfestigkeit, während die chemische Beständigkeit unverändert bleibt. Dagegen kann die Endhärte der Beschichtung durch Wachszusätze nachteilig beeinflusst werden. Grobkörnige amorphe Kieselsäuren sind als Mattierungsmittel effektiver als Wachse, können sich jedoch nachteilig auf die Wasserdampf- und Alkoholbeständigkeit des Lackfilms auswirken.

Typ und Menge des Lösemittels in der Formulierung haben zudem einen entscheidenden Einfluss auf die Härteentwicklung des Lackfilms bei der Trocknung.

5.3 Literatur

[1] Deutsche Gesellschaft für Holzforschung e.V., Merkheft Nr. 11, Oberflächenbehandlung von Holz im Außenbereich, München 1991.

[2] J. Hein, Holzschutz, ROTO Fachbibliothek, Bd. 2, 1998, Wegra Verlag.

[3] J. Sell, T. Zimmermann, Werkstoff Holz, Spektrum der Wissenschaft, Nr. 4 (1997) 86 - 89.

[4] Deutsche Bauchemie e.V., Frankfurt, Schutz von Holz im Bauwesen, Druckschrift für Architekten und Planer, Druck Zechnersche Buchdruckerei GmbH, Speyer, 2. Ausgabe 1998.

[5] J. Hein, Holzinhaltsstoffe sicher blockieren, Die Mappe 6 (1999) 53 - 56.

[6] Institut für Fenstertechnik e.V. (Hrsg). (1991); Merkblatt Anstrichsysteme für Holzfenster, Fenster und Fassade Nr. 2, Rosenheim.

[7] Braunschweiger Richtlinien; Anhang 2 zum Abschlußbericht des operativen Eigenforschungsprojekts, Wilhelm Klauditz Institut, Braunschweig 1999.

[8] G. Hora, A. Belz, Moderne Beschichtungssysteme für Holzfenster, Holz-Zentralblatt vom 12.02.1999, 258 – 259.

[9] L. Matthäi, Erfahrungen mit Holzschutzlasuren auf Basis wässriger Polyacrylatdispersionen; Farbe + Lack 89, 5 (1983) 339 - 345.

[10] H. Kastien, Influence of the binder and additives on the weathering stability of colourless, aqueous wood varnishes, Polymers Paint Colour J., 181, Nr. 4286 (1991) 366 - 368, 371.

[11] A. Broek, An acrylic emulsion paint for wood: An adequate alternative?, 19. FATIPEC-Kongress Aachen 1988, Vol II, S. 361 - 380.

[12] G. Rodsrud, J. Sutcliffe, Alkyd emulsion properties and application, Surface Coatings International 77 (1994) 7 - 16.

[13] M. de Meijer, H. Militz, Adhesion of low-VOC coatings on wood: a quantitative analysis, Verfkroniek (1999) 25 - 30.

[14] M. de Meijer, K. Thurich, H. Militz, Comparative study on penetration characteristics of modern wood coatings, Wood Science and Technology 32 (1998) 347 - 365.

[15] a) E. Schmid, Holzaußenanstriche und Glasumwandlungs-Temperatur , Farbe + Lack 93, 12 (1987) 980 - 983.
b) E. Schmid, Glasumwandlungstemperatur und Wasseraufnahme von bewitterten Holzlasuren, Farbe + Lack 98, 5 (1992) 330 - 333.

[16] E. Schmid, Außenbewitterung von Holzlasuren, Applica 105, Nr. 3 (1998) 10 - 17.

[17] R. Arnoldus, R. Adolphs, W. Zom; Progress in acrylic emulsion developments, Polymers Paint Colour J. 181, Nr. 4287, (1991) 405 - 409, 418.

[18] U. Desor, S. Krieger, G. Apitz, R. Kuropka, Water-borne acrylic dispersions for industrial wood coatings, Surface Coatings International (1999) 488 - 496.

[19] M.–C. von Trentini, V. Carlson, P. Gerosa, R. Kuhn, K. Wood, Advanced technologies for formaldehyde-free waterborne acrylic wood coatings, 3. Nürnberg Kongreß, 1995, Paper 6.

[20] M. Grimberg, Neuartige wässrige, glänzende und halbglänzende Anstrichmittel für Holz, Farbe + Lack 72, 5 (1966) 437 - 441.

[21] R. Kreis, A. Sherman, Development of a ureido functional monomer for promoting wet adhesion in latex paints; Water-Borne and Higher-Solids Coating Symp. 02/1988; New Orleans, 222 - 243.

[22] B. Singh, L. Chang, R. diLeone, D. Siesel, Novel wet adhesion monomers for use in latex paints; 23. International Conference in Organic Coatings, Vouliagmeni, Athen 1997, S. 427 - 441.

[23] P. Ahola, H. Derbyshire, G. Hora, M. de Meijer, Water protection of wooden window joinery painted with low organic solvent content paints with known composition; Holz als Roh- und Werkstoff 57 (1999) 45 - 50.

[24] A. Hofland, The use of alkyd-emulsion and alkyd/acrylic hybrid systems in high-gloss architectural coatings, FATIPEC-Kongreß 1992, Buch 2, 207.

[25] P. Weissenborn, A. Mothiejanskaite, Drying of alkyd emulsion paints, J. Coatings Technology 72, Nr. 906 (2000) 65-74.

[26] T. Nabuurs, R. Baijards, A. German, Alkyd-acrylic hybrid systems for use as binders in waterborne paints, Progress in Organic Coatings 27 (1996) 163 - 172.

[27] E. van Hamersv, F. Cuperus, J. van Es, Oil-acrylic emulsions as binders for waterborne coatings, 24. FATIPEC-Kongress, Interlaken, 8.-11.06.1998, D 247- D 258.

[28] H. Pecina, O. Paprzycki, Lack auf Holz, Vincentz Verlag, Hannover 1995.

[29] U. Desor, Wässrige Lacke und Beschichtungen für Holz auf Basis von Polymerdispersionen; WKI-Bericht Nr. 31, Umweltfreundliche und emissionsarme Möbel, Seminar vom 09.-10.11.1995 in Braunschweig; Hrg. T. Salthammer, R. Marutzky, P. Böttcher, S. 57 - 81.

[30] E. Daniels, A. Klein, Development of cohesive strength in polymer films from latices, Progress in Organic Coatings 19 (1991) 359 - 378.

[31] M. Oaka, H. Ozawa, Recent developments in crosslinking technology for coating resins, Progress in Organic Coatings 23 (1994) 325 - 338.

[32] R. Athey, Additives for waterborne coatings, Part 7: Curatives, European Coatings J. 11 (1996) 569 – 571.

[33] J. Feng, H. Pham, P. Macdonald, M. Winnik, J. Geurts, H. Zirkzee, S. van Es, A. German, J. Coatings Technology 70, Nr. 881 (1998) 57 – 68.

[34] W. Reich, K. Menzel, W. Schrof, Wasser im UV-Lack, ein Widerspruch?, Farbe + Lack 104, 12 (1998) 73 - 80.

[35] Ch. Hegedus, K. Kloiber, Aqueous acrylic-polyurethane hybrid dispersions and their use in industrial coatings, J. Coatings Technology 68, Nr. 860 (1996) 39 - 48.

[36] U. Desor, B. Leon, R. Kuropka, Comparison of water-borne acrylic and polyurethane dispersions and mixtures of both in 1-component water-based clear varnishes for wood, 25. FATIPEC-Kongress, 19. – 22.09.2000, Turin, Bd. 2, S. 117 – 134.

[37] H.-J. Luthardt, R. Spohnholz, R. Simon, Wässrige Dispersionssysteme für Holzlacke, Farbe + Lack 104, 11 (1998) 30 - 38.

[38] H.-H. Bankowsky, A. Eichfelder, E. Gulbins, Selbstvernetzende Polymerdispersionen für chemikalienfeste Holzlacke, Asian Pacific Coatings Show, Kuala Lumpur 1996.

Fußnote

a   eingetragene Marke der BASF Aktiengesellschaft, Ludwigshafen

6 Dispersionslackfarben

6.1 Einleitung und Anforderungen

Lackfarben sind hochwertige, dekorative Anstrichsysteme, die in unterschiedlichen Glanzgraden im Markt angeboten werden. Der Begriff Glanz beschreibt die Intensität der Reflexion des Lichtes (= Spiegeleffekt) an der Beschichtungsoberfläche. Die Messung erfolgt bei unter einem bestimmten Winkel (üblich sind 20, 60 oder 85°, in Spezialfällen auch 45°) einfallendem Licht (siehe **Abb. 6.1**). Dabei wird das an der Beschichtung reflektierte Licht verglichen mit der Lichtreflexion an einer schwarzen, glatten Glasoberfläche (Brechungsindex n_D = 1,567). Der Quotient aus dem an Beschichtung und Glasoberfläche reflektierten Licht ergibt, mit 100 multipliziert, dann den Glanzwert [1].

Nach der alten DIN 53 778 wird bei Anstrichsystemen – entsprechend ihrem Glanzwert (mit Toleranz) und dem Messwinkel – unterschieden zwischen hochglänzend (64 ± 5 bei 20°), glänzend (≥ 60 bei 60°), seidenglänzend (31 ± 5 bei 60°), seidenmatt (45 ± 3 bei 85°) und matt (7 ± 1 bei 85°). Nach der neuen DIN EN 13 300 nimmt man die Einteilung künftig vor in glänzend (≥ 60 bei 60°), mittlerer Glanz (< 60 bei 60° und ≥ 10 bei 85°), matt (< 10 bei 85°) und stumpfmatt (< 5 bei 85°).

Wässrige Dispersionslacke auf Basis von Acrylat-Dispersionen, sogenannte Acryllacke, sind – in seidenglänzender bis glänzender Formulierung – heute eine echte umweltfreundliche Alternative zu den traditionell lösemittelhaltigen, lufttrocknenden Alkydharzlacken.

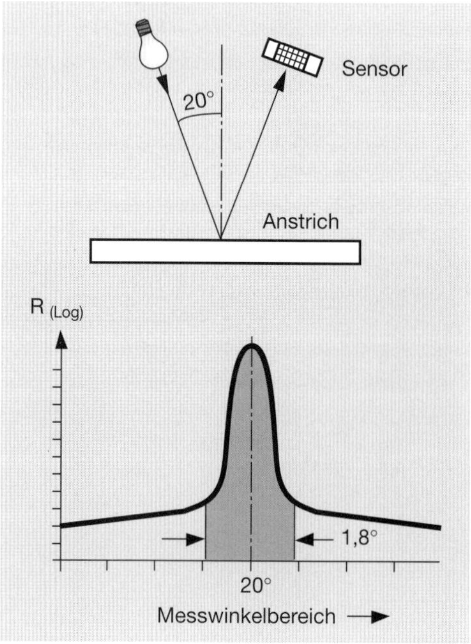

Abb. 6.1
Glanzmessung [2]
Oben: Messsystem
Unten: Winkelverteilung der Reflexionsintensität R, glanzwirksamer Bereich farblich unterlegt

Verarbeitungseigenschaften	Oberflächen- und Filmeigenschaften
guter Verlauf lange offene Zeit hohe Streichzähigkeit Schaumarmut	hoher Glanz und geringer Glanzschleier Härte und Kratzfestigkeit (für innen) Dauerelastizität (für außen, z.b. auf Holz) Blockfestigkeit Chemikalienbeständigkeit Anschmutzungsresistenz gute Haftung und Nasshaftung Wasserfestigkeit (für außen) Witterungsstabilität (für außen) Vergilbungsbeständigkeit hohes Deckvermögen

Tab. 6.1   Anforderungen an Dispersionslackfarben

Letztere werden jedoch noch immer von Heimwerkern, vor allem aber von Profis in großer Menge verarbeitet werden (alleine in Deutschland ca. 100 000 t pro Jahr).

Die Anforderungen, die an eine Dispersionslackfarbe gestellt werden, sind deshalb auch im wesentlichen die von den Alkydlacken her gewohnten Verarbeitungs- und Oberflächeneigenschaften (siehe **Tabelle 6.1**). Dabei ist das geforderte Eigenschaftsprofil jedoch wieder abhängig davon, ob die Produkte ausschließlich im Innenraum angewendet werden sollen oder später auch dem Wetter ausgesetzt sind.

Das Arbeitsgebiet Dispersionslackfarben umfasst teilweise sehr unterschiedliche Anwendungen in Abhängigkeit vom Substrat und von der gewünschten Wirkung (siehe **Tabelle 6.2**). Im folgenden sollen jedoch nur allgemeine Punkte zu wässrigen Dispersionslackfarben diskutiert werden, und zwar mit dem Schwerpunkt auf Hochglanzfarben.

Universallacke (für Innen- und Außenbereich)
Holzlacke und Holzfarben (siehe Kap. 5; Holzbeschichtungen)
Decklacke (auf Metall, z.B. für den leichten Korrosionsschutz)
Wandlacke (für die Beschichtung von Glasfasertapeten)
Betonfußbodenfarben (mit/ohne CO_2-Barriere)
Lösemittelfreie Dispersionslacke
Heizkörperlacke

Tab. 6.2   Typen von Dispersionslackfarben

6.2 Glanz und Glanzschleier

Der Glanz einer Beschichtung ist eine visuelle Wahrnehmung, die bei Betrachtung von Oberflächen entsteht. Es handelt sich dabei um ein optisches Lichtreflexionsphänomen, das – zusammen mit einer hohen Abbildungsschärfe des resultierenden Spiegelbilds – wesentlich zur Ästhetik der beschichteten Oberfläche für den Betrachter beiträgt. Paradebeispiele für hochglänzende Lacke sind moderne Automobillackierungen. Mikrostrukturen, wie sie z.B. aufgrund schlechter Pigmentdispergierung im Lack auftreten können, verursachen Streulicht geringer Intensität im Bereich von 1 bis 3° neben der eigentlichen Hauptreflexion. Dadurch bekommt die Oberfläche ein milchiges Aussehen, das die Brillanz und die Abbildungsschärfe des Spiegelbilds beeinträchtigt. Dieser unerwünschte Effekt wird als Glanzschleier oder Haze bezeichnet [2] (siehe **Abb. 6.2**).

Der Glanz einer Beschichtung ist insgesamt eine Funktion folgender Faktoren [1, 3]:
– Beobachtungswinkel
– Brechungsindex des Beschichtungsmaterials
– Rauhigkeit der Oberfläche

Ein hohes Glanzniveau, und dabei wenig Glanzschleier durch Streustrahlung, werden vor allem durch gute Oberflächenglätte erreicht, oder anders ausgedrückt, durch fehlende Oberflächen-Mikrorauhigkeit des Beschichtungsfilms.

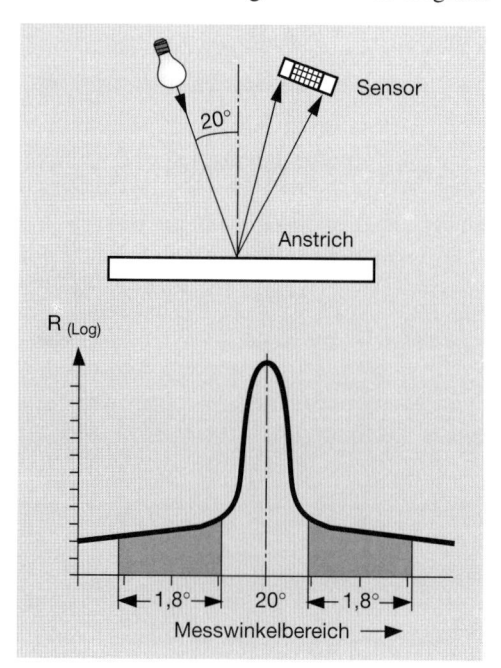

Glänzende Dispersionslackfarben formuliert man deshalb üblicherweise mit einem hohen Bindemittelanteil und einem relativ geringen Pigment- und Füllstoffanteil (siehe allgemeine Rezeptur in **Tab. 6.3**). Für

Abb. 6.2
Messung des Haze/Glanzschleiers [2]
Oben: Messsystem
Unten: Winkelverteilung der Reflexionsintensität R, hazewirksamer Bereich farblich unterlegt

Komponente	Gewichtsteile auf 100 Teile Farbe
1. Herstellung des Mahlguts	
Wasser	3 bis 6
Dispergiermittel	0,5 bis 4 (meist vom Polyacrylattyp)
Neutralisationsmittel/ Base	0 bis 2 (Ammoniak, NaOH, 2-Aminopropanol)
Titandioxid (Rutil)	12 bis 25
Füllstoffe	0 bis 15 (bestenfalls feine Calcite, 1-2 µm)
Entschäumer	0,2 bis 0,4
2. Auflacken	
Dispersion (50 %-ig)	45 bis 60 (Reinacrylat oder Acrylat/Styrol)
Entschäumer	0,1 bis 0,2
Assoziativverdicker	2 bis 4; Kombination aus high shear- (für Streichzähigkeit) und low shear-Verdickern (für Verlauf)
Lösemittel	0 bis 10; Menge an Filmbildehilfsmittel abhängig von MFT des Bindemittels, Glykole zur Verlängerung der offenen Zeit
Konservierungsmittel	0,1 bis 0,2 (Topfkonservierung)
Sonstige Additive	0 bis 2,5; Verlaufshilfsmittel, Mattierungsmittel, Hydrophobierungsmittel, Wachse etc.

Tab. 6.3   Typische Dispersionslackfarbenrezeptur

Hochglanzsysteme wird nur das Weißpigment Titandioxid – ohne weitere Füllstoffe – eingesetzt. Dies ist eine Konsequenz aus der Tatsache, dass – trotz eines steigenden Brechungsindex der Farbe – mit steigender PVK der Glanz abnimmt. Diese Glanzminderung erfolgt aufgrund der ansteigenden Oberflächenrauhigkeit zuerst langsam, dann bis zur KPVK rasch (siehe **Abb. 6.3**). Aus diesem Grund liegen die PVK-Werte für glänzende Dispersionslacke üblicherweise im Bereich von lediglich 15 bis maximal 25 %. Dies führt zum besten Kompromiss hinsichtlich erreichbarem Glanzniveau und erforderlichem Deckvermögen.
Theoretische Überlegungen zur Lichtstreuung zeigen, dass bereits Oberflächenrauhigkeiten von 0,05 bis 0,1 µm zu einem erheblichen Glanzverlust führen [3]. Deshalb haben anorganische Füllstoffe, die normalerweise grobteilig sind (Partikeldurchmesser größer 1 bis 100 µm), einen noch stärker glanzmindernden Effekt auf die Beschichtung (siehe **Abb. 6.4**) als das feinteilige Titandioxid (Partikeldurchmesser ca. 250–300 nm). Füllstoffe werden aus diesem Grund nur bei Seidenglanzfarben (bis PVK = 28 %), nicht jedoch bei Glanzlackfarben eingesetzt. Aber auch für Seidenglanzfarben kommen nur sehr feinkörnige, nassver-

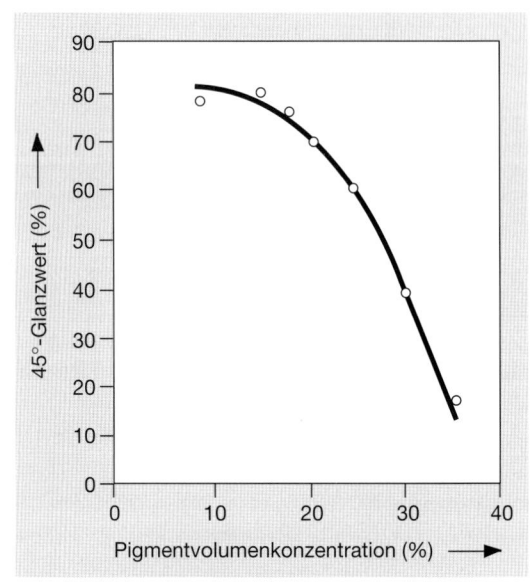

Abb. 6.3   PVK-Abhängigkeit des Glanzes einer Dispersionslackfarbe [1]

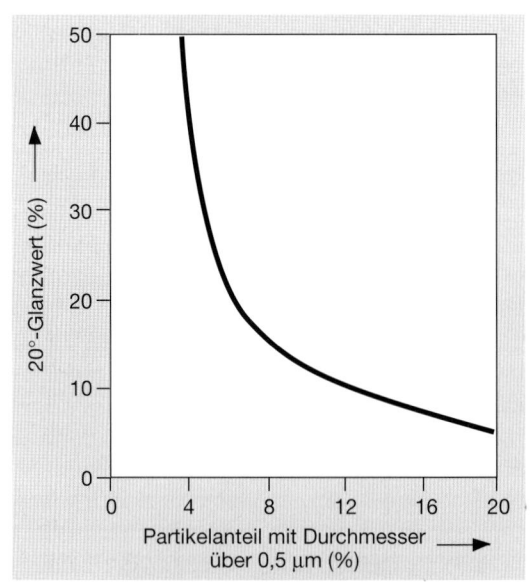

Abb. 6.4   Glanz einer Dispersionslackfarbe in Abhängigkeit vom Prozentsatz an grobkörnigen Partikeln (> 0,5 μm)

mahlene oder gefällte Füllstofftypen mit hohem Weißgrad in Betracht. Teilweise verwendet man bei Seidenglanzfarben zusätzlich feindisperse, organische Weißpigmente als Teilersatz für Titandioxid.

Das erreichbare Glanzniveau von Dispersionslacken wird bei vorgegebener PVK im wesentlichen beeinflusst durch das Bindemittel und das Titandioxid, in starkem Maße jedoch auch durch die Wahl der Lösemittel, Verdicker und Dispergierharze. Eine wesentliche Voraussetzung ist dabei eine gute Verträglichkeit der Additive mit dem Bindemittel. Vorteilhaft wirken sich auch hochsiedende, hydrophobe und stark plastifizierende Filmbildehilfsmittel aus, z.B. Texanol®[a], Lusolvan® FBH[b] oder Dipropylenglykol-n-butylether (Dowanol® DPnB[c]). Schließlich haben neben der Wahl des Lösemittels auch die Trocknungsbedingungen (z.B. Temperatur und Umgebungsfeuchtigkeit) einen deutlichen Einfluss auf das erzielbare Glanzniveau eines Dispersionslacks [4].

6.3 Bindemittel für Dispersionslackfarben

Die Bindemittel für Dispersionslackfarben sind meist relativ feinteilige Acrylat-Dispersionen (Feststoffgehalte 45 bis 50 Gew.-%), die zum Teil auch einen geringen Styrolanteil (bis ca. 30 Gew.-%) enthalten. Die Glastemperatur Tg wird, je nach Anwendungsschwerpunkt und Anforderungen bezüglich der Witterungsstabilität, auf Werte von 15 bis 50 °C eingestellt. Die härtesten Polymerisate mit den höchsten Tg's nimmt man vor allem für kratz- und blockfeste Hochglanzlacke im Innenbereich. Daraus resultiert für diese Systeme ein meist hoher Anteil an benötigtem Filmbildehilfsmittel (bis zu 10 Gew.-% im Farbrezept).

Um den Anforderungen des „Blauen Engel" für umweltfreundliche Lacke [5] zu genügen, darf der Lösemittelanteil 10 % nicht überschreiten. Zudem muss das Restmonomerenniveau bei < 500 ppm liegen, was bei Reinacrylatsystemen – aufgrund des meist hohen Umsatzes bei der Emulsionspolymerisation der (Meth)acrylatmonomere – üblicherweise kein Problem darstellt.

Seit einiger Zeit bieten die Bindemittelhersteller auch für Dispersionslackfarben mehrphasige Polymerisate an, die bei einem deutlich verminderten Lösemittelbedarf zu Anstrichsystemen mit guter Blockfestigkeit und Härte bei gleichzeitig ausgezeichneter Elastizität der Anstriche führen (näheres dazu siehe in [6, 7] und in Kap. 5, Holzbeschichtungen). Alternativ dazu laufen vielerorts Untersuchungen zur Herstellung von Mischungen (= Blends) aus weichen verfilmenden und harten glasartigen Dispersionen. Sie gelten als eine weitere mögliche Problemlösung auf dem Weg zu lösemittelarmen oder vollkommen lösemittelfreien Dispersionslacken [8 - 10].

Besonders hohe Anforderungen werden aufgrund der niedrigen PVK der Acryllacke und dem damit verbundenen hohen Polymeranteil nahe der Anstrichoberfläche an die Blockfestigkeit des Bindemittels gestellt (Beispiel für Test: 200 bis 400 µm Nassauftrag, 5 bis 24 h Trocknung bei Raumtemperatur, anschließend 24 h Verblockung mit bis zu 400 g/m^2, bei Raumtemperatur bis 60 °C). Eine ausreichende Blockfestigkeit ergibt sich, wenn entweder die Tg des Bindemittels hoch genug liegt, oder durch Zumischen bzw. Einbau nichtverfilmender Polymeranteile ins Bindemittel eine Art transparenter nanoskaliger Füllstoff eingeführt wird [7]. Blockfestigkeit und Chemikalienbeständigkeit des Acryllacks lassen sich weiterhin mit Einführung einer Vernetzungskomponente verbessern. Deshalb werden in vielen Fällen Acrylat-Dispersionen für Acryllacke selbstvernetzend eingestellt.

Für glänzende und seidenglänzende Wandlacke, die vor allem gute Klebfreiheit und Anschmutzungsresistenz bei nur mäßiger Blockfestigkeit und Härte aufweisen müssen, sind bereits vollkommen lösemittel- und weichmacherfreie Systeme im Markt, und zwar auf Basis intern plastifizierter, geruchsarmer Acrylat/Styrol- oder Polyvinylesterdispersionen.

6.3.1 Bindemittel und Glanz

Wässrige Acryllacke erreichen noch nicht das hohe Glanzniveau von lösemittelhaltigen Alkydsystemen. Der geringere Glanz ist im wesentlichen auf die unzureichende Oberflächenglätte der Acrylbeschichtungen zurückzuführen. Diese wiederum ist in erster Linie eine Konsequenz des partikulären Charakters der Bindemittel. Eine Rolle spielen dabei auch der damit verbundene spezifische Filmbildungsmechanismus, sowie die ausgeprägtere Pseudoplastizität der wässrigen Acryllacke, wie sie in den Fließkurven zum Ausdruck kommt. Letzteres bedingt einen schlechten Verlauf und damit den fehlenden Glättungseffekt an der Oberfläche.

Um auf einen hohen Glanzwert zu kommen, sollte das Acrylat-Bindemittel bevorzugt feinteilig sein [11]. Dies garantiert in der Regel eine gute Koaleszenz und Oberflächenglätte bei der Filmbildung. Ist die Dispersion jedoch zu feinteilig, so verschlechtert sich wegen der ausgeprägteren Pseudoplastizität wieder der Verlauf der Farbe, was dem Filmglanz wiederum schadet. Für Glanzlackbinder gibt es deshalb ein Optimum des Teilchendurchmessers im Bereich von ca. 80 bis 200 nm.

Die Verfilmungsgüte – und damit der Glanz – kann durch Absenken des Molekulargewichts des Bindemittels noch etwas verbessert werden. Ein steigender Brechungsindex des Polymeren führt ebenfalls zu höherem Glanzgrad. Zur Veranschaulichung der daraus resultierenden Möglichkeiten zur Glanzbeeinflussung sind in **Tabelle 6.4** die Brechungsindices unterschiedlicher Polymere aufgeführt. Die n_D^{25}-Werte der Polymere überspannen einen Bereich von 1,46 für Polyvinylacetat bis zu 1,62 für Polyvinylidenchlorid (PVDC).

Theoretisch müsste sich somit mit einem hohen PVDC-Anteil der höchste Glanzgrad erhalten lassen. Es gab deshalb noch vor einigen Jahren tatsächlich Überlegungen, durch Einbau von VDC-Anteilen in Polyacrylate (n_D^{25}-Werte von ledig-

Polymer	Brechungsindex n_D^{25}
Polymethylacrylat	1,479
Polyethylacrylat	1,464
Poly-n-butylacrylat	1,474
Polymethylmethacrylat	1,488
Poly-n-butylmethacrylat	1,483
Polystyrol	1,591
Polyvinylacetat	1,463
Polyvinylpropionat	1,465
Polyacrylnitril	1,519
Polyvinylidenchlorid	1,618

Tab. 6.4 Brechungsindices verschiedener Homopolymere

lich 1,46 bis 1,48) das Glanzniveau von wässrigen Acrylatbeschichtungen zu steigern [11]. Zur Anhebung des Brechungsindex von Acrylatpolymeren führt aber auch deren Copolymerisation mit dem halogenfreien Styrol (PS, mit einem Brechungsindex von 1,59). In einigen Fällen werden deshalb in Glanzlackbindern auch Anteile von Styrol bis zu 30 % (wegen Witterungsstabilität kein höherer Anteil) eingebaut. Mit Acrylat/Styrol-Dispersionen, die einen hohen Styrol-Anteil aufweisen, lassen sich gegenüber Reinacrylaten – bei gleicher Teilchengröße und Stabilisierung – bis zu 10 Einheiten höhere Filmglanzwerte erzielen.

Mit steigendem Brechungsindex des Bindemittels fällt jedoch gleichzeitig das Deckvermögen des Lackes etwas ab, da sich die Brechungsindices von Binder und Pigment annähern.

Untersuchungen von *Zimmerschied* [12] haben gezeigt, dass auch der pH-Wert und das Neutralisationsmittel (Ammoniak, Natronlauge, Kalilauge, AMP etc.) bei der Bindemittelherstellung einen Einfluss auf den Glanz und auf weitere Dispersionslackeigenschaften (z.B. Rheologie und Blockfestigkeit) ausüben können.

Mit speziellen mehrphasigen Polymerisaten oder auch Blends sind weitere Glanzverbesserungen möglich. Dazu ist ein niedermolekularer alkalilöslicher Polymeranteil gefordert [11].

6.3.2 Titandioxid und Glanz; Einfluss der Dispergierung

Der nachteilige Einfluss der Pigmentierung auf den Glanz durch den Anstieg der Oberflächenrauhigkeit wurde bereits diskutiert. Deshalb sollte die Pigmentdispergierung zur Einstellung eines hohen Glanzgrads möglichst intensiv sein (siehe **Abb. 6.5**), da hierdurch grobe Pigmentagglomerate und -aggregate beseitigt werden, die sich besonders nachteilig auf den Glanz auswirken [2]. Dabei muss neben einer guten Benetzung des Pigments und möglichst vollständigem mechanischem Aufbrechen der Pigmentagglomerate durch langes und intensives Scheren erreicht werden, dass das Dispergierharz die Pigmentprimärpartikel des Acryllacks gegen Aggregation und Flokkulation optimal schützt [13]. Dieser Schutz muss sowohl bei der Lagerung, als auch bei der Verfilmung des Acryllacks gewährleistet werden.

Die Auswahl von Typ und Menge an Dispergiermittel ist deshalb bei Dispersionslacken mit besonderer Sorgfalt vorzunehmen (siehe **Abb. 6.6**). Als Dispergierharze für Acryllacke haben sich spezielle, häufig hydrophob modifizierte, niedermolekulare Polyacrylate bewährt.

Für Hochglanzsysteme werden von den Pigmentherstellern heute spezielle, oberflächenmodifizierte, sowie auch fein- bzw. monodisperse Titandioxidtypen angeboten. Sie lassen sich leichter dispergieren, was eine verminderte Oberflächenrauhig-

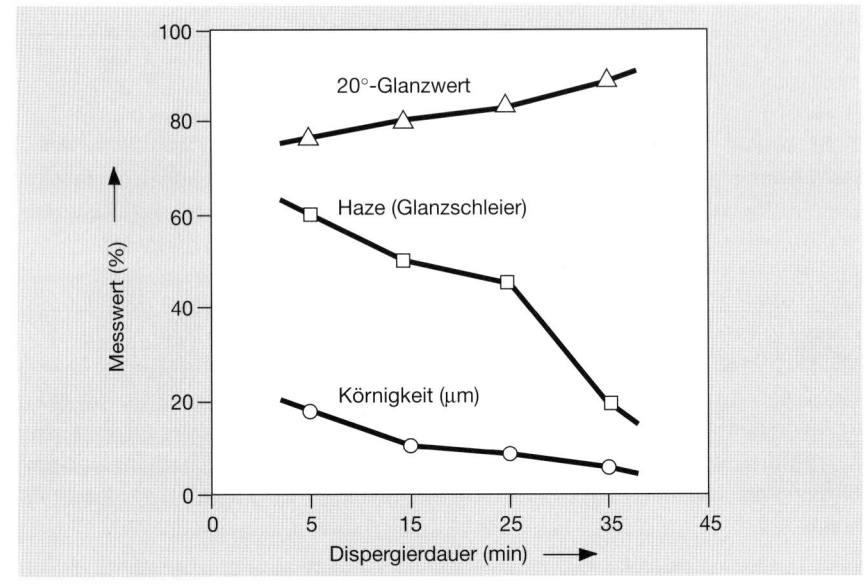

Abb. 6.5   Einfluss der Dispergierdauer auf Körnigkeit, Glanz und Haze [2a]

keit des fertigen Anstrichs bewirkt. Standard-Rutiltypen haben heute Partikeldurchmesser von 250 bis 300 nm. Mit sinkender Partikelgröße des Titandioxids steigt der Glanz weiter an, das Deckvermögen der Farben nimmt jedoch gleichzeitig ab [14]. Für echte Hochglanzlacke wird heute feindisperses Rutil bei einer PVK von 15–20 % eingesetzt.

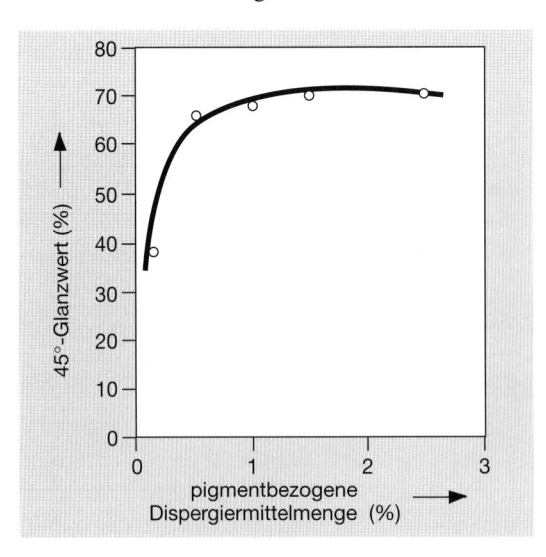

*Abb. 6.6
Einfluss der Dispergiermittelmenge auf den Glanz einer Dispersionslackfarbe* [1]

6.4 Eigenschaften von Acryllacken

Dispersionslacke kommen bezüglich der Oberflächeneigenschaften zusehends an das Qualitätsniveau der konventionellen Alkydharzlacke heran, zeigen aber vor allem noch Schwächen im Hinblick auf die Verarbeitungseigenschaften (siehe Eigenschaftsvergleich in **Tab. 6.5**). Dies wird deutlich an der für großflächige Applikation häufig zu kurzen offenen Zeit. Zu rechnen hat man ferner aufgrund der ausgeprägteren Pseudoplastizität auch mit schlechteren Verlaufseigenschaften eines solchen Wasserlacks.

Bei gelösten Harzen, wie den Alkyden, ist der angetrocknete Lackfilm mit frischem Lack wieder anlösbar, dieser somit noch „ansatzlos" verstreichbar. Mit anderen Worten, der konventionelle Lack bleibt in der Regel lange offen. Dagegen verfilmen Dispersionslacke vor dem vollständigen Wasserverlust rasch und irreversibel. Sie trocknen also schneller und sind schneller überstreichbar als die lösemittelhaltigen Alkydlacke, haben aber nur eine relativ kurze offene Zeit. Durch Optimierung der Lösemittelkombination mit Hochsiedern und Glykolen, wie Propylenglykol, kann man, wie bereits in Kap. 1 geschildert, die offene Zeit von

Eigenschaft	wässriger Acryllack	konventioneller Alkydlack
Verarbeitung	mäßig bis gut	gut
Verlauf	mäßig bis gut	sehr gut
Ablaufneigung	gering	gering bis mittel
Schaumneigung	gering bis hoch	meist gering
Deckvermögen	mäßig	gut
Ergiebigkeit	mäßig	gut
Trocknung (staubtrocken nach	schnell 1 Stunde	langsam mindestens 3 bis 4 Stunden)
Glanzvermögen	mäßig bis gut	sehr gut
Glanzhaltung	sehr gut	mäßig bis schlecht
Vergilbungsneigung	sehr gering	mittel bis stark
Dauerelastizität	sehr gut	mäßig bis schlecht
Härte und Kratzfestigkeit	mäßig	sehr gut (nach Durchtrocknung)
Haftfestigkeit (trocken)	gut	gut
Haftfestigkeit (nass)	mäßig bis gut	gut
Blockfestigkeit	gut bis sehr gut	sehr gut (nach Durchtrocknung)
Wetterbeständigkeit	sehr gut	mäßig bis gut
Wasserfestigkeit	gut	gut bis sehr gut
Renovierbarkeit/ Schleifbarkeit	schlecht	gut

Tab. 6.5 Eigenschaftsvergleich von wässrigem Acryl- und gelöstem Alkydharzlack

Dispersionslacken auf einige Minuten verlängern. Dies reicht jedoch einem ungeübten Anwender für eine großflächige, streifenfreie Applikation (z.B. bei Türen) nicht immer aus.

Aufgrund der fehlenden autoxidativen Vernetzung und der damit verbundenen Thermoplastizität haben Acryllacke gegenüber Alkydsystemen eine bessere Dauerelastizität, Vergilbungsbeständigkeit und Haltbarkeit. Fehlendes Abwittern auf der einen und hohe Thermoplastizität auf der anderen Seite werden jedoch zum Problem wegen der dadurch bedingten schlechten Schleifbarkeit. Dies macht sich vor allem bei Instandsetzung und Renovierung von Acrylatanstrichen nachteilig bemerkbar. Das frühere Problem, schlechte Haftung von Dispersionslackfarben auf altem Alkyduntergrund, konnte durch den Einbau von Spezialmonomeren, sogenannten Nasshaftungspromotoren, in das Acrylatsystem zufriedenstellend gelöst werden (näheres siehe Kapitel 5, Holzbeschichtungen).

Der partikuläre Charakter und damit verbunden der spezielle Filmbildungsmechanismus der Acrylat-Dispersionen führen im Hochglanzbereich zu einem etwas geringeren Glanzniveau (Werte von 50 bis 70 bei 20° für Acryllacke gegenüber Werten bis > 90 bei 20° für lösemittelhaltige Alkydlacke) und zu stärkerem Glanzschleier (übliche Haze-Werte für Acryllacke > 100). Allerdings konnten hierzu in den letzten Jahren maßgebliche Verbesserungen erzielt werden, sowohl bei den Bindemitteln als auch bei den Dispersionslackformulierungen.

6.5 Wechselwirkung mit Assoziativverdickern

Auf die Unterschiede in der Rheologie von Alkydlacken und Dispersionsfarben wurde bereits in Kapitel 2 eingegangen. Dabei wurde auch die Wirkungsweise von Assoziativverdickern an der Latexoberfläche erläutert. Gerade bei Hochglanzlacken ist eine gute Annäherung der Fließkurven der Acryllacke an das newtonische Fließverhalten der Alkydlacke von großer Bedeutung. Damit einher gehen ein guter Verlauf, verbunden mit einem hohen Glanz, sowie eine gute Streichzähigkeit. Möglich wird so auch ein hoher Schichtauftrag und eine weitgehende Spritzfreiheit beim Streichen oder Rollen des Lacks.

Dispersionslacke werden deshalb ähnlich den Holzlasuren ausschließlich mit teuren Assoziativverdickern (PU-Verdicker oder seltener HASE-Verdicker) formuliert, d.h. ohne die Strukturviskosität weiter betonende Celluloseether- oder Acrylatverdicker. Um die Kosten für den Verdicker niedrig zu halten, sollten die Rezepte derartiger Lackfarben so gestaltet sein, dass eine sehr gute Wechselwirkung des Bindemittels mit dem Assoziativverdicker eintreten kann. Wesentliche Faktoren im Hinblick auf die Verdickbarkeit mit Assoziativverdickern sind z.B. die Bindemittelmenge im Rezept, ferner die Teilchengröße, der Emulgatorgehalt und die Oberflächencharakteristik des Bindemittels, aber auch Menge und Typ des eingesetzten Lösemittels [15 - 22].

Mit sinkender Teilchengröße und fallender Emulgatormenge im Latex steigt bei vorgegebener Assoziativverdickermenge üblicherweise die Viskosität der Farben an. Dies ist eine Folge der Konkurrenz, in der die hydrophoben Blöcke von Emulgator und Verdicker an der Latexoberfläche stehen. Mit sinkender Teilchengröße und bei abnehmender Emulgatorbedeckung vergrößert sich jedoch auch die für den Assoziativverdicker verfügbare freie Latexoberfläche. Daraus resultieren neue Verknüpfungspunkte für das dreidimensionale Netzwerk des Assoziativverdickers, was dessen verdickende Wirkung erhöht.

Seitens der Bindemittelhersteller gilt es, einen akzeptablen Kompromiss bezüglich kolloidaler Stabilität und Verdickbarkeit zu finden. In Kombination mit hydrophileren schutzkolloidstabilisierten Bindemitteln, z.B. auf Basis von Polyvinylacetat, zeigen Assoziativverdicker häufig eine geringe Wirksamkeit.

Hydrophobe Lösemittel, wie Testbenzin oder Ester langkettiger Carbonsäuren (z.B. Lusolvan® FBH[b]), können das Ansprechen von Assoziativverdickern erheblich

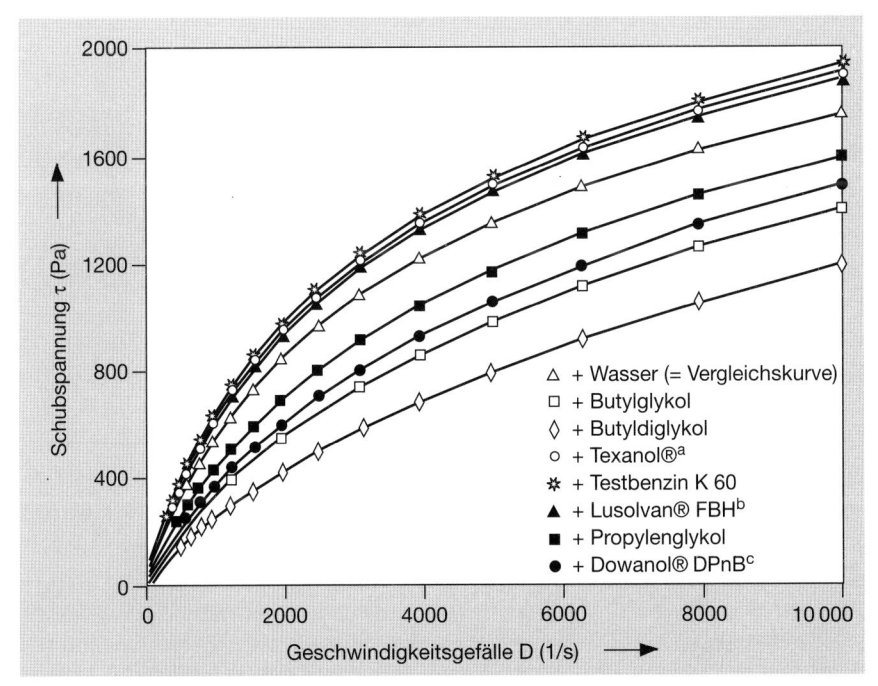

Abb. 6.7 Einfluss unterschiedlicher Lösemittel auf die Verdickbarkeit der Reinacrylatdispersion Acronal® 18 D[b] mit einem „high shear" PU-Verdicker (in Fließkurven-Darstellung)

verstärken. Deshalb muss beim Umstellen von Rezepten auf Lösemittelfreiheit üblicherweise die Verdickermenge angepasst werden. Wassermischbare hydrophile Filmbildehilfsmittel, wie Butyldiglykol oder gar Propylenglykol, können ebenfalls einen negativen Einfluss auf die Wechselwirkung der Assoziativverdicker mit dem Bindemittel ausüben. Dies kann zu einem erheblichen Viskositätseinbruch führen. In **Abb. 6.7** ist der Lösemitteleinfluss auf die Rheologie einer mit Polyurethanverdicker versetzten Reinacrylat-Dispersion exemplarisch dargestellt.

6.7 Literatur

[1] L. Simpson, Factors controlling gloss of paint films, Progress in Organic Coatings, 6 (1978) 1-30.

[2] a) F. Fensterseifer; Glanzmessung zur objektiven Oberflächenprüfung, Coating 5 (1999) 207 - 209.
b) Byk Gardner, Gloss and reflection haze, Pitture e Vernici, Paints and Varnishes (1996) 7 - 16.

[3] J. Braun, Gloss of paint films and the mechanism of pigment involvement, J. Coatings Technology 63, Nr. 799 (1991) 43 - 51.

[4] C. Rodriguez, J. Weathers, B. Corujo, P. Peterson, Formulating water-based systems with propylene-oxide-based glycol ethers, J. Coatings Technology 72, Nr. 905 (2000) 67 - 72.

[5] RAL-UZ12a: Schadstoffarme Lacke, Ausgabe Jan. 1997, Vergabegrundlagen in http://www.blauer-engel.de/Produkte/uz/012a-ef.htm (07.11.2000).

[6] H. Rinno, Bindemittel für emissionsarme Beschichtungsstoffe, Farbe + Lack 99, 8 (1993) 697 - 704.

[7] a) B. Schuler, R. Baumstark, S. Kirsch, A. Pfau, M. Sandor, A. Zosel, Structure and properties of multiphase particles and their impact on the performance of architectural coatings, 25. International Conference in Organic Coatings, Vouliagmeni (Athen), 1999, S. 203 – 218.
b) R. Baumstark, S. Kirsch, B. Schuler, A. Pfau, Mehrphasige Polymerpartikel für lösemittelfreie Dispersionslacke, Farbe + Lack 106, 11 (2000) 125 – 132, 145 – 147.

[8] M. Winnik, J. Feng, Latex blends: an approach to zero VOC coatings; J. Coatings Technology, 68, Nr. 852 (1996) 39 - 50.

[9] H.-Ch. Krempels; Polymer-Blends als Lackbindemittel, Farbe + Lack 100, 1 (1994) 13 - 18.

[10] S. Eckersley, B. Helmer, Mechanistic considerations of particle size effects on film properties of hard/soft latex blends, J. Coatings Technology 69, Nr. 864 (1997) 97 - 107.

[11] H. Warson, The applications of synthetic resin emulsions, Ernest Benn Limited (1972), Kap. 8, Emulsion Paints, S. 467 ff.

[12] K. Zimmerschied, Mehr Umweltschutz mit Reinacrylat-Dispersionen. Teil III: Einfluss von pH-Wert und Neutralisationsmitteln bei der Herstellung von Dispersionslacken, Kunstharz-Nachrichten 26 (1990) 7 - 13.

[13] J. Bieleman, Additives for Coatings, Kap. 4.1, Wetting and dispersing agents, S. 67 - 99, Wiley-VCH, Weinheim 2000.

[14] J. Braun, D. Fields, Gloss of paint films: II. Effects of pigment size, J. of Coatings Technology 66, Nr. 828 (1994) 93 - 98.

[15] B. Emelie, U. Schuster, S. Eckersley; Interaction between styrene-butylacrylate latex and water soluble associative thickener for coalescent free wall paints, 22. International Conference in Organic Coatings, Vouliagmeni (Athen), 1997, S. 107-125.

[16] T. Svanholm, F. Molenaar, A. Toussaint, Associative thickeners: their adsorption behaviour onto latexes and the rheology of their solutions, Progress in Organic Coatings 30 (1997) 159 - 165.

[17] P. Howard, E. Leasure, S. Rosier, E. Schaller; A systems approach to rheology control, Proc. ACS Div. Polym. Mater. Sci. Eng., 61 (1989) 619 ff.

[18] B. Richey, A. Kirk, K. Eisenhart, S. Fitzwater, J. Hook, Interactions of associative thickeners with paint components as studied by the use of a fluorecently labeled model thickener, J. Coatings Technology 63, Nr. 798 (1991) 31 – 40.

[19] C. Glancy, D. Bassett, Effect of latex properties on the behaviour of nonionic associative thickeners in paints, Proc. ACS Div. Poly. Mat. Sci. Eng., 51 (1984) 348.

[20] A. Schwartz, A formulator's guide to water-borne wood finishing, American Paint & Coatings J. (1995) 43 - 50.

[21] G. Fonnum, J. Bakke, F. Hansen, Colloid Polym. Sci. 271 (1993) 380 ff.

[22] J. Glass (Ed.), Polymers in aqueous media, Advances in Chemistry Series 223, ACS, Washington DC, 1989.

Fußnoten

a   eingetragene Marke der Eastman Chemical Company

b   eingetragene Marke der BASF AG, Ludwigshafen

c   eingetragene Marke der Dow Corning Corporation

7 Innenfarben

7.1 Einführung und Definition

Im breitesten Sinne sind Innenfarben alle Farben, die in Innenräumen – also geschützt vor Witterungseinfluss und UV-Strahlung – angewendet werden. Im engeren Sinne bezeichnet man als Innenfarben matte Farben, wie sie zur Beschichtung von Innenputz, Rauhfasertapeten o. ä. verwendet werden. Lack- oder Holzfarben, auch wenn vielleicht für die Anwendung im Innenbereich vorgesehen, zählen nicht zu den im folgenden beschriebenen Innenfarben.

Die Innenfarben stellen das mit Abstand größte Segment innerhalb des Marktes für wässrige Farben dar. Die Palette der auf dem Markt angebotenen Produkte ist unüberschaubar und reicht aus technischer Sicht von den mit wasserlöslichen Leimen gebundenen Leimfarben (im folgenden nicht berücksichtigt), sowie sehr hoch gefüllten Billigst-Dispersionsfarben über Standardqualitäten bis hin zu hochwertigen Typen, wie z. B. die emissions- und lösemittelfreien 'ELF'-Innenfarben. Technische Hochwertigkeit bedeutet bei den Innenfarben hauptsächlich gute und einfache Verarbeitbarkeit und Wirtschaftlichkeit durch hohe Ergiebigkeit.

7.2 Technische Anforderungen an Innenfarben

Aufgrund der wettergeschützten Anwendung brauchen die in Innenfarben verwendeten Bindemittel, im Gegensatz zu solchen für Außenfarben, weder UV- noch Witterungsbeständigkeit. Dies bedeutet, dass als Bindemittel für Innenfarben alle auf dem Markt angebotenen Copolymertypen, also Acrylat/Styrol-Dispersionen, Reinacrylate, Vinylacetat-Copolymere und Druckpolymere aus Vinylacetat und Ethylen geeignet sind. Innenfarben müssen - im Gegensatz zu Außenfarben - auch keinerlei Feuchteschutz bewirken. Deshalb kann die Pigmentvolumenkonzentration (PVK) von Innenfarben deutlich über der kritischen PVK (KPVK) formuliert werden. Die dadurch gegebene Offenporigkeit des Farbfilms ist kein Nachteil, sondern durch das sogenannte Dry-Hiding ein Vorteil!

Welche Anforderungen werden an eine Innenfarbe gestellt?

Zur wirtschaftlich günstigsten Herstellung muss die Farbe die gewünschten Gebrauchseigenschaften mit einer möglichst kleinen Bindemittelmenge ergeben. Dies bedeutet, die Hauptanforderung an das Bindemittel ist ein
- hohes Pigmentbindevermögen und ein
- hervorragendes Preis/Leistungs-Verhältnis.

Die mit dem Bindemittel hergestellte Innenfarbe muss folgende Anwendungs- und Gebrauchseigenschaften haben:
- hohes Nass- und Trockendeckvermögen
- einwandfreie, leichte Verarbeitbarkeit
- keine Bildung von Ansatzstreifen durch genügend lange offene Zeit
- hoher Auftrag in einem Arbeitsgang (,Einschichtfarbe')
- keine Schwundrissbildung
- gute Verträglichkeit mit Abtönfarben
- Wasch- und/oder Scheuerbeständigkeit.

7.3 Pigmentbindevermögen und kritische Pigmentvolumenkonzentration

Das Pigmentbindevermögen (PBV) ist die Fähigkeit eines Bindemittels, die Pigmente und Füllstoffe einer Farbe zu einem Film mit den gewünschten Gebrauchseigenschaften gewissermaßen „zusammenzukleben". Der Film muss eine ausreichende Haftung auf der beschichteten Fläche haben. Das PBV hängt mit der kritischen Pigmentvolumenkonzentration (KPVK) zusammen. Die Bestimmungsmethoden der KPVK werden in Kap. 2 diskutiert.

Unterhalb der KPVK bildet das Bindemittel im Farbfilm eine geschlossene, kontinuierliche Phase, oberhalb der KPVK ist dies nicht mehr möglich, der Film wird offenporig. Je höher die mit einem Bindemittel erreichbare KPVK, desto geringer ist die benötigte Bindemittelmenge zur Erzielung der gewünschten Gebrauchseigenschaften. Damit entscheidet die erreichbare KPVK über die Wirtschaftlichkeit des Bindemittels.

7.3.1 Einflussfaktoren auf die KPVK

Die Lage der KPVK kann durch die Formulierung, mit anderen Worten, durch die Auswahl und Kombination der wichtigsten Einsatzstoffe einer Dispersionsfarbe beeinflusst werden. Im Folgenden werden diese Formulierungsbestandteile, Polymerdispersion, Pigment und Füllstoff, diesbezüglich exemplarisch diskutiert.

7.3.1.1 Einflussfaktor Polymerdispersion

Der Haupteinflussfaktor auf die KPVK ist die Teilchengröße des Bindemittels. Mit sinkender Teilchengröße steigt die KPVK an. Modelluntersuchungen zeigten, dass (bei gleicher chemischer Zusammensetzung) beim Übergang von einer grobzu einer feinteiligen Dispersion die KPVK um 5% zu höheren Werten verschoben wird [1].

230 Innenfarben

Bindemittelbedarf nimmt zu →

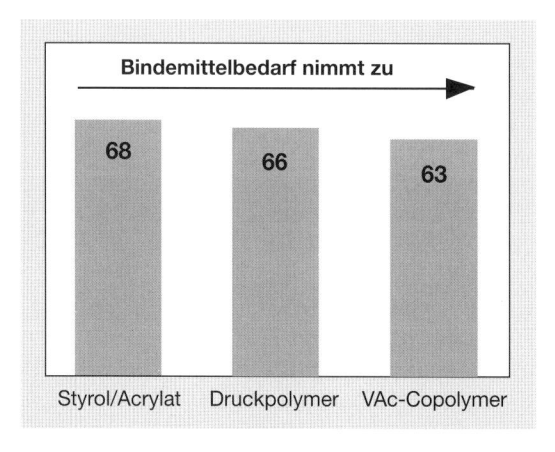

Styrol/Acrylat	Druckpolymer	VAc-Copolymer
68	66	63

Abb. 7.1
Einfluss des Bindemitteltyps auf die kritische Pigmentvolumenkonzentration

Vergleicht man hingegen chemisch unterschiedliche Dispersionen, die in etwa gleiche Teilchengröße aufweisen, so beobachtet man einen Anstieg der KPVK von ca. 63% bei VAc-Copolymeren, über ca. 66% bei Druckpolymeren auf ca. 68% bei Acrylat/Styrol-Dispersionen (**Abb. 7.1**). Die Lage der KPVK kann also durch die hier eingesetzten Polymerdispersionen im Bereich von 15 PVK-Einheiten beeinflusst werden. Gearbeitet wurde bei diesen Experimenten mit Füllstoff 8 (Socal®[h] P2) und Füllstoff 9 (Microdol® 1[a]; Erläuterungen siehe weiter unten), sowie mit dem TiO_2-Pigment Kronos® 2043[b], bei einem Pigment-Füllstoff-Verhältnis von 40:60 (**Tab. 7.1**).

Polymerdispersion	Teilchengröße [µm]	Füllstoff			
		Socal®[h] P2 KPVK nach Gilsonite-Test	Socal®[h] P2 KPVK nach Filmspannungsmethode	Microdol®1 KPVK nach Gilsonite-Test	Microdol®1 KPVK nach Filmspannungsmethode
Acrylat/Styrol	0,1	52%	50%	64%	62%
Ethylen-Vinylacetat-Vinylchlorid	0,1	50%	50%	57%	58%
Vinylacetat-Vinylester	0,1–1,5	46%	48%	59%	57%
Vinylpropionat-Acrylat	0,2–3	38%	40%	49%	48%
Vinylacetat-Maleat	0,3–5	42%	44%	57%	54%

Tab. 7.1 Einfluss der Polymerdispersion auf die KPVK [2]

Daraus folgt: Die richtige Wahl des Bindemittels bezüglich chemischer Zusammensetzung und Teilchengröße kann eine deutliche Anhebung der KPVK bewirken und damit entscheidend für die Wirtschaftlichkeit der Formulierung sein. Festzuhalten bleibt zudem, dass feinteilige Acrylat/Styrol-Copolymere, wie z.B. Acronal® 290 D^c, eine sehr hohe KPVK ermöglichen, die von keiner anderen Polymerklasse erreicht wird.

Natürlich darf nicht übersehen werden, dass (wie gleich gezeigt wird) auch die Pigment- und die Füllstoffwahl erheblichen Einfluss auf die KPVK haben.

7.3.1.2 Einflussfaktor Pigment

Es wurde der Einfluss verschiedener Titandioxid-Typen auf die KPVK untersucht. Die Pigmente hatten unterschiedliche Oberflächenbehandlungen erfahren.

Damit der Einfluss des Pigments auf die KPVK möglichst klar sichtbar wird, wurde ein Pigment/Füllstoff-Verhältnis von 40:60 gewählt. Als Füllstoffe dienten entweder feinteiliges gefälltes Calciumcarbonat (Socal® P2, 0,3 µm, Ölzahl 26) oder grobteiliger Dolomit (Microdol® 1, 7 µm, Ölzahl 11). Die KPVK wurde mittels des GILSONITE-Tests bestimmt. Der feinteilige Füllstoff lässt eine niedrigere KPVK, der grobteiligere Füllstoff eine höhere KPVK zu.

Der KPVK-Bereich, der durch die Pigmente beeinflusst werden kann, beträgt ca. 7 PVK-Einheiten. Das bedeutet, dass selbst Pigmente mit deutlich verschiedener Oberflächenbehandlung die Lage der KPVK nur in einem relativ beschränkten Bereich beeinflussen können [2].

7.3.1.3 Einflussfaktor Füllstoff

Im Normalfall werden in Dispersionsfarben Füllstoffgemische eingesetzt. Quantitativ gesehen stellen Füllstoffe die Hauptmenge einer Rezeptur dar. Damit Aussagen über die Beeinflussung der KPVK gemacht werden können, muss der individuelle Einfluss eines jeden Füllstoffes auf die KPVK diskutiert werden. In Betracht kommen dabei die in **Tab. 7.2** erwähnten Füllstoffe. Damit der Einfluss des Füllstoffs so klar als möglich ersichtlich wird, wurde mit einem Pigment/Füllstoffverhältnis von 10:90 gearbeitet. Vorversuche wurden mit drei Korngrößentypen der Füllstoffe durchgeführt:

Die feinen, präzipitierten Calciumcarbonate (Füllstoff 8), die gröberen Dolomite (Füllstoff 9) und das natürlich vorkommende mittelfeine Calciumcarbonat (Füllstoff 4). Die KPVK wurde mittels GILSONITE-Test bestimmt. **Abb. 7.2** zeigt die Ergebnisse [3]. Die verschiedenen Plots der drei Kurvenfamilien kommen vom Einfluss der drei Korngrößen. (Der Einfluss von ebenfalls untersuchten Titandioxidtypen unterschiedlicher Nachbehandlung ist vernachlässigbar.)

Nr.	Typ	Obere Teilchengröße [μm]	Mittlere Teilchengröße [μm]	Ölzahl
1	Natürliches $CaCO_3$	50	10,0	13
2	Calcit	40	7,0	14
3	Calcit	25	5,0	15
4	Calcit	10	3,0	18
5	Calcit	12	2,7	18
6	Calcit	7	1,5	18
7	Calcit	3	0,7	21
8	Gefälltes $CaCO_3$	10	0,3	26
9	Natürlicher Dolomit	45	7,0	11
10	Talkum	50	10,0	33
11	Talkum	50	10,0	32
12	Talkum	50	7,0	37
13	Talkum	20	5,0	32
14	Mikrotalk	10	3,0	46
15	Glimmer, gemahlen	100	27,0	37
16	Glimmer	30	8,0	48
17	Kaolin, fein	30	1,7	43
18	Kaolin, sehr fein	80% < 1		48
19	Kreide	20	3,0	17
20	Kreide, gemahlen	4	1,0	21
21	Gefälltes Aluminiumsilikat		0,035	120

Tab. 7.2 Eingesetzte Füllstoffe, charakterisiert nach Teilchengröße und Ölzahl

Die KPVK nimmt mit abnehmender Korngröße des Füllstoffs ab. In diesen Arbeiten konnte ein direkter Zusammenhang mit der Ölzahl des Füllstoffs nachgewiesen werden. Mit anderen Worten, zunehmende Partikelfeinheit und zunehmende Ölzahl senken die KPVK. **Abb. 7.2** zeigt aber auch Ausnahmen von dieser Regel. Mit dem feinen Füllstoff 8 werden KPVK-Werte zwischen 50 und 52 % erhalten. Die gröberen Füllstoffe 4 und 9 ergeben KPVK-Werte zwischen 62 und 65 %. Durch die drei Korngrößenfamilien können Unterschiede von bis zu 15 PVK-Einheiten der KPVK erreicht werden [2].

Im Kapitel 2 wird ausführlich über die Bestimmungsmethoden der KPVK diskutiert.

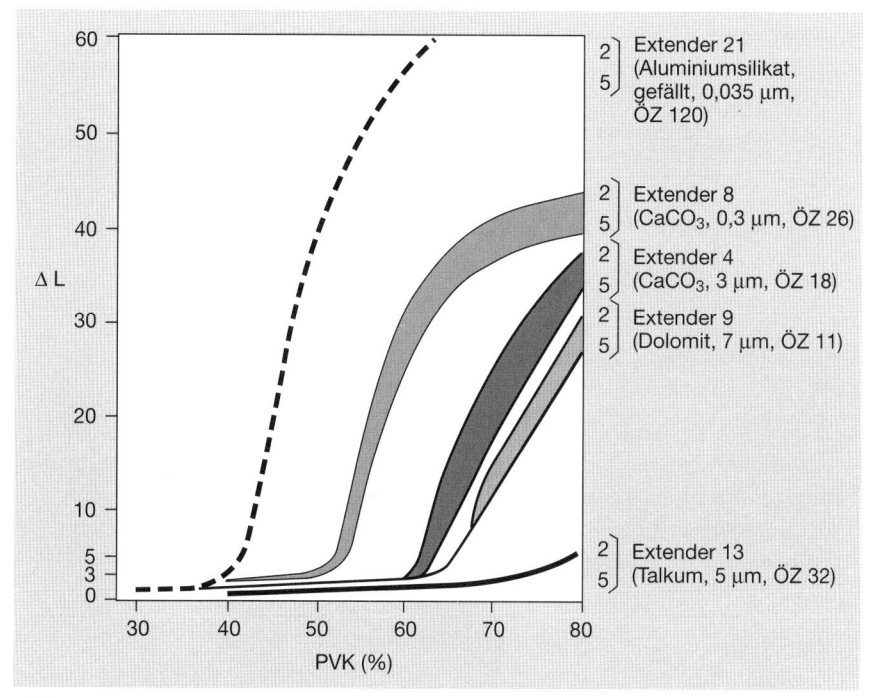

Abb. 7.2 Einfluss der Füllstoffe 4, 8 und 9 – und auch 21 und 13 – auf die Lage der KPVK nach dem Gilsonite-Test
(Polymerdispersion 1 mit Kronos® 2043 (2) und Kronos® 2300 (5) bei einem Pigment/Füllstoff-Verhältnis von 10:90)

7.4 Nass- und Trockendeckvermögen (hiding power)

Das Deckvermögen (,hiding power') ist die Fähigkeit eines Dispersionsanstrichs, große Farb- und Helligkeitsunterschiede des Untergrundes zu überdecken. Es soll möglichst hoch sein, um dies auch in geringer Schichtdicke zu erreichen. Das Deckvermögen hängt von der Differenz der Brechungsindices der verwendeten Materialien (Bindemittel, Pigmente, Füllstoffe) ab; je höher diese Differenz, desto höher ist auch das Deckvermögen, wie **Abb. 7.3** veranschaulicht. Typische Werte für die Brechungsindices sind in **Tab. 7.3** aufgeführt. Weitere Werte finden sich in Tab 2.4.

Daraus ist klar ersichtlich, dass Titandioxid der ausschlaggebende Faktor für das Deckvermögen ist.

Das Deckvermögen steigt mit der Größe der Brechungsindexdifferenz △

Titandioxid	2,7
Carbonat	1,57
Polyacrylat	1,48
Poly-VAc	1,47

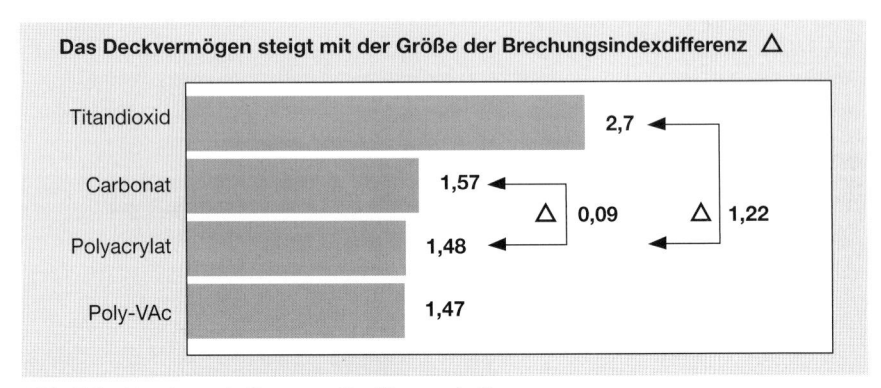

△ 0,09   △ 1,22

Abb. 7.3 Brechungsindices von Farbbestandteilen

Zudem zeigt der Vergleich der Brechungsindices von $CaCO_3$ und TiO_2 deutlich, warum Füllstoffe kein Deckvermögen bringen (**Abb. 7.4**). Deshalb sind Billig-Farben, die nur sehr wenig TiO_2 und sehr viel Füllstoff enthalten, eine schlechte Wahl, denn das erforderliche Deckvermögen kann so nur über arbeitsintensives Aufbringen mehrerer Schichten erreicht werden.

Polyvinylacetat-Dispersionen sind bezüglich des Deckvermögens wegen ihres etwas geringeren Brechungsindex marginal besser als Copolymerisate aus Acrylat/Styrol oder Reinacrylate.

Die Unterscheidung zwischen dem Deckvermögen im nassen und im trockenen Zustand bezieht sich auf den visuellen Eindruck beim Verarbeiten der Farbe. Im flüssigen Zustand hat die Dispersion für sich allein ein größeres Deckvermögen als nach dem Trocknen zu einem transparenten Film.

Neben dem Brechungsindex ist auch die Teilchengröße des Pigments wichtig für das Deckvermögen. Bei Titandioxid ist ca. 0,2 µm die optimale Teilchengröße für das Deckvermögen. Um ein möglichst hohes Deckvermögen zu realisieren, ist eine sehr gute Verteilung der Titandioxid-Primärpartikel durch ausreichende Dispergierung zu gewährleisten.

Die Messung des Deckvermögens erfolgt meistens anhand von Aufstrichen der Farbe auf Kontrastpapier (schwarz-weiße Musterung). Bestimmt wird dabei das Kontrastverhältnis aus der Reflexion über den weißen und den schwarzen Flä-

Material	Brechungsindex	Typische Differenzwerte	
TiO_2 (Rutil)	2,70	TiO_2 – Polyacrylat	1,22
$CaCO_3$	1,57	TiO_2 – Polyvinylacetat	1,23
Polyacrylat	1,48	$CaCO_3$ – Polyacrylat	0,09
Polyvinylacetat	1,47		

Tab. 7.3 Eingesetzte Füllstoffe, charakterisiert durch ihren Brechungsindex

Abb. 7.4
Trockendeckvermögen einer pigmentfreien, nur Calciumcarbonat enthaltenden Farbe (links) im Vergleich zu einer normal pigmentierten Farbe [4a]

chen. Das Deckvermögen gilt als ausreichend, wenn die Reflexion über der schwarzen Fläche 98 % des Wertes über der weißen Fläche erreicht.

7.5 Verarbeitungseigenschaften

Bei der Verarbeitung muss die Farbe folgende Hauptforderungen erfüllen:
– Spritzfreiheit
– Tropffreiheit
– genügend lange offene Zeit zur Vermeidung von Ansatzbildung
– kein ‚Schieben' beim Auftrag mit der Rolle.

Grundsätzlich hängt die Verarbeitbarkeit recht stark vom Hilfsstoffsystem der Dispersion und vom Verdickersystem der Farbe ab. Viele Farben haben eine relativ hohe Eigenviskosität, wobei sie meist auch thixotrop sind. Dies verhindert das Abtropfen von der Rolle oder vom Pinsel und beugt auch der Spritzneigung beim Auftrag mit der Rolle vor.
Aufgrund der Thixotropie wird die Farbe durch die beim Auftragen erzeugte Scherung vorübergehend dünnflüssiger (niederviskoser), was die Verteilung und den

Verlauf der Farbe erleichtert. Nach dem Verteilen und damit dem Ende der Scherung steigt die Viskosität wieder an, dies verhindert das Ablaufen der Farbe. Thixotropes Verhalten verhindert auch das ‚Schieben' der Farbe. Unter Schieben versteht man das Abrutschen der Farbrolle auf einer frisch aufgebrachten Farbschicht: die Rolle dreht sich nicht mehr, die Verteilung der Farbe wird fast unmöglich.

Erfahrungsgemäss kann die Neigung einer Farbe zum Spritzen, Tropfen und Schieben nur in der praktischen Anwendung des Materials bestimmt werden.

7.6 Hoher Auftrag in einem Arbeitsgang (Einschichtfarbe)

Erwünscht zur Optimierung der Arbeitskosten ist eine in einem Arbeitsgang auftragbare, dabei auch beim Auftrag von 200–250 g/m^2 – selbst auf kritischen Untergründen – ausreichend deckende Farbe (Einschichtfarbe). Dies setzt einen ausreichend hohen Pigmentanteil in der Farbe voraus. Während früher 20 % Titandioxid als Minimum galten, sind heute Farben mit weniger Titandioxid üblich. Aber nicht nur der Pigmentanteil ist hierbei für die Qualität maßgebend. Auch das Hilfsstoffsystem der Farbformulierung muss einen Auftrag in ausreichend dicker Schicht ohne Schieben oder Ablaufen ermöglichen.

Das Deckvermögen der Farbe kann wie oben beschrieben geprüft werden, die übrigen Eigenschaften müssen in der praktischen Anwendung beurteilt werden.

7.7 Offene Zeit

Bei physikalisch trocknenden Innenfarben gilt als „offene Zeit" diejenige Zeitspanne, innerhalb der auf einen noch feuchten Anstrich eine zweite Schicht aufgebracht werden kann, ohne dass nach dem Trocknen ein Ansatz sichtbar wird. Bei Innenfarben ist die Einstellung der passenden offenen Zeit durch Zugabe von Glykolen oder von hochsiedenden Lösemitteln in der Regel problemlos möglich. Meist wird eine geeignete offene Zeit bereits durch den Zusatz von Filmbildehilfsmitteln erreicht. Da Innenfarben nicht der Witterung ausgesetzt sind, entfällt der Balanceakt zwischen einer ausreichenden offenen Zeit und möglichst schneller Regenfestigkeit.

Bei emissions- und lösemittelfreien Farben ist die Zugabe von Lösemitteln u. ä. nicht möglich, deshalb kann in diesem Fall das Einstellen der offenen Zeit etwas problematisch sein. Teilweise lässt sich die offene Zeit über den Feststoffgehalt sowie auch durch Art und Menge des Celluloseverdickers (zurückhaltende Wirkung auf Wasser) regulieren.

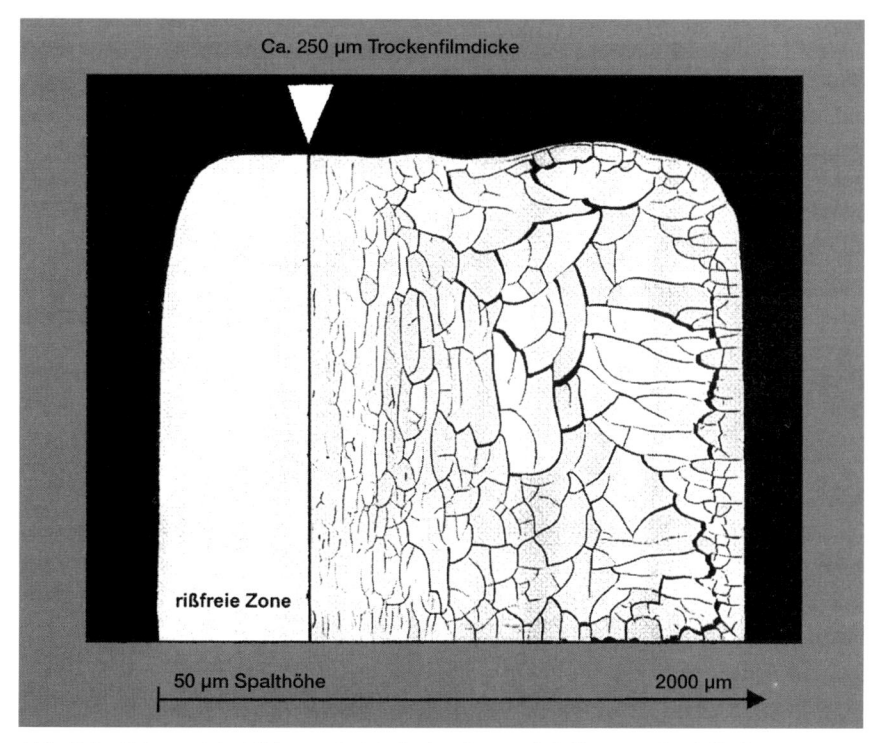

Abb. 7.5 *Schwundrissbildung; die Farbe hat Risse ab 250 µm und erfüllt damit nicht die Untergrenze von 400 µm* [4b]

Definitionsgemäß geprüft wird die offene Zeit durch Bestimmung der Zeit, nach der ein feuchter Aufstrich noch ohne Ansatzbildung überstrichen werden kann. Eine offene Zeit von 10 bis 12 min wird auf schwach saugenden, grundierten Substraten als optimal angesehen.

7.8 Schwundrissbildung

Schwundrisse („mud cracks') sind kurze und unregelmäßige Risse im Farbfilm (**Abb. 7.5** [4b]). Sie entstehen als Folge der Volumenänderung beim Trocknen. Schwundrisse treten meistens dann auf, wenn die Farbe zu schnell trocknet („aufbrennt'). Dafür kommen folgende Ursachen in Frage:
1. Die Farbe enthält ungünstige Füllstoffkombination mit zu kleinen Korngrößen (**Abb. 7.6**),
2. zu stark saugender Untergrund oder eine zu stark verdünnte Farbe können ebenfalls Schwundrisse hervorrufen; stark saugende Untergründe müssen deshalb grundiert werden,

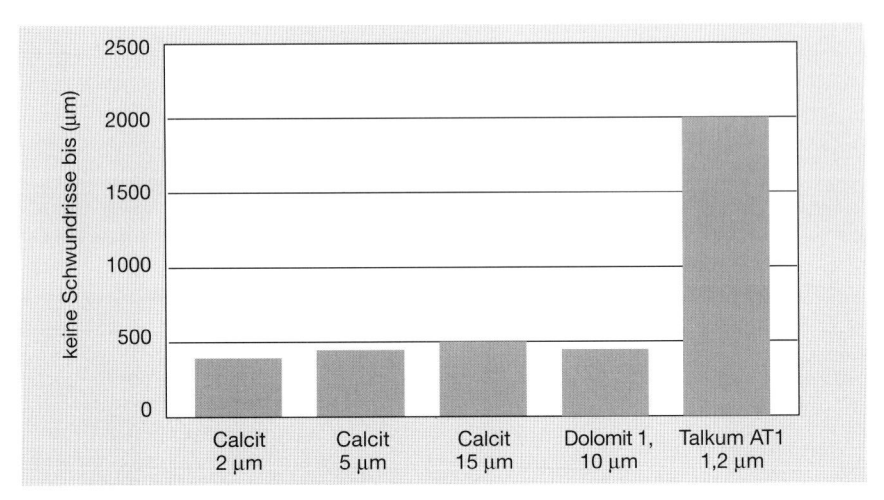

Abb. 7.6 Einfluss des Füllstoffes auf die Schwundrissbildung

3. ein ungleichmäßiger Auftrag der Farbe führt zu Trocknung in zu dicker Schicht, was ebenfalls Schwundrissbildung zur Folge hat.

Zur Prüfung dieses Qualitätsmerkmals wird die Farbe mit einem Rakel aufgetragen, der einen keilförmigen Spalt (50 μm bis 2000 μm) aufweist. An der somit ebenfalls keilförmigen Schicht wird nach dem Trocknen die Schwundrissbildung beurteilt. Bei Innenfarben dürfen Risse erst ab 400 μm Schichtdicke auftreten.

7.9 Verträglichkeit mit Abtönfarben

Oft werden Innenfarben mit Volltonfarben oder mit Farbpasten abgetönt. Die Farbe muss dazu gut verträglich mit dem Abtönmittel sein, da andernfalls während der Verarbeitung eines Gebindes Farbtonunterschiede auftreten können. Erfahrungsgemäß hängt die Verträglichkeit stark von den im Abtönmittel verwendeten Hilfsstoffsystem ab.

Eine Verträglichkeitsprüfung muss von Fall zu Fall erfolgen. Geeignet hierfür ist der sog. ‚rub-out'-Test. Verglichen wird dabei der Farbton einer trocken geriebenen mit einer „normal" getrockneten Farbe auf saugendem Untergrund.

7.10 Wasch- und Scheuerbeständigkeit

Unter Wasch- und Scheuerbeständigkeit (oder -festigkeit) versteht man die Beständigkeit einer Dispersionsfarbschicht gegen mechanischen Abrieb. Sie ist ein

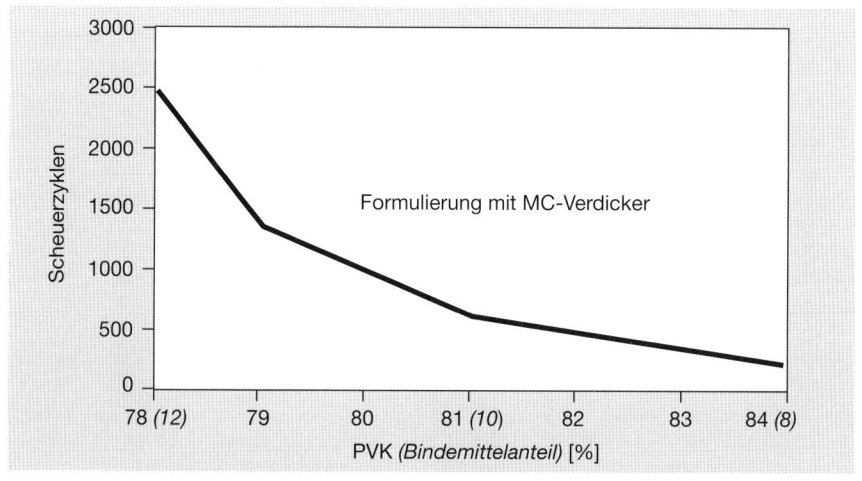

Abb. 7.7 Einfluss der PVK auf die Scheuerbeständigkeit eines handelsüblichen Acrylat/Styrol-Bindemittels

Maß für deren mechanische Stabilität, die ihrerseits notwendig ist, um kleinflächige Verschmutzungen durch Spritzer o. ä. entfernen zu können, ohne dass dabei Farbe abgerieben wird, und sie wird maßgeblich durch die Menge des Bindemittels in der Farbe beeinflusst (**Abb. 7.7**).

Die Prüfung der Wasch- und Scheuerbeständigkeit ist in DIN 53 778, Teil 2 normiert. Ein unter genau beschriebenen Bedingungen hergestellter Farbaufstrich wird unter normierter Belastung mit einer Bürste nass gescheuert. Die Farbe gilt als waschbeständig, wenn nach 1000 Scheuerzyklen der schwarze Untergrund noch nicht zu erkennen ist (kein Durchscheuern). Scheuerbeständigkeit erfordert 5000 Zyklen ohne Durchscheuern.

Acrylat/Styrol-Dispersionen sind in der Wasch- und Scheuerbeständigkeit den anderen Copolymertypen überlegen, Hauptgrund ist die Hydrophobie des Polymers. Innerhalb einer Polymergruppe (hergestellt mit gleicher Polymerisationstechnologie) hängt die Wasch- und Scheuerbeständigkeit von der Härte des Polymers ab: je härter das Polymer, desto höher ist die Wasch- und Scheuerbeständigkeit (**Abb. 7.8**). Die meisten in Innenfarben eingesetzten Bindemittel haben Mindestfilmbildetemperaturen (MFT) von ca. 18–20 °C. Niedrigere MFT wirken sich negativ auf die Wasch- und Scheuerbeständigkeit aus, höhere MFT lassen die Farbschichten zu spröde werden.

Die Scheuerprüfung nach DIN ist langwierig – verlangt werden 4 Wochen Trocknung der Aufstriche vor der Prüfung – und nicht besonders gut reproduzierbar. Die Beurteilung des Scheuerbildes ist nicht objektivierbar und deshalb stark von

Scheuerzyklen vs **MFT des Polymers (°C)**

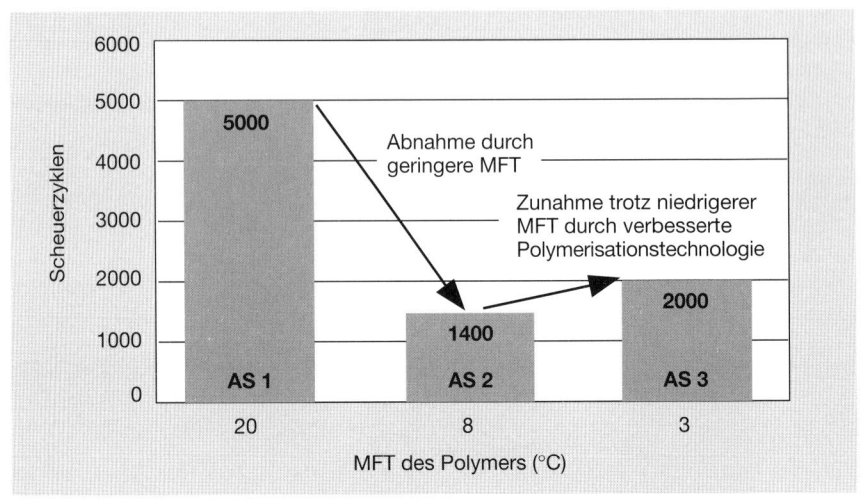

- AS 1: 5000 (MFT 20)
- AS 2: 1400 (MFT 8) — Abnahme durch geringere MFT
- AS 3: 2000 (MFT 3) — Zunahme trotz niedrigerer MFT durch verbesserte Polymerisationstechnologie

Abb. 7.8 Einfluss der MFT auf die Scheuerbeständigkeit von Styrol-Acrylat-Copolymeren

der beurteilenden Person abhängig. Die Trockenzeit kann für Vergleichsmessungen durchaus verkürzt werden, z.B. durch 50 °C-Umluftofen-Trocknung.

Erfahrungsgemäß verändert sich der Scheuerwert nach 1 Woche Lagerung nur bei lösemittel- und weichmacherfreien Farben unwesentlich.

Die unbefriedigende Reproduzierbarkeit führte zu einer Weiterentwicklung der Methode, die im September 1997 als internationale Vornorm DIN ISO 11 998 publiziert wurde. Danach wird ein Farbaufstrich genau gewogen, mit einem normierten Scheuervlies 200mal nass gescheuert und nach Trocknen der Abrieb gravimetrisch bestimmt. Die Reproduzierbarkeit dieser Methode scheint besser zu sein, es wird noch diskutiert, ob die Differenzierung zwischen unterschiedlich scheuerbeständigen Farben ausreichend ist.

Ein Vergleich der Messverfahren nach DIN 53 778, Teil 2, und dem ISO-Vorschlag 11 998.2 wird von *Büppelmann* [5] beschrieben. In dessen Arbeit werden die beiden Methoden in Hinsicht auf den Einfluss der einzelnen Verfahrensschritte auf das Messergebnis (von der Probennahme bis zur Messung) verglichen. Unterschiede der Signal/Rausch-Verhältnisse werden diskutiert. Eine Korrelation zwischen den beiden Messmethoden wird hergestellt. Die Überführung der Messergebnisse einer Messmethode in die andere ist nach Büppelmann möglich. In der Praxis hat sich jedoch mittlerweile gezeigt, dass nicht immer eine Korrelation der Ergebnisse beider Prüfmethoden gefunden wird.

7.11 Emissions- und lösemittelfreie Innenfarben (low VOC)

Viele Bindemittel für Innenfarben haben eine MFT von ca. 20 °C. Dieser Wert stellt einen guten Kompromiss dar zwischen Wasch- und Scheuerbeständigkeit, offener Zeit und benötigter Menge an Filmbildehilfsmittel. Deren Zusatz ist in der Regel notwendig für eine einwandfreie Verfilmung der Farbe auch bei einer so niedrigen Verarbeitungstemperatur wie ca. 5 °C. Die Filmbildehilfsmittel machen das Bindemittel weich und ermöglichen dadurch das Verschmelzen der Bindemittelteilchen zu einem Film während der Trocknung. Nach der Trocknung hat das Filmbildehilfsmittel keine Funktion mehr.

Die Filmbildehilfsmittel sind hochsiedende Lösemittel, die nach der Verfilmung langsam verdunsten. Es gibt eine Vielzahl von Filmbildehilfsmitteln, die sich in ihrer Wirkung auf das Bindemittel unterscheiden (siehe dazu Abb. 1.6). Dabei ist aber zu berücksichtigen, dass die Filmbildehilfsmittel eine gewisse Verweildauer im Film nach der Trocknung aufweisen, weshalb sich die Oberflächeneigenschaften in Abhängigkeit von der Zeit verändern (siehe dazu Abb. 1.7). Es gibt dazu von den Bindemittelherstellern entsprechende Detailinformationen, wie z.B. die technische Information ‚Acronal® 290 D und Filmbildehilfsmittel'. Aus technischer Sicht ist ein Filmbildehilfsmittel wie Solvenon® PP^c hervorragend geeignet, denn es verringert sehr effektiv die MFT und verdunstet relativ schnell aus dem Film.

Aufgrund der Forderung nach Reduzierung von Emissionen allgemein, und speziell der Geruchsbelästigung beim Verarbeiten, wurden in den letzten 10 Jahren Bindemittel entwickelt, die auch bei 5 °C ohne Zusatz von Filmbildehilfsmitteln verfilmen. Dies setzt ein durch einen nichtflüchtigen Weichmacher plastifiziertes Bindemittel voraus oder, besser, ein bereits durch eine entsprechende Polymerzusammensetzung weiches Bindemittel. Ein weiches, bei 5 °C verfilmendes Bindemittel, hat von Natur aus eine geringere Wasch- und Scheuerbeständigkeit als ein hartes Bindemittel mit einer MFT von 20 °C. Deshalb waren anfangs Farben mit weichen Bindemitteln, im Vergleich zu solchen mit klassischen Bindemitteln, weniger wasch- und scheuerbeständig. Mittlerweile ist dieser Nachteil durch verbesserte Bindemittel und geänderte Formulierungen weitgehend ausgeglichen.

Eine konsequente Formulierung einer emissions- und lösemittelfreien Farbe muss alle flüchtigen Stoffe (außer Wasser) vermeiden. Dies bedeutet nicht nur den Verzicht auf Filmbildehilfsmittel, sondern auch die Verwendung von lösemittelfreien Hilfsstoffen und Abtönmitteln. Lösemittel mit einem Siedepunkt über 250 °C werden zur Zeit noch als nicht verdunstend bzw. emissionsfrei eingestuft.

Die Marke ‚E.L.F.® ist von Fa. Deutsche Amphibolin Werke, Ober-Ramstadt, unter Nummer 1 160 048 registriert.

Eine Stufe zwischen den traditionellen und den emissions- und lösemittelfreien Farben sind die geruchsfreien Farben. In ihnen werden nur Geruchsträger, wie z.B. Ammoniak, als Einsatzstoffe ausgeschlossen. Es handelt sich also nicht um emissionsfreie Farben.

7.12 Formulierungsschema für Innenfarben

Erläutert werden sollen nun die allgemeinen Richtlinien für die Formulierung einer Innenfarbe am Beispiel einer scheuerbeständigen Innenfarbe, hergestellt auf Basis einer handelsüblichen Acrylat/Styrol-Dispersion (nächste Seite).

Der Ansatz erfolgt so, dass die Inhaltsstoffe – bis auf die Dispersion – unter Rühren in einem Dissolver in der angegebenen Reihenfolge zugegeben werden. Dann wird mind. 10, max. 20 min bei hoher Umdrehungszahl dispergiert.

Die Umdrehungszahl muss bei der Herstellung von Innenfarben so gewählt sein, dass die Dispergierscheibe am Rand eine Umlaufgeschwindigkeit von mindestens 10 m/s erreicht. Die Umlaufgeschwindigkeit ist berechenbar nach

$v = d \cdot n \cdot \pi / 6000$ mit

v = Umlaufgeschwindigkeit (m/s)
d = Durchmesser der Dissolverscheibe (cm)
n = Umdrehungszahl (pro Minute)

Die Viskosität des Dispergieransatzes lässt sich, wenn notwendig, durch geringe Zugaben von Wasser so regeln, dass der gesamte Ansatz umgewälzt wird (Doughnut-Effekt).
Andernfalls dreht die Scheibe bei zu hoher Viskosität durch oder es spritzt, bei zu niedriger Viskosität, der Ansatz.

Erst nach Beendigung der Dispergierung wird, dann bei langsamer Drehzahl, die Dispersion eingerührt.

Im Einzelnen lässt sich demnach vom in **Tab. 7.4** aufgeführten Formulierungsschema ausgehen.

Ausführlich werden Formulierungshinweise zu Innenfarben von *Brettner* beschrieben [6]. Dort werden auch verschiedene Bindemittelklassen direkt verglichen. Es bestätigt sich erneut, dass Acrylat/Styrol-Copolymere eine hervorragende Scheuerfestigkeit ermöglichen. Brettner's Ansatzpunkt für ELF-Farben ist die Wasserquellbarkeit von Vinylacetat-Copolymeren, die es mit sich bringt, dass Wasser als Filmbildehilfsmittel wirken kann (= Hydroplastifizierung).

Komponenten	Menge	Wirkung
Wasser	326	Dispergierphase; Menge entsprechend dem gewünschten Feststoffgehalt und der Geometrie des Dispergiergefäßes
Hydroxyethylcellulose (z.B. Natrosol® 250 HR[d])	6	Schutzkolloidverdicker; verlängert die offene Zeit durch Wasserretention; Zugabe max. 1%, da der wasserlösliche Verdicker im Film die Wasserempfindlichkeit erhöht. Verstärkt mattes Aussehen der Anstrichoberfläche
Tetrakaliumpyrophosphat 50%ig	2	Netz- und Dispergiermittel; komplexiert auch die Wasserhärte und Metallionen im Wasser; kann auch durch Polyphosphat (Calgon® N[e]) ersetzt werden
Pigmentverteiler® S[c]	4	Dispergiermittel auf Polyacrylatbasis; zieht auf die Oberfläche der Pigmente und Füllstoffe auf und stabilisiert durch elektrostatische Abstoßung
Konservierungsmittel z.B. Acticide® FI[f]	3	Meist ein Formaldehyd abspaltendes Mittel. Konserviert die Farbe während der Lagerung.
Entschäumer	2	Beim Dispergieren wird die auf der Teilchenoberfläche adsorbierte Luft freigesetzt und Luft auch eingerührt. Der Entschäumer soll ein schnelles und effektives Ausgasen der Luft bewirken.
Testbenzin (180–210 °C)	12	Diese oft verwendete Kombination von zwei Filmbildehilfsmitteln (Testbenzin und Lusolvan® FBH[c]) senkt die MFT der Dispersion ab; nicht notwendig, wenn Bindemittel mit einer MFT von unter 5 °C eingesetzt werden
Lusolvan® FBH[c]	13	
Titandioxid Rutil (Pigment)	115	Das Pigment und die Füllstoffe sollen in der Reihenfolge ansteigender Teilchengröße zugegeben werden. Dies erleichtert die Entlüftung der adsorbierten Luft (kleine Teilchen adsorbieren mehr), angesichts des Umstands, dass die Viskosität bei der Zugabe zunimmt und dadurch die
Omyacarb 2 GU (Füllstoff)	205	

Tab. 7.4 Formulierungsschema für Innenfarben (Fortsetzung nächste Seite)

Komponenten	Menge	Wirkung
Naintsch SE Micro (Füllstoff)	60	Entlüftung immer langsamer vonstatten geht. Plättchenförmige Füllstoffe wie Glimmer oder Talkum verhindern Schwundrissbildung
Omyacarb 5 GU (Füllstoff)	160	
Entschäumer	2	Soll nochmals die Entlüftung des Ansatz vor Zugabe der Dispersion fördern
Acrylat/Styrol-Bindemittel, z.B. Acronal® 290 D^c	90	Diese Menge ergibt eine gute Scheuerbeständigkeit; Waschbeständigkeit würde mit 70 Teilen erreicht werden
Summe	1000	

Tab. 7.4   Formulierungsschema für Innenfarben (Fortsetzung)

Wie aus **Tab. 7.5** hervorgeht, ist der Unterschied zwischen Glasübergangstemperatur (Tg) und Mindestfilmbildetemperatur (MFT) bei Acrylat/Styrol-Copolymeren (Sty/Acr.) sehr gering, während bei Vinylacetat-Copolymeren (VAE) die Differenz zwischen den beiden Temperaturen bis zu 13 °C betragen kann. Es können zwar mit derartigen Vinylacetat-Copolymeren – lösemittelfrei – hochgefüllte Innenfarben formuliert werden. Ihr Pigmentbindevermögen erreicht aber nicht das Niveau von konventionell mit Lösemittel formulierten Acrylat/Styrol-Dispersionen. Um diesen Nachteil zu umgehen, wird vorgeschlagen, den Bindemittelanteil von

Code	Monomere	FG [%]	MFT [°C]	Tg [°C]	Teilchengröße [µm]
1	Sty/Acr.	50	17	19	0,15
2	Sty/Acr.	50	20	22	0,20
3	Sty/Acr.	50	20	22	0,11
4	Sty/Acr.	50	15	22	0,10
5	Sty/Acr.	50	0	2	0,17
6	Sty/Acr.	50	0	7	0,18
7	Sty/Acr.	49	0	9	0,13
8	VAE	53	0	12	0,10–0,45
9	VAE	55	0	11	0,10–0,55
10	VAE	55	0	13	0,33

Tab. 7.5   Charakterisierung von Bindemitteln für hochgefüllte Innenfarben [5]

Formulierungsschema für Innenfarben 245

Komponente	GewTeile
Wasser	325
10%ige Natronlauge	1
Natrosol® 250 HR[d] (Verdicker)	5
Pigmentverteiler® S[c]	1
Kaliumtetrapyrophosphat, 50%ig	2
Acticide® FI[f] (Konservierungsmittel)	2
Byk® 023[g] (Entschäumer)	3
Kronos® 2300[b] (Pigment)	74
Aluminiumsilikat P 820 (Füllstoff)	10
Celite 281 (Füllstoff)	10
Talkum Naintsch SE Micro (Füllstoff)	156
Setacarb OG (Füllstoff)	85
Omyacarb 5 GU (Füllstoff)	165
Dispersion 50% FG, z.B. Acronal® S 559[c]	136
Wasser	25
Summe	1000
PVK (%)	73

Tab. 7.6   Formulierung für lösemittelfreie Innenfarben

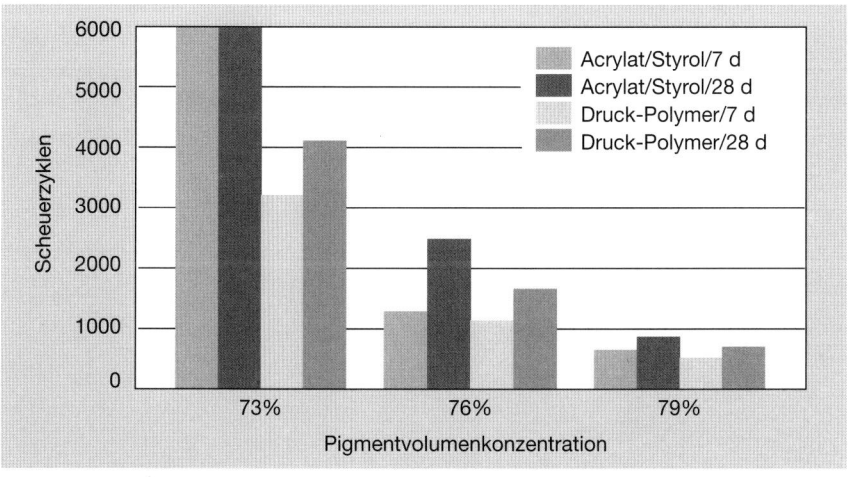

Abb. 7.9   Nassscheuerwerte beim Vergleich von Acrylat/Styrol- gegen Druckpolymer-Dispersion in Innenfarben

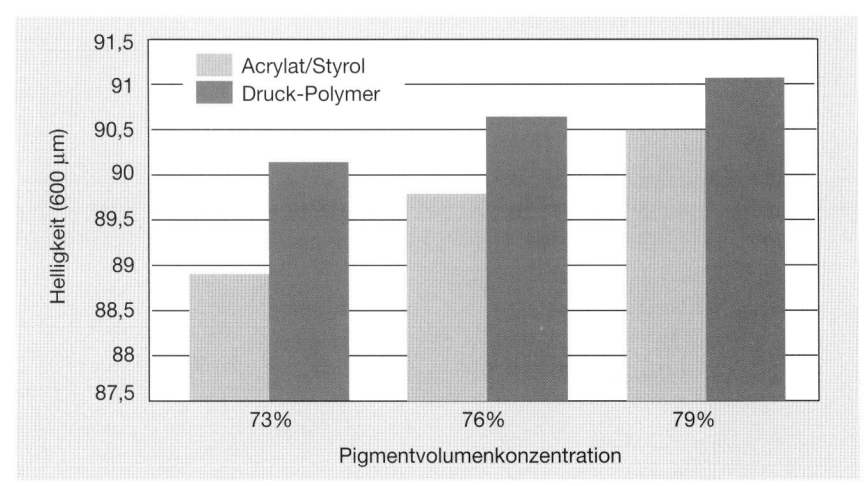

Abb. 7.10 Helligkeiten von Innenfarben unterschiedlicher Pigmentvolumenkonzentration

VAE deutlich zu erhöhen [6]. Technisch vergleichbare Farben werden also mit 12 bis 13 % VAE-Bindemitteln bzw. 6 bis 7 % mit Lösemittel formulierten harten Acrylat/Styrol-Copolymeren erreicht.

Verglichen werden im Folgenden lösemittelfrei mit verschiedenen Bindemitteln formulierte Innenfarben. Die verwendete Rezeptur zeigt **Tab. 7.6**.

In **Abb. 7.9** sind die Nassscheuerwerte bei unterschiedlichen PVK vergleichend aufgetragen. Die Bindekraft der weichen Acrylat/Styrol-Dispersion ist höher als

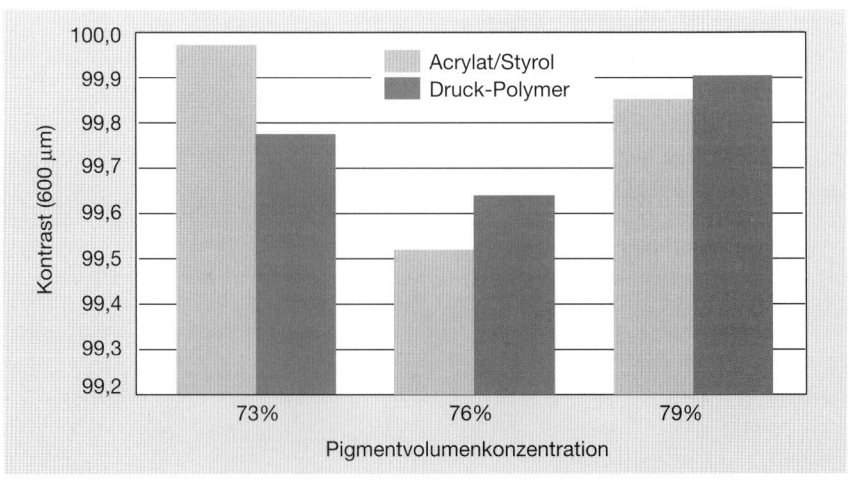

Abb. 7.11 Kontrastverhältnis von Innenfarben unterschiedlicher Pigmentvolumenkonzentration

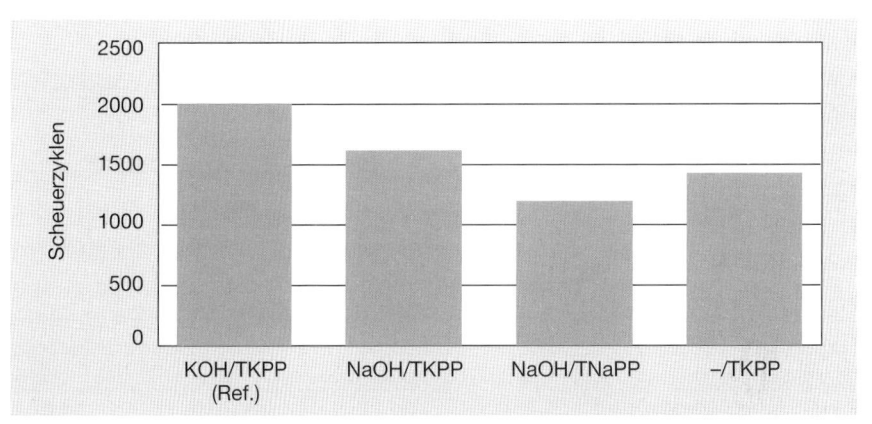

Abb. 7.12 Scheuerfestigkeit als Funktion des Additivs (Innenfarbe, PVK 79%)

die des Druckpolymeren mit vergleichbarer MFT. In der Helligkeit derartiger Farben übertreffen aber die mit dem Druckpolymer formulierten Produkte die Acrylat/Styrolhaltigen (**Abb. 7.10**). Auch der Kontrast von Farben auf Basis des Druckpolymeren ist bei höherer PVK marginal höher als jener der Farben mit dem Acrylat/Styrol (**Abb. 7.11**).

Wie empfindlich die Beeinflussbarkeit des Eigenschaftsprofils einer Innenfarbe sein kann, sei erläutert am Fall einer lösemittelfrei formulierten Innenfarbe auf Basis eines kommerziell erhältlichen Acrylat/Styrol-Bindemittels. Durch Variation der Base und des Phosphates in der Farbformulierung können sich die Scheuerfestigkeiten verhältnismäßig stark ändern (**Abb. 7.12**).

7.13 Latexfarben

Latexfarben sind hochwertige, seidenmatte bis glänzende Innenwandfarben, die im Gegensatz zu matten Innenfarben besonders haltbar und abwaschbar sind. Sie werden immer dann eingesetzt, wenn hohe Anforderungen an Langlebigkeit, Strapazierbarkeit und Reinigungsfähigkeit gestellt sind, wie z.B. in öffentlichen Gebäuden, Schulen, Krankenhäusern, Küchen oder Treppenhäusern. Als Substrate dienen üblicherweise Gewebe- oder Glasfasertapeten.

Latexfarben sind bindemittelreiche Systeme mit einer PVK um die 25 bis 40 % bei Feststoffgehalten von 40 bis 50 %. Sie sind mit Glanzgraden von 20 bis 60 % (bei 60° Winkel) eingestellt. Wegen des günstigen Kosten/Nutzen-Verhältnisses und der guten Wasserfestigkeit werden vor allem Acrylat/Styrol-Dispersionen als Bindemittel eingesetzt. Neben relativ harten, konventionellen Bindemitteln, die unter Einsatz von Lösemitteln oder Weichmachern zur Verfilmung gebracht wer-

Rezeptbestandteil	GewTeile
Wasser	325,5
Dispergiermittel	4,0
Siliconölentschäumer	2,5
Topfkonservierungsmittel	1,5
Titandioxid Rutil	175,0
Weißer Clay	20,0
Celluloseether (Tylose, MHB 10.000YP)	7,5
Bindemittel (MFT < 3 °C, 50 %-ig)	355,0
Opakdispersion (37,5 %-ig)	99,0
PU-Verdicker (high shear, 20 %-ig)	10,0
Summe	1000,0
PVK (%)	37,1
Feststoffgehalt	42,7%

Tab. 7.7 Formulierungsbeispiel für eine lösemittelfreie Latexfarbe [9]

den, finden sich zunehmend auch geruchsarme, lösemittelfrei verarbeitbare (MFT < 3 °C) Dispersionen für dieses Segment im Markt. An die Bindemittel werden wegen des relativ geringen Pigment- und Füllstoffanteils, der mit dem von Dispersionslackfarben vergleichbar ist, hohe Anforderungen an die Klebfreiheit, Blockfestigkeit und Anschmutzungsresistenz, aber auch an das Pigmentbindevermögen gestellt. Dies ist für weiche Polymerisate nur durch Optimierung des Stabilisatorsystems, Einführung von Vernetzung, oder Nutzung der Kern-Schale Technologie möglich. Alternativ dazu können auch spezifische Mischungen aus weichen (MFT < 3 °C) und härteren Dispersionen (MFT > 15 °C) eingesetzt werden [7]. Da Latexfarben teilweise als Renovieranstriche auf alte, alkydbasierte Wandlacke aufgetragen werden, sind auch Acrylat/Styrol-Bindemittel mit eingebauten Nasshaftungspromotoren im Markt.

Latexfarben werden zur Erzielung einer guten Deckkraft und eines hohen Weißgrads meist mit einem hohem Titandioxidanteil von ca. 15 bis 20 % formuliert [8]. Ein Teilersatz des teuren Titandioxids durch organische Weißpigmente ist möglich, und in einigen Ländern, z.B. in Nordeuropa, durchaus üblich. Eine typische Formulierung für Latexfarben kann **Tab. 7.7** entnommen werden. Als Füllstoffe werden meist feindisperse, weiße Typen eingesetzt.

An Latexfarben werden etwas andere rheologische Anforderungen als an Dispersionslackfarben oder matte Innenfarben gestellt. Da im wesentlichen mit der Rolle auf strukturierte Oberflächen appliziert wird, ist hier ein zu stark nivellierender Verlauf der Farbe nicht erwünscht.

7.14 Literatur

[1] F. Holzinger, XI. FATIPEC Kongress-Buch, 143 (1972).
[2] H. Dörr, F. Holzinger, KRONOS Titandioxid in Dispersionsfarben, Herausgeber KRONOS International Inc., 1990, Leverkusen, Deutschland.
[3] H. Dörr, F. Holzinger, KRONOS Titandioxid in Dispersionsfarben, S.73, Herausgeber KRONOS International Inc., 1990, Leverkusen, Deutschland.
[4] a) H. Dörr, F. Holzinger, KRONOS Titandioxid in Dispersionsfarben, S.79, Herausgeber KRONOS International Inc., 1990, Leverkusen, Deutschland.
b) H. Dörr, F. Holzinger, KRONOS Titandioxid in Dispersionsfarben, S.51, Herausgeber KRONOS International Inc., 1990, Leverkusen, Deutschland.
[5] K. Büppelmann, Vergleich der Messverfahren zur Bestimmung der Wasch- und Scheuerbeständigkeit von Innenwandfarben, XXIV Fatipec-Buch 1998, Volumen D, Seite 173 - 188.
[6] Th. Brettner, R. Kuropka, H. Petri, Recipe developments of low VOC interior paints, XXIV Fatipec-Buch 1998, Volumen A Seite 259 – 267).
[7] R. Rinno, Bindemittel für emissionsarme Beschichtungsstoffe, Farbe und Lack 99 (1993) 697 - 704.
[8] E. Reck, J. Holmes, DIY emulsion paints in Northern Europe, European Coatings J. (1998) 366 – 369.
[9] J. Ulyatt, Solvent-free wall paints for interior use, Polymers Paint Colour J. 183 (1993); No 4335, 412- 413.

Fußnoten:

a   eingetragene Marke der Norwegian Talc AS
b   eingetragene Marke der Kronos-Titan GmbH
c   eingetragene Marke der BASF Aktiengesellschaft
d   eingetragene Marke der Hercules Incorp.
e   eingetragene Marke der Benckiser N. V.
f   eingetragene Marke der Thor Chemie GmbH
g   eingetragene Marke der Byk Chemie GmbH
h   eingetragene Marke der Solvay S.A., Belgien

Begriffsdefinitionen
Lexikon für den Bereich „Dispersionen"

Begriffe in „KAPITÄLCHEN" werden an anderem Ort im Verzeichnis erklärt.

A

Abbeizer: Mittel zum Entfernen von alten Anstrichen durch chemisches Aufquellen oder Auflösen.

Ablaufen: s. ABLAUFVERHALTEN

Ablaufverhalten (Ablaufen): Beschreibt, wie stark die Farbe nach dem Auftrag im noch nassen Zustand auf einer schrägen oder senkrechten Fläche abläuft („Nasenbildung"). Wird durch Aufbringen verschieden dicker Farbschichten auf eine senkrechte Fläche geprüft. Je dicker die noch nicht ablaufende Schicht ist, desto besser ist die Farbe hinsichtlich ihrer Ablaufneigung zu bewerten. Gutes Verhalten hierbei ist aber oft mit schlechtem VERLAUF (und umgekehrt) verbunden.

Abreiben: Mechanische Verkleinerung der Teilchengröße von Pigmenten und Füllstoffen. s. ANREIBEN

Abrieb: Substanzverlust durch mechanische Einwirkung auf Anstriche und Putze; dünne Schichten werden durch Abrieb durchscheinend; der Untergrund wird sichtbar.

Abriebbeständigkeit: Widerstand gegen mechanische Abnutzung; bei Farben wird die Abrieb- und SCHEUERBESTÄNDIGKEIT mit besonderen Prüfvorrichtungen gemessen, z.B. bei Innenfarben nach DIN 53 778, Teil 2 oder mit 3M® Scheuerfilz[a] (DIN ISO 11 998) und bei Betonfussbodenfarben mit dem Taber-Abraser.

Abtönfarbe: Stark mit Buntpigmenten eingefärbte Farben; werden in der Regel nur zum Abtönen weißer Farben verwendet.

Abwaschbarkeit: s. REINIGUNGSBESTÄNDIGKEIT

Acr (RA): Abkürzung für Polymere aus Acryl- und Methacrylestern; kann auch zur Bezeichnung von Reinacrylat-Copolymeren verwendet werden, z. B. Acronal® 18 D[b].

Acrylat/Styrol-Copolymere (Acr/Sty): Copolymere, hergestellt aus Styrol und Acrylaten oder Methacrylaten, als Bindemittel für verschiedenste Anwendungen (s. Abb. 2.1); Im Allgemeinen können für Acrylat/Styrol-Copolymere folgende

Vorteile genannt werden: hohes PIGMENTBINDEVERMÖGEN, niedrige WASSERAUFNAHME, hohe ALKALI- und VERSEIFUNGSBESTÄNDIGKEIT. Die Lichtechtheit eines reinen Acrylat/Styrol-Films ist geringer als die eines Reinacrylat-Films, kann aber in fertigen Farben durch entsprechende Formulierung wieder aufgewogen werden.

Additiv: Eine Substanz, die in kleinen Mengen zugesetzt wird, um besondere Eigenschaften zu erzielen (ENTSCHÄUMER, FILMBILDEHILFSMITTEL, KONSERVIERUNGSMITTEL, VERDICKER).

Agglomerat: Zusammenballung von Partikeln, z.b. Klumpenbildung in Farben.

Algenbefall: Wird hervorgerufen durch Zusammenwirken verschiedener, für das Algenwachstum günstiger Bedingungen, z.b. Feuchtigkeit, Wärme, Schmutzablagerungen etc

Algizid: BIOZID/ADDITIV zur Bekämpfung des Algenwachstums auf Außenbeschichtungen; wird den entsprechenden Dispersionsfarben bereits vorsorglich zugesetzt (Fassadenfarben, Dachsteinbeschichtungen, Putze).

Alkalibeständigkeit (Verseifungsbeständigkeit): Beständigkeit einer Beschichtung gegen die Einwirkung von alkalischen Stoffen, besonders aus dem Substrat, z.b. frischer Kalk- oder Zementputz, Beton. Acrylat/Styrol-Copolymere sind alkalibeständiger als Reinacrylate, beide Klassen sind erheblich beständiger als VAc-haltige Polymere.

Alkydharz: Synthetische Harze, werden durch Kondensation von mehrwertigen Alkoholen mit mehrbasigen Säuren hergestellt. Sie können als komplexe Polyester angesehen werden. Häufig wird als Alkohol Glyzerin, als Säure Phthalsäure eingesetzt. Durch Mitverwenden ungesättigter Fettsäuren resultieren dann oxidativ trocknende Bindemittel, die im Laufe der Zeit immer weiter vernetzen können, als Alleinbindemittel aber zu Rissbildung und Abplatzungen neigen.

Alkydharzlack: Lösemittelhaltiger Lack auf Basis von ALKYDHARZ, auch in Mischung mit trocknenden Ölen und anderen Lackharzen. Wässrige oder emulgierbare Alkydharzlacke sind ebenfalls möglich.

Alterung: Zeit- und umweltabhängige Veränderung der Produkteigenschaften (Härte, Rissfreiheit, ELASTIZITÄT, Verfärbung); meist Verschlechterung der Gebrauchseignung.

Anatas: s. TITANDIOXID

Anionische Dispersion: Ist durch Emulgatoren stabilisiert, die eine negativ geladene (anionische) Gruppe enthalten. Das positive Gegenion (z.B. NH_4^+, Na^+) befindet sich in der Wasserphase.

Anlaufbeständigkeit (Weißanlaufen): Die Wasserempfindlichkeit eines Polymeren kann durch Aufbringen eines Wassertropfens auf den Polymerfilm rasch geprüft werden. Die Zeit bis zum „Weißanlaufen" (Weißfärbung) des Films unter dem Tropfen ist ein Maß für die Wasserfestigkeit des BINDEMITTELS.

Anreibeharz: Niedermolekulares wasserlösliches Polymer zum Anreiben von Pigmenten und Füllstoffen in wässrigen Systemen. s. DISPERGIERMITTEL

Anschmutzung: Ablagerung von Schmutz (Staub, Ruß) auf einer BESCHICHTUNG.

Anschmutzungsbeständigkeit: Eigenschaft von Beschichtungen nicht zu verschmutzen; s. KLEBRIGKEIT, SELBSTREINIGUNG, KREIDUNGSSTABILITÄT.

Anstrich: Durch Streichen (Pinsel, Rolle oder Spritzen) applizierte Beschichtung.

Anstrichstörung: Nicht erwünschte Oberflächenunregelmäßigkeit einer BESCHICHTUNG.

APEO (Alkylphenolethoxylate): Bisher übliche Emulgatoren für die Herstellung von Polymerdispersionen. Diese Gruppe von oberflächenaktiven Substanzen ist wegen Fischtoxizität und endokriner Wirkung in der Diskussion. Seit 1989 werden Produktentwicklungen der BASF ohne APEO durchgeführt, neuere BASF-Dispersionen enthalten deshalb kein APEO.

Armierungsgewebe: In die Spachtelmasse eingearbeitetes Glasfasergewebe zur Erhöhung der mechanischen Festigkeit von Beschichtungen bei WDVS.

Armierungsputz: KUNSTHARZPUTZ, in den man feine kurze Kunststoff-Fasern einarbeitet, um die mechanischen Eigenschaften zu verbessern.

Assoziativ-Verdicker: Meist Polyurethan-Verdicker, die durch Selbstassoziation und Wechselwirkung mit Polymerteilchen und Emulgatorsystem einer Dispersion verdickend wirken und, je nach Hilfsstoffsystem, auch newtonisches Fließverhalten begünstigen können.

Atmungsfähigkeit: Gewünschte Durchlässigkeit von Farbbeschichtungen (Dispersionsfarben) für Wasserdampf; Atmungsfähigkeit ist eine ungeschickter Ausdruck für Wasserdampfdurchlässigkeit und sollte nicht verwendet werden. s. WASSERDAMPFDURCHLÄSSIGKEIT (WDD)

Ausblühungen: Oberflächenverunreinigungen auf Beschichtungen durch Ablagern von Inhaltsstoffen aus dem Beschichtungs- oder dem Untergrundmaterial in pulvriger oder schmieriger Form; beeinträchtigen das Aussehen (Farbveränderung, Schleierbildung bei Glanzfarben), können bei hygroskopischen Substanzen aber auch auf Dauer die Beschichtung schädigen.

Ausbluten: s. Bluten, z.B. von Holzinhaltsstoffen

Außenfarben: Anstriche, Beschichtungsstoffe, die im Außenbereich auf Holz, Mauerwerk, Putz, Beton oder Metall aufgetragen werden. Wegen der Wettereinflüsse werden hohe Anforderungen an die Wetterbeständigkeit der Beschichtung gestellt. s. Alterung, Kreidungsstabilität

Ausschwimmen: Pigmente, Füllstoffe trennen sich während der Trocknung des Beschichtungsstoffs ab und wandern an die Oberfläche; macht sich durch Farbveränderungen bemerkbar. s.a. Lagerstabilität

B

Bariumsulfat: inerter Füllstoff hoher Dichte; s. Schwerspat; Blanc fixe®c

Beize: 1. Meist wässrige Lösung zur Behandlung von Metalloberflächen / Rostbeseitigung / Passivierung als Untergrundvorbehandlung für nachfolgende Beschichtungen.
2. Farbstofflösungen für die Einfärbung von unbehandelten Holzoberflächen - Holzbeize.

Benetzung: Inniger Kontakt der Wasserphase einer Dispersionsfarbe mit festen Oberflächen, so des Substrats (Holz, Mauerwerk, Putz, Beton oder Metall) oder, in der Farbe selbst, mit Füllstoffen und Pigmenten. Die Benetzung wird durch Netzmittel (Polyphosphate, Polyacrylate), verbessert. s. Kontaktwinkel, Oberflächenspannung

Beobachtungswinkel: s. Glanzmessung

Beschichtung: 1. Auftragen von flüssigen filmbildenden Stoffen (Anstrichfarben, Lacke, Dispersionsfarben) zum Schutz und zur dekorativen Gestaltung von Baustoffen (Holz, Mauerwerk, Putz, Beton oder Metall).
2. Nach dem Auftragen verfilmter Anstrichstoff auf einem Substrat.

Beschichtungsstoffe: Flüssige, physikalisch und/oder chemisch trocknende Anstrichfarben bzw. wässrige Dispersionsfarben für die Beschichtung von z.B. Holz, mineralischen Untergründen oder Metall.

Betonschutz: s. CO_2-Barriere

Betonschutzbeschichtung: s. CO_2-Barriere

Bindemittel: Filmbildender, nichtflüchtiger Anteil der flüssigen Phase eines Beschichtungsstoffes. Füllstoffpartikel und Pigmente werden vom Bindemittel teilweise oder ganz umhüllt, beim Trocknen miteinander verklebt und mit dem Untergrund verankert.

Bindemittelbedarf: Menge an BINDEMITTEL, die benötigt wird, um die Füllstoffe und Pigmente eines Beschichtungsstoffes zu benetzen und lufthaltige Zwischenräume auszufüllen. Dieser Begriff trifft für Dispersionen und Dispersionsfarben nicht zu.

Bindevermögen: s. PIGMENTBINDEVERMÖGEN

Biozid: Chemische Substanz, die mikrobielle Schadorganismen abtöten kann; wird als ADDITIV DISPERSIONSFARBEN und PUTZEN zugesetzt.

Blanc fixe®^{c}: Gefälltes Bariumsulfat; s. SCHWERSPAT

Bläueschutz: Fungizid gegen mikrobiologischen Holzbefall durch Bläuepilze; s. BIOZID

Blockfestigkeit: Widerstand gegen das Verkleben/Verblocken von beschichteten Oberflächen im direkten Kontakt unter Druck und gegebenenfalls auch erhöhter Temperatur (Fensterrahmen, Möbel).

Bluten: 1. Diffusion („Durchschlagen") von wasserlöslichen farbigen Holzinhaltsstoffen (Tannine) oder von öligen Verunreinigungen (Nikotin) durch Deckbeschichtungen/Renovierungsanstriche.
2. Wanderung von teilweise löslichen Pigmenten / Farbstoffen aus der Beschichtung an die Oberfläche. s. AUSBLÜHUNGEN

Brechen (Emulsion): Ausfällen des Polymeren aus einer Emulsion/Dispersion; meist unerwünscht, verursacht durch Frost oder Instabilität des Emulgatorsystems im Kontakt mit Ionen oder aktiven Füllstoffen.

Brookfield-Viskosität: (ASTM D 2196) beschreibt die „scheinbare" VISKOSITÄT von Flüssigkeiten (z. B. Polymerdispersionen, Dispersionsfarben) in einem sehr niedrigen SCHERGEFÄLLE-Bereich von 0,1 bis 50 s^{-1}.

Buntpigmente: Anorganische und organische Farbkörper, die im Bindemittel und Lösemittel einer Anstrichfarbe nicht löslich sind. Dienen zur farblichen Gestaltung von Beschichtungsstoffen.

C

Calcit (Calciumcarbonat): Natürliches oder künstliches (gefälltes) Mineral, ein feinteiliger, preiswerter Füllstoff für Beschichtungsstoffe (Dispersionsfarben).

Chemikalienbeständigkeit: Beschreibt die Beständigkeit der Beschichtungen gegenüber einer Vielzahl von Haushaltschemikalien (Stoffe und Prüfbedingungen sind in DIN 68 861 genormt). s. REINIGUNGSBESTÄNDIGKEIT

CIE-L*a*b*: Verfahren zur quantitativen Bestimmung von Farben bzw. Farbänderungen. Nach diesem farbmetrischen System werden die Farben durch ein „Zahlentripel", nämlich L, a* und b* charakterisiert: **L**- Helligkeitsachse (0 = schwarz; 100 = weiss), **a*** - Rotgrünachse (positiv = rot; negativ = grün) und **b*** - Blaugelbachse (positiv = blau; negativ = gelb)

Chinaclay: Kaolin (Aluminium-Silikat), preiswerter Füllstoff mit guter Wetterbeständigkeit.

CO_2 (Kohlendioxid): Gasförmiger saurer Bestandteil der Luft, der die alkalischen Baustoffe (Kalkputz/Mörtel, Beton) neutralisiert und damit den alkalischen Korrosionsschutz für eingebettete Armierungseisen unwirksam macht.

CO_2-Barriere: Widerstand einer Beschichtung gegen die Diffusion von Kohlendioxid; wichtig beim Beurteilen der Wirksamkeit von Betonsanierungssystemen. Die Karbonatisierung des alkalischen Betons durch CO_2 führt zum Verlust des alkalischen Korrosionsschutzes für die im Beton eingebettete Stahlarmierung. Die Wirksamkeit der Beschichtungen (< 1 mm) wird auch in Äquivalenten einer Betondeckung (in cm) angegeben. Für gute Schutzwirkung muss die äquivalente Luftschichtdicke für die Diffusion von CO_2 bei über 50 m liegen (d.h. die CO_2-Diffusion durch die Beschichtung erfolgt genauso schnell wie durch eine 50 m dicke ruhende Luftschicht).

CO_2-Permeabilität: Durchlässigkeit von Beschichtungen für gasförmiges CO_2.

Copolymere: Polymere, die aus mindestens zwei verschiedenen Monomerbausteinen aufgebaut sind.

D

Dämmstoff: Mineralische (Mineralwolle, Glaswolle) und organische Dämmstoffe (geschäumtes Polystyrol) dienen zur thermischen Isolierung von Gebäuden; Dämmstoffe werden in der Regel außen angebracht und bedürfen dann noch eines mechanischen und Feuchtigkeitsschutzes gegen Witterungseinflüsse.

Dampfdruck: Partialdruck, den ein Stoff im gasförmigen Zustand in Abhängigkeit von der Umgebungstemperatur aufweist. Überschreitet dieser Druck den vorherrschenden Luftdruck, kommt es zur KONDENSATION, d. h. bei Wasser zur TAUBILDUNG. Wichtig ist der Dampfdruck des Wassers in Bauwerken, bei abgekühlten Außenwänden kann der Wasserdampf in der Innenraumluft an der Wand kondensieren und zu Feuchtigkeitsschäden führen. s. WDVS

Deckkraft: s. DECKVERMÖGEN

Deckvermögen (ungebräuchlich: Deckkraft): Fähigkeit einer Farbe, beim Beschichten eines Untergrundes mit großen Helligkeitsunterschieden – bei einer gegebenen Schichtdicke – diesen hohen Kontrast (z.b. Weiss/Schwarz) zu überdecken, ohne dass diese Helligkeitsunterschiede nach dem Beschichten sichtbar werden. s. KONTRASTVERHÄLTNIS, HELLIGKEIT

Dichtigkeit: Undurchlässigkeit einer Beschichtung gegen den Durchtritt von Gasen oder Flüssigkeiten.

Dickenmesser: Vorrichtung zur Bestimmung der Dicke von Beschichtungen oder der Wandstärke von z.B. Baustoffen. Bei metallischen Substraten werden oft elektromagnetische Verfahren verwendet, bei Schichten auf Holz oder mineralischen Werkstoffen wird die Dicke oft durch Anritzen und Ausmessen der Schnitttiefe bestimmt.

Dilatanz: Verhalten von Flüssigkeiten, deren Viskosität bei Scherbeanspruchung sehr stark, aber zeitunabhängig ansteigt; – Gegenteil von Strukturviskosität.

Dirt pick-up: Englischer Begriff für VERSCHMUTZUNG.

Dispergieren: Überführen einer Pigment- und Füllstoffmischung in eine homogene Paste, in der die Teilchen optimal dispergiert und durch Dispergier- und Netzmittel stabilisiert sind. Die Paste enthält im Idealfall keinerlei agglomerierten Teilchen. Bei Farben erfolgt die Dispergierung im schnell laufenden DISSOLVER, das Bindemittel wird erst danach zugegeben, Kunstharzputze werden in Gegenwart des Bindemittels im langsam laufenden ZWANGSMISCHER dispergiert.

Dispergiermittel: Additive, die die Benetzung von Feststoffoberflächen (Füllstoffe, Pigmente), z.B. durch Wasser, fördern und beschleunigen und beim Dispergierprozess die entstehenden Primärpartikel stabilisieren. Dadurch werden sonst mögliche nachträgliche Reaktionen wie z.B. unkontrollierter Viskositätsanstieg oder Absetzen der Pigmente bzw. Füllstoffe bei der Lagerung vermieden.

Dispersion: Wird im Deutschen verwendet als Überbegriff für die stabile Mischung (in feiner Verteilung) von ineinander unlöslichen Stoffen gleicher oder unterschiedlicher Aggregatzustände; z.B. flüssig/flüssig: Emulsion, fest/flüssig: Suspension, gasförmig/flüssig: Schaum, flüssig/gasförmig: Aerosol. Polymerdispersionen sind je nach Temperatur (abhängig von der Filmbildetemperatur des Polymeren) eigentlich Emulsionen oder Suspensionen. Im Englischen werden Polymerdispersionen in der Anstrich-Industrie synonym als Latex oder Emulsion bezeichnet.

Dispersionsfarben: Farben, deren Bindemittel eine wässrige Polymerdispersion ist; andere Farbtypen sind z.B. Kalkfarben, Alkydfarben, Silikatfarben.

Dispersionslackfarben: Wässrige Dispersionsanstrichstoffe, die ähnliche Eigenschaften wie Alkydharzlacke haben, z.B. GLANZ, VISKOSITÄT, VERLAUF.

Dissolver: Hochtouriger Rührer zum Dispergieren von Pigment- und Füllstoffen; im einfachsten Fall sitzt am Ende der Rührwelle eine Scheibe mit Zacken in Drehrichtung. Diese Zacken zerschlagen Teilchenagglomerationen. Für eine ausreichende Dispergierung muss die Scheibe am Rand eine Umlaufgeschwindigkeit von mind. 10 m/sec haben (ca. 9000 Upm bei einer 2-cm-Scheibe im Labor, ca. 500 Upm bei einer 40-cm-Scheibe im Produktionsbetrieb).

E

Elastizität: Eigenschaft fester Körper nach dem Ende einer verformenden Krafteinwirkung (z.b. Dehnung) wieder ihre ursprüngliche Form anzunehmen.

ELF-Farbe®[d]: Geschütztes Markenzeichen der Deutschen Amphibolin-Werke, Ober-Ramstadt. Umgangssprachlich für emissions- und lösemittelfreie Innenfarben; meist auch ammoniak- und formaldehydfreie Farben, die nur einen geringen Anteil an flüchtigen organischen Bestandteilen haben. Die in ELF-Farben verwendeten Dispersionen sollen eine MFT unter ca. 5 °C haben. s. LM-FREIE FARBEN.

Emulgatoren: Oberflächenaktive Substanzen, die die Oberflächenspannung von Wasser reduzieren und das Emulgieren von organischen Substanzen in Wasser erleichtern; auch SEIFEN, NETZMITTEL oder TENSIDE genannt.

Emulsionspolymerisation: Polymerisation von Monomeren, emulgiert durch oberflächenaktive Substanzen, in Anwesenheit eines wasserlöslichen Initiators

Entschäumer: Hilfsstoff/ADDITIV, der Schaum in der Farbe bei Herstellung und Verarbeitung vermindern oder verhindern soll.

Extender: s. FÜLLSTOFFE

F

Farbechtheit: Beständigkeit von Färbungen gegen Veränderungen des Farbtons durch Einwirkung von z.b. Laugen, Säuren, Licht oder Wasser.

Farbtonhaltung: Fähigkeit der Farbe, über einen längeren Zeitraum den Originalfarbton beizubehalten. s. FREIBEWITTERUNG

Fassadenfarbe: AUSSENFARBE, die auf Fassaden, meist mineralische Untergründe, aufgetragen wird; besondere Anforderungen werden an die WETTERBESTÄNDIGKEIT gestellt.

Feststoffgehalt: Anteil der Trockenmasse in einer Dispersion oder einer fertig formulierten Farbe; wird üblicherweise durch Wiegen des nach Trocknung bei erhöhter Temperatur (ca. 120 °C) erhaltenen Rückstandes im Verhältnis zur Ausgangseinwaage angegeben.

Feuchteschutz: Außenanstriche (AUSSENFARBEN) sollen das Objekt/Substrat vor Feuchte, wie z. B. Regen, Schnee, schützen. Entsprechend formulierte und sachgerecht verarbeitete Dispersionsfarben mit niedriger PVK erfüllen diese Forderung; Farben mit hoher PVK oder offenporige Farben wie Silikatfarben benötigen für einen effektiven Schutz meist noch zusätzlich hydrophobierende Zusätze. Für einen effektiven Feuchteschutz muss die WASSERAUFNAHME einer Beschichtung möglichst klein und die WASSERDAMPFDURCHLÄSSIGKEIT möglichst hoch sein. Diese Forderungen sind gegenläufig, von der Forschung (*Künzel*) werden quantitative Annahmen gemacht:
- Wasseraufnahmekoeffizient W $< 0{,}5$ kg/h · m^2
- äquivalente Luftschichtdicke Sd < 2 m
- Produkt aus w und Sd W · Sd $< 0{,}2$ kg/h · m

Filmbildehilfsmittel: ADDITIV, LÖSEMITTEL oder WEICHMACHER, das die MINDESTFILMBILDETEMPERATUR herabsetzt.

Filmbildung: Bildung eines zusammenhängenden Filmes aus einer wässrigen Dispersion oder einer Dispersionsfarbe beim Trocknen; die Filmbildung ist von der Temperatur abhängig; die jeweiligen Polymere in der Dispersion haben individuelle MINDESTFILMBILDETEMPERATUREN (MFT), die jedoch durch Zugabe von FILMBILDEHILFSMITTELN beeinflusst werden können. Trocknung unterhalb der MFT ergibt keinen zusammenhängenden oder mechanisch stabilen Film.

Filmhärte/Bleistifttest: Angabe über die Oberflächenhärte von Anstrichfilmen, z.B. die Bleistifthärte, bei der unter normalem Kraftaufwand ein Bleistift bestimmter Härte die Beschichtung gerade noch beschädigt (ungenaue Methode); bessere Werte ergibt die Prüfung der PENDELHÄRTE.

Fleckentfernung: S. REINIGUNGSBESTÄNDIGKEIT

Flüchtige Stoffe (VOC): Stoffe, außer Wasser, die durch Verdampfen aus der Farbe bzw. Beschichtung entweichen können. Begriff beschränkt sich meist auf die organischen Stoffe (VOC = volatile organic compounds).

Fox-Gleichung: Die Glastemperatur von Copolymeren kann über die empirische Fox-Gleichung näherungsweise berechnet werden:

1/Tg (Copolymer) = w1/Tg1 + w2/Tg2 + w3/Tg3 + ..., wobei gilt:
w1, w2, w3 ..... = Gewichtsanteile der Monomere 1, 2, 3, ...
w1 + w2 + w3 + ...= 1
Tg1, Tg2, Tg3 ...... = Glastemperaturen der Homopolymere 1, 2, 3,..... (in Kelvin)

Freibewitterung: Methode, um unter natürlichen Bedingungen das Verhalten der Beschichtungen unter Wettereinfluss zu untersuchen; dabei treten z.B. Farbtonänderungen, Kreidungen, Aufhellungen auf. Diese langwierigen, mehrere Jahre dauernden Tests sind wesentlich verlässlicher als KURZBEWITTERUNGEN.

Frost/Tau-Test: Mit Wasser gesättigte Beschichtungsfilme werden für ca. 16 Stunden bei –20 °C eingefroren, dann für eine Stunde bei Normklima aufgetaut und auf Beschädigungen abgemustert, für weitere 7 Stunden in Wasser von 23 °C gelagert und dann wieder eingefroren. Üblich sind 5 bis 10 solcher Zyklen; die Beschichtungen werden bei diesem Test hohen mechanischen Belastungen ausgesetzt.

Frost/Tauwechsel-Beständigkeit: Besonders Außenfarben sind in klimatisch kühleren Zonen dem häufigen Wechsel von Frost und Tau ausgesetzt. Die Prüfung ihrer Beständigkeit erfolgt im FROST/TAU-TEST.

Frostbeständigkeit: Dispersionen oder Dispersionsfarben sind frostbeständig, wenn Einfrieren und Auftauen ihre Gebrauchseigenschaften nicht irreversibel verändern. Frostempfindliche Dispersionen oder Farben können durch Zusatz von Glykolen frostbeständig eingestellt werden.

Füllstoffe (Extender): Preiswerte Formulierungsbestandteile einer Farbe (Dispersionsfarbe); in der Regel CALCIT, KAOLIN oder TALKUM.

Fußbodenfarben: Sich durch Robustheit auszeichnende Farben, besonders für Betonfußböden; dienen zur Farbgebung, Staubbindung und erleichtern die Reinigung. Erhöhte Anforderungen werden an die ABRIEBBESTÄNDIGKEIT gestellt.

G

Gitterschnitt: Beschichtungsfilme werden über Kreuz – mit jeweils 6 parallelen Schnitten (Abstand 1 oder 2 mm) – bis zum Untergrund eingeritzt. Anhand der entstehenden 25 Quadrate wird Anzahl und Größe der Abplatzungen an den Schnitträndern beurteilt. Durch Abkleben mit einem Klebeband und Abreißen können weitere Informationen über die Haftfestigkeit der Beschichtung gewonnen werden.

Glanz: Eigenschaft einer Oberfläche, das Licht ungestreut zu reflektieren; je stärker die Reflexion, desto höher der Glanz.

Glanzhaltung: Der GLANZ wird durch Witterungseinflüsse gestört und reduziert. REINACRYLATE haben eine bessere Glanzhaltung als ACRYLAT/STYROL- oder VINYLACETAT-COPOLYMERE.

Glanzmessung: Elektronische Messung des ungestreut reflektierten Lichtes unter einem bestimmten Beobachtungswinkel. s. GLANZGRAD

Glanzgrad: Wird als prozentualer Anteil des ungestreut reflektierten Lichtes unter gegebenem Beobachtungswinkel gemessen: Hochglanz 59 bis 69 % bei 20°; Glanz > 60 % bei 60°; Seidenglanz 26 bis 36 % bei 60°; Seidenmatt 42 bis 48 % bei 85°; Matt 6 bis 8 % bei 85°. Eine neue Klassifizierung wird in der DIN EN 13 300 vorgenommen (siehe dazu S. 214).

Glastemperatur (T_g): GLASÜBERGANGSTEMPERATUR

Glasübergangstemperatur (Glastemperatur, T_g): Ein Polymeres ist unterhalb der T_g glasartig und hart. Beim Überschreiten der T_g geht es in einen weichen, plastischen (verformbaren) Zustand über. Oft ist die T_g nicht exakt bestimmbar, sondern liegt in einem mehr oder weniger breiten Glasübergangsbereich.

Glimmer (Mica): Plättchenförmiges Mineral (Kalium-Aluminium-Silikat), in fein gemahlener Form (2–5 µm); wird als strukturbildender Füllstoff verwendet und reduziert die Rissbildung in Dispersionsfarben. s. RISSBILDUNG

Grenzflächenspannung: s. OBERFLÄCHENSPANNUNG

Grundierung: Pigmentfreie oder schwach pigmentierte ‚Farbe' mit einem Bindemittel auf Lösemittelbasis oder mit einer feinteiligen Dispersion; die Grundierung soll möglichst tief in den Untergrund eindringen und darin verfestigend auf lockere Teilchen wirken. Gleichzeitig soll die Saugfähigkeit des Untergrundes reduziert werden, um ein ‚Wegschlagen' des Wassers aus der Dispersionsfarbe („Aufbrennen" der Farbe) und dadurch bedingte Rissbildung und Haftungsprobleme zu vermeiden. Oft ist ein Grundieren mit einer etwas stärker verdünnten Farbe ausreichend.

H

Haftung: Zustand, bei dem zwei Oberflächen durch Kräfte zwischen ihnen zusammengehalten werden; es kann sich um Haupt- oder Nebenvalenzkräfte oder beides handeln.

Haze: Maß für den Schleier bzw. die Abbildungsschärfe des Spiegelbilds an einer glänzenden Beschichtung; Messung mit einem geeigneten Glanzmessgerät.

Heizwert: Energiemenge, die beim Verbrennen eines Polymeren freigesetzt wird; entspricht dem Brandverhalten des Polymeren und gibt einen Hinweis, ob ein Polymertyp für den Vollwärmeschutz geeignet ist: Je niedriger der Heizwert, desto geeigneter ist der Polymertyp. Acrylat/Styrol-Copolymere haben einen sehr hohen, Reinacrylate einen hohen und chlorierte Polymere einen niedrigen Heizwert.

Helligkeit: Stärke der Lichtempfindung, die eine Beschichtung oder eine Farbfläche vermittelt; sie ist die messbare Lichtintensität und wird mit dem Hellbezugswert (vollkommen mattweiße Fläche) verglichen. Die Helligkeit wird an einer deckend aufgebrachten Beschichtung bestimmt (DIN 53 778 Teil 3). s. KONTRASTVERHÄLTNIS, DECKVERMÖGEN

High-shear: Englischer Begriff für hohe Scherkräfte beim Verarbeiten von Flüssigkeiten (Farben), hat Einfluss auf das Fließverhalten. s. VISKOSITÄT

Holzlack: Oberbegriff für alle zur Beschichtung von Holz geeigneten bindemittelreichen Systeme mit harter Oberfläche. Die Lackierung soll das Holz bei Außenanwendung vor Witterungseinflüssen schützen; im Innenbereich haben Holzlacke überwiegend dekorative Zwecke. Es gibt deckende und transparente Lacke (Lasuren). Völlig unpigmentierte Lacke sind für Außenanwendung nicht geeignet. Holzlacke für Fenster müssen blockfest sein. s. BLOCKFESTIGKEIT, HOLZLASUR

Holzlasur: Niedrig pigmentierte Systeme, die transparent auftrocknen und somit die Holzstruktur sichtbar lassen. Es wird zwischen Imprägnierlasuren und filmbildenden Lasuren unterschieden. Völlig transparente/unpigmentierte Lasuren werden bei Außenanwendung schnell abgebaut. s. HOLZLACK

House Paint/Universalfarben: Begriff aus dem angelsächsischen Bereich; beschreibt BESCHICHTUNGSSTOFFE oder AUSSENFARBEN, die auf den verschiedensten Substraten verwendbar sind und damit ein wesentlich breiteres Anwendungsspektrum als klassische Fassadenfarben haben. House Paints können auf Fassaden (neues und altes Holz oder mineralische Putze), aber auch auf kritische Untergründe, wie Alkydlacke oder Metallflächen, als Erst- oder als Renovierungsanstrich aufgebracht werden. Sie sind Universalfarben für alle an einem Haus zu erwartenden Substrate. Neben den für solche Anwendungen üblichen Anforderungen muss ein Bindemittel für solche Farben auch noch über „NASSHAFTUNG" verfügen.

Hydraulische Bindemittel: Stoffe, die nach Zusatz von Wasser zu einem wasserfesten Baustoff erhärten; wichtigstes hydraulisches Bindemittel ist Portlandzement, der nach Zugabe von Zuschlagsstoffen (feinen Füllstoffen, Sand oder Kies) und Wasser Putz, Mörtel oder Beton bildet.

Hydrophobiermittel: Stoffe und Zubereitungen auf der Basis von Wachsen und Silikonharzen, die wasserabweisend wirken; sie werden Dispersionsfarben und Putzen zur Erhöhung der wasserabweisenden Wirkung der Beschichtung zugegeben. Offenporige Systeme wie z.B. Silikatfarben können oft ohne solche Zusätze keinen ausreichenden FEUCHTESCHUTZ gewährleisten.

Hydrophobierung: Zusatz von wasserabweisenden Stoffen in Dispersionsfarben- und Putzformulierungen. s. HYDROPHOBIERMITTEL

Hydroplastifizierung: Weichmachung eines Polymeren durch das Anquellen der Teilchenoberfläche mit Wasser; d.h. polare Dispersionen haben bei gleicher Glastemperatur eine um bis zu 15 °C tiefere MFT als unpolare Dispersionen.

I

Innenfarben: Farben, die nur im Innenbereich eingesetzt werden und deshalb nicht wetterbeständig sein müssen. Für diese Anwendung sind ACRYLAT/STYROL-COPOLYMERE die Bindemittel der Wahl; sie werden im Bereich von PVK 75 bis 85 % formuliert (Abb. 2.1). Kriterien für Innenfarben: VERARBEITBARKEIT, DECKVERMÖGEN, SCHEUER- und WASCHBESTÄNDIGKEIT.

ICI - Viskosität: HIGH -SHEAR VISKOSITÄT oder Auftragsviskosität (Pinselauftrag). Wird mit einem von ICI entwickelten Viskosimeter bei einer Schergeschwindigkeit von ca. 10.000 s^{-1} gemessen. s. VISKOSITÄT

K

Kalk: Kalkstein ($CaCO_3$) wird durch Erhitzen auf ca. 1000 °C in gebrannten Kalk (CaO) umgewandelt, der mit Wasser zu gelöschtem Kalk oder Kalkhydrat ($Ca(OH)_2$) reagiert.

Kalkanstrich: Anstrich mit Kalkhydrat als Bindemittel; nur sehr niedrig pigmentierbar und nicht witterungsbeständig, da sich Kalkhydrat unter der Einwirkung saurer Luftbestandteile z.B. in Gips umwandeln kann.

Kaolin: Natürlicher FÜLLSTOFF, besteht überwiegend aus Aluminiumsilikat, wird durch Schlämmen gewonnen und bildet eine lockere mikrokristalline Substanz. Als preiswerter Füllstoff verbessert Kaolin in pigmentierten Lacken DECKVERMÖGEN, rheologisches Verhalten, Wetterfestigkeit und Absetzverhalten anderer Pigmente.

Kapillare Wasseraufnahme: Aufnahme von flüssigem Wasser in Bau- und Beschichtungsstoffe über Kapillaren in der intakten Oberfläche; die Menge kann durch die OBERFLÄCHENSPANNUNG des Stoffes (HYDROPHOBIERUNG) und die Porengröße beeinflusst werden.

Kationische Dispersion: Polymerdispersion, deren Teilchen mit einem positiv geladenen (kationischen) EMULGATOR stabilisiert sind. Die negativen Gegenionen befinden sich in der Wasserphase. Sie dürfen nicht mit üblichen anionischen Dispersionen gemischt werden, die Systeme könnten koagulieren. s. KOAGULATION

Klarlack: Transparente Beschichtung zum Schutz des Substrates, z. B. gegen Witterungseinflüsse und mechanischen Abrieb, oder für dekorative Zwecke.

Klebrigkeit (Oberflächenklebrigkeit, Tack): Oberflächeneigenschaft von Dispersions- oder Anstrichfilmen; die Klebrigkeit nimmt mit zunehmender Härte und Vernetzung der Beschichtung ab. Klebrigkeit von Beschichtungen führt zu VERSCHMUTZUNG durch Staub.

Koagulat: Durch KOAGULATION gebildete irreversible Zusammenballung von Teilchen, die vorher in dispergierter Form in einer Emulsion oder Dispersion gleichmäßig verteilt vorlagen.

Koagulation: Vorgang, bei dem eine leichtfließende Dispersion unkontrolliert verdickt oder einen Bodensatz aus agglomerierten Polymerteilchen bildet, die sich nicht wieder in die ursprüngliche Form dispergieren lassen.

Kohlendioxid (CO_2): Dieser gasförmige saure Bestandteil der Luft kann alkalische Baustoffe (Kalkputz/Mörtel, Beton) neutralisieren und damit den alkalischen Korrosionsschutz für eingebettete Armierungseisen unwirksam machen.

Kondensation: Niederschlag von flüssigem Wasserdampf aus der Luftfeuchtigkeit auf einer Oberfläche. Tritt meist auf kalten Oberflächen auf und hängt vom Dampfdruck ab. s. DAMPFDRUCK, LUFTFEUCHTIGKEIT

Konservierungsmittel: Mikrobiell wirksame Stoffe, die das Wachstum von Hefen (Pilze, Schimmel) und den bakteriellen Abbau von Dispersionen oder Dispersionsfarben verhindern sollen; LAGERKONSERVIERUNG/Topfkonservierung: Schutz von verarbeitungsfertigen Dispersionen oder Farben; Filmkonservierung: Schutz vor Wachstum von Mikroorganismen auf den getrockneten Beschichtungsfilmen. s. BIOZIDE

Kontakt-Winkel: Gibt Aufschluss über die OBERFLÄCHENSPANNUNG von Substraten; eine Oberfläche wird durch Aufsetzen eines Wassertropfens benetzt; die Krümmung des Wassertropfens im Kontakt mit dem Substrat wird gemessen: je weniger der Tropfen die Oberfläche benetzt, desto größer ist der Winkel (gute Benetzung: < 60 ° – schlechte Benetzung: > 90°). Der Kontaktwinkel kann sich durch die Wasseraufnahme der Oberfläche mit der Zeit ändern.

Kontrastverhältnis: Unterschied in % des DECKVERMÖGENS einer Dispersionsfarbe, zu erhalten durch Ausmessen der Helligkeit einer getrockneten Dispersionsfarbenschicht über einem weißen und einem schwarzen Untergrund bei vorgegebener Beschichtungsstärke von 300 g/m^2; s. a. DIN 53 778, Teil 3.

Kornaufbau: Beschreibt die mengenmäßige Zusammensetzung der unterschiedlichen Korngrößen in einem Füllstoffgemisch; die meisten Eigenschaften von Anstrichstoffen werden durch die Verwendung von nach Korngröße abgestuften Füllstoffen unterschiedlicher Art günstig beeinflusst. Die Füllstoffmischung sollte so gestaltet sein, dass sich die kleinen und großen Körner in ihrem Kornaufbau ergänzen und eine möglichst dichte Packung ergeben.

Korngröße, mittlere: Maß für die durchschnittliche TEILCHENGRÖSSE eines Füllstoffes oder Pigments (50 Gew.% der Teilchen sind kleiner und 50 Gew.% der Teilchen sind größer als der angegebene Wert).

Korngröße (Teilchengröße): FÜLLSTOFFE und PIGMENTE liegen in unterschiedlicher Partikelgröße vor; feinere Partikel oder Körner benötigen zwar auf Grund der größeren Oberfläche mehr BINDEMITTEL als gröbere, können aber z. B. Scheuerfestigkeit (ABRIEBBESTÄNDIGKEIT), GLANZ und VISKOSITÄT der Farbe erhöhen.

Korrosionsschutz: Maßnahmen um Werkstoffe, insbesondere Metall, gegen Zerstörung durch Witterung oder aggressive Medien zu schützen; Korrosionsschutzsysteme auf Basis wässriger Polymerdispersionen sind heute Stand der Technik, benötigen jedoch angepasste Formulierungen.

KPVK: s. KRITISCHE PIGMENTVOLUMENKONZENTRATION

Kratzfestigkeit: Widerstand der Oberfläche gegen mechanische Beschädigungen durch scharfkantige Gegenstände, z.B. Fingernägel. Die Kratzfestigkeit nimmt mit der Härte der Beschichtung zu.

Kreidung: s. KREIDUNGSSTABILITÄT

Kreidungsbeständigkeit: s. KREIDUNGSSTABILITÄT

Kreidungsstabilität (Kreidungsbeständigkeit): Durch Bewitterung wird das Bindemittel von Beschichtungen oberflächlich abgebaut, wodurch Pigment- und Füllstoffanteile freigelegt werden. Diese Anteile können wie Schulkreide abgewischt werden (Kreidung). Dieser zeitabhängige Abtrag stellt ein Maß für die Witterungsstabilität der Beschichtung dar. Eine geringfügige Kreidung kann sich jedoch auch positiv auf die Sauberkeit des Anstrichs auswirken, da anhaftender Schmutz zusammen mit den freiliegenden Füllstoff-Partikeln durch Regenwasser abgewaschen wird.

Kritische Pigmentvolumenkonzentration (KPVK): PIGMENTVOLUMENKONZENTRATION (PVK), bei der das Bindemittel im Farbfilm die Pigmente und Füllstoffe einer Dispersionsfarbe gerade noch vollständig benetzt und die Zwischenräume ausfüllt; der Bindemittelfilm ist gerade noch zusammenhängend. Oberhalb der KPVK wird der Beschichtungsfilm offenporig. Viele Eigenschaften des Beschichtungsfilms ändern sich drastisch beim Überschreiten der KPVK, z.B. die WASSERAUFNAHME und die WASSERDAMPFDURCHLÄSSIGKEIT steigen stark an. Die KPVK wird durch die chemische Natur und Teilchengröße des Bindemittels und der Pigmente und Füllstoffe stark beeinflusst. Mit Acrylat/Styrol-Copolymeren wird die KPVK erst bei höheren PVK's erreicht als bei Verwendung anderer Bindemitteltypen.

Kunstharzputz: PUTZ, der als Bindemittel eine Polymerdispersion („Kunstharz") enthält; Vorteile des Kunstharzputzes gegenüber klassischen mineralischen Putzen sind die einfache Verarbeitung direkt aus dem Gebinde, die Regendichtheit nach dem Trocknen bei ausreichender Wasserdampfdurchlässigkeit und die Möglichkeiten der vielfältigen Gestaltung von Oberflächenstruktur und Farbe.

Kunststoff-Dispersion: Feine, stabile Verteilung eines Kunststoffes (Polymers) in Wasser. Feinteilige Dispersionen haben Polymerteilchen von ca. 0,1 bis 0,2 µm Durchmesser; grobteilige Dispersionen haben Teilchendurchmesser von bis zu mehreren µm. Das Polymere kann aus unterschiedlichen MONOMEREN und deren Mischungen aufgebaut sein: Styrol, verschiedene Acrylate, Vinylacetat, Ethylen u.a. Durch entsprechende Mischungen lassen sich viele Eigenschaften genau einstellen. Die Dispersionen für Anstrichzwecke werden in der Regel mit anionischen EMULGATOREN stabilisiert.

Kurzbewitterung: Sammelbegriff für Methoden, die im Gegensatz zur FREIBEWITTERUNG, unter künstlichen, beschleunigenden Bedingungen versuchen, die langwierigen Prüfungen abzukürzen (z. B. Xenon-, Sun- oder Q-UV-Test), ohne jedoch eindeutig auf die Praxis übertragbare Ergebnisse zu liefern. Es gibt keine allgemein anerkannte Kurzbewitterungsmethode.

KU-Viskosität: Krebs-Stormer-Viskosität; wird mit einem speziellen Gerät (Krebs-Stormer) bei niedriger Schergeschwindigkeit (low-shear, ca. 100 s^{-1}) gemessen - KU steht für ‚Krebs-Units'. s. VISKOSITÄT

L

Lack: Sammelbegriff für Anstrichstoffe mit bestimmten Eigenschaften, wie z.B. gutem Verlauf und einwandfreier Durchhärtung. Je nach Anforderung besitzen sie erhöhte Widerstandsfähigkeit gegen Witterungs- oder mechanische oder chemische Einflüsse. Pigmentierte Lacke werden heute oft als Lackfarben bezeichnet.

Lagerfähigkeit: Wichtige Eigenschaft einer Anstrichfarbe; je nach Vertriebsweg kann die Verweilzeit im Lager sehr hoch sein. Der Verbraucher erwartet aber unabhängig von der Lagerzeit eine stabile Viskosität, kein Auftrennen oder Sedimentieren bzw. leichtes Aufrühren und gleichbleibende Applikationseigenschaften. s. LAGERSTABILITÄT

Lagerkonservierung: BIOZIDE Ausrüstung eines Produktes zur mikrobiellen Stabilität im Gebinde bis zur Verarbeitung (auch „Topfkonservierung" genannt).

Lagerstabilität: Während der Lagerung der Farbe soll sich die Viskosität nicht ändern, es darf kein Absetzen oder Sedimentieren stattfinden; wird durch 14-tägiges Lagern bei 50 oder 60 °C überprüft.

Latex: s. DISPERSION

Lichtechtheit: Gibt ein Maß für die chemische und physikalische Beständigkeit von Beschichtungsstoffen und Farben gegen Licht- und UV-Belastung.

LF- Farbe: s. LM-FREIE FARBE, ELF-FARBE

LM-freie Farbe (LF-freie Farbe): Lösemittelfreie Dispersionsfarbe; kann auch frei von Ammoniak und Formaldehyd sein. Im Gegensatz zu den ELF-FARBEN können sie mit Dispersionen mit MFT > 5 °C und damit meist nicht ohne Filmbildehilfsmittel formuliert werden. Sie enthalten dann anstelle LÖSEMITTEL entsprechend wirksame Weichmacher (meist Phthalate), oder hochsiedende Lösemittel (Sdp. > 250 °C bei 1 atm).

Lösemittel, Koaleszenzhilfsmittel: Additiv, das die Mindestfilmbildetemperatur (MFT) der Dispersion oder Farbe absenken oder die offene Zeit verlängern soll.

Low shear: Englischer Begriff für niedrige Scherkraft. Das Fließverhalten einer Farbe bei niedriger Scherkraft beeinflusst die Verarbeitung, Lagerstabilität oder Verlauf. s. VISKOSITÄT

Luftfeuchtigkeit: Gehalt von Wasserdampf in der Luft; ist sehr stark temperaturabhängig. Bei starker Abkühlung kommt es zur KONDENSATION.

M

Mahlfeinheit: Korngrößenverteilung von Füllstoffen und Pigmenten. s. KORNGRÖSSE, KORNAUFBAU

MAK (Maximale Arbeitsplatzkonzentration): Maximale Schadstoff-Konzentration in der Atemluft am Arbeitsplatz, die nach derzeitigem Kenntnisstand bei einer regelmäßigen Exposition von 8 Stunden/Tag gesundheitlich unbedenklich ist. Angaben werden in mg/m^3 oder ml/m^3 (= ppm) gemacht. Die MAK-Werte werden jährlich neu festgesetzt von der „Deutschen Forschungsgemeinschaft"; Grundlage ist die TRGS 900 (Technische Regeln für Gefahrstoffe). Die nur in Deutschland rechtsverbindlichen Werte finden international große Beachtung.

MFT: s. MINDESTFILMBILDETEMPERATUR

Mica: siehe GLIMMER

Mikroschaum: Besonders fein verteilter Schaum, der im allgemeinen bei der Dispergierung von Pigmenten und Füllstoffen entsteht und sehr stabil ist.

Mindestfilmbildetemperatur (MFT): Temperatur, bei der das Polymere bzw. die Farbe gerade noch einen geschlossenen, rissfreien Film bildet. Trocknen einer Farbe unterhalb der MFT führt zu einer mechanisch instabilen Schicht ohne Haftung zum Untergrund. s. WEISSPUNKT

Mörtel: Pastenförmige Gemische aus Wasser, mineralischen Füllstoffen und mineralischen Bindemitteln (Kalk, Zement, Gips). Erhärten durch physikalische Trocknung oder auch durch zusätzliche chemische Reaktion des Wassers mit dem mineralischen Bindemittel. Erhärtete Mörtel mit Zement oder „hydraulischem Kalk" sind nach dem Aushärten wasserbeständig. Mörtel auf Basis Kalk oder Gips sind bei dauerhafter Einwirkung wasserempfindlich und sind nicht für „Nassbereiche" geeignet. Die Eigenschaften der Mörtel werden außer durch das Bindemittel auch von der Menge und der Kornverteilung der mineralischen Bindemittel bestimmt.

Mörtel werden verwendet als Mauermörtel, für Putze und für Bodenbeläge (Estrich) – die Kornverteilung richtet sich nach dem jeweiligen Anwendungszweck.

Monomere: Bausteine zur Herstellung von Polymeren (z.B. über radikalische Polymerisation). In der Literatur übliche Abkürzungen:
S, Sty = Styrol, **(n)BA** = (n)Butylacrylat, **EHA** = Ethylhexylacrylat, **MMA** = Methylmethacrylat, **VAc** = Vinylacetat, **VC** = Vinylchlorid, **VDC** = Vinylidenchlorid, **SA, Acr/Sty** = Acrylat/Styrol-Copolymer, z.B. Acronal® 290 D^b, und **RA** = Reinacrylat, z.B. Acronal® 18 D^b.

µ-Wert: s. WASSERDAMPFDICHTIGKEIT

Mudcracking: s. SCHWUNDRISSBILDUNG

N

Nassblockfestigkeit: BLOCKFESTIGKEITsprüfung unter Feuchtebelastung; Wasser kann eine Beschichtung anquellen und sie dadurch klebrig machen.

Nasshaftung: Eigenschaft eines Dispersions-Beschichtungsfilms auf einer Alkydharzbeschichtung unter Wasserbelastung und nach Temperaturwechseln zu haften.

Newtonisch: s. VISKOSITÄT

Netzmittel: Stark oberflächenaktive Substanz; verbessert die Benetzung von Feststoffoberflächen (Füllstoffe, Pigmente) durch Wasser.

Nicht flüchtige Anteile: Bezeichnet den mengenmäßigen Anteil einer Dispersion oder Farbe, der nach definierten Trocknungsbedingungen zurückbleibt.

O

Oberflächenhärte: Entscheidende Größe für die Kratzfestigkeit und Abriebbeständigkeit. Steht im Gegensatz zu OBERFLÄCHENKLEBRIGKEIT. Sie kann z.B. durch PENDELDÄMPFUNG nach König bestimmt werden.

Oberflächenklebrigkeit: s. KLEBRIGKEIT

Oberflächenrauhigkeit: Unebenheit bzw. Struktur der Oberfläche der Beschichtung. Große Rauhigkeit bei Anstrichfarben und Putzen hat Einfluss auf die Anschmutzungsneigung, Witterungsbeständigkeit und Scheuerbeständigkeit von Beschichtungen. Je rauher die Oberfläche, desto mehr Schmutz kann anhaften und desto stärker wird der Farbton durch Verschmutzung verändert. Bei glatten Oberflächen hat die (feine) Rauhigkeit Einfluss auf den Glanz.

Oberflächenspannung (Grenzflächenspannung): Eigenschaft von Flüssigkeiten, bewirkt durch molekulare Kräfte, die Oberfläche durch Tropfenbildung möglichst zu verkleinern (Quecksilber: hohe Oberflächenspannung; Wasser: mittlere Oberflächenspannung; Mineralöl: niedrige Oberflächenspannung); kann bei Wasser z.b. durch Zugabe von NETZMITTELN gesenkt werden.

offene Zeit: Die Zeit, in der man ein Produkt problemlos verarbeiten kann. Bei reaktiven Zweikomponenten-Systemen ist dieser Zeitraum enger und markanter als bei wässrigen dispersionsgebundenen Beschichtungsstoffen. Bei Dispersionsfarben versteht man darunter die Zeit, in der ein frisch aufgebrachter Anstrich ansatzlos überstrichen werden kann.

ökologisch (verträglich): Betrachtungsweise, die die Wechselwirkungen von Mensch und Umwelt analysiert. Bei Anstrichfarben sind hauptsächlich flüchtige organische Bestandteile, wie Restmonomere, Lösemittel oder Weichmacher zu berücksichtigen.

Ölfarbe: Umgangssprachliche Bezeichnung für Anstrichstoffe mit trocknenden Ölen (überwiegend Leinöl) als Filmbildner. Durch Trockenstoffe (Sikkative) kann die oxidative Trocknung beschleunigt werden. Durch Zusatz von Harzen und weiteren Hilfsstoffen lässt sich die Alterungsbeständigkeit derartiger Beschichtungen verbessern. s. ALKYDHARZ; ALKYDHARZLACK

Ölzahl: Menge an Leinöl (g/100 g), um ein trockenes Pulver (Füllstoff oder Pigment) in eine kittartige Masse zu überführen; Kennzahl, die einen Hinweis gibt, wie viel Oberfläche ein Füllstoff oder Pigment hat und wie hoch der BINDEMITTELBEDARF des betreffenden Füllstoffes oder Pigments sein kann.

P

Pendelhärte: Durch die Dämpfung von Pendelschwingungen kann die Härte eines Beschichtungsfilms charakterisiert werden. Je härter der Film, desto länger schwingt ein ihm aufgesetztes Pendel. Die Messeinheit sind Sekunden (Pendeldämpfung nach ISO 1522, DIN 53 517).

Pigment/Füllstoff-Verhältnis: Verhältnis der Massen von Pigmenten und Füllstoffen in einer Farbenformulierung. Der Pigmentanteil hat einen deutlichen Einfluss auf die Witterungsstabilität von Dispersionsfarben; ein Verhältnis von 30 Teilen Pigment zu 70 Teilen Füllstoff kann als wetterbeständig gelten, sofern geeignete Bindemittel verwendet werden.

Pigmentbindevermögen: Nicht direkt messbare Eigenschaft von Polymerdispersionen, in Abhängigkeit von ihrer Teilchengröße, der Polymerzusammensetzung und des Hilfsstoff-/Stabilisierungssystems Feststoffteilchen, wie z.B. Pigmente und Füllstoffe zu umhüllen bzw. miteinander zu verkleben. s. auch ÖLZAHL; PIGMENTVOLUMENKONZENTRATION

Pigmente: Farbbestandteile, die auf Grund ihrer Eigenfärbung Farbe verleihen und durch den hohen Brechungsindex zum Deckvermögen beitragen.

Pigmentvolumenkonzentration (PVK): Rechnerische Beschreibung des Volumenanteils der Pigmente und Füllstoffe am Gesamtvolumen der getrockneten BESCHICHTUNG. Dient zur Charakterisierung von Anstrichstoffen. Je höher die PVK desto weniger Bindemittel enthält die Farbe. Die PVK wird nur bei Farben mit feinen Füllstoffen angegeben. Bei Putzen ist eine Angabe wegen der groben Füllstoffe nicht sinnvoll. s. KRITISCHE PIGMENTVOLUMENKONZENTRATION, (S. ABB. 2.1)

Primärdispersionen: hergestellt durch Polymerisation der Basisbausteine (= Monomere) direkt in der flüssigen Phase (z.b. via EMULSIONSPOLYMERISATION in Wasser), S. AUCH SEKUNDÄRDISPERIONEN

Putz, mineralisch: FEINMÖRTEL, pastenförmige Gemische aus Wasser, mineralischen Füllstoffen und mineralischen Bindemitteln (Kalk, Zement, Gips) werden auf Wand- und Deckenflächen als glättender und abdichtender Überzug aufgetragen. Nach dem physikalischen/chemischen Erhärten dient diese Putzfläche als Träger für weitere dekorative Nachbearbeitung mit Anstrichfarben oder z.b. Tapeten in Innenräumen oder wird ohne weitere Nachbearbeitung als endgültige Bauteiloberfläche belassen. HYDRAULISCH abbindende Putze (Zement, hydraulischer Kalk) sind für Innen- und Außenanwendungen geeignet, Kalk-Putze mit Einschränkungen auch für Außen, Gipsputze bevorzugt nur für Innenanwendungen.

Q

Q-UV: Ein Gerät zur künstlichen Bewitterung von Probekörpern; s. KURZBEWITTERUNG

R

Reinacrylate: Copolymere, hergestellt aus (Meth)acrylatmonomeren, als Bindemittel für verschiedenste Anwendungen (s. Abb. 2.1). Sie zeichnen sich aus durch hohe Wetter- und Lichtbeständigkeit und sind besonders für bindemittelreiche Formulierungen wie Lasuren und Dispersionslackfarben geeignet.

Reinigungsbeständigkeit (Abwaschbarkeit, Fleckentfernung): Beschreibt die Möglichkeit, in welchem Umfang Verschmutzungen durch z.B. Getränke, Haushaltschemikalien oder Schreibmittel von einer Beschichtung entfernt werden können; hängt sehr stark von der chemischen Natur der Verschmutzung ab und ist nicht mit der Waschbeständigkeit gleichzusetzen. s. ABRIEBBESTÄNDIGKEIT

Restmonomer: Nicht bei der Polymerisation umgesetztes Monomeres. Führt bei Substanzen mit einem MAK-WERT auch zur Deklaration im Sicherheitsdatenblatt (SDB).

Restmonomerengehalt: Menge an nicht bei der Polymerisation umgesetzter Monomere; Angabe erfolgt bei Dispersionen in mg/kg (= ppm).

Rheologie: Beschreibt das Fließverhalten von Flüssigkeiten (Dispersionen, Dispersionsfarben) unter dem Einfluss äußerer Spannungen. Die Fließeigenschaften sind von den unterschiedlichen Scherbeanspruchungen abhängig (Ansatz der Farbe im Rührbehälter, Transport durch Pumpen, Applikation durch Streichen, Rollen oder Spritzen). s. Viskosität

Rheologieadditive: s. Verdicker

Rheopexie: Eigenschaft von Flüssigkeiten, deren Viskosität bei Scherbeanspruchung mit der Zeit ansteigt; Gegenteil von Thixotropie, nicht identisch mit der zeitunabhängigen Dilatanz.

Rissbildung: Mineralische Substrate können durch Temperaturänderungen oder statische Verschiebungen Risse bilden. Bei Holz führen zusätzlich Volumenänderungen durch zu schnelles Austrocknen und Wiederbenetzen zu Rissen. Die geeigneten Beschichtungsstoffe müssen diese Risse sicher überbrücken können um weitere Schäden durch eindringendes Wasser zu vermeiden.

Rissüberbrückung: Überspannen eines Risses mit einer auch bei tiefen Temperaturen dehnfähigen Beschichtung (die Rissbreite nimmt mit abnehmender Temperatur zu!); größere Risse (≥ 2 mm) müssen verfüllt und mit armierten Systemen überdeckt werden. Die Anforderungen an die Beschichtung unterscheiden sich je nachdem, ob bereits vorhandene oder erst nach der Beschichtung neu entstandene Risse überbrückt werden sollen.

Rutil: s. Titandioxid

S

Schaum: Unerwünschte Luftblasen, die in unterschiedlicher Größe in Beschichtungsstoffen eingeschlossen sind. Schaum entsteht schon beim Dispergieren von Füllstoffen und Pigmenten, wird aber auch bei der Verarbeitung mit Pinsel oder Rolle erzeugt. Schaum wird mit Entschäumern bekämpft. Der jeweils beste Entschäumer muss in Versuchen ermittelt werden. Der beim Dispergieren von Füllstoffen und Pigmenten durch intensives Rühren im Dissolver entstehende Mikroschaum (Bläschen in der Größenordnung von Füllstoffteilchen) lässt sich besonders schwer zerstören.

Schergefälle: s. Viskosität

Schergeschwindigkeit: s. Viskosität

Scheuerbeständigkeit (-festigkeit): Beschreibt das mechanische Abriebverhalten einer Beschichtung im Scheuertest nach DIN 53 778, Teil 2. Dabei wird eine Beschichtung definierter Stärke mit einer Bürste in einer Apparatur nach DIN nass gescheuert. Eine WASCHBESTÄNDIGE Farbe darf nach 1000 Zyklen, eine scheuerbeständige Farbe nach 5000 Zyklen nicht durchgescheuert sein (Beurteilung des Scheuerbildes nach DIN). s. ABRIEBBESTÄNDIGKEIT

Schlagregen: Eindringende Feuchtigkeit ist für Außenbeschichtungen ein Problem. Schlagregen, also starker Regen mit durch Wind bedingt schräg auftreffenden Tropfen ist eine größere Beanspruchung als normaler Regen, der bereits durch den Dachüberstand von der Fassade abgehalten wird. Insbesondere frische, noch nicht durchgetrocknete Beschichtungen können beschädigt werden. Ausgehärtete Beschichtungen und Putze können durch Schlagregen über Gebühr durchfeuchtet werden.

Schleier (engl.: haze): Trübung einer eigentlich klaren Beschichtung, die unterschiedliche Ursachen haben kann – Unverträglichkeit einzelner Formulierungskomponenten oder Ausschwimmen von Inhaltsstoffen.

Schwinden: Wässrige und lösemittelhaltige Systeme geben beim Trocknen ihre flüssigen Bestandteile ab. Das Verdampfen des Wassers/Lösemittels führt zu einer Volumenabnahme. Es tritt Schwund auf. s. SCHWUNDRISSBILDUNG

Schwundrissbildung (Mudcracking): Die Volumenabnahme während des Verdampfens des Lösemittels/Wasser erhöht die Spannungen im trocknenden Film. Daher können oft Risse, besonders bei ungünstigen Bedingungen, während der Trocknung beobachtet werden, die Schwundrisse genannt werden. Das netzartige Aussehen ist charakteristisch.

Schwerspat: BARIUMSULFAT; natürliches Mineral mit hoher Dichte, wird als inerter Füllstoff eingesetzt.

Sd-Wert: Masszahl für das Wasserdampfdiffusionsverhalten von Anstrichen in Abhängigkeit von der Schichtdicke. Ein Anstrich mit einem Sd-Wert von 1 Meter setzt dem Wasserdampf den gleichen Widerstand entgegen wie eine 1 Meter dicke, ruhende Luftschicht. Bei Fassadenfarben wird für schadensfreien Gebrauch (Witterungsbeständigkeit, keine Blasenbildung) ein Sd-Wert < 2 m gefordert. Eine Verdoppelung der Schichtdicke verdoppelt rein rechnerisch auch den Sd-Wert, was in der Praxis oft nicht ganz zutrifft. s. FEUCHTESCHUTZ, WASSERDAMPFDICHTIGKEIT

Seife: s. EMULGATOR

Sekundärdispersion: Polymer kann in einem ersten Schritt z.B. als Lösungspolymerisat oder Lackharz hergestellt werden und wird in einem zweiten Verfahrensschritt meist unter Eintrag von mechanischer Energie im wässrigen Medium dispergiert oder verteilt.

Selbstreinigung: Anstriche aus Dispersionsfarben, die eine geringfügige Kreidung zeigen, sind häufig weniger verschmutzt als stabilere Fassadenfarben. Die geringere Verschmutzung wird darauf zurückgeführt, dass der Schmutz zusammen mit den losen Füllstoff- und Pigmentpartikeln vom Regen abgewaschen wird.

Selbstvernetzung: Bei Polymeren mit Selbstvernetzung werden die Polymerketten durch interne chemische Reaktionen ohne äußeren Einfluss miteinander verbunden. Dadurch können Abriebbeständigkeit, Blockfestigkeit und Chemikalienbeständigkeit verbessert werden. Die Elastizität nimmt im Normalfall ab.

Sieblinie: Charakteristische Zusammensetzung der unterschiedlichen Teilchengrößen von Füllstoffen, die durch Sieben mit verschiedener Maschenweite bestimmt wird. s. Kornaufbau

Sikkative: Schwermetallverbindungen, die die oxidative Trocknung von Alkydharzfarben beschleunigen.

Siliconharzfarbe: Wässrige Fassadenfarben, die als wesentliches Bindemittel Siliconharze enthalten. Das begrenzte Pigmentbindevermögen dieser Harze wird durch Abmischung mit Acrylatdispersionen verbessert. Siliconharzfarben zeichnen sich durch eine stark hydrophobe Oberfläche aus, die zu einer niedrigen Wasseraufnahme führt, verbunden mit einer hohen Wasserdampfdurchlässigkeit. Siliconharzfarben sind überkritisch, lassen sich weder nicht glänzend noch elastisch formulieren.

Silikatfarbe: Anstrichfarben mit Kaliwasserglas als Bindemittel. Gute Lagerfähigkeit der Farbe und schnelle Wasserfestigkeitseinstellung des Anstrichs werden durch Mitverwendung von Acrylatdispersionen als Bindemittel erreicht. Nach DIN 18 363 dürfen Silikatfarben max. 5 % organische Bestandteile enthalten. Silikatfarben zeichnen sich durch gute Wasserdampfdurchlässigkeit aus.

Sperrgrund: Primer zum Absperren von z.B. Holzinhaltsstoffen oder Nikotinverschmutzungen bei Renovierungs- oder Neuanstrichen mit Dispersionsfarben.

Spreitung: Flüssigkeiten benetzen Oberflächen unterschiedlich gut. Zwischen den beiden Extremen, absolut keine Benetzung, also kugelförmiger Flüssigkeitstropfen auf der Oberfläche, und einer vollständigen Benetzung, also „Filmbildung" der Flüssigkeit auf der Oberfläche, existieren alle Stufen. Eine gute Benetzung wird auch als Spreiten der Flüssigkeit auf der Oberfläche bezeichnet. s. Oberflächenspannung

Streichbarkeit: Subjektive Beurteilung der Auftragseigenschaften von Anstrichfarben bei Applikation mit dem Pinsel oder der Rolle; eine objektivere Beurteilung wird durch die Messung der High-shear Viskosität mit dem ICI-Viskosimeter erreicht. s. ICI-Viskosität

Strukturviskosität: Abnahme der Viskosität bei Scherbeanspruchung, Gegenteil von Dilatanz. Erfolgt die Abnahme über einen messbaren Zeitraum spricht man von thixotropem Verhalten. In der Praxis haben strukturviskose Anstrichfarben beim Rollen eine niedrigere Viskosität als in der Ruhe.

Sun-Test: eine Methode zur künstlichen Bewitterung von Probekörpern; s. KURZBEWITTERUNG

T

Tack: Klebrigkeit einer Oberfläche schon bei kurzer Kontaktzeit mit geringem Auflagedruck.

Talkum: Plättchenförmiges Magnesiumsilikathydrat, beeinflusst das Fließverhalten und den Glanz von Dispersionsfarben, verhindert die SCHWUNDRISSBILDUNG in Dispersionsfarben und Putzen.

Taubildung: Verflüssigung von Luftfeuchtigkeit durch Abkühlung, s. KONDENSATION

Teilchengröße, mittlere: s. KORNGRÖSSE

Tenside: s. EMULGATOREN

T_g: s. GLASÜBERGANGSTEMPERATUR

Thixotropie: Fähigkeit von Flüssigkeiten, die Viskosität mit der Zeit der Scherbeanspruchung abzubauen. Gegenteil von Rheopexie, nicht identisch mit der zeitunabhängigen Strukturviskosität. Thixotropie ist normalerweise in Anstrichfarben nicht erwünscht, für spezielle tropffreie bzw. „feste" Farben jedoch eine wesentliche Voraussetzung.

Titandioxid: Weißpigment mit sehr gutem DECKVERMÖGEN; kommt in zwei Kristallformen vor: Anatas und Rutil. Der preiswertere Anatas (Brechungsindex 2,55) wird zum Einfärben von Papier und Plastik verwendet, wegen der starken KREIDUNG unter UV-Belastung jedoch nicht für Anstrichfarben. Rutil (Brechungsindex 2,7) hat ein extrem gutes Deckvermögen und UV-Stabilität, wird deshalb bevorzugt in Anstrichfarben eingesetzt.

Topfkonservierung: s. LAGERKONSERVIERUNG

U

UV-Stabilität: Besonders für Außenwendungen sollen Beschichtungen gegen UV-Licht stabil sein, es darf zu keiner Farbtonänderung und Kreidung kommen. Zusätzlich zu den beschränkt aussagefähigen Prüfungen mit Kurzbewitterungsmethoden wird die UV-Stabilität in der Freibewitterung getestet.

V

VAc/Acr = Vinylacetat/Acrylat-Copolymer

VAc/E = Vinylacetat/Ethylen-Copolymer

VAc/Vers =Vinylacetat/Vinylversatat-Copolymer

Verarbeitbarkeit: Beschreibung der Auftragseigenschaften von Anstrichsystemen, wie z.b. STREICHBARKEIT, OFFENE ZEIT und VERLAUF.

Verdicker (Verdickungsmittel, Rheologieadditive): Der Mechanismus der Verdickerwirkung ist sehr unterschiedlich, eine Folge davon sind unterschiedliche technische Eigenschaften. Die wichtigsten Verdickertypen sind Polysaccharide (z.b. Stärke, Celluloseether), anorganische Verdicker (z.b. Bentonite) und synthetische Verdicker (z.b. PU-Verdicker, Polyacrylate). Mit Verdickerkombinationen können jeweils gewünschte Fließeigenschaften von Anstrichfarben eingestellt werden, s. VISKOSITÄT, ASSOZIATIV-VERDICKER.

Verdickungsmittel: S. VERDICKER

Verfilmung: Beim Trocknen von Polymerdispersionen nähern sich die Polymerteilchen immer mehr, bis sie sich berühren. In den sich zwischen den Teilchen bildenden kapillaren Hohlräumen entwickeln sich Kapillarkräfte, die das restliche Wasser regelrecht herauspressen und, sofern die Teilchen weich genug sind, zu einer Verformung der Teilchen von rund zu polygonal führen. Durch die Verformung wächst die Kontaktfläche zwischen den Teilchen stark an – es bildet sich ein kohärenter Film. Mit Zusatz von geeigneten Weichmachern oder Lösemitteln kann man auch an sich harte Teilchen zur Verfilmung bringen.

Vergrauung: Durch Schmutz und Licht (UV-Bestrahlung) ändert sich der anfängliche Farbton eines Anstrichs. Mit der Zeit wird er grauer. Im Allgemeinen sollte durch die Wahl des Bindemittels die Vergrauung minimiert werden können.

Verkieselung: Silikatfarben enthalten Kaliwasserglas. Beim Trocknen kondensieren die darin enthaltenen niedermolekularen Säuren zu Netzwerken und reagieren mit Calcium-Ionen des Untergrundes (Kalkputz, Mörtel, Mauerwerk). Der Vorgang wird Verkieselung genannt.

Verlauf: Beim Auftrag einer Dispersionsfarbe glätten sich die Höhenunterschiede der Oberfläche; besonders wichtig bei glänzenden oder hochglänzenden Beschichtungen. s. ABLAUFVERHALTEN

Vernetzung: Netzwerkbildung linearer Polymerer durch Verknüpfung der Ketten mittels reaktiver Gruppen, Substanzen oder Strahlung. Plastische Eigenschaften des Polymeren werden dadurch mehr in Richtung elastische Eigenschaften verschoben; die Härte des Polymeren und die Beständigkeit gegen Wasseraufnahme und Chemikalien kann dadurch auch zunehmen.

Verschmutzung: Anstriche sollen im allgemeinen wenig anschmutzen. Beeinflusst wird die Verschmutzung durch die Härte des Bindemittels (OBERFLÄCHEN-KLEBRIGKEIT), seine chemische Zusammensetzung, die Hilfsstoffe und Füllstoffe der Farbe sowie die PVK und den Formulierungstyp.

Verseifungsbeständigkeit: s. ALKALIBESTÄNDIGKEIT

Viskosität: Dient in der Regel zur Beschreibung des Fließverhaltens von flüssigen Systemen (z.B. Dispersionen, Farben). Eine Flüssigkeit setzt z.b. dem Rühren einen Widerstand entgegen, der durch ihre Viskosität bestimmt ist.
Wissenschaftlich ist die Viskosität definiert als Quotient aus Schubspannung und Geschwindigkeitsgefälle (Schergeschwindigkeit, Schergefälle). Messwerte geben den Widerstand zwischen zwei benachbarten, mit unterschiedlichen Geschwindigkeiten bewegten Flüssigkeitsschichten an; die Viskosität ist temperaturabhängig.
Bei NEWTONISCHEN Flüssigkeiten ist die Viskosität unabhängig von der Schergeschwindigkeit. Bei nichtnewtonischen Flüssigkeiten ist dieser Wert auch abhängig von der Schergeschwindigkeit; bei DILATANTEN Flüssigkeiten nimmt die Viskosität mit steigender Schergeschwindigkeit zu, bei STRUKTURVISKOSEN Flüssigkeiten ab. Bei THIXOTROPEN Flüssigkeiten baut sich die verminderte Viskosität nach Scherende nur wieder zeitverzögert auf (Messwert-Angabe nach DIN in Pa·s oder mPa·s). s. ICI-VISKOSITÄT, KU-VISKOSITÄT, STREICHBARKEIT

VOC (Volatile organic compound): Englischer Begriff für die flüchtigen organischen Bestandteile eines Anstrichstoffs oder anderer Formulierungen.

Volltonfarbe: Fertig formulierte Dispersionsfarben mit einem definierten Buntton; Sie sind aber auch dazu geeignet, durch Abmischen mit weißen Fassadenfarben Pastelltöne einzustellen.

W

W-Wert (Wasseraufnahme-Koeffizient ($kg/m^2 \cdot h^{0,5}$)): Richtgröße für das Wasseraufnahmevermögen von Beschichtungen. s. FEUCHTESCHUTZ

Wandlack: Modisch glänzender, meist durch den strukturierten Untergrund (Glasfasertapete) im Aussehen bestimmter Dispersionsanstrich, der meist mit der Rolle aufgetragen wird.

Waschbeständigkeit: Geringere mechanische Anforderungen als bei SCHEUERBESTÄNDIGKEIT. S. ABRIEBBESTÄNDIGKEIT

Wasseraufnahme: Menge an Wasser, die ein Film in einer bestimmten Zeit aufnimmt. Die Wasseraufnahme nimmt meist in charakteristischer Weise mit der Zeit zu. s. FEUCHTESCHUTZ, W-WERT

Wasserdampfbremse: Beschichtungen oder Baustoffe, die Wasserdampf nur schlecht passieren lassen.

Wasserdampfdichtigkeit (μ-Wert): Maßzahl für eine Beschichtung oder einen Baustoff, die angibt, wie leicht Wasserdampf durch die Beschichtung oder den Baustoff passieren kann. Üblicherweise wird die Maßzahl (zur Berücksichtigung der Schichtdicke) in die äquivalente Luftschichtdicke Sd umgerechnet (Sd = Produkt aus Wasserdampfdichtigkeit und Schichtdicke). Dieser Umrechnungswert ist anschaulicher, denn er gibt an, wie dick eine ruhende Luftschicht sein müsste, um den gleichen Widerstand gegen die Wasserdampfdiffusion wie die Beschichtung oder der Baustoff in gegebener Schichtdicke auszuüben.

Wasserdampfdurchlässigkeit (WDD): Durchlässigkeit von Beschichtungen für gasförmiges Wasser (Wasserdampf). Bei gleichen Rahmenbedingungen haben Reinacrylate eine höhere WDD als entsprechende Acrylat/Styrol-Copolymere.

Wasserdampfsperre: Beschichtung oder Baustoff, die als Barriere für Wasserdampf wirken können (z.B. PE-Folie)

Wassertropfentest: Um die Wasserfestigkeit einfach und schnell zu prüfen, wird oft auf die Beschichtung ein Wassertropfen gegeben und die Zeit bestimmt, bis die Oberfläche trüb wird. Dieser statische Test kann andere Ergebnisse liefern als kontinuierliche Beregnungsversuche.

WDVS: Wärmedämmverbundsystem; außenliegende Wärmedämmung für Gebäude aufgebaut aus meist wenig druckstabilen (stoßfesten) Dämmplatten aus geschäumtem Polystyrol oder Mineralfasern, einer kräfteverteilenden Armierungsschicht und einem gegen Witterungseinflüsse schützenden dekorativen Deckputz (meist Kunstharzputz).

Weichmacher: Additiv, das die MFT des Polymeren verringert und dadurch die Verfilmung des Polymeren bei Temperaturen unterhalb der Mindestfilmbildetemperatur ermöglicht; wirkt auf die Elastizität und Festigkeit des Films ein. Permanente Weichmacher bleiben über viele Jahre im Film.

Weißanlaufen: s. ANLAUFBESTÄNDIGKEIT

Weißpunkt: Temperatur, bei der das Dispersionspolymerisat beim Trocknen in einem Temperaturgradienten aufzuklaren beginnt, aber noch keinen geschlossenen Film bildet; sie liegt üblicherweise wenige Grade unter der MINDESTFILMBILDETEMPERATUR.

Wetterbeständigkeit (Witterungsbeständigkeit): Da Außenbeschichtungen ständig dem Wetter ausgesetzt werden, soll die entsprechende Beschichtung gegen UV-Licht, Wasser und Schmutzbefall stabil sein, um Farbtonänderungen und

Kreidung zu vermeiden. Zusätzlich zu den beschränkt aussagefähigen Prüfungen mit Kurzbewitterungsmethoden wird die UV-Stabilität in der Freibewitterung getestet.

Witterungsbeständigkeit: s. WETTERBESTÄNDIGKEIT

Wohnraum: Da Wohnräume geschlossen sind, werden hier erhöhte Anforderungen an die Emission von Schadstoffen aus Baustoffen, Einrichtungsgegenständen und Beschichtungsstoffen gestellt. Wichtig ist auch z.B. die Einwirkung solcher Stoffe am Arbeitsplatz während eines normalen Arbeitstages. Die Aufenthaltsdauer in Wohnräumen ist deutlich länger als am Arbeitsplatz, deshalb gelten die MAK-WERTE für Wohnräume nicht.

X

Xenon-Test: eine Methode zur künstlichen Bewitterung von Probekörpern; s. KURZBEWITTERUNG und FREIBEWITTERUNG

Z

Zeit, offene: s. OFFENE ZEIT

Zwangsmischer: Rührer mit langsam laufender, speziell geformter Welle, die bei einer Umdrehung den gesamten Flüssigkeitsraum exzentrisch durchläuft und damit das jeweilige Produkt vermischt. Wird für Kunstharzputze verwendet.

Fußnoten:

a   eingetragene Marke der Minnesota Mining and Manufacturing Corporation
b   eingetragene Marke der BASF Aktiengesellschaft
c   eingetragene Marke der Sachtleben Chemie GmbH
d   eingetragene Marke der Deutschen Amphibolin Werke

Index

A

Abbauverhalten 123
Abrasivität 67
Abtönfarben 135, 238
Acrylat/Styrol-Copolymere 17, 21, 101, 111, 174, 239
–, Hauptanwendungen 22, 50
Acrylatmonomere 14, 17, 37, 38
Acrylatverdicker 68, 70, 72
Acryllacke 214
–, wässrige 223
–, Eigenschaften von 223
Acrylnitril 17
Acrylsäureester-Copolymerdispersionen 17
Additive 67
Agglomeration 12
Alkalibeständigkeit 54, 182
Alkydharz 202
Alkydharzlacke 214
Alkydlacke, konventionelle 223
Alkydsysteme 204
Alkylphenolethoxylaten 39
Ammoniak 40
Anatas 64
Anforderungen an Anstrichbindemittel 52
Anisotropie 193
Anorganische
– Pigmente 64
– Verdicker 69
Anschmutzbarkeit 166
Anschmutzung 160
Anschmutzungsresistenz 168, 172
Anstrichbindemittel, Anforderungen an 52
Anstrichfarben,
– Anforderungen 47
– Anwendungsbereich 49
– Formulierung von 11, 47
–, Zusammensetzung von 11, 47
Anwendungsbereich 49
ASE-Verdicker 68
Assoziativverdicker 70, 72
–, Wechselwirkung mit Bindemittel 224
Ausblühsperrwirkung 86
Ausbluten 196
Ausblutsperre 196
Auslaufbecher 34
Außenfarben 51, 87
–, lösemittelfrei formulierte 111
–, lösemittelhaltig formulierte 98
Azoverbindungen 39

B

Barriereprinzip 196
Baryt 65, 66
Bautenanstrichfarben 11, 47
Benetzung 74
Bentone 70
Benzisothiazolinon 40, 78
Beschichtungen, rissüberbrückende 162
Beschichtungssysteme, elastische 160
Besonderheiten der Poly(meth)acrylate 18
Beständigkeit 208
Bestimmung der KPVK 50
Bestimmungsmethoden für die kritische Pigmentvolumenkonzentration 50
Bindemittel 11, 29, 52, 191
– abbau 91
–, Anforderungen an 52
– bedarf 230
– eigenschaften 22, 29
– für die Holzbeschichtung 201
– herstellung 36
–, Kenngrößen von 29
– klassen 12
– -Polymerdispersion 52
– und Assoziativverdicker 224
– und Glanz 220
– vergleich 93

Biocide 40, 77, 195
BIT 78
Blauer Engel für
    umweltfreundliche Lacke 36, 219
Bläueschutzgrund 196
Blends 221
Blockfestigkeit 41, 204, 219
Brandschacht 188
Brandschutzklasse 188
Brandverhalten 188
Brechungsindex 31, 65, 66, 106, 216,
    220, 233
Brookfield-Messung 35
Buntpigmente 63, 64

C

Calcit 65, 66, 108
Calciumcarbonat 65
Carbamate 78
Cellulose 193
Cellulosederivate 70
Celluloseether 69, 71
Chemikalienbeständigkeit 37, 209
Chlormethylisothiazolinon 78
CMC 70
Copolymere 13, 21
Cosolvenzien 25
Coulomb-Stabilisierung 12

D

Deckbeschichtungen Holz 197
Deckvermögen 48, 65, 233
Dialyse 58
Dickschichtlasuren 201
Diffusionsäquivalente
    Luftschichtdicke 181
Diffusionswiderstandszahl µ 161
Dispergiermittel 74, 137, 221
Dispergierung 221
Dispersionen, 12
– feinteilige 24
– monomodale 33
Dispersions-
– Siliconharzfarben 149
– Siliconharzputze 149

Dispersions-
– Silikatfarben 138, 140
– Silikatputze 140
Dispersionslackfarben, 214
– Anforderungen an 215
– Anwendungen 215
– Bindemittel für 219
Dolomit 65, 66, 108
Druckpolymere 22, 230
Dry hiding 65
Dünnschichtlasuren 200

E

E-Modul 163
E.L.F. 241
Eigenschaften von Putzen 180
Eindringvermögen 82
Einfluss der Seitenkette 18
Einlehner, Methode von 67
Einschichtfarbe 236
Eisenoxide 65, 103
–, transparente 198
Elastische Beschichtungssysteme 160
– Bindemittel für 174
– Normen 172
Elastizität 160, 205
Elastizitätsmodul 163
Elektrolytschock 146
Emulgatoren 14, 37, 38, 58, 76, 84,
    99, 225
Emulsionspolymerisation 13
– Einsatzstoffe 36
–, Mechanismus der 14
– Prozessparameter 41
– Rezeptparameter 36
– Saatpolymerisation 42
– Stufenpolymerisation 41
– Zulaufverfahren 16
Entflammbarkeit 182
Entschäumer 40, 76
Entschäumertypen 77
Extenderfunktion 65

F

Farben, unterkritisch formulierte 53

Farbtonveränderungen 114, 119
Farbtonverschiebung 101
Fassadenbeschichtungen,
    Labortests mit 98
Fassadenfarben 87, 88
– Anforderungen an 88
– Freibewitterungsprüfungen von 101
– lösemittelfrei 111
– lösemittelhaltig 98
– mit hoher PVK 123
– Typen von 88
Fassadenfarbensysteme,
    Vergleich von 137
Fassadenrenovierung 162
Feinkoagulat 30
Feinteilige Dispersionen 24, 84
Feinteiligkeit 24, 84, 203, 209, 220
Feststoffgehalt 30, 33, 35
Feuchteschutz 161, 181, 206
Filmbildehilfsmittel 25, 67
Filmbildung 23
– Mechanismus 23
Filmdefekte 76, 77
Filmkonservierung 78
Filmmechanik 19, 99, 163
Filmspannungsmethode 50
Filter 30
Flammschutzmittel 188
Flexibilität 37
Fließkurve 35
Fließverhalten, pseudoplastisch 34
Fließwiderstand 32
Formulierung von
– Anstrichfarben 47
– Außenfarben 51
– Dispersionslackfarben 217
– Dispersions-Silikatfarbe 147
– Dispersions-Silikatputz 148
– Fassadenfarben 112, 124, 133
    – rissüberbrückend 175
    – Basis Acrylat/Styrol 133
    – Basis Reinacrylat 133
– Grundierungen 85
– Holzlack 211
– Holzlasur 200
– Innenfarben 51, 242

Formulierung von
– Putzen 189
– Siliconharzfarbe 156
– Siliconharzputz 158
– Weisssteinputzen 90
Formulierungsbestandteile 11, 52
Fotoinitiatoren 171
Fox-Gleichung 21
Freibewitterungsprüfungen
    von Fassadenfarben 101, 118, 127
Fremdvernetzung 209
Füllgrund 195
Füllstoffe 48, 65, 66, 103, 106, 231
– und Kreidung 108
Funktionelle Monomere 37

G

Gaschromatographie 36
Gelbfärbung 91
Geruch 40, 51
GILSONITE-Test 50
Glanz 214, 216
–, Bindemittel 220
–, Faktoren 216
–, Titandioxid 221
Glänzend 214
Glanzgrade 214
Glanzmessung 214
Glanzschleier 216
Glastemperatur 19, 21, 163
Glasübergangstemperatur 17
Glimmer 65, 66, 108
Glykolether 25
Grundanforderungen Deckbesch. 197
Grundierungen 81, 195
– Anforderungen 81, 83
–, Formulierung von 85
– Penetrationsvermögen 82
–, pigmentierte 85
– Prüfmethoden 85

H

Halbkontinuierliches Verfahren 16
HALS-Verbindungen 198
Härte 37, 208

Hartmonomere 21
HASE Verdicker 70, 72
Hauptkette 18
Haze 216
HEC Verdicker 70
HEER Verdicker 70
Heizwert 187
Helligkeit 113
Hemicellulose 193
HEUR Verdicker 71
Hiding power 233
Hilfsstoffe 37, 57
Hochglänzend 214
Hochglanzsysteme 217
Holz 192
–, Besonderheiten von 193
–, Quellen und Schwinden von 193
Holzbeschichtungen 192
–, Anforderungen 197
–, Bindemittel für 195, 201
– Deckbeschichtungen 197
–, Eigenschaftsvergleich 202
–, Einteilung 194
–, Feuchteschutz 206
– für die Innenraumanwendung 208
–, Rheologie 205
Holzfeuchte 194
Holzgrundierungen 195
Holzlacke 208, 209
Holzlasuren 198
Holzschutzbeschichtungen 195
Homogene
– Nukleierung 16
– Vernetzung 165
Homopolymere, Brechungsindex von 220
House Paints/Universalfarben 134
Hybridbeschichtungen 207
Hybridsysteme 202
Hydrolysebeständigkeit 55
Hydrolyseneigung 18
Hydroperoxide 39
Hydrophobierung 59
Hydroplastifizierung 24
Hysterese 70

I

Imprägnierlasuren 195
In-situ-Saat-Verfahren 42
Initiatoren 39
Initiator 13
Initiatorzerfall 13
Innenanstrichfarben 51
Innenfarben 51, 54, 228
–, Anforderungen an 228
–, emissions- und lösemittelfreie 241
–, Formulierung 242
Innenraumanwendung,
    Holzbeschichtungen für 208

K

Kali-Wasserglas 143, 147
Kalkputze 177
Kälteelastizität 21
Kältestabilität 35
Kaolin (China Clay) 65, 66, 108
Kapillare Wasseraufnahme 126
Keimlatex 42
Kenngrößen 29
Kern-Schale-Polymerisate 41, 205
Kettenabbruchreaktionen 14
Kettenlänge 20
Kettenreaktion 13
Kettenstart 13
Kettenübertragung 14, 40
Kettenübertragungssubstanzen 39
Kettenwachstum 13
Kieselsäuren 211
Klebfreiheit 41
Klebrigkeit 68, 168
Koagulat 30
Koagulation 12
Koaleszenzhilfsmittel 25
Kofler Bank 29
Kolloidale Stabilität 35
Komplexierungsmittel 40
Konservierungsmittel 40, 77
Konservierungsstoffe 40, 77
Konventionelle Verdicker 68
KPVK 48, 65, 154, 229
Kratzfestigkeit 208

Kratzputz 185
Kreidung 64, 90, 116, 121, 130, 155
– und Bindemittel 104
– und Füllstoffe 106
– und PVK 104
Kreidungsverhalten 104, 108
Kristallform 66
Kritische Pigmentvolumen-
 konzentration 48, 50, 154, 229
Kunstharzputze 177
–, Bindemittel für 191
Kunststoffdispersion 12
Künzel 160, 181
Kurzbewitterungsmethoden 89, 92, 114

L

Labortests mit
 Fassadenbeschichtungen 98
Lack, Eigenschaftsvergleich 223
Lackfarben 214
Ladungsstabilisierung 12
Lambert-Beer's Gesetz 200
Latexfarben 247
Latexteilchen 12
–, mehrphasige 41, 204, 219, 221
Latices 12
LD-Wert 31
Lichtdurchlässigkeitswert 31
Lichtinduzierte Vernetzung 171
Lignin 193
Ligninabbau durch UV 194
Lösemittel 25, 27, 67, 211, 225
Lösemittel- und Weichmacherfrei 29
Lösemittelfreie
– Anstrichfarben 25, 111, 236
– Fassadenfarben 98, 111
– Innenfarben 241
Lösemittelhaltige Fassadenfarben 98
– Innenfarben 242
Lösemittelschock 68
Low VOC 241
Luftfeuchtigkeit 28
Luftschichtdicke
–, diffusionsäquivalente 181
–, normierte gleichwertige 62
Luftwechselrate 28

M

Marktprodukte 29, 41
Matt 214
Mattierungsmittel 211
Mechanismus 23
– der Emulsionspolymerisation 14
– der Filmbildung 23
Mehrphasige Polymerisate 41, 204, 219, 221
Metallorganyle 70
Metallsalze 167
Methacrylsäureester 17, 38
Methode von Einlehner 67
Methylisothiazolinon 40, 78
Methylmethacrylate 22
MFT 24, 41, 67
Micellare Teilchenbildung 16
Micellen 15, 71
Mikroorganismen 40, 130
Mindestfilmbildetemperatur 23, 24
– Bestimmungsmethode 29
Mischpolymere 13
MIT 78
Mittlerer Glanz 214
MMA 21
Möbellacke 208, 209
Modellierputze 185
Molekulargewicht 16, 39, 220
Monomerbausteine 14, 17
Monomere 13, 14, 17, 37
–, Auswahl 37
–, funktionelle 37, 38
–, Glasübergangstemperatur der
 Homopolymere 17
–, Grundmonomere 37
–, Wasserlöslichkeiten 17
Monomodale Dispersionen 33
Mooney-Gleichung 32
Mud cracks 237

N

Nassdeckvermögen 233
Nasshaftung 134, 190, 203, 205
Nasshaftungspromotoren 206
Nassscheuerfestigkeit 154

Nasstransparenz 203
Natriumdodecylsulfat 38
Netzmittel 74
Neutralisationsmittel 40, 221
Newtonisches Verhalten 34
Nukleierung, homogene 16

O

Oberfläche, innere 30
Oberflächenbehandlung 64
Oberflächendefekte 77
Oberflächenspannung 32
–, Messung 32
Oberflächenstrukturen von Putzen 185
Oberflächenvernetzung 171
Offene Zeit 26, 207, 223, 236
Ölzahl 49, 66, 232
Opakteilchen (organische Weißpigmente) 63
Organische Pigmente 65

P

Parkettlacke 208
Partikelgröße 58
Partikelmorphologie 41
PBV 48, 50, 229
Pendelhärte 27
Penetrationstiefe 82, 195, 201, 208
Penetrationsvermögen 82
Peroxide 39
pH-Wert 35, 40, 72, 207
Photokatalytische Aktivität 64
Pigment-Füllstoff-Verhältnis 105
Pigmentbindevermögen 48, 50, 151, 180, 229
Pigmente 63, 66
–, anorganische 64
–, organische 65
–, transparente 198
Pigmentierte Grundierungen 85
Pigmentvolumenkonzentration 48
–, Anwendungen und 48
–, Freibewitterungsstabilität und 104, 123
–, Glanz und 218
–, Kreidung und 104, 130

Pigmentvolumenkonzentration
–, kritische 48, 229
Pilzbefall 40, 194, 195, 207
Polarität 37
Poly(meth)acrylate
–, Besonderheiten der 18
–, Glastemperatur 19
–, Haupteigenschaften 18
–, Hydrolyseneignung 18
–, Klebrigkeit/Tack 20
–, Polarität 18
–, Seitenketteneinfluss 18, 20
Polyacrylate 12, 17
Polyadditionsprodukte 13
Polyaddukte 13
Polycarbonsäuren 74
Polycarboxylate 75
Polymerarchitektur 39
Polymerdispersionen 12, 52
Polymerisate, mehrphasige 41, 221
Polymerisation 12
–, radikalische 13
Polymerisationssteuerung 41
Polyphosphate 74
Polysaccharide 70
Polyurethandispersionen 12, 210
Polyurethanverdicker 70, 72
Polyvinylester 13, 22, 60, 93
Porosität 49
Primärdispersionen 12
Propylenglykol 68, 223
Prozessparameter 41
Prüfmethoden für Grundierungen 85
Pseudoplastisches Fließverhalten 34
Pseudoplastizität 69
PU-Verdicker 71
Puddingeffekt 206
Puffersubstanzen 40
Putze 177
Putzrisse 183
PVK 48

Q

Quarz 65, 66, 67, 90, 108

R

Radikal 13
Radikalfänger 198
Radikalische Polymerisation 13
Rakel 238
Redoxpolymerisation 39
Redoxsysteme 39
Regler 39, 40
Reibeputz 185
Reinacrylat-Dispersionen 17, 57, 102, 203
–, Hauptanwendungen 22, 49, 50
–, Vergleich mit Acrylat/Styrol 22, 98, 101, 110
Reinacrylate 17, 21
Reißdehnung 100
Reißkraft 99
Renovierung 178, 224
Restflüchtige Anteile 36
Restmonomere 36
Rheologie 32, 37, 41
Rillenputz 185
Ringmethode nach Du Nouiy 32
Risse 162
Rissüberbrückende
– Beschichtungen 162
– Systeme 172
Rissüberbrückung 162
Rollputz 185
Rotationsviskosimeter 35
Rub-out-Test 238
Rutil 64

S

Saat 42
Saatpolymerisation 42
Salze 57
Schaum 40, 76, 190
Schaumlamelle 76
Scheuerbeständigkeit 238
Schleifbarkeit 224
Schmutzablagerungen 119
Schutzkolloide 14, 37, 39
Schwerspat 108
Schwundrisse 67, 237
Sd-Wert 181, 207
Seidenglänzend 214
Seidenglanzfarben 217
Seidenmatt 214
Seitenketteneinfluss 20
Sekundärdispersionen 12
Selbstvernetzend 209
Sikkativ 208
Siliconharzemulsion 153
Siliconharzfarben 149
Siliconharzputze 149, 157, 178
Siliconharzsysteme 149
Silikatfarben 140
Silikatputze 146, 178
Silikatsysteme 140
Sperrgrundierungen 196
Spezialmonomere 205
Spritzneigung 71
Spritzputze 185
Stabilisierung 12
Stabilität 35, 37, 69, 225
Standardformulierungen 51
Stippen 30
Streichputze 177, 185
Strippen 36
Strukturviskosität 69
Stufenpolymerisation 41
Stumpfmatt 214
Styrol 14, 17, 21, 22, 57, 221
Styrol-Butadien-Copolymere 13
SUNTEST 92
Systeme,
– rissüberbrückende 172
– überkritische 53

T

Tack 20, 168
Tackmessung 168
Tannine 196
Teilchenbildung
–, homogene 16
–, micellare 16

Teilchengröße 30, 35, 38, 49, 56, 58, 83, 84
– und MFT 24
– und Verseifung 56
– und Viskosität 33
Teilchengrößenverteilung 32, 33, 34
Teilchenoberfläche 31
Tenside 37
Thermoplastizität 182, 224
Thixotropie 69, 70, 71, 201
Tiefengrundierungen 84, 85
Titanchelate 70
Titandioxid 63, 64, 103, 112, 217, 221
– und Kreidung 116, 121
Topfkonservierung 78
Transparenz 198
Trockendeckvermögen 65, 233

U

Überkritische Farben 53
Umweltschutzaspekte 29, 111
Universalfarben
(House Paints) 134
Unterkritische Farben 53
UV-
– Absorber 198
– Absorberklassen 199
– Licht 194
– Ligninabbau 194, 198
– Wassersysteme 210

V

Verarbeitbarkeit 72
Verarbeitung 47
Verarbeitungseigenschaften 235
– von Putzen 184
Verdicker 68
–, anorganische 69
–, assoziative 70
–, konventionelle 68
Vergilbung 91, 101, 121, 130
Verlauf 69, 207, 215, 224

Vernetzung 37, 164, 205, 209
– autooxidativ 224
–, homogene 165
– innerhalb der Teilchen 165
–, lichtinduzierte 171
– Oberflächen 171
–, über die Teilchengrenzen 165
Vernetzungsarten 165
Versalicsäurevinylester (VeoVa®) 22
Verschmutzung 27, 91, 101, 105, 110, 119, 127, 131, 155, 160, 162, 168, 171, 173, 182
Verschmutzungsneigung 182
Verseifungsbeständigkeit 18, 54, 81, 141
Verseifungstestzahl 55
Vinylacetat 17
Vinylester 14
Viskosität 32, 39, 42, 68, 143
Viskositätskontrolle 34, 39
VOC 36
Volatile Organic Compounds 36
Volltonfarben 135

W

Wachsemulsionen 211
Wandlack 219
Wärmedämmung 186
Wärmedämmverbundsysteme 177, 185
Waschbeständigkeit 238
Wasseraufnahme 56, 141
–, Faktoren 56, 141
–, kapillare 126, 160
Wasseraufnahmekoeffizient 160
Wasserdampfdurchlässigkeit 60, 98, 126, 141, 149, 201, 207
Wasserfestigkeit 56
Wasserglas 11, 140, 142
–, Verträglichkeit mit 142
Wasserglasverträglichkeitstest 142
Wasserlöslichkeit 17, 18
WDD 60
WDVS 177, 185
Weichmacher 25, 27
Weichmacherfrei 29

Weichmonomere 21
Weißanlaufen 57
Weißpigment 63
Weissstein-Prüfung 89
Wetterschutzfarben 201
Wetterschutzmittel 195
Wirkungsweise von Entschäumern 76
Wirtschaftlichkeit des Bindemittels 48
Witterungseinflüsse 47
Witterungsstabilität 65, 89, 105, 155
Wollastonit 66
Wood rot-Syndrom 207

X

Xanthan-Gum-Verdicker 68
Xenotest 92

Z

Zinkoxid 63
Zinksulfid 63
Zirkonchelate 70
Zug-Dehnungs-Versuch 164
Zulauf-Verfahren 16
Zwickelphase 24